기출에 변형까지 더하다

"내신1등급을 결정짓는
고난도 유형 ...."

KB124442

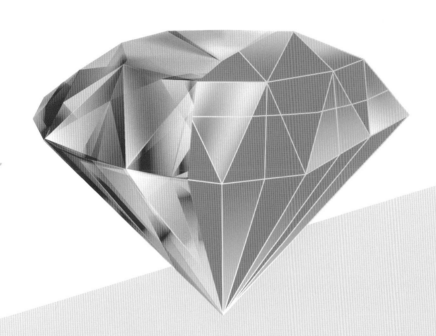

HIGH-END

내신 **하이엔드**

1등급을 위한 고난도 유형 공략서

HIGH-END

내신 하이엔드

지은이

NE능률 수학교육연구소

NE능률 수학교육연구소는 혁신적이며 효율적인 수학 교재를 개발하고
수학 학습의 질을 한 단계 높이고자 노력하는 NE능률의 연구 조직입니다.

조정묵 신도림고등학교 교사

남선주 경기고등학교 교사

김상훈 신도림고등학교 교사

김형균 중산고등학교 교사

김용환 세종과학고등학교 교사

최원숙 신도고등학교 교사

박상훈 중동고등학교 교사

최종민 중동고등학교 교사

이경진 중동고등학교 교사

이승철 서울과학고등학교 교사

박현수 현대고등학교 교사

김상우 신도고등학교 교사

김근민 세종과학고등학교 교사

검토진

강석모 (신수학학원)
강수아 (휘경여고)
고은하 (고강학원)
곽민수 (청라현수학)
권치영 (지오학원)
김도완 (너희들의 수학학원)
김동범 (김환철수학)
김동춘 (신정고)
김만기 (광명고)
김용백 (서울대가는수학)
김원일 (부평여고)
김정회 (뉴fine수학)
김지만 (대성고)
김진미 (대치개념폴리아)
김채화 (화명채움수학)
김혜진 (그리핀수학학원)
김환철 (김환철수학)
문준후 (수학의문)
박민경 (THE채움수학교습소)
박상필 (산본하이츠학원)
박성일 (숭덕여고)
박연숙 (KSM매탄)
박용우 (신등용문학원)
박지연 (온탑학원)
박희영 (지인학원)
신동식 (EM학원)
신범수 (둔산시그마학원)
신지예 (신지예수학)
양범석 (한스영수학원)
양지희 (전주한일고)
오광재 (미퍼스트학원)
오현석 (신현고)
유성규 (청라현수학)
윤재필 (메가스터디러셀)
이병도 (컬럼비아수학학원)
이병진 (인일여고)
이봉주 (성지학원)
이재영 (하늘수학연구소)
이진섭 (이진섭수학학원)
이흥식 (흥샘수학)
임용원 (군포중앙고)
장전원 (김앤장영어수학학원)
전승환 (공즐학원)
정관진 (연수고)
정석 (정석수학전문학원)
정은성 (EM챔피언스쿨)
정일순 (가우스수학)
정효석 (최상위학원)
차상엽 (평촌다수인수학학원)
최득재 (깊은생각본원)
최민석 (구월유투엠)
최순학 (수본학원)
최정희 (세화고)
하태훈 (평촌바른길수학학원)
황상인 (바이써클수학학원)

1등급을 위한 고난도 유형 공략서

HIGH-END

내신 하이엔드

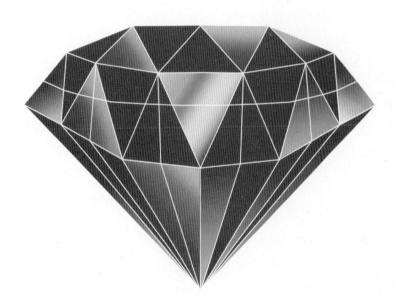

수학 II

CONTENTS

차례

STRUCTURE
구성과 특징

기출에 변형까지 더하다!

1등급 완전 정복 프로젝트

✓ 출제율 높은 고난도 문제만 엄선
✓ 실력을 키우는 고난도 유형만 공략
✓ "기출-변형-예상" 3단계 문제 훈련

1 1등급을 위한 실전 개념 정리

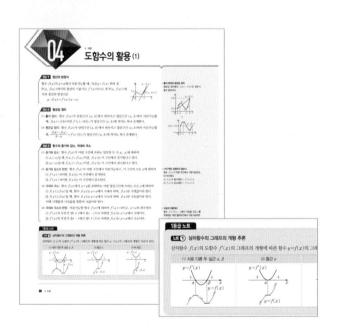

• 꼭 필요한 교과서 핵심 개념을 압축하여 정리하였습니다.
  단원별 중요 개념을 한눈에 파악할 수 있습니다.
• 문제 풀이에 유용한 심화 개념을 **1등급 노트** 로 제시하였습니다.
  1등급을 위한 심화 개념을 실전에서 활용할 수 있습니다.

2 1등급 완성 3 step 문제 연습

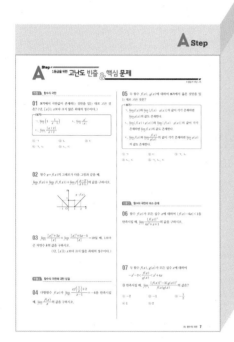

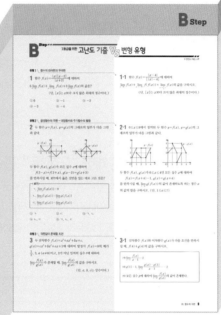

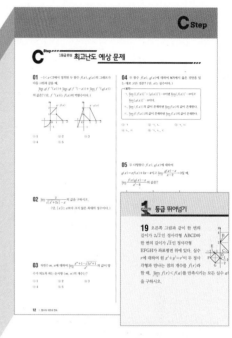

고난도 빈출 & 핵심 문제로 실력 점검

- 출제율 70 % 이상의 빈출 문제를 주제별로 구성하였습니다. 단원의 대표 기출 문제를 학습함으로써 1등급을 준비할 수 있습니다. 또한, 교과서 고난도 문항에서 선정한 교과서 심화 변형 문제를 수록하였습니다.

고난도 기출 Vs 변형 문제로 1:1 집중 공략

- 고난도 내신 기출뿐 아니라 모의고사 기출 문제 중 빈출, 오답 유형을 선정하여 [기출 문제 VS. 변형 문제]를 1 : 1로 구성하였습니다.
- 기출 VS. 변형의 1 : 1 구성을 통해 고난도 기출 유형을 확실히 이해하고, 개념의 확장 또는 조건의 변형 등과 같은 응용 문제에 완벽히 대비할 수 있습니다.

최고난도 예상 문제로 1등급 뛰어넘기

- 1등급을 결정하는 변별력 있는 고난도 문제를 종합적으로 제시하였습니다.
- 사고력 통합 문제와 최고난도 문제까지 학습할 수 있는 1등급 뛰어넘기 문제를 수록하였습니다.
- 쉽게 접하지 못했던 신 유형 문제로 응용력을 키울 수 있습니다.

3 전략이 있는 정답과 해설

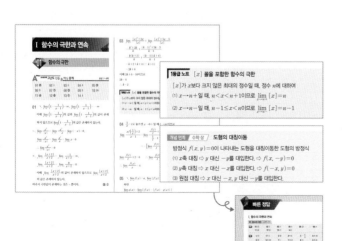

- 문제 해결의 실마리를 풀이와 함께 제시하였습니다.
- 자세하고 친절한 해설을 제시하고, 빠른 풀이, 다른 풀이 등 다양한 풀이 방법을 제공하였습니다.
  또한, 주의, 참고, 예 등의 첨삭도 제공하여 명쾌한 이해를 돕습니다.
- 1등급 노트 1등급을 위한 확장 개념을 설명하였습니다.
- 개념 연계 타교과 연계 개념을 제시하였습니다.
- 빠른 정답 문제를 풀어 본 후, 정답을 빠르게 확인할 수 있습니다.

STUDY PLAN
학습 계획표

🔵 고난도 체화 "2회독" 활용법
❶ **1회독** 학습 후, 복습할 문제를 표시한다.
❷ **2회독** 이해되지 않는 문제를 다시 학습한다. 추가로 복습할 문제를 표시한다.
❸ **성취도** 1회독과 2회독의 결과를 비교하고, 스스로 성취도를 평가한다.

구분			1회독		2회독		성취도
단원	단계	쪽수	학습일	복습할 문제	학습일	복습할 문제	
01. 함수의 극한	A Step	7~8	월/ 일		월/ 일		○ △ ×
	B Step	9~11	월/ 일		월/ 일		○ △ ×
	C Step	12~15	월/ 일		월/ 일		○ △ ×
02. 함수의 연속	A Step	17~18	월/ 일		월/ 일		○ △ ×
	B Step	19~21	월/ 일		월/ 일		○ △ ×
	C Step	22~25	월/ 일		월/ 일		○ △ ×
03. 미분계수와 도함수	A Step	29~30	월/ 일		월/ 일		○ △ ×
	B Step	31~33	월/ 일		월/ 일		○ △ ×
	C Step	34~37	월/ 일		월/ 일		○ △ ×
04. 도함수의 활용(1)	A Step	39~40	월/ 일		월/ 일		○ △ ×
	B Step	41~44	월/ 일		월/ 일		○ △ ×
	C Step	45~48	월/ 일		월/ 일		○ △ ×
05. 도함수의 활용(2)	A Step	50~51	월/ 일		월/ 일		○ △ ×
	B Step	52~55	월/ 일		월/ 일		○ △ ×
	C Step	56~59	월/ 일		월/ 일		○ △ ×
06. 부정적분과 정적분	A Step	63	월/ 일		월/ 일		○ △ ×
	B Step	64~67	월/ 일		월/ 일		○ △ ×
	C Step	68~71	월/ 일		월/ 일		○ △ ×
07. 정적분의 활용	A Step	73	월/ 일		월/ 일		○ △ ×
	B Step	74~76	월/ 일		월/ 일		○ △ ×
	C Step	77~80	월/ 일		월/ 일		○ △ ×

함수의 극한과 연속

I

함수의 극한

개념 1 함수의 수렴과 발산

(1) **함수의 수렴**: 함수 $f(x)$에서 x의 값이 a가 아니면서 a에 한없이 가까워질 때, $f(x)$의 값이 일정한 값 α에 한없이 가까워지면 함수 $f(x)$는 α에 수렴한다고 한다. 이때 α를 $x=a$에서의 함수 $f(x)$의 극한값 또는 극한이라 하고, 기호로 다음과 같이 나타낸다.

$$\lim_{x \to a} f(x) = \alpha \text{ 또는 } x \to a \text{일 때 } f(x) \to \alpha$$

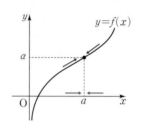

(2) **함수의 발산**: 함수 $f(x)$가 수렴하지 않을 때, 함수 $f(x)$는 발산한다고 한다.

    ① 양의 무한대로 발산: $\lim_{x \to a} f(x) = \infty$ 또는 $x \to a$일 때 $f(x) \to \infty$

    ② 음의 무한대로 발산: $\lim_{x \to a} f(x) = -\infty$ 또는 $x \to a$일 때 $f(x) \to -\infty$

> ∞는 한없이 커지는 상태를 나타내는 기호로 무한대라 읽는다.
> 또, x의 값이 한없이 커지는 것을 $x \to \infty$와 같이 나타내고, x의 값이 음수이면서 그 절댓값이 한없이 커지는 것을 $x \to -\infty$와 같이 나타낸다.

개념 2 함수의 극한과 좌극한, 우극한

함수 $f(x)$에 대하여 $x=a$에서 함수 $f(x)$의 좌극한과 우극한이 모두 존재하고 그 값이 α로 같으면 $x=a$에서의 함수 $f(x)$의 극한값은 α이다. 또, 그 역도 성립한다.

$$\underbrace{\lim_{x \to a-} f(x)}_{\text{좌극한}} = \underbrace{\lim_{x \to a+} f(x)}_{\text{우극한}} = \alpha \quad \Longleftrightarrow \quad \lim_{x \to a} f(x) = \alpha$$

> x의 값이 a보다 작으면서 a에 한없이 가까워지는 것을 기호로 $x \to a-$와 같이 나타내고, x의 값이 a보다 크면서 a에 한없이 가까워지는 것을 기호로 $x \to a+$와 같이 나타낸다.

개념 3 함수의 극한에 대한 성질

두 함수 $f(x)$, $g(x)$에 대하여 $\lim_{x \to a} f(x) = \alpha$, $\lim_{x \to a} g(x) = \beta$ (α, β는 실수)일 때

(1) $\lim_{x \to a} cf(x) = c \lim_{x \to a} f(x) = c\alpha$ (단, c는 상수)

(2) $\lim_{x \to a} \{f(x) \pm g(x)\} = \lim_{x \to a} f(x) \pm \lim_{x \to a} g(x) = \alpha \pm \beta$ (복호동순)

(3) $\lim_{x \to a} f(x)g(x) = \lim_{x \to a} f(x) \times \lim_{x \to a} g(x) = \alpha\beta$

(4) $\lim_{x \to a} \dfrac{f(x)}{g(x)} = \dfrac{\lim_{x \to a} f(x)}{\lim_{x \to a} g(x)} = \dfrac{\alpha}{\beta}$ (단, $\beta \neq 0$)

> **참고** 함수의 극한에 대한 성질은 $x \to a+$, $x \to a-$, $x \to \infty$, $x \to -\infty$일 때도 성립한다.

> **미정계수의 결정**
> 두 함수 $f(x)$, $g(x)$에 대하여
> (1) $\lim_{x \to a} \dfrac{f(x)}{g(x)} = \alpha$ (α는 실수)이고
> $\lim_{x \to a} g(x) = 0$이면
> $\Rightarrow \lim_{x \to a} f(x) = 0$
> (2) $\lim_{x \to a} \dfrac{f(x)}{g(x)} = \alpha$ (α는 0이 아닌 실수)
>   이고 $\lim_{x \to a} f(x) = 0$이면
> $\Rightarrow \lim_{x \to a} g(x) = 0$

개념 4 함수의 극한의 대소 관계

세 함수 $f(x)$, $g(x)$, $h(x)$와 a에 가까운 모든 실수 x에 대하여

(1) $f(x) \leq g(x)$이고 $\lim_{x \to a} f(x)$와 $\lim_{x \to a} g(x)$가 존재하면 $\lim_{x \to a} f(x) \leq \lim_{x \to a} g(x)$

(2) $f(x) \leq h(x) \leq g(x)$이고 $\lim_{x \to a} f(x) = \lim_{x \to a} g(x) = \alpha$ (α는 실수)이면 $\lim_{x \to a} h(x) = \alpha$

> **참고** 함수의 극한의 대소 관계는 $x \to a+$, $x \to a-$, $x \to \infty$, $x \to -\infty$일 때도 성립한다.

> 함수의 극한의 대소 관계는 등호가 없을 때도 성립한다.
> 즉, $f(x) < g(x)$이면
> $\lim_{x \to a} f(x) \leq \lim_{x \to a} g(x)$

> ▶정답과 해설 4쪽

01 보기에서 극한값이 존재하는 것만을 있는 대로 고른 것은? (단, $[x]$는 x보다 크지 않은 최대의 정수이다.)

┤ 보기 ├

ㄱ. $\lim\limits_{x \to 1}\left(1-\dfrac{1}{x-1}\right)$　　　ㄴ. $\lim\limits_{x \to 0}\dfrac{x^2}{|x|}$

ㄷ. $\lim\limits_{x \to -2}\dfrac{[x+2]}{x+2}$

① ㄱ　　　　　② ㄴ　　　　　③ ㄷ

④ ㄱ, ㄴ　　　　⑤ ㄴ, ㄷ

02 함수 $y=f(x)$의 그래프가 다음 그림과 같을 때,

$\lim\limits_{x \to 0-}f(x)+\lim\limits_{x \to 0+}f(f(x))+\lim\limits_{x \to \infty}f\left(\dfrac{x-2}{x+1}\right)$의 값을 구하시오.

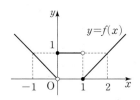

03 $\lim\limits_{x \to k+}\dfrac{[x]^2+2x}{[x]}+\lim\limits_{x \to k-}\dfrac{[x]^2+5x-5}{[x]}=10$일 때, 1보다 큰 자연수 k의 값을 구하시오.

（단, $[x]$는 x보다 크지 않은 최대의 정수이다.）

04 다항함수 $f(x)$가 $\lim\limits_{x \to 0+}\dfrac{xf\left(\dfrac{1}{x}\right)+2}{x-1}=-6$을 만족시킬

때, $\lim\limits_{x \to \infty}\dfrac{f(x)}{x}$의 값을 구하시오.

05 두 함수 $f(x)$, $g(x)$에 대하여 보기에서 옳은 것만을 있는 대로 고른 것은?

┤ 보기 ├

ㄱ. $\lim\limits_{x \to a}f(x)$와 $\lim\limits_{x \to a}\{f(x)-g(x)\}$의 값이 각각 존재하면 $\lim\limits_{x \to a}g(x)$의 값도 존재한다.

ㄴ. $\lim\limits_{x \to a}\{f(x)+g(x)\}$와 $\lim\limits_{x \to a}\{f(x)-g(x)\}$의 값이 각각 존재하면 $\lim\limits_{x \to a}f(x)$의 값도 존재한다.

ㄷ. $\lim\limits_{x \to a}f(x)$와 $\lim\limits_{x \to a}\dfrac{f(x)}{g(x)}$의 값이 각각 존재하면 $\lim\limits_{x \to a}g(x)$의 값도 존재한다.

① ㄱ　　　　　② ㄷ　　　　　③ ㄱ, ㄴ

④ ㄴ, ㄷ　　　　⑤ ㄱ, ㄴ, ㄷ

06 함수 $f(x)$가 모든 실수 x에 대하여 $|f(x)-6x|<1$을 만족시킬 때, $\lim\limits_{x \to \infty}\dfrac{\{f(x)\}^2}{4x^2+x+1}$의 값을 구하시오.

07 두 함수 $f(x)$, $g(x)$가 모든 실수 x에 대하여

$$-x^2-2<\dfrac{f(x)}{g(x)}<x^2+4x$$

를 만족시킬 때, $\lim\limits_{x \to -1}\dfrac{\{f(x)\}^2-3\{g(x)\}^2}{f(x)g(x)}$의 값은?

① -2　　　　　② -1　　　　　③ $-\dfrac{1}{2}$

④ 1　　　　　⑤ 2

빈출4. 함수의 극한값의 계산

08 $\lim\limits_{x \to -2+} \dfrac{x^2-2x-8}{|x^2-4|} - \lim\limits_{x \to \infty} \dfrac{x(\sqrt{x^2-3x}-x)}{2x-1}$ 의 값은?

① $-\dfrac{9}{4}$　　　② $-\dfrac{3}{2}$　　　③ $-\dfrac{3}{4}$

④ $\dfrac{3}{4}$　　　⑤ $\dfrac{3}{2}$

교과서 심화 변형

09 함수 $f(x)$가 $\lim\limits_{x \to -\infty} \dfrac{f(x)}{2f(x)+\sqrt{f(x)+9x^2}}=1$을 만족시킬 때, $\lim\limits_{x \to -\infty} \dfrac{f(x)}{x}$의 값을 구하시오.

빈출5. 미정계수의 결정

10 $\lim\limits_{x \to -1} \dfrac{x+1}{\sqrt{x+a}-2}=A$, $\lim\limits_{x \to 3} \dfrac{x^2+bx+c}{x-3}=4$일 때, 상수 a, b, c에 대하여 $abc-A$의 값을 구하시오.

(단, A는 0이 아닌 실수이다.)

11 $\lim\limits_{x \to \infty} (\sqrt{4x^2+3x}+ax)=b$를 만족시키는 상수 a, b에 대하여 $a+b$의 값은?

① $\dfrac{7}{4}$　　　② $\dfrac{3}{4}$　　　③ $-\dfrac{1}{4}$

④ $-\dfrac{5}{4}$　　　⑤ $-\dfrac{9}{4}$

12 다항함수 $f(x)$가

$$\lim\limits_{x \to \infty} \dfrac{f(x)-5x^2}{4-3x}=a, \quad \lim\limits_{x \to 2} \dfrac{f(x)}{x-2}=-10$$

을 만족시킬 때, 실수 a의 값은? (단, $a \neq 0$)

① 2　　　② 4　　　③ 6

④ 8　　　⑤ 10

빈출6. 함수의 극한의 도형에의 활용

13 오른쪽 그림과 같이 곡선 $y=\sqrt{2x}$ 위를 움직이는 점 $P(x, y)$를 지나고 중심이 원점 O인 원이 x축의 양의 부분과 만나는 점을 Q라 하자. 점 P에서 x축에 내린 수선의 발을 H라 할 때, $\lim\limits_{x \to 0+} \dfrac{\overline{QH}}{\overline{PH}}$의 값은?

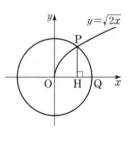

① 1　　　② 2　　　③ 3

④ 4　　　⑤ 5

14 오른쪽 그림과 같이 곡선 $y=\dfrac{1}{2}x^2$ 위의 점 P에 대하여 선분 OP의 수직이등분선과 y축의 교점을 Q라 하자. 점 P가 곡선 $y=\dfrac{1}{2}x^2$을 따라 원점 O에 한없이 가까워질 때, 점 Q가 한없이 가까워지는 점의 y좌표를 구하시오.

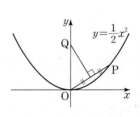

유형 1 함수의 좌극한과 우극한

1 함수 $f(x)=\dfrac{|x|[x-2]}{|x+2|}$에 대하여

$5\lim\limits_{x\to 3-}f(x)+\lim\limits_{x\to -1+}f(x)+3\lim\limits_{x\to 1+}f(x)$의 값은?

(단, $[x]$는 x보다 크지 않은 최대의 정수이다.)

① 0　　　　② -1　　　　③ -2

④ -3　　　　⑤ -4

1-1 함수 $f(x)=\dfrac{|x-4|}{[\,|x|-4\,]}$에 대하여

$\lim\limits_{x\to 4-}f(x)+\lim\limits_{x\to -2+}f(f(x))\times\lim\limits_{x\to \frac{7}{2}+}f(x)$의 값을 구하시오.

(단, $[x]$는 x보다 크지 않은 최대의 정수이다.)

유형 2 합성함수의 극한 – 대칭함수와 주기함수의 활용

2 두 함수 $y=f(x)$, $y=g(x)$의 그래프의 일부가 다음 그림과 같다.

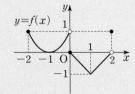 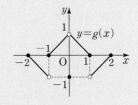

두 함수 $f(x)$, $g(x)$가 모든 실수 x에 대하여

$$f(2-x)=f(2+x),\ g(x-2)=g(x+2)$$

를 만족시킬 때, 보기에서 옳은 것만을 있는 대로 고른 것은?

┌ 보기 ├

ㄱ. $\lim\limits_{x\to -1}f(g(x))=0$

ㄴ. $\lim\limits_{x\to 2}f(g(x))=\lim\limits_{x\to 2}g(f(x))$

ㄷ. $\lim\limits_{x\to 4}f(g(x))=\lim\limits_{x\to 4}g(f(x))$

① ㄱ　　　　② ㄷ　　　　③ ㄱ, ㄴ

④ ㄴ, ㄷ　　　　⑤ ㄱ, ㄴ, ㄷ

2-1 $0\le x\le 8$에서 정의된 두 함수 $y=f(x)$, $y=g(x)$의 그래프의 일부가 다음 그림과 같다.

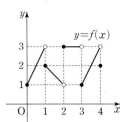 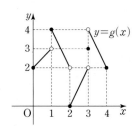

두 함수 $f(x)$, $g(x)$가 $0\le x\le 4$인 모든 실수 x에 대하여

$$f(x)=f(x+4)-1,\ g(x)=g(x+4)$$

를 만족시킬 때, $\lim\limits_{x\to a}g(f(x))$의 값이 존재하도록 하는 정수 a의 값의 합을 구하시오. (단, $1\le a\le 7$)

유형 3 극한값이 존재할 조건

3 두 삼차함수 $f(x)=x^3+ax^2+bx+c$,

$g(x)=cx^3+bx^2+ax+1$에 대하여 방정식 $f(x)=0$의 해가

$\dfrac{1}{2}$, 3, a $(a\ne 0)$이고, 2가 아닌 임의의 실수 t에 대하여

$\lim\limits_{x\to t}\dfrac{f(x)}{g(x)}$가 존재할 때, $\lim\limits_{x\to a}\dfrac{f(x)}{g(x)}$의 값을 구하시오.

(단, a, b, c는 상수이다.)

3-1 삼차함수 $f(x)$와 이차함수 $g(x)$가 다음 조건을 만족시킬 때, $f(4)+g(4)$의 값을 구하시오.

┌─────────────────────────────┐

(가) $\lim\limits_{x\to 1}\dfrac{f(x)}{x-1}=2$

(나) $g(1)=1$, $\lim\limits_{x\to 1}\dfrac{g(x)-g(3)}{x-1}=-2$

(다) 모든 실수 p에 대하여 $\lim\limits_{x\to p}\dfrac{f(x)}{g(x)}$의 값이 존재한다.

└─────────────────────────────┘

유형 4 함수의 극한에 대한 명제

4 두 함수 $f(x)$, $g(x)$에 대하여 보기에서 옳은 것의 개수는?

┤ 보기 ├

ㄱ. $\lim\limits_{x\to\infty} f(x)$와 $\lim\limits_{x\to\infty} \{f(x)+g(x)\}$의 값이 모두 존재하면 $\lim\limits_{x\to\infty} g(x)$의 값도 존재한다.

ㄴ. $\lim\limits_{x\to\infty} f(x)$와 $\lim\limits_{x\to\infty} f(x)g(x)$의 값이 모두 존재하면 $\lim\limits_{x\to\infty} g(x)$의 값도 존재한다.

ㄷ. 모든 실수 x에 대하여 $f(x) < g(x)$이면 $\lim\limits_{x\to\infty} f(x) < \lim\limits_{x\to\infty} g(x)$이다.

ㄹ. $\lim\limits_{x\to 0} \dfrac{x}{f(x)} = 0$이면 $\lim\limits_{x\to 0} f(x) = 0$이다.

① 0   ② 1   ③ 2

④ 3   ⑤ 4

4-1 두 함수 $f(x)$, $g(x)$에 대하여 보기에서 옳은 것만을 있는 대로 고른 것은?

┤ 보기 ├

ㄱ. $\lim\limits_{x\to 0} f(x) = 0$이고 $\lim\limits_{x\to 0} \dfrac{g(x)}{f(x)} = 0$이면 $\lim\limits_{x\to 0} g(x) = 0$이다.

ㄴ. $\lim\limits_{x\to 0} f(x) = 0$이고 $\lim\limits_{x\to 0} f(x)g(x) = 0$이면 $\lim\limits_{x\to 0} g(x)$의 값이 존재한다.

ㄷ. $\lim\limits_{x\to 1} f(x) = 1$이면 $\lim\limits_{x\to\infty} f\left(1+\dfrac{1}{x}\right) = 1$이다.

ㄹ. $\lim\limits_{x\to 0} \dfrac{x^2+2x-2f(x)}{x+f(x)} = 4$이면 $\lim\limits_{x\to 0} \dfrac{f(x)}{x} = -\dfrac{1}{3}$이다.

① ㄱ, ㄴ   ② ㄱ, ㄷ   ③ ㄱ, ㄴ, ㄷ

④ ㄱ, ㄷ, ㄹ   ⑤ ㄴ, ㄷ, ㄹ

유형 5 함수의 극한에 대한 성질

5 두 함수 $f(x)$, $g(x)$에 대하여 $g(x) = f(x) - f(1)$이고 $\lim\limits_{x\to 1} \dfrac{f(x)+x^3}{x-1} = 7$일 때, $\lim\limits_{x\to 1} \dfrac{f(x)g(x)}{x^2+x-2}$의 값은?

① $-\dfrac{5}{3}$ ② $-\dfrac{4}{3}$ ③ -1

④ $-\dfrac{2}{3}$ ⑤ $-\dfrac{1}{3}$

5-1 두 함수 $f(x)$, $g(x)$가

$$\lim\limits_{x\to 0} \dfrac{g(x)}{f(x)} = k, \quad \lim\limits_{x\to 0} \{f(x) - g(x)\} = 2, \quad \lim\limits_{x\to 0} \dfrac{g(x)+1}{f(x)+2} = 2$$

를 만족시킬 때, 실수 k의 값은? (단, $f(x) \neq 0$, $f(x) \neq -2$)

① $\dfrac{6}{5}$ ② $\dfrac{7}{5}$ ③ $\dfrac{8}{5}$

④ $\dfrac{9}{5}$ ⑤ 2

유형 6 다항함수의 결정 (1)

6 상수항과 계수가 모두 정수인 두 다항함수 $f(x)$, $g(x)$가 다음 조건을 만족시킬 때, $f(2)$의 최댓값은? |수능 기출|

(가) $\lim\limits_{x\to\infty} \dfrac{f(x)g(x)}{x^3} = 2$

(나) $\lim\limits_{x\to 0} \dfrac{f(x)g(x)}{x^2} = -4$

① 4   ② 6   ③ 8

④ 10   ⑤ 12

6-1 상수함수가 아닌 두 다항함수 $f(x)$, $g(x)$가 다음 조건을 만족시킨다.

(가) $\lim\limits_{x\to\infty} \dfrac{f(x)g(x)}{x^3} = 3$

(나) $\lim\limits_{x\to 0} \dfrac{f(x)g(x)}{x} = 2$

(다) $f(0) = 0$

$f(1)$의 최댓값을 M, 최솟값을 m이라 할 때, $M - m$의 값을 구하시오. (단, $f(x)$, $g(x)$의 계수와 상수항은 모두 정수이다.)

유형 7 다항함수의 결정 (2) – 치환을 이용한 다항함수의 추론

7 다항함수 $f(x)$가

$$\lim_{x \to 0+} \frac{(x^3+x^2)f\left(\frac{1}{x}\right)-1}{2(x^2-x)}=-4, \quad \lim_{x \to 0} \frac{f(x)-3}{x}=k$$

를 만족시킬 때, 실수 k의 값을 구하시오.

7-1 다항함수 $f(x)$가

$$\lim_{x \to 0+} \frac{(x^6+x^4)f\left(\frac{1}{x^2}\right)-2}{x^5+x^2}=3, \quad \lim_{x \to 1} \frac{x-1}{\sqrt{f(x)}-x}=k$$

를 만족시킬 때, $k+f(k)$의 값은?

(단, k는 0이 아닌 실수이다.)

① $\frac{1}{9}$　　　② $\frac{2}{9}$　　　③ $\frac{1}{3}$

④ $\frac{4}{9}$　　　⑤ $\frac{5}{9}$

유형 8 함수의 극한의 도형에의 활용 (1) – 좌표평면

8 오른쪽 그림과 같이 곡선 $y=\sqrt{x}$ 위의 점 $A(t, \sqrt{t})$ $(t>0)$를 중심으로 하고 x축에 접하는 원을 C라 하자. 원점을 지나고 원 C에 접하는 직선의 기울기를 $f(t)$라 할 때, $\lim\limits_{t \to 0+} \frac{f(t)}{\sqrt{t}}$의 값은? (단, $t \neq 1$, $f(t)>0$)

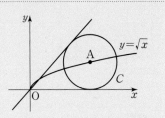

① -2　　　② -1　　　③ 0

④ 1　　　⑤ 2

8-1 오른쪽 그림과 같이 원점 O와 곡선 $y=x^2$ 위의 점 $P(t, t^2)$ $(t>0)$을 지나는 직선을 l이라 하자. 직선 l과 점 P에서 접하고 동시에 x축에 접하는 원의 중심을 $C(a, b)$라 할 때, $\lim\limits_{t \to 0+} \frac{b}{t(a+b)}$의 값은? (단, $a>0$)

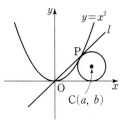

① $\frac{1}{4}$　　　② $\frac{1}{3}$　　　③ $\frac{1}{2}$

④ 1　　　⑤ 2

유형 9 함수의 극한의 도형에의 활용 (2) – 도형의 성질

9 오른쪽 그림과 같이 점 O를 중심으로 하고 길이가 8인 선분 AB를 지름으로 하는 반원이 있다. 두 점 O, B를 제외한 선분 OB 위의 점 P에 대하여 점 P를 지나고 선분 OB에 수직인 직선이 호 AB와 만나는 점을 Q라 하자. $\overline{OP}=x$, $\overline{AQ}=f(x)$라 할 때, $\lim\limits_{x \to 4-} \frac{8-f(x)}{4-x}$의 값은?

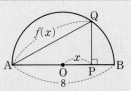

① $\frac{1}{2}$　　　② $\frac{5}{8}$　　　③ $\frac{3}{4}$

④ $\frac{7}{8}$　　　⑤ 1

9-1 오른쪽 그림과 같이 점 O를 중심으로 하고 길이가 4인 선분 AB를 지름으로 하는 반원 위의 점 P에 대하여 삼각형 PAO에 내접하는 원의 넓이를 S_1, 삼각형 POB에 내접하는 원의 넓이를 S_2라 하자. 점 P가 점 B에 한없이 가까워질 때, $\frac{S_1+S_2}{\overline{AB}-\overline{AP}}$의 극한값은?

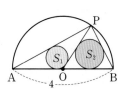

① 2π　　　② $\frac{9}{4}\pi$　　　③ $\frac{5}{2}\pi$

④ $\frac{11}{4}\pi$　　　⑤ 3π

01 $-1<x<2$에서 정의된 두 함수 $f(x)$, $g(x)$의 그래프가 다음 그림과 같을 때,

$$\lim_{x \to 0-} g(f^{-1}(x)) + \lim_{x \to 0-} g(f^{-1}(-x)) + \lim_{x \to 1+} f^{-1}(g(x))$$

의 값은? (단, $f^{-1}(x)$는 $f(x)$의 역함수이다.)

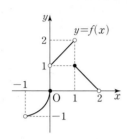 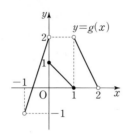

① 1   ② 2   ③ 3
④ 4   ⑤ 5

02 $\displaystyle\lim_{x \to \infty} \frac{2}{\sqrt{[x^2+2x]}-x}$의 값을 구하시오.

(단, $[x]$는 x보다 크지 않은 최대의 정수이다.)

03 자연수 m, n에 대하여 $\displaystyle\lim_{x \to 0} \frac{x^m+1-\sqrt{2x^4+1}}{x^n}$의 값이 양수가 되도록 하는 순서쌍 (m, n)의 개수는?

① 1   ② 2   ③ 3
④ 4   ⑤ 5

04 두 함수 $f(x)$, $g(x)$에 대하여 보기에서 옳은 것만을 있는 대로 고른 것은? (단, a는 실수이다.)

┤보기├

ㄱ. $\displaystyle\lim_{x \to a} [\{f(x)\}^2 + \{g(x)\}^2] = 0$이면 $\displaystyle\lim_{x \to a} \{f(x)\}^2 = 0$이고 $\displaystyle\lim_{x \to a} \{g(x)\}^2 = 0$이다.

ㄴ. $\displaystyle\lim_{x \to a} |f(x)|$의 값이 존재하면 $\displaystyle\lim_{x \to a} f(x)$의 값이 존재한다.

ㄷ. $\displaystyle\lim_{x \to a} f(f(x))$의 값이 존재하면 $\displaystyle\lim_{x \to a} f(x)$의 값이 존재한다.

① ㄱ   ② ㄱ, ㄴ   ③ ㄱ, ㄷ
④ ㄴ, ㄷ   ⑤ ㄱ, ㄴ, ㄷ

05 두 다항함수 $f(x)$, $g(x)$에 대하여

$g(x) = xf(x) + 2x - 4$이고 $\displaystyle\lim_{x \to 2} \frac{g(x)-x}{x-2} = 3$일 때,

$\displaystyle\lim_{x \to 2} \frac{f(x)g(x)-x}{x^3-8}$의 값은?

① $\dfrac{1}{6}$ ② $\dfrac{1}{3}$ ③ $\dfrac{1}{2}$
④ $\dfrac{2}{3}$ ⑤ $\dfrac{5}{6}$

06 두 함수 $f(x)$, $g(x)$가 다음 조건을 만족시킬 때,

$\displaystyle\lim_{x \to 1} \frac{\{f(x)-x^2\}\{g(x)+x^3\}}{(x-1)^2}$의 값은?

㈎ 모든 실수 x에 대하여 $f(x) - g(x) = 2x^2$이다.

㈏ $\displaystyle\lim_{x \to 1} \frac{f(x)-x^2}{g(x)+x^3} = \frac{3}{2}$

① $\dfrac{9}{2}$ ② 5   ③ $\dfrac{11}{2}$
④ 6   ⑤ $\dfrac{13}{2}$

07 다항함수 $f(x)$와 함수 $g(x)$가 다음 조건을 만족시킨다.

> (가) $\displaystyle\lim_{x\to 0}\frac{\{f(x)\}^2+x^2}{\{f(x)\}^2-x^2}=\frac{13}{12}$
>
> (나) 모든 실수 x에 대하여 $f(x)g(x)+f(x)-xg(x)+2x=0$

모든 $\displaystyle\lim_{x\to 0}g(x)$의 값의 곱을 $\dfrac{q}{p}$라 할 때, $p+q$의 값은?

(단, p와 q는 서로소인 자연수이다.)

① 15   ② 16   ③ 17
④ 18   ⑤ 19

08 x에 대한 방정식 $x^2+2kx+k^2-k-2=0$의 서로 다른 두 실근 중 큰 값을 $f(k)$라 하자. 상수 a, b에 대하여 $\displaystyle\lim_{k\to a}\frac{f(k)}{k-a}=b$일 때, $4(a-b)$의 값은? (단, $k>-2$)

① 5   ② 7   ③ 9
④ 11   ⑤ 13

09 최고차항의 계수가 1인 삼차함수 $f(x)$에 대하여 $\displaystyle\lim_{x\to 2}\frac{|f(x)-f(2)|}{x-2}$의 값이 존재하고 $\displaystyle\lim_{x\to 3}\frac{f(x)-f(3)}{x-3}=9$일 때, $f(3)-f(2)$의 값은?

① 2   ② 4   ③ 6
④ 8   ⑤ 10

▶정답과 해설 12쪽

신 유형

10 $\displaystyle\lim_{x\to k}\frac{[x]^2+ax-a+6}{[x]}$의 값이 존재하도록 하는 정수 k의 개수가 2이다. 실수 a의 최댓값을 M, 최솟값을 m이라 할 때, $M+m$의 값은?

(단, $[x]$는 x보다 크지 않은 최대의 정수이다.)

① -4 ② -2 ③ 0
④ 2 ⑤ 4

11 최고차항의 계수가 자연수인 두 다항함수 $f(x)$, $g(x)$에 대하여

$$\lim_{x\to\infty}\frac{f(x)+g(x)}{x^3}=2,\quad \lim_{x\to 0}\frac{f(x)-g(x)}{x^2}=4$$

이 성립한다. $\displaystyle\lim_{x\to 1}\frac{f(x)g(x)-3}{x-1}$의 값이 존재할 때, $f(1)+g(1)$의 최댓값을 M, 최솟값을 m이라 하자. M^2+m^2의 값을 구하시오.

12 두 함수 $f(x)$, $g(x)$가

$$f(x)=\begin{cases} x^2 & (0\le x<2) \\ 2 & (x=2) \\ -2x+8 & (2<x<4) \end{cases},\quad g(x)=\begin{cases} x & (0\le x<1) \\ [x] & (1\le x<2) \end{cases}$$

이고, 모든 실수 x에 대하여

$$f(x)=f(x+4),\quad g(x)=g(x-2)+1$$

을 만족시킨다. 양수 k에 대하여 $0<x<k$에서 $\displaystyle\lim_{x\to a}f(g(x))$의 값이 존재하지 않도록 하는 자연수 a의 개수가 4이기 위한 k의 최댓값은? (단, $[x]$는 x보다 크지 않은 최대의 정수이다.)

① 12   ② 19   ③ 20
④ 27   ⑤ 28

13 다항함수 $f(x)$에 대하여 $\lim\limits_{x \to 0+} \dfrac{(x^3+x^2)f\left(\frac{1}{x}\right)-\frac{1}{x}}{x^3+1}=4$

이고 모든 실수 k에 대하여 $\lim\limits_{x \to k} \dfrac{x+1}{f(x)}$의 값이 존재한다. $f(0)$

의 값이 자연수일 때, $f(2)$의 최솟값은?

① 27   ② 30   ③ 33

④ 36   ⑤ 39

신 유형

14 최고차항의 계수가 1인 삼차함수 $f(x)$가 다음 조건을 만족시킬 때, $s+t$의 값은? (단, s는 실수이다.)

> (가) $\lim\limits_{x \to 0} \dfrac{f(x)+3}{x}=s$
>
> (나) $\lim\limits_{x \to t} \dfrac{f(x)}{x-t}=2$를 만족시키는 실수 t가 오직 하나 존재한다.

① 6   ② 7   ③ 8

④ 9   ⑤ 10

15 다항함수 $f(x)$가 다음 조건을 만족시킬 때, $f(3)$의 값을 구하시오.

> (가) $\lim\limits_{x \to 1} \dfrac{f(x)}{(x-1)^2}=1$
>
> (나) $\lim\limits_{x \to \infty} \dfrac{x^3 f\left(\frac{1}{x}\right)+2f(x)}{x^3}=3$

16 오른쪽 그림과 같이 점 O 를 중심으로 하고 길이가 2인 선 분 AB를 지름으로 하는 반원이 점 A를 중심으로 하고 반지름의 길이가 r인 원과 만나는 두 점을 P, Q라 하자. 삼각형 APQ의

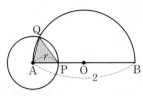

넓이를 $S(r)$, 선분 PQ의 길이를 $l(r)$라 할 때, $\lim\limits_{r \to 2-} \dfrac{S(r)}{l(r)}$의

값을 구하시오. (단, $0<r<2$)

17 양수 a에 대하여 곡선 $y=\sqrt{a(x+1)}$이 원 $x^2+y^2=1$과 만나는 점을 P, 점 $(1, 0)$을 지나고 x축에 수직인 직선과 만나는 점을 Q라 하자. 직선 OP의 기울기를 $m_1(a)$, 직선 OQ의

기울기를 $m_2(a)$라 할 때, $\lim\limits_{a \to 0+} \dfrac{m_1(a)-m_2(a)}{a\sqrt{a}}$의 값은?

(단, O는 원점이고, 점 P는 x축 위의 점이 아니다.)

① $\dfrac{\sqrt{2}}{4}$ ② $\dfrac{3\sqrt{2}}{8}$ ③ $\dfrac{\sqrt{2}}{2}$

④ $\dfrac{5\sqrt{2}}{8}$ ⑤ $\dfrac{3\sqrt{2}}{4}$

18 오른쪽 그림과 같이 곡선 $y=2x^2$ 위의 점 $A(a, 2a^2)$과 곡선 $y=x^2$ 위의 점 C에 대하여 정사각형 ABCD의 모든 변은 x축 또는 y축에 평행하다. 점 A를 지나고 y축, x축에 평행한 직선이 곡선 $y=x^2$과 만나는

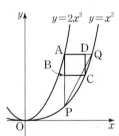

점을 각각 P, Q라 하자. 정사각형 ABCD의 넓이를 $S(a)$, 삼

각형 APQ의 넓이를 $T(a)$라 할 때, $\lim\limits_{a \to 0+} \dfrac{S(a)}{a \times T(a)}$의 값은?

(단, 정사각형 ABCD와 삼각형 APQ는 제1사분면 위에 있다.)

① $\sqrt{2}-1$ ② $2\sqrt{2}-2$ ③ $\sqrt{2}+1$

④ $2\sqrt{2}+2$ ⑤ $4\sqrt{2}+4$

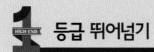

19 오른쪽 그림과 같이 한 변의 길이가 $2\sqrt{2}$인 정사각형 ABCD와 한 변의 길이가 $\sqrt{2}$인 정사각형 EFGH가 좌표평면 위에 있다. 실수 r에 대하여 원 $x^2+y^2=r^2$이 두 정사각형과 만나는 점의 개수를 $f(r)$라 할 때, $\lim\limits_{r \to a-} f(r) < f(a)$를 만족시키는 모든 실수 a의 값의 곱을 구하시오.

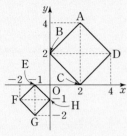

21 최고차항의 계수가 1인 두 다항함수 $f(x)$, $g(x)$에 대하여 다음 조건을 만족시키는 $g(x)$ 중 차수가 가장 낮은 다항함수를 $g_1(x)$라 할 때, $g_1(5)$의 값을 구하시오.

> (가) 이차방정식 $f(x)=0$의 해는 $x=2$ 또는 $x=3$이다.
>
> (나) $\lim\limits_{x \to n} \dfrac{f(x)g(x)-\{f(x)\}^2}{g(x)}=(n-1)(n-4)\,(n=1, 2, 3, 4)$

20 함수 $f(x)=\begin{cases} x^2-1 & (x \le 1) \\ \dfrac{4-3x}{1-x} & (x>1) \end{cases}$에 대하여 함수 $y=|f(x)|$의 그래프와 직선 $y=x+k$가 만나는 점의 개수를 $g(k)$라 하자. 최고차항의 계수가 1인 삼차함수 $h(k)$에 대하여 $h(|3p_0|)=4$이고, $p \ne p_0$인 모든 실수 p에 대하여 $\lim\limits_{k \to p} h(g(k))$의 값이 존재할 때, $h(1)$의 최댓값과 최솟값의 합을 구하시오.

22 함수 $f(x)=\begin{cases} x-1 & (x<a) \\ -(x-4)^2 & (x \ge a) \end{cases}$에 대하여 $\lim\limits_{x \to a} f(x)f(x-k)$의 값이 존재하도록 하는 실수 k의 개수를 $g(a)$라 할 때, 보기에서 옳은 것만을 있는 대로 고른 것은?

> ┤보기├
> ㄱ. $g(1)=1$
> ㄴ. $\lim\limits_{a \to 1-} g(a) + \lim\limits_{a \to 4-} g(a) = 3$
> ㄷ. $g(\alpha)+g(\beta)=5$가 되도록 하는 α, β에 대하여 $\alpha+\beta$의 최댓값은 9이다.

① ㄱ   ② ㄱ, ㄴ   ③ ㄱ, ㄷ
④ ㄴ, ㄷ   ⑤ ㄱ, ㄴ, ㄷ

02 함수의 연속

개념 1 함수의 연속과 불연속

(1) **함수의 연속**: 함수 $f(x)$가 실수 a에 대하여 다음을 모두 만족시킬 때, 함수 $f(x)$는 $x=a$에서 연속이라 한다. → 함수 $y=f(x)$의 그래프가 $x=a$에서 끊어지지 않고 이어져 있다.

　(i) 함수 $f(x)$가 $x=a$에서 정의되어 있다.

　(ii) 극한값 $\lim\limits_{x \to a} f(x)$가 존재한다.

　(iii) $\lim\limits_{x \to a} f(x)=f(a)$

(2) **함수의 불연속**: 함수 $f(x)$가 $x=a$에서 연속이 아닐 때, 함수 $f(x)$는 $x=a$에서 불연속이라 한다. → 함수 $y=f(x)$의 그래프가 $x=a$에서 끊어져 있다.

> 함수 $f(x)$가 함수의 연속 조건 세 가지 중 어느 하나라도 만족시키지 않으면 함수 $f(x)$는 $x=a$에서 불연속이다.
> ① $f(a)$가 정의되어 있지 않은 경우
>
>
>
> ② $\lim\limits_{x \to a} f(x)$가 존재하지 않는 경우
>
>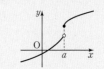
>
> ③ $\lim\limits_{x \to a} f(x) \neq f(a)$인 경우
>
>

개념 2 연속함수

(1) 함수 $f(x)$가 어떤 구간에 속하는 모든 실수에 대하여 연속일 때, 함수 $f(x)$는 그 구간에서 연속이라 하고, 어떤 구간에서 연속인 함수를 그 구간에서 연속함수라 한다.

(2) 함수 $f(x)$가 다음을 모두 만족시킬 때, 함수 $f(x)$는 닫힌구간 $[a, b]$에서 연속이라 한다.

　(i) 열린구간 (a, b)에서 연속이고

　(ii) $\lim\limits_{x \to a+} f(x)=f(a)$, $\lim\limits_{x \to b-} f(x)=f(b)$

개념 3 연속함수의 성질

두 함수 $f(x)$, $g(x)$가 $x=a$에서 연속이면 다음 함수도 $x=a$에서 연속이다.

(1) $cf(x)$ (단, c는 상수)　　　　　(2) $f(x)+g(x)$, $f(x)-g(x)$

(3) $f(x)g(x)$　　　　　　　　　　(4) $\dfrac{f(x)}{g(x)}$ (단, $g(a) \neq 0$)

참고 상수함수와 일차함수 $y=x$는 모든 실수 x에서 연속이므로 다항함수는 모든 실수 x에서 연속이다.

> **여러 가지 함수의 연속**
> ① 다항함수 $y=f(x)$는 모든 실수 x에서 연속이다.
> ② 유리함수 $y=\dfrac{f(x)}{g(x)}$는 $g(x) \neq 0$인 모든 실수 x에서 연속이다.
> ③ 무리함수 $y=\sqrt{f(x)}$는 $f(x) \geq 0$인 모든 실수 x에서 연속이다.

개념 4 최대·최소 정리와 사잇값의 정리

(1) **최대·최소 정리**: 함수 $f(x)$가 닫힌구간 $[a, b]$에서 연속이면 함수 $f(x)$는 이 구간에서 반드시 최댓값과 최솟값을 갖는다.

　참고 함수의 정의역이 닫힌구간이 아니거나 함수가 연속함수가 아니면 최댓값 또는 최솟값을 갖지 않을 수도 있다.

(2) **사잇값의 정리**: 함수 $f(x)$가 닫힌구간 $[a, b]$에서 연속이고 $f(a) \neq f(b)$이면 $f(a)$와 $f(b)$ 사이의 임의의 값 k에 대하여 $f(c)=k$인 c가 열린구간 (a, b)에 적어도 하나 존재한다.

(3) **사잇값의 정리의 활용**: 함수 $f(x)$가 닫힌구간 $[a, b]$에서 연속이고 $f(a)f(b)<0$이면 $f(c)=0$인 c가 열린구간 (a, b)에 적어도 하나 존재한다. 즉, 방정식 $f(x)=0$은 열린구간 (a, b)에서 적어도 하나의 실근을 갖는다.

주의 최대·최소 정리와 사잇값의 정리는 연속함수에서만 성립하는 성질임에 유의한다.

> **최대·최소 정리**
>
>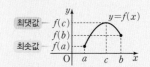
>
> **사잇값의 정리**
>
>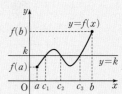

빈출1. **함수의 연속과 불연속**

01 보기에서 실수 전체의 집합에서 연속인 함수만을 있는 대로 고른 것은?

┌ 보기 ┐
ㄱ. $f(x) = \begin{cases} \dfrac{x^2-x-2}{x+1} & (x \neq -1) \\ -3 & (x=-1) \end{cases}$

ㄴ. $g(x) = \begin{cases} \dfrac{x^2-3x}{|x|} & (x \neq 0) \\ 3 & (x=0) \end{cases}$

ㄷ. $h(x) = \begin{cases} x-1 & (x<1) \\ \sqrt{x-1} & (x \geq 1) \end{cases}$

① ㄱ   ② ㄷ   ③ ㄱ, ㄴ
④ ㄱ, ㄷ   ⑤ ㄴ, ㄷ

02 함수 $f(x) = \dfrac{1}{x + \dfrac{3}{x - \dfrac{4}{x}}}$ 이 $x=a$에서 불연속일 때, 실수 a의 개수는?

① 1   ② 2   ③ 3
④ 4   ⑤ 5

03 함수 $y=f(x)$의 그래프가 오른쪽 그림과 같을 때, 보기에서 옳은 것만을 있는 대로 고른 것은?

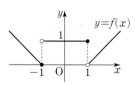

┌ 보기 ┐
ㄱ. $\lim\limits_{x \to 1} f(x) = 1$
ㄴ. 함수 $f(x+1)$은 $x=-1$에서 연속이다.
ㄷ. 함수 $f(x)f(-x)$는 $x=1$에서 연속이다.

① ㄱ   ② ㄴ   ③ ㄱ, ㄴ
④ ㄱ, ㄷ   ⑤ ㄴ, ㄷ

빈출2. **연속함수의 성질**

04 실수 전체의 집합에서 정의된 두 함수 $f(x)$, $g(x)$에 대하여 다음 중 옳지 <u>않은</u> 것을 모두 고르면? (정답 2개)

① $f(x)$와 $g(x)$가 연속함수이면 $\{f(x)\}^2 - \{g(x)\}^2$도 연속함수이다.

② $f(x)$와 $g(x)$가 연속함수이면 $\dfrac{1}{f(x)+g(x)}$도 연속함수이다.

③ $g(x)$와 $f(x)-g(x)$가 연속함수이면 $f(x)$도 연속함수이다.

④ $\dfrac{f(x)}{g(x)}$와 $f(x)$가 연속함수이면 $g(x)$도 연속함수이다.

⑤ $f(x)$와 $f(x)+g(x)$가 연속함수이면 $g(x)$도 연속함수이다.

빈출3. **함수가 연속일 조건**

05 함수
$$f(x) = \begin{cases} (x+2)(x-1) & (|x| \geq 1) \\ \dfrac{\sqrt{x^2+a}+b}{x+1} & (|x| < 1) \end{cases}$$
가 실수 전체의 집합에서 연속일 때, $b-2a$의 값을 구하시오.
(단, a, b는 상수이다.)

06 실수 전체의 집합에서 연속인 함수 $f(x)$가
$$(x^2-4)f(x) = x^3 + 2x^2 + ax + b$$
를 만족시킬 때, $f(-2)+f(2)$의 값을 구하시오.
(단, a, b는 상수이다.)

07 두 함수
$$f(x)=\begin{cases} x+10 & (x\le a) \\ x^2+4x & (x>a) \end{cases},\ g(x)=x-3a+5$$
에 대하여 함수 $f(x)g(x)$가 실수 전체의 집합에서 연속이 되도록 하는 모든 실수 a의 값의 곱은?

① -25　　　② -5　　　③ 1

④ 5　　　⑤ 25

08 다항함수 $g(x)$에 대하여 함수
$$f(x)=\begin{cases} \dfrac{g(x)}{x-3} & (x\ne 3) \\ k & (x=3) \end{cases}$$
가 실수 전체의 집합에서 연속일 때, $\lim\limits_{x\to 3}\dfrac{f(x)g(x)}{x^2-9}=2$를 만족시키는 모든 실수 k의 값의 곱을 구하시오.

빈출4 여러 가지 함수의 연속

교과서 심화 변형

09 함수 $f(x)=[x^2]+(ax+2)[x-3]+x$가 $x=2$에서 연속일 때, 상수 a의 값은?

(단, $[x]$는 x보다 크지 않은 최대의 정수이다.)

① -2　　　② $-\dfrac{3}{2}$　　　③ -1

④ $-\dfrac{1}{2}$　　　⑤ 0

10 함수 $y=f(x)$의 그래프가 오른쪽 그림과 같다. 함수 $g(x)=x^3-ax^2+bx-2$에 대하여 합성함수 $g(f(x))$가 실수 전체의 집합에서 연속일 때, a^2+b^2의 값은?

(단, a, b는 상수이다.)

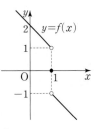

① 1　　　② 2　　　③ 3

④ 4　　　⑤ 5

11 함수 $f(x)$는 모든 실수 x에 대하여 $f(x+3)=f(x)$를 만족시키고
$$f(x)=\begin{cases} x^2+ax+b & (0\le x<2) \\ -2(x-4) & (2\le x\le 3) \end{cases}$$
이다. 함수 $f(x)$가 실수 전체의 집합에서 연속일 때, $f(7)$의 값을 구하시오. (단, a, b는 상수이다.)

빈출5 최대·최소 정리와 사잇값의 정리

12 닫힌구간 $[-4, 0]$에서 함수 $f(x)=\dfrac{k}{x-2}-2$의 최댓값과 최솟값의 곱이 4일 때, 상수 k의 값은? (단, $k<0$)

① -2　　　② -4　　　③ -8

④ -16　　　⑤ -32

13 다항함수 $f(x)$에 대하여
$$\lim_{x\to -1}\frac{f(x)}{x+1}=1,\ \lim_{x\to 2}\frac{f(x)}{x-2}=2$$
일 때, 방정식 $f(x)=0$은 닫힌구간 $[-1, 2]$에서 적어도 몇 개의 실근을 갖는지 구하시오.

14 연속함수 $f(x)$에 대하여 $f(1)=1$, $f(2)=k^2-5k+3$, $f(3)=9$일 때, 두 함수 $y=f(x)$와 $y=x^2-1$의 그래프가 두 열린구간 $(1, 2)$, $(2, 3)$에서 각각 적어도 하나의 교점을 갖도록 하는 모든 정수 k의 값의 합을 구하시오.

유형1 그래프를 이용한 함수의 연속

1 닫힌구간 $[-1, 1]$에서 정의된 함수 $y=f(x)$의 그래프가 오른쪽 그림과 같다. 닫힌구간 $[-1, 1]$에서 정의된 두 함수 $g(x)$, $h(x)$가 $g(x)=\dfrac{|f(x)|+f(x)}{2}$,

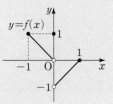

$h(x)=f(x)-f(-x)$일 때, 보기에서 옳은 것만을 있는 대로 고른 것은?

┌보기┌
ㄱ. 함수 $g(x)$는 닫힌구간 $[-1, 1]$에서 연속이다.
ㄴ. $\lim\limits_{x \to 0+} h(x)=1$
ㄷ. 함수 $g(x)h(x)$는 $x=0$에서 연속이다.

① ㄱ   ② ㄷ   ③ ㄱ, ㄴ
④ ㄴ, ㄷ   ⑤ ㄱ, ㄴ, ㄷ

유형2 구간으로 나누어진 함수가 연속일 조건

2 함수 $f(x)$가 $f(x)=\begin{cases} x^2 & (x\neq1) \\ 2 & (x=1) \end{cases}$일 때, 보기에서 옳은 것만을 있는 대로 고른 것은? | 모평 기출 |

┌보기┌
ㄱ. $\lim\limits_{x \to 1-} f(x) = \lim\limits_{x \to 1+} f(x)$
ㄴ. 함수 $g(x)=f(x-a)$가 실수 전체의 집합에서 연속이 되도록 하는 실수 a가 존재한다.
ㄷ. 함수 $h(x)=(x-1)f(x)$는 실수 전체의 집합에서 연속이다.

① ㄱ   ② ㄴ   ③ ㄱ, ㄷ
④ ㄴ, ㄷ   ⑤ ㄱ, ㄴ, ㄷ

유형3 함수 $f(x)g(x)$가 연속일 조건

3 두 함수
$$f(x)=\begin{cases} -x^2+a & (x\leq2) \\ x^2-4 & (x>2) \end{cases}, g(x)=\begin{cases} x-4 & (x\leq2) \\ \dfrac{1}{x-2} & (x>2) \end{cases}$$
에 대하여 함수 $f(x)g(x)$가 $x=2$에서 연속이 되도록 하는 상수 a의 값은? | 학평 기출 |

① 1   ② 2   ③ 3
④ 4   ⑤ 5

1-1 닫힌구간 $[-1, 2]$에서 정의된 함수 $y=f(x)$의 그래프가 오른쪽 그림과 같다. 닫힌구간 $[-1, 2]$에서 정의된 두 함수 $g(x)$, $h(x)$가
$$g(x)=f(x)+f(x-1),$$
$$h(x)=f(x)f(x-1)$$

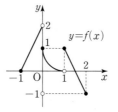

일 때, 보기에서 옳은 것만을 있는 대로 고른 것은?

┌보기┌
ㄱ. 함수 $g(x)$는 $x=1$에서 연속이다.
ㄴ. 함수 $h(x)$는 $x=1$에서 연속이다.
ㄷ. 함수 $g(x)h(x)$는 $x=1$에서 연속이다.

① ㄱ   ② ㄱ, ㄴ   ③ ㄱ, ㄷ
④ ㄴ, ㄷ   ⑤ ㄱ, ㄴ, ㄷ

2-1 함수 $f(x)$가 $f(x)=\begin{cases} x+k & (x\leq0) \\ (x-2)^2-1 & (x>0) \end{cases}$일 때, 함수 $f(x)f(-x)$가 $x=0$에서 연속이 되도록 하는 모든 실수 k의 값의 합은?

① 1   ② 2   ③ 3
④ 4   ⑤ 5

3-1 두 함수
$$f(x)=\begin{cases} x^2-x-2 & (x<a) \\ x+2 & (x\geq a) \end{cases}, g(x)=\begin{cases} -x-4 & (x<b) \\ x^2-2x-3 & (x\geq b) \end{cases}$$
가 있다. 함수 $f(x)g(x)$가 실수 전체의 집합에서 연속이 되도록 하는 실수 a, b에 대하여 $a+b$의 최댓값과 최솟값의 차는?
(단, $a\neq b$)

① $9+\sqrt{5}$ ② $5+\sqrt{5}$ ③ $1+\sqrt{5}$
④ $5-\sqrt{5}$ ⑤ $9-\sqrt{5}$

유형**4** \ 합성함수의 연속 (1) – 그래프

4 두 함수 $y=f(x)$, $y=g(x)$의 그래프가 그림과 같을 때, 보기에서 옳은 것만을 있는 대로 고른 것은? | 학평 기출 |

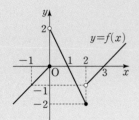 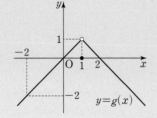

┌ 보기 ┐

ㄱ. $g(f(0))=0$

ㄴ. 함수 $g(f(x))$는 $x=0$에서 연속이다.

ㄷ. $-1 \leq x \leq 3$에서 함수 $g(f(x))$가 불연속인 x의 값은 2개이다.

① ㄱ   ② ㄷ   ③ ㄱ, ㄴ

④ ㄴ, ㄷ   ⑤ ㄱ, ㄴ, ㄷ

4-1 두 함수 $y=f(x)$, $y=g(x)$의 그래프가 그림과 같을 때, 보기에서 옳은 것만을 있는 대로 고른 것은?

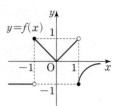 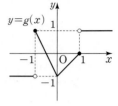

┌ 보기 ┐

ㄱ. 함수 $f(x)g(x)$는 $x=-1$에서 연속이다.

ㄴ. 함수 $f(g(x))$는 $x=0$에서 연속이다.

ㄷ. 함수 $g(|f(x)|)$는 $x=1$에서 연속이다.

① ㄱ   ② ㄴ   ③ ㄱ, ㄴ

④ ㄴ, ㄷ   ⑤ ㄱ, ㄴ, ㄷ

유형**5** \ 합성함수의 연속 (2) – 식

5 함수 $f(x)=\begin{cases} 10 & (x=n) \\ 0 & (x \neq n) \end{cases}$, $g(x)=\log x$에 대하여 열린 구간 $\left(\dfrac{1}{10000}, 10000 \right)$에서 합성함수 $(f \circ g)(x)$가 $x=a$에서 불연속인 모든 실수 a의 개수는? (단, n은 정수이다.)

① 3   ② 5   ③ 7

④ 9   ⑤ 11

5-1 함수 $f(x)=\left[\sin \dfrac{\pi}{2}x \right]$, $g(x)=4\cos x$에 대하여 닫힌 구간 $[0, 2\pi]$에서 합성함수 $(f \circ g)(x)$가 $x=a$에서 불연속인 모든 실수 a의 값의 합은?

(단, $[x]$는 x보다 크지 않은 최대의 정수이다.)

① 11π ② 12π ③ 13π

④ 14π ⑤ 15π

유형**6** \ 새롭게 정의된 함수의 불연속점의 개수

6 오른쪽 그림과 같이 중심의 좌표가 $(0, 3)$이고 반지름의 길이가 1인 원 C가 있다. 양수 r에 대하여 반지름의 길이가 r이고, 원 C와 한 점에서 만나면서 x축에 접하는 원의 개수를 $f(r)$라 하자. 열린구간 $(0, 4)$에서 함수 $f(r)$의 불연속인 점의 개수를 m이라 할 때, $f(1)+f(2)+m$의 값은?

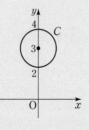

① 3   ② 4   ③ 5

④ 6   ⑤ 7

6-1 양의 실수 r에 대하여 원 $(x-2)^2+(y-1)^2=r^2$이 두 직선 $y=x$, $y=-x$와 만나는 점의 개수를 $f(r)$라 하자. 함수 $f(r)$의 불연속인 점의 개수를 m, $\lim\limits_{r \to a} f(r)$의 값이 존재하지 않도록 하는 실수 a의 개수를 n이라 할 때, $m+n$의 값은?

① 1   ② 2   ③ 3

④ 4   ⑤ 5

유형7 새롭게 정의된 함수가 연속일 조건

7 좌표평면에서 실수 m에 대하여 함수

$$f(x)=\begin{cases} x^2+ax+b & (x<m) \\ \dfrac{1}{4}(x-3)^2 & (x\geq m) \end{cases}$$

의 그래프가 직선 $y=mx$와 만나는 점의 개수를 $g(m)$이라 하자. $m\leq 0$에서 함수 $g(m)$이 연속이 되도록 하는 상수 a, b에 대하여 $a+b$의 값을 구하시오. | 학평 기출 |

7-1 좌표평면에서 정의역이 $\{x\,|\,x>0\}$인 함수

$$f(x)=\begin{cases} \dfrac{4}{x} & (0<x<2) \\ ax^2+bx+c & (x\geq 2) \end{cases}$$

의 그래프가 직선 $y=mx$와 만나는 점의 개수를 $g(m)$이라 할 때, 함수 $g(m)$이 실수 전체의 집합에서 연속이다. $f(4)=2$일 때, abc의 값은? (단, a, b, c는 상수이고 $a\neq 0$이다.)

① 1 　　② 2 　　③ 3
④ 4 　　⑤ 5

유형8 연속함수의 성질

8 두 함수 $f(x)$, $g(x)$에 대하여 보기에서 옳은 것만을 있는 대로 고른 것은? | 모평 기출 |

┌ 보기 ┐

ㄱ. $\lim\limits_{x\to 0} f(x)$와 $\lim\limits_{x\to 0} g(x)$가 모두 존재하지 않으면 $\lim\limits_{x\to 0}\{f(x)+g(x)\}$도 존재하지 않는다.

ㄴ. 함수 $f(x)$가 $x=0$에서 연속이면 함수 $|f(x)|$도 $x=0$에서 연속이다.

ㄷ. 함수 $|f(x)|$가 $x=0$에서 연속이면 함수 $f(x)$도 $x=0$에서 연속이다.

① ㄴ 　　② ㄷ 　　③ ㄱ, ㄴ
④ ㄱ, ㄷ 　　⑤ ㄴ, ㄷ

8-1 실수 a와 두 함수 $f(x)$, $g(x)$에 대하여 보기에서 옳은 것만을 있는 대로 고른 것은?

┌ 보기 ┐

ㄱ. 두 함수 $f(x)$, $f(x)g(x)$가 $x=a$에서 연속이면 함수 $g(x)$는 $x=a$에서 연속이다.

ㄴ. 함수 $f(x)$가 $x=a$에서 연속이고 함수 $g(x)$가 $x=f(a)$에서 연속이면 함수 $g(f(x))$는 $x=a$에서 연속이다.

ㄷ. 함수 $g(f(x))$가 $x=a$에서 연속이고 함수 $g(x)$가 $x=f(a)$에서 연속이면 함수 $f(x)$는 $x=a$에서 연속이다.

① ㄱ 　　② ㄴ 　　③ ㄷ
④ ㄱ, ㄴ 　　⑤ ㄴ, ㄷ

유형9 사잇값의 정리

9 두 함수 $f(x)=x^5+x^3-3x^2+k$, $g(x)=x^3-5x^2+3$에 대하여 열린구간 $(1, 2)$에서 방정식 $f(x)=g(x)$가 적어도 하나의 실근을 갖도록 하는 정수 k의 개수를 구하시오. | 학평 기출 |

9-1 x에 대한 방정식 $4kx^2-k^2x-12=0$이 열린구간 $(1, 2)$에서 적어도 하나의 실근을 갖도록 하는 정수 k의 개수는?

① 4 　　② 5 　　③ 6
④ 7 　　⑤ 8

01 닫힌구간 $[-1, 1]$에서 정의된 함수 $y=f(x)$의 그래프가 오른쪽 그림과 같다. 닫힌구간 $[-1, 1]$에서 정의된 두 함수 $g(x)$, $h(x)$가

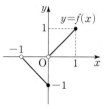

$$g(x)=f(x)+f(-x),$$
$$h(x)=f(x)f(-x)$$

일 때, 보기에서 $x=0$에서 연속인 함수만을 있는 대로 고른 것은?

┤보기├
ㄱ. $g(x)$　　　　　　　ㄴ. $h(x)$
ㄷ. $g(x)+h(x)$　　　　ㄹ. $g(x)h(x)$

① ㄱ　　　　　② ㄷ　　　　　③ ㄴ, ㄷ
④ ㄷ, ㄹ　　　　⑤ ㄱ, ㄴ, ㄷ, ㄹ

02 함수 $f(x)=\begin{cases} \dfrac{x^2+ax+b}{x+1} & (x\neq-1) \\ \dfrac{6}{c-1} & (x=-1) \end{cases}$ 이 실수 전체의

집합에서 연속일 때, $a+b+c$의 최댓값과 최솟값의 차는?
(단, a, b, c는 정수이고 $c\neq1$이다.)

① 20　　　　　② 22　　　　　③ 24
④ 26　　　　　⑤ 28

03 최고차항의 계수가 1인 삼차함수 $f(x)$가 다음 조건을 만족시킨다.

㈎ 유리함수 $\dfrac{1}{f(x)}$은 $x\neq-1$인 실수 전체의 집합에서 연속이다.

㈏ $\displaystyle\lim_{x\to-1}\dfrac{x+1}{f(x)}=1$

$f(0)$이 자연수일 때, $f(1)$의 최댓값은?

① 6　　　　　② 10　　　　　③ 14
④ 18　　　　　⑤ 22

04 최고차항의 계수가 1인 이차함수 $f(x)$에 대하여 함수
$$g(x)=\begin{cases} -x+4 & (f(x)\geq0) \\ x^2-2x+k & (f(x)<0) \end{cases}$$
가 다음 조건을 만족시킬 때, $f(k)$의 값은?
(단, k는 상수이다.)

㈎ 방정식 $f(x)=0$는 서로 다른 두 실근을 갖는다.
㈏ 함수 $g(x)$는 실수 전체의 집합에서 연속이다.
㈐ $f(2)=g(2)$

① 11　　　　　② 12　　　　　③ 13
④ 14　　　　　⑤ 15

05 최고차항의 계수가 1인 사차함수 $f(x)$와 실수 전체의 집합에서 연속인 함수 $g(x)$에 대하여
$$(x-2)g(x)=\begin{cases} \dfrac{f(x)}{x+2} & (|x|>2) \\ (x^2-x-2)f\left(\dfrac{x}{2}\right) & (|x|<2) \end{cases}$$
일 때, $g(-2)+g(2)=\dfrac{n}{m}$이다. $m+n$의 값은?
(단, m과 n은 서로소인 자연수이다.)

① 69　　　　　② 71　　　　　③ 73
④ 75　　　　　⑤ 79

06 집합
$$\{x\,|\,x^3+(a-4)x^2+(a^2-4a)x+a^3=0,\ a,\ x는\ 실수\}$$
의 원소의 개수를 $f(a)$라 할 때, 다항함수 $g(a)$에 대하여 함수 $f(a)g(a)$가 실수 전체의 집합에서 연속이다. 다항함수 $g(a)$ 중 차수가 가장 낮은 함수를 $h(a)$라 할 때, $\dfrac{h(5)}{h(3)}$의 값은?
(단, $h(a)$는 상수함수가 아니다.)

① 5　　　　　② 6　　　　　③ 7
④ 8　　　　　⑤ 9

07 원 $x^2+y^2=4$와 곡선 $y=x^2+k$가 만나는 점의 개수를 $f(k)$라 하자. 함수 $f(x)$에 대하여 함수 $f(x)g(x)$가 실수 전체의 집합에서 연속이 되도록 하는 최고차항의 계수가 4인 삼차함수 $g(x)$가 있다. $\lim\limits_{x \to a-} f(x) < f(a)$, $\lim\limits_{x \to -2-} f(x) = b$를 만족시키는 상수 a, b에 대하여 $g\left(a+\dfrac{13}{4}\right) - g(b-3)$의 값은?

① 21   ② 22   ③ 23

④ 24   ⑤ 25

08 두 함수 $y=f(x)$, $y=g(x)$의 그래프가 다음 그림과 같을 때, 보기에서 옳은 것만을 있는 대로 고른 것은?

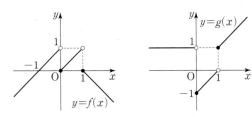

┌ 보기 ┐

ㄱ. $\lim\limits_{x \to 0} f(g(x)) = 0$

ㄴ. 함수 $(x-a)f(g(x))$가 실수 전체의 집합에서 연속이 되도록 하는 실수 a의 값이 존재한다.

ㄷ. 함수 $g(f(x))$의 불연속인 점은 3개이다.

① ㄱ   ② ㄱ, ㄴ   ③ ㄱ, ㄷ

④ ㄴ, ㄷ   ⑤ ㄱ, ㄴ, ㄷ

09 실수 전체의 집합에서 정의된 함수 $y=f(x)$의 그래프가 오른쪽 그림과 같다. 이차함수 $g(x)=x^2-2x+k$에 대하여 함수 $f(g(x))$의 불연속인 점의 개수를 $h(k)$라 할 때, $\sum\limits_{k=0}^{10} h(k)$의 값은? (단, k는 정수이다.)

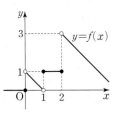

① 8   ② 10   ③ 12

④ 14   ⑤ 16

10 실수 m에 대하여 직선 $y=mx$가 함수 $y=\left|\dfrac{2-x}{x-1}\right|$의 그래프와 만나는 점의 개수를 $f(m)$이라 하자. 함수 $f(x)$에 대하여 최고차항의 계수가 1인 이차함수 $g(x)$가 다음 조건을 만족시킬 때, $g(0)-g(1)$의 값을 구하시오.

┌─────────────────────────────┐
(가) $\lim\limits_{x \to 1} \dfrac{g(x)-g(3)}{x-1}$의 값이 존재한다.

(나) 함수 $f(g(x))$의 불연속인 점은 3개이다.
└─────────────────────────────┘

11 실수 k에 대하여 직선 $y=k(x+2)$가 함수 $y=|x^2+x-2|$의 그래프와 만나는 점의 개수를 $f(k)$라 하자. 함수 $f(x)$에 대하여 합성함수 $(g \circ f)(x)$가 실수 전체의 집합에서 연속이 되도록 하는 최고차항의 계수가 1인 삼차함수 $g(x)$가 있다. $g(0)=-5$일 때, 방정식 $g(x)=0$의 세 근의 곱은?

① 1   ② 2   ③ 3

④ 4   ⑤ 5

12 세 정수 a, b, c에 대하여 $f(x)=a(x-b)^2+c$라 하자. 실수 t에 대하여 직선 $y=t$가 곡선 $y=f(|x|)$와 만나는 점의 개수를 $g(t)$라 할 때, 함수 $g(t)$는 다음 조건을 만족시킨다.

┌─────────────────────────────┐
(가) $g(-2) < g(-1) < g(0)$

(나) 함수 $g(t)$는 $t=b$에서 불연속이다.
└─────────────────────────────┘

$f(-2)$의 최댓값은?

① 15   ② 16   ③ 17

④ 18   ⑤ 19

13 실수 t에 대하여 함수 $f(x)=\begin{cases} a & (x<k) \\ |x^2+t| & (x\ge k) \end{cases}$ 가 실수 전체의 집합에서 연속이 되도록 하는 실수 k의 개수를 $g(t)$라 하자. $g(-3)>g(-2)>g(-1)$일 때, $a+g(2)$의 값을 구하시오. (단, a는 상수이다.)

14 함수 $f(x)=\sin\dfrac{3}{2}x+1$과 모든 항의 계수가 정수인 이차함수 $g(x)$가 있다. 실수 t에 대하여 직선 $y=t$가 두 함수 $y=f(x)(0\le x\le 2\pi)$, $y=g(x)$의 그래프와 만나는 점의 개수를 각각 $h_1(t)$, $h_2(t)$라 하자. $h(t)=h_1(t)+h_2(t)$라 할 때, 실수 k에 대하여 함수 $h(t)$는 다음 조건을 만족시킨다.

(가) $\lim\limits_{t\to k}h(t)$의 값은 존재하지만 함수 $h(t)$는 $t=k$에서 불연속이다.

(나) $\lim\limits_{x\to k}\dfrac{g(x)-g(k)}{x-k}=4$

모든 $g(k)$의 값의 곱은?

① 1   ② 2   ③ 3
④ 4   ⑤ 5

15 정의역이 $\{x|x\ge 0\}$인 함수 $f(x)$가 다음 조건을 만족시킨다.

(가) $f(x)=\begin{cases} \left(x-\dfrac{1}{2}\right)^2 & (0\le x<1) \\ x-\dfrac{3}{4} & (1\le x<2) \end{cases}$

(나) $x\ge 0$인 실수 x에 대하여 $f(x+2)=f(x)+\dfrac{3}{4}$이다.

실수 t에 대하여 직선 $y=\dfrac{1}{2}x-t$가 함수 $y=f(x)$의 그래프와 만나는 점의 개수를 $g(t)$라 하자. 또, 함수 $g(t)$가 $t=a$에서 불연속일 때, 실수 a의 값을 작은 것부터 차례대로 a_1, a_2, a_3, $\cdots$이라 하자. $16\sum\limits_{n=1}^{32}a_n$의 값은?

① 961   ② 966   ③ 971
④ 976   ⑤ 981

16 다항함수 $f(x)$에 대하여
$$\lim_{x\to 1}\frac{f(x)}{x-1}=1,\ \lim_{x\to 2}\frac{f(x)}{x-2}=2,\ \lim_{x\to 3}\frac{f(x)}{x-3}=3$$
일 때, 방정식 $f(x)=0$이 열린구간 $(1,3)$에서 적어도 n개의 실근을 갖는다. 자연수 n의 값은?

① 1   ② 2   ③ 3
④ 4   ⑤ 5

17 함수 $f(x)=x^2-4x+a$에 대하여 함수 $g(x)$를
$$g(x)=\begin{cases} f(x+2) & (x<a) \\ 3x+b & (x\ge a) \end{cases}$$
라 하자. 두 함수 $f(x)$, $g(x)$가 다음 조건을 만족시킬 때, 정수 b의 개수를 구하시오.

(가) 방정식 $f(x)=0$은 열린구간 $(0,1)$에서 적어도 하나의 실근을 갖는다.

(나) 함수 $g(x)$가 실수 전체의 집합에서 연속이 되도록 하는 실수 a는 1개이다.

신 유형
18 실수 전체의 집합에서 연속인 함수 $f(x)$가 다음 조건을 만족시킨다.

(가) $f(n)-f(n+1)=(-1)^n\times n^2$ (단, $n=1,2,3,4,5$)

(나) 닫힌구간 $[1,6]$에서 방정식 $f(x)=0$의 실근의 개수의 최솟값은 3이다.

$f(1)$의 값 중 정수인 것의 개수는?

① 3   ② 5   ③ 7
④ 9   ⑤ 11

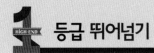
19 함수 $f(x)=\begin{cases} x & (x\neq0) \\ 1 & (x=0) \end{cases}$에 대하여 함수 $\dfrac{g(x)}{f(x)}$가 실수 전체의 집합에서 연속이 되도록 하는 사차식 $g(x)$가 다음 조건을 만족시킨다.

(가) $g(x)$의 모든 항의 계수는 음이 아닌 정수이다.

(나) 함수 $\dfrac{x^n}{g(x)}$이 실수 전체의 집합에서 연속이 되도록 하는 자연수 n의 최솟값은 2이다.

$g(1)=3$일 때, $g(2)$의 최댓값과 최솟값의 합은?

① 60　　　　② 62　　　　③ 64

④ 66　　　　⑤ 68

20 두 연속함수 $f(x)$, $g(x)$를
$$f(x)=\begin{cases} -x+a & (x<b) \\ x-3 & (x\geq b) \end{cases}, g(x)=|x^2-4|$$
라 하자. 실수 t에 대하여 방정식 $f(g(x))=t$의 서로 다른 실근의 개수를 $h(t)$라 할 때, 함수 $h(t)$는 다음 조건을 만족시킨다.

(가) $h(5)=4$

(나) 함수 $h(t)$의 불연속인 점은 2개뿐이다.

$a+b+\lim\limits_{t\to5-} h(t)$의 값은? (단, a, b는 상수이다.)

① 11　　　　② 12　　　　③ 13

④ 14　　　　⑤ 15

21 실수 k에 대하여 함수 $f(x)$는
$$f(x)=\begin{cases} x^2+k & (x<3) \\ \sqrt{x-3} & (x\geq3) \end{cases}$$
이다. 실수 t에 대하여 직선 $y=x+t$와 함수 $y=f(x)$의 그래프가 만나는 점의 개수를 $g(t)$라 하고 함수 $g(t)$의 불연속인 점의 개수를 $h(k)$라 할 때, 보기에서 옳은 것만을 있는 대로 고른 것은?

┤보기├
ㄱ. $h(0)=4$

ㄴ. $h(k)=2$가 되도록 하는 실수 k의 값의 곱은 $\dfrac{45}{2}$이다.

ㄷ. $h(k)=3$이 되도록 하는 실수 k의 값의 합은 -9이다.

① ㄱ　　　　② ㄱ, ㄴ　　　　③ ㄱ, ㄷ

④ ㄴ, ㄷ　　　　⑤ ㄱ, ㄴ, ㄷ

22 실수 k에 대하여 함수 $f(x)$를
$$f(x)=\begin{cases} -x & (x\leq0) \\ x+k & (0<x\leq2) \\ x^2-4x+3 & (x>2) \end{cases}$$
라 하자. 함수 $f(f(x))$의 불연속인 점의 개수를 $g(k)$라 할 때, 보기에서 옳은 것만을 있는 대로 고른 것은?

┤보기├
ㄱ. $\lim\limits_{k\to0} g(k)=6$

ㄴ. 함수 $g(k)$의 불연속인 점의 개수는 4이다.

ㄷ. $g(\alpha)+g(\beta)=5$일 때, $\alpha+\beta=-3$이다.

① ㄱ　　　　② ㄱ, ㄴ　　　　③ ㄱ, ㄷ

④ ㄴ, ㄷ　　　　⑤ ㄱ, ㄴ, ㄷ

오랫동안 꿈을 그리는 사람은

마침내 그 꿈을 닮아간다.

– 니체
(독일의 철학자)

미분

03 미분계수와 도함수

개념 1 평균변화율

함수 $y=f(x)$에서 x의 값이 a에서 b까지 변할 때의 평균변화율은

$$\frac{\Delta y}{\Delta x}=\frac{f(b)-f(a)}{b-a}=\frac{f(a+\Delta x)-f(a)}{\Delta x}$$

이는 함수 $y=f(x)$의 그래프 위의 두 점 $\mathrm{A}(a,\ f(a))$, $\mathrm{B}(b,\ f(b))$를 지나는 직선의 기울기와 같다.

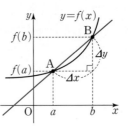

개념 2 미분계수

함수 $y=f(x)$의 $x=a$에서의 순간변화율 또는 미분계수는

$$f'(a)=\lim_{\Delta x \to 0}\frac{\Delta y}{\Delta x}=\lim_{\Delta x \to 0}\frac{f(a+\Delta x)-f(a)}{\Delta x}=\lim_{x \to a}\frac{f(x)-f(a)}{x-a}$$

이는 함수 $y=f(x)$의 그래프 위의 점 $(a,\ f(a))$에서의 접선의 기울기와 같다.

▶ $f'(a)=\displaystyle\lim_{h \to 0}\frac{f(a+h)-f(a)}{h}$와 같이 나타내기도 한다.

개념 3 미분가능성과 연속성

(1) 함수 $f(x)$의 $x=a$에서의 미분계수 $f'(a)$가 존재할 때, 함수 $f(x)$는 $x=a$에서 미분가능하다고 한다.

(2) 함수 $f(x)$가 $x=a$에서 미분가능하면 $f(x)$는 $x=a$에서 연속이다.

▶ (2)의 역은 성립하지 않는다. 즉, 함수 $f(x)$가 $x=a$에서 연속이라고 해서 함수 $f(x)$가 $x=a$에서 반드시 미분가능한 것은 아니다.
예 함수 $f(x)=|x|$는 $x=0$에서 연속이지만 미분가능하지 않다.

개념 4 도함수

(1) 도함수: 미분가능한 함수 $y=f(x)$의 정의역의 각 원소 x에 미분계수 $f'(x)$를 대응시켜 만든 새로운 함수를 $y=f(x)$의 도함수라 하고, $f'(x)$, y', $\dfrac{dy}{dx}$, $\dfrac{d}{dx}f(x)$로 나타낸다.

$$f'(x)=\lim_{\Delta x \to 0}\frac{f(x+\Delta x)-f(x)}{\Delta x}$$

(2) 미분가능한 함수 $f(x)$에서 도함수 $f'(x)$를 구하는 것을 함수 $f(x)$를 x에 대하여 미분한다고 하고, 그 계산법을 미분법이라 한다.

▶ 함수 $f(x)$의 $x=a$에서의 미분계수 $f'(a)$는 도함수 $f'(x)$의 식에 $x=a$를 대입한 값이다.

개념 5 미분법의 공식

(1) 상수함수와 함수 $y=x^n$(n은 양의 정수)의 도함수
  ① $y=c$(c는 상수)이면 $y'=0$ 　　　② $y=x^n$(n은 양의 정수)이면 $y'=nx^{n-1}$

(2) 함수의 실수배, 합, 차의 미분법: 두 함수 $f(x)$, $g(x)$가 미분가능할 때
  ① $\{cf(x)\}'=cf'(x)$(c는 상수)　　　② $\{f(x)\pm g(x)\}'=f'(x)\pm g'(x)$(복호동순)

(3) 곱의 미분법: 세 함수 $f(x)$, $g(x)$, $h(x)$가 미분가능할 때
  ① $\{f(x)g(x)\}'=f'(x)g(x)+f(x)g'(x)$
  ② $\{f(x)g(x)h(x)\}'=f'(x)g(x)h(x)+f(x)g'(x)h(x)+f(x)g(x)h'(x)$
  ③ $[\{f(x)\}^n]'=n\{f(x)\}^{n-1}f'(x)$ (n은 양의 정수)

▶ $(x^n)'=nx^{n-1}$

A Step
1등급을 위한 고난도 빈출 & 핵심 문제

> 정답과 해설 44쪽

빈출1. **평균변화율과 미분계수**

01 자연수 n에 대하여 구간 $[n, n+1]$에서 함수 $y=f(x)$의 평균변화율이 n일 때, 구간 $[1, 10]$에서 함수 $y=f(x)$의 평균변화율은?

① 1   ② 3   ③ 5
④ 7   ⑤ 9

02 미분가능한 함수 $f(x)$에 대하여 $f'(2)=3$일 때, $\lim\limits_{n\to\infty} n\left\{f\left(\dfrac{2n+3}{n}\right)-f\left(\dfrac{2n-1}{n}\right)\right\}$의 값은?

① 3   ② 6   ③ 9
④ 12   ⑤ 15

03 다항함수 $f(x)$가 모든 실수 x에 대하여 $f(-x)=-f(x)$를 만족시키고, $f'(3)=12$일 때, $\lim\limits_{x\to-3}\dfrac{f(x)-f(-3)}{x^2-9}$의 값은?

① -2 ② -1 ③ 1
④ 2   ⑤ 4

빈출2. **미분계수의 기하적 의미**

04 곡선 $y=f(x)$ 위의 점 $(-2, 0)$에서의 접선의 기울기가 2일 때, $\lim\limits_{x\to-2}\dfrac{\{f(x)\}^2+2f(x)}{x+2}$의 값을 구하시오.

---

05 오른쪽 그림은 $x>0$에서 함수 $y=f(x)$의 그래프와 직선 $y=x$를 나타낸 것이다. $0<a<b$일 때, 보기에서 옳은 것만을 있는 대로 고른 것은?

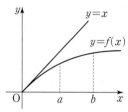

┌ 보기 ┐
ㄱ. $\dfrac{f(a)}{a}>\dfrac{f(b)}{b}$

ㄴ. $f(b)-f(a)<b-a$

ㄷ. $f\left(\dfrac{a+b}{2}\right)>\dfrac{f(a)+f(b)}{2}$
└─────────┘

① ㄱ   ② ㄷ   ③ ㄱ, ㄴ
④ ㄴ, ㄷ   ⑤ ㄱ, ㄴ, ㄷ

빈출3. **미분가능성과 연속성**

06 다음 중 $x=1$에서 연속이지만 미분가능하지 않은 함수를 모두 고르면? (정답 2개)
(단, $[x]$는 x보다 크지 않은 최대의 정수이다.)

① $f(x)=\dfrac{1}{|x-1|}$ ② $f(x)=\sqrt{(x-1)^2}$
③ $f(x)=x[x-1]$ ④ $f(x)=|x(x-1)|$
⑤ $f(x)=(x-1)|x-1|$

07 함수 $f(x)=(x^2-px+q)[x]$가 $x=2$에서 미분가능할 때, 상수 p, q에 대하여 $p+q$의 값을 구하시오.
(단, $[x]$는 x보다 크지 않은 최대의 정수이다.)

빈출4. 도함수

08 함수 $f(x)$의 함숫값이 항상 양수이고 모든 실수 x, y에 대하여 $f(x+y)=4f(x)f(y)$가 성립한다. $f'(0)=5$일 때, $\dfrac{f'(x)}{f(x)}$의 값은?

① 12   ② 16   ③ 20

④ 24   ⑤ 28

09 미분가능한 함수 $f(x)$가 임의의 두 실수 x, y에 대하여 $f(x+y)=f(x)+f(y)-6xy$를 만족시키고, $f'(1)=6$이다. $f'(2)$의 값을 구하시오.

빈출5. 미분법의 공식

10 $f(x)=\sum\limits_{k=1}^{10}k^2x^k$에 대하여 $f'(1)$의 값은?

① 1225   ② 1600   ③ 2025

④ 2500   ⑤ 3025

11 두 다항함수 $f(x)$, $g(x)$가
$$\lim_{x\to 4}\frac{f(x)+1}{x-4}=3,\ \lim_{x\to 4}\frac{g(x)-7}{x-4}=2$$
를 만족시킬 때, 함수 $h(x)=f(x)g(x)$에 대하여 $h'(4)$의 값을 구하시오.

빈출6. 미분법의 응용

12 다항함수 $f(x)$가 다음 조건을 만족시킬 때, $f(-1)$의 값을 구하시오.

> (가) $\lim\limits_{x\to\infty}\dfrac{f(x)-x^3}{x^2+3x+2}=2$
>
> (나) $\lim\limits_{x\to 1}\dfrac{f(x+1)-3}{x^2-1}=5$

교과서 심화 변형

13 $\lim\limits_{x\to -2}\dfrac{x^n-x^3+4x-16}{x+2}=k$일 때, 자연수 n과 상수 k에 대하여 $n-k$의 값은?

① 32   ② 36   ③ 40

④ 44   ⑤ 48

14 다항함수 $f(x)$에 대하여 $f(1)=0$이고, 모든 실수 x에 대하여 $f(x)-xf'(x)+3x^4-2x^2+4=0$을 만족시킨다. $f(2)$의 값은?

① 14   ② 17   ③ 20

④ 23   ⑤ 26

유형 1 평균변화율과 미분계수의 기하적 의미

1 오른쪽 그림과 같이 이차함수 $y=f(x)$의 그래프는 점 $(k, 0)$을 지나고, 직선 $y=-2x$와 원점에서 접한다. $0<a<b<k$인 모든 a, b에 대하여 보기에서 옳은 것만을 있는 대로 고른 것은? (단, k는 상수이다.)

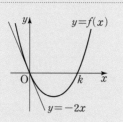

┌ 보기 ┐

ㄱ. $\dfrac{f(a)}{a}<\dfrac{f(b)}{b}$

ㄴ. $f'(a)>\dfrac{f(b)-f(a)}{b-a}$

ㄷ. $2a-2b<f(b)-f(a)$

① ㄱ   ② ㄴ   ③ ㄱ, ㄷ

④ ㄴ, ㄷ   ⑤ ㄱ, ㄴ, ㄷ

1-1 이차함수 $f(x)=(x-1)(x-4)$의 그래프가 오른쪽 그림과 같을 때, 함수 $y=f(x)$의 그래프 위의 두 점 $P(a, f(a))$, $Q(b, f(b))$에 대하여 $1<a<b$, $a+b=8$이 성립한다. 다음 중 옳지 않은 것을 모두 고르면? (정답 2개)

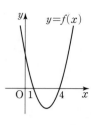

① $f(a)<f(b)$ ② $f'(a)<f'(b)$

③ $\dfrac{f(b)-f(a)}{b-a}<f'(4)$ ④ $\dfrac{f(b)}{b}>\dfrac{f(a)}{a}$

⑤ $f(b)-f(a)<b-a$

유형 2 미분계수를 이용한 극한값의 계산

2 함수 $y=f(x)$의 그래프는 y축에 대하여 대칭이고, $f'(2)=-3$, $f'(4)=6$일 때, $\displaystyle\lim_{x\to -2}\dfrac{f(x^2)-f(4)}{f(x)-f(-2)}$의 값은?

| 모평 기출 |

① -8 ② -4 ③ 4

④ 8 ⑤ 12

2-1 두 다항함수 $f(x)$, $g(x)$에 대하여

$$\lim_{x\to 4}\frac{f(1-x)-3}{x-4}=3, \quad \lim_{x\to 3}\frac{3-x}{g(-x)}=12$$

가 성립한다. 함수 $y=f(x)$의 그래프는 y축에 대하여 대칭이고, 함수 $y=g(x)$의 그래프는 원점에 대하여 대칭일 때, 함수 $h(x)=f(-x)g(-x)$의 $x=3$에서의 미분계수는?

① $-\dfrac{1}{4}$ ② $-\dfrac{1}{2}$ ③ -1

④ -2 ⑤ -4

유형 3 미분계수를 이용한 함수의 추론

3 최고차항의 계수가 1이 아닌 다항함수 $f(x)$가 다음 조건을 만족시킬 때, $f'(1)$의 값은?

┌─────────────────────────────┐
(가) $\displaystyle\lim_{x\to\infty}\dfrac{\{f(x)\}^2-f(x^2)}{x^3f(x)}=1$

(나) $\displaystyle\lim_{x\to 0}\dfrac{f'(x)}{x}=4$
└─────────────────────────────┘

① 7 ② 8 ③ 9

④ 10 ⑤ 11

3-1 다항함수 $f(x)$가 다음 조건을 만족시킬 때, $f(3)+f'(3)$의 값을 구하시오.

┌─────────────────────────────┐
(가) $\displaystyle\lim_{x\to\infty}\dfrac{3x^2-1}{f(x)}=6$

(나) 방정식 $f(x)\{f'(x)-1\}=0$의 실근은 1과 2뿐이다.
└─────────────────────────────┘

유형 4 새롭게 정의된 함수의 미분가능성과 연속성

4 함수 $y=f(x)$의 그래프가 다음 그림과 같을 때, 보기에서 옳은 것만을 있는 대로 고른 것은? | 모평 기출 |

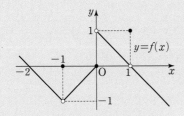

┌─ 보기 ├─
ㄱ. $\lim\limits_{x \to 1} f(x)f(-x)=0$
ㄴ. 함수 $y=f(x)f(-x)$는 $x=-1$에서 연속이다.
ㄷ. 함수 $y=f(x)f(-x)$는 $x=0$에서 미분가능하다.
└─────────

① ㄱ   ② ㄷ   ③ ㄱ, ㄴ
④ ㄴ, ㄷ   ⑤ ㄱ, ㄴ, ㄷ

4-1 함수 $y=f(x)$의 그래프가 다음 그림과 같을 때, 보기에서 옳은 것만을 있는 대로 고른 것은?

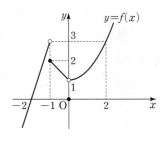

┌─ 보기 ├─
ㄱ. $x=-1$에서 함수 $y=f(f'(x))$의 극한값이 존재한다.
ㄴ. $x=0$에서 함수 $y=x+f(x)$는 미분가능하지 않다.
ㄷ. $x=0$에서 함수 $y=x^2f(-x)$는 미분가능하다.
└─────────

① ㄱ   ② ㄴ   ③ ㄱ, ㄷ
④ ㄴ, ㄷ   ⑤ ㄱ, ㄴ, ㄷ

유형 5 절댓값 기호가 있는 함수의 미분가능성과 연속성

5 함수 $f(x)=\begin{cases} |3x^2-12| & (x<b) \\ 6x+a & (x \geq b) \end{cases}$가 $x=b$에서 미분가능할 때, 상수 a, b에 대하여 $a+b$의 값은?

① -6 ② -1 ③ 4
④ 9   ⑤ 14

5-1 함수 $f(x)=\begin{cases} x^2+ax+b & (x<-3) \\ |x-1|-2 & (-3 \leq x < 3) \\ 0 & (x \geq 3) \end{cases}$가 미분가능하지 않은 x의 값이 2개일 때, $f(-5)$의 값을 구하시오.
(단, a, b는 상수이다.)

유형 6 다항함수의 도함수

6 다항함수 $f(x)$가 모든 실수 x에 대하여 $f(x)f'(x)=4x+6$을 만족시킬 때, $f(1)f(2)$의 값은?

① 32   ② 35   ③ 38
④ 40   ⑤ 42

6-1 최고차항의 계수가 1인 사차함수 $f(x)$와 최고차항의 계수가 1이고 상수항이 0인 삼차함수 $g(x)$가 다음 조건을 만족시킨다. $4\{f'(3)-g'(3)\}$의 값을 구하시오.

┌─────────
㈎ 모든 실수 x에 대하여 $f'(-x)+f'(x)=0$이다.
㈏ 다음 등식을 만족시키는 실수 k가 존재한다.
    $f(k)=g(k)+1$, $f'(k)=g'(k)$, $f(-k)=g(-k)+1$,
    $f(k+2)=g(k+2)+1$
└─────────

유형7 곱의 미분법의 활용

7 최고차항의 계수가 1인 삼차함수 $f(x)$가 다음 조건을 만족시킨다. $f(x)$를 $f'(x)$로 나누었을 때의 몫을 $g(x)$라 하고, $h(x)=f(x)g(x)$라 할 때, $h'(-1)$의 값은?

> (가) $f(x)$는 $f'(x)$로 나누어떨어진다.
> (나) 함수 $y=f(x)$의 그래프는 점 $(-1, 9)$를 지난다.

① 4   ② 9   ③ 12
④ 18   ⑤ 27

유형8 여러 가지 함수의 미분가능성

8 삼차함수 $f(x)=x^3-x^2-9x+1$에 대하여 함수 $g(x)$를
$$g(x)=\begin{cases} f(x) & (x\geq k) \\ f(2k-x) & (x<k) \end{cases}$$
라 하자. 함수 $g(x)$가 실수 전체의 집합에서 미분가능하도록 하는 모든 실수 k의 값의 합을 $\dfrac{q}{p}$라 할 때, p^2+q^2의 값을 구하시오. (단, p와 q는 서로소인 자연수이다.) | 모평 기출 |

유형9 함수의 관계식과 도함수

9 미분가능한 함수 $f(x)$가 다음 조건을 만족시킬 때, $\dfrac{1}{5}f'(0)$의 값은?

> (가) 모든 실수 x, y에 대하여
> $f(x+y)=f(x)+f(y)+4xy-1$이다.
> (나) $\displaystyle\lim_{x\to 2}\dfrac{f(x)}{x-2}=3$

① -3   ② -1   ③ 1
④ 3   ⑤ 5

7-1 최고차항의 계수가 1인 사차함수 $f(x)$가 모든 실수 x에 대하여 다음 조건을 만족시킬 때, $f(2)$의 값은?

> (가) $f(x)+1$은 $(x-1)^2$으로 나누어떨어진다.
> (나) $f(x)=f(-x)$

① 2   ② 4   ③ 6
④ 8   ⑤ 10

8-1 최고차항의 계수가 1인 삼차함수 $f(x)$에 대하여 함수 $g(x)$가 다음 조건을 만족시킨다.

> (가) $-2\leq x<2$일 때, $g(x)=f(x)$이다.
> (나) 모든 실수 x에 대하여 $g(x+4)=g(x)$이다.

함수 $g(x)$가 실수 전체의 집합에서 미분가능할 때, $g(8)-g(7)$의 값은?

① -3   ② -1   ③ 0
④ 1   ⑤ 3

9-1 두 다항함수 $f(x)$, $g(x)$가 다음 조건을 만족시킬 때, $\displaystyle\lim_{x\to 0}\dfrac{f(x)g(x)-4f(0)}{x}$의 값은?

> (가) 모든 실수 x, y에 대하여
> $f(x+y)=f(x)+f(y)-6xy-2$이다.
> (나) $\displaystyle\lim_{x\to 0}\dfrac{f(x)-f(0)}{x}=\lim_{x\to 1}\dfrac{g(x-1)-4}{x-1}=3$

① 12   ② 14   ③ 16
④ 18   ⑤ 20

01 이차함수 $f(x)=x^2+2x-1$에 대하여 x의 값이 a에서 b까지 변할 때의 평균변화율을 m이라 할 때, 보기에서 옳은 것만을 있는 대로 고른 것은? (단, $a\neq b$)

┌ 보기 ├────────────────
ㄱ. $m=0$이면 $ab<0$이다.

ㄴ. $m>1$이면 $a+b>-1$이다.

ㄷ. $a+b=2$이면 $f'(2)=m$이다.
└───────────────────

① ㄱ   ② ㄴ   ③ ㄷ

④ ㄱ, ㄴ   ⑤ ㄴ, ㄷ

02 함수 $f(x)=kx^2+kx$에 대하여 x가 -2에서 3까지 변할 때의 함수 $f(x)$의 평균변화율과 $\lim\limits_{x\to k}\dfrac{\{f(x)\}^2-\{f(k)\}^2}{(x-k)(x+5k)}$의 값이 같을 때, 상수 k의 값을 구하시오. (단, $k\neq 0$)

03 오른쪽 그림과 같이 함수 $f(x)=x^3$의 그래프 위의 두 점 $A(a,\ a^3)$, $B(b,\ b^3)$ $(0<a<b)$에 대하여 직선 AB의 기울기가 3이고, 직선 AB와 평행한 접선의 접점의 x좌표가 c일 때, 보기에서 옳은 것만을 있는 대로 고른 것은? (단, $c>0$)

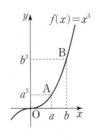

┌ 보기 ├────────────────
ㄱ. $\lim\limits_{x\to c}\dfrac{f(x)-f(c)}{x-c}=3$

ㄴ. $a+b=\dfrac{\sqrt{14}}{2}$이면 $ab=\dfrac{1}{2}$이다.

ㄷ. 모든 a, b에 대하여 $c=\dfrac{a+b}{2}$이다.
└───────────────────

① ㄱ   ② ㄷ   ③ ㄱ, ㄴ

④ ㄴ, ㄷ   ⑤ ㄱ, ㄴ, ㄷ

04 실수 전체의 집합에서 미분가능한 함수 $y=f(x)$의 그래프가 두 점 $(-1,\ 0)$, $(1,\ 0)$을 지나고 원점에 대하여 대칭이다. $\lim\limits_{h\to 0}\dfrac{|f(-1+h^2)|+|f(1+h^2)|}{h^2}=8$일 때, $|f'(-1)|$의 값은?

① 1   ② 2   ③ 3

④ 4   ⑤ 5

05 미분가능한 세 함수 $f(x)$, $g(x)$, $k(x)$가 다음 조건을 만족시킨다.

┌────────────────────
㈎ 두 함수 $g(x)$, $g'(x)$를 각각 $x+2$로 나누었을 때의 나머지는 모두 2이다.

㈏ 함수 $g(x)$의 역함수는 $k(x)$이고, 모든 실수 x에 대하여 $g(2k(x)-g(x)+x)=x$가 성립한다.
└────────────────────

$\lim\limits_{h\to 0}\dfrac{f(-2+2h)-f(-2)-k(-2+h)+4}{h}=9$일 때, $f'(-2)$의 값을 구하시오.

06 연속함수 $f(x)$에 대하여 보기에서 옳은 것만을 있는 대로 고른 것은?

┌ 보기 ├────────────────
ㄱ. $\lim\limits_{h\to 2}\dfrac{f(h)-2}{h-2}=0$이면 $f'(2)=0$이다.

ㄴ. $f'(0)$의 값이 존재하지 않으면 $\lim\limits_{h\to 0}\dfrac{f(f(h))-f(f(0))}{h}$의 값도 존재하지 않는다.

ㄷ. $\left|f\left(\dfrac{1}{h}\right)-f(0)\right|\leq\left|\dfrac{2}{h}\right|$이면 $f'(0)\leq 2$이다.
└───────────────────

① ㄱ   ② ㄷ   ③ ㄱ, ㄴ

④ ㄴ, ㄷ   ⑤ ㄱ, ㄴ, ㄷ

▶정답과 해설 53쪽

07 함수 $f(x)=\dfrac{x+1}{|x|+1}$에 대하여 보기에서 옳은 것만을 있는 대로 고른 것은?

┤보기├
ㄱ. 함수 $f(x)$는 $x=0$에서 미분가능하다.
ㄴ. 함수 $(x-1)f(x)$는 $x=0$에서 연속이지만 미분가능하지 않다.
ㄷ. 함수 $x(x-1)f(x)$는 $x=0$에서 미분가능하지 않다.

① ㄱ   ② ㄴ   ③ ㄱ, ㄷ
④ ㄴ, ㄷ   ⑤ ㄱ, ㄴ, ㄷ

08 $f(0)=0$인 함수 $f(x)$에 대하여 함수 $g(x)$가

$$g(x)=\begin{cases} \dfrac{f(x+1)}{x+1} & (x\neq -1) \\ 0 & (x=-1) \end{cases}$$

일 때, $\lim\limits_{x\to -1}g(x)=g(-1)$이 성립한다. 보기에서 옳은 것만을 있는 대로 고른 것은?

┤보기├
ㄱ. 함수 $f(x+1)$은 $x=-1$에서 연속이다.
ㄴ. 함수 $g(x)$는 $x=-1$에서 미분가능하다.
ㄷ. 함수 $(x+1)g(x)$는 $x=-1$에서 미분가능하다.

① ㄱ   ② ㄷ   ③ ㄱ, ㄷ
④ ㄴ, ㄷ   ⑤ ㄱ, ㄴ, ㄷ

신 유형
09 함수 $f(x)=|x-1|+|x-3|$에 대하여 닫힌구간 $[0, t]$에서의 평균변화율을 함수 $g(t)$라 할 때, 보기에서 옳은 것만을 있는 대로 고른 것은? (단, $t>0$)

┤보기├
ㄱ. $0<t<1$일 때, $g(t)$의 값은 일정하다.
ㄴ. $\lim\limits_{t\to\infty}g(t)=2$
ㄷ. 함수 $g(t)$는 $t=1$에서 미분가능하다.

① ㄱ   ② ㄷ   ③ ㄱ, ㄴ
④ ㄴ, ㄷ   ⑤ ㄱ, ㄴ, ㄷ

10 오른쪽 그림과 같이 사차함수 $y=f(x)$의 그래프는 두 점 $(-2, 0)$, $(0, 0)$을 지나고 점 $(1, 0)$에서 x축에 접한다. 세 함수 $g(x)=|f(x)|$, $h(x)=|f(-x)|$, $i(x)=f(|x|)$의 미분가능하지 않은 점의 개수를 각각 a, b, c라 할 때, $a+2b+3c$의 값은?

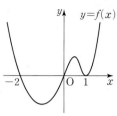

① 6   ② 7   ③ 8
④ 9   ⑤ 10

11 1이 아닌 모든 실수 x에 대하여 미분가능한 함수 $y=f(x)$의 그래프가 오른쪽 그림과 같다. 최고차항의 계수가 1인 이차함수 $g(x)$에 대하여 함수 $h(x)=f(x)g(x)$가 실수 전체의 집합에서 미분가능할 때, 함수 $g(x)$의 최솟값을 구하시오.

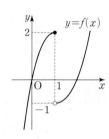

12 $0\leq x\leq 7$에서 함수 $y=f(x)$의 그래프는 다음 그림과 같다. 함수 $y=f(x)$의 그래프 위의 점과 원점 사이의 거리의 제곱을 $g(x)$라 할 때, 함수 $g(x)$는 $x=k$에서 미분가능하지 않다. 모든 k의 값의 합을 m이라 할 때, $g\left(\dfrac{m}{7}\right)$의 값을 구하시오. (단, $0<k<7$)

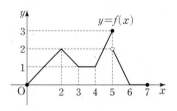

13 함수 $f(x)$가 다음 조건을 만족시킨다.

> (가) $0 \le x < 2$일 때, $f(x) = -x^2 + 4x$이다.
> (나) 모든 실수 x에 대하여 $f(x) = f(x-2) + 4$이다.

함수 $g(x) = f(x) + k$에 대하여 $-8 < a < 8$일 때, 다음과 같은 집합 A의 모든 원소의 합이 1이다. $g(6)$의 값을 구하시오.

(단, k는 상수이다.)

$$A = \left\{ a \;\middle|\; \lim_{h \to 0+} \frac{|g(a+h)| - |g(a)|}{h} \times \lim_{h \to 0-} \frac{|g(a+h)| - |g(a)|}{h} \le 0 \right\}$$

14 함수 $f(x) = \begin{cases} x^2(x+1) & (x \ne 0) \\ 1 & (x = 0) \end{cases}$ 에 대하여 함수

$g(x) = |x| f(x)$라 할 때, $g'(-2) + g'(0) + g'(2)$의 값은?

① 48 ② 52 ③ 56

④ 60 ⑤ 64

신 유형
15 미분가능한 함수 $f(x)$가 다음 조건을 만족시킨다.

> (가) 모든 x에 대하여 $f(x) > 0$이다.
> (나) 임의의 실수 x, y에 대하여 $f(x+y) = f(x)f(y)$이다.

수열 $\{a_n\}$을 $a_n = \dfrac{f'(1)f'(2)f'(3) \cdots f'(n)}{f(1)f(2)f(3) \cdots f(n)}$으로 정의할 때,

$\sum\limits_{n=1}^{10} \log_3 a_n = 110$이다. $f'(0)$의 값을 구하시오.

16 두 다항함수 $f(x)$, $g(x)$에 대하여

$$f(-x) = f(x), \quad g(x) = \{f(x)\}^2 + 2x$$

일 때, 보기에서 옳은 것만을 있는 대로 고른 것은?

> 보기
> ㄱ. $\lim\limits_{h \to 0} \dfrac{f(2h) - f(0)}{h} = 0$
> ㄴ. $g'(0) = 0$
> ㄷ. $g'(-x) + g'(x) = 4$

① ㄱ ② ㄴ ③ ㄱ, ㄷ

④ ㄴ, ㄷ ⑤ ㄱ, ㄴ, ㄷ

17 2 이상의 자연수 n에 대하여 다항함수 $f(x)$와 정의역의 모든 원소에서 연속인 함수 $g(x)$가 다음 조건을 만족시킨다.

> (가) n이 아닌 모든 x에 대하여
> $f'(x)g(x) = \dfrac{f(x)}{x-n}$이다.
> (나) $f(x)$는 $x-1$, $x-2$, $\cdots$, $x-n$을 인수로 갖는다.

두 수열 $\{a_n\}$, $\{b_n\}$에 대하여 $a_n = \lim\limits_{x \to n} g(x)$, $b_n = \sum\limits_{k=2}^{n} a_k$일 때,

$\sum\limits_{n=2}^{10} b_n$의 값을 구하시오.

18 두 다항식 $f(x)$, $g(x)$가 다음 조건을 만족시킨다.

> (가) $f(x)$를 $(x+1)^2$으로 나누었을 때의 나머지는 $2x+1$이다.
> (나) $f(x) + xg(x)$는 $(x+1)^2$으로 나누어떨어진다.

$g(x)$를 $(x+1)^2$으로 나누었을 때의 나머지를 $R(x)$라 할 때, $R(1)$의 값을 구하시오.

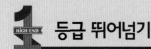
19 실수 전체의 집합에서 미분가능한 함수 $f(x)$가 임의의 실수 x, y에 대하여

$$f(x-y)=f(x)-f(y)+xy(x-y)$$

를 만족시킨다. 방정식 $f'(x)=0$을 만족시키는 x의 값을 작은 수부터 차례대로 a_1, a_2, a_3, $\cdots$이라 할 때, $f(a_1)+f(a_2)+f(a_3)+\cdots$의 값을 구하시오. (단, $f'(0)>0$)

20 함수 $f(x)=\dfrac{1}{3}x^3-3x^2$에 대하여 함수

$$g(x)=\begin{cases} f(x) & (x<k) \\ f(x+a)+b & (x\geq k) \end{cases}$$

가 실수 전체의 집합에서 미분가능할 때, 상수 a, b에 대하여 모든 $a+b$의 값의 합을 구하시오. (단, a, k는 자연수이다.)

21 최고차항의 계수가 모두 2인 세 다항함수 $f(x)$, $g(x)$, $h(x)$가 다음 조건을 만족시킨다.

> (가) $f(x)$는 이차함수이고 최솟값은 -1이다.
> (나) 집합 $\left\{ t \middle| \dfrac{g(t)-g(0)}{t}=g'(t),\ 0\leq t<1 \right\}$의 원소는 무수히 많다.
> (다) $h(x)$는 삼차함수이다.

함수 $i(x)=\begin{cases} f(x) & (x<0) \\ g(x) & (0\leq x<1) \\ h(x) & (x\geq 1) \end{cases}$가 실수 전체의 집합에서 미분

가능하고, -1에서 2까지의 평균변화율이 $\dfrac{11}{3}$일 때, $i'(-1)+i'(2)$의 값을 구하시오.

22 최고차항의 계수가 1인 삼차함수 $f(x)$에 대하여 함수 $g(x)$가 다음 조건을 만족시킨다.

> (가) $0\leq x<2$일 때, $g(x)=\begin{cases} f(x) & (0\leq x<1) \\ f(2-x) & (1\leq x<2) \end{cases}$이다.
> (나) 모든 실수 x에 대하여 $g(x+2)=g(x)$이다.
> (다) 함수 $g(x)$는 실수 전체의 집합에서 미분가능하다.

$g(100)-g(47)=\dfrac{q}{p}$라 할 때, $p+q$의 값을 구하시오.

(단, p와 q는 서로소인 자연수이다.)

Ⅱ. 미분

도함수의 활용 (1)

개념 1 접선의 방정식

함수 $f(x)$가 $x=a$에서 미분가능할 때, 곡선 $y=f(x)$ 위의 점 $P(a, f(a))$에서의 접선의 기울기는 $f'(a)$이므로 점 $P(a, f(a))$에서의 접선의 방정식은

$$y-f(a)=f'(a)(x-a)$$

개념 2 평균값 정리

(1) 롤의 정리: 함수 $f(x)$가 닫힌구간 $[a, b]$에서 연속이고 열린구간 (a, b)에서 미분가능할 때, $f(a)=f(b)$이면 $f'(c)=0$인 c가 열린구간 (a, b)에 적어도 하나 존재한다.

(2) 평균값 정리: 함수 $f(x)$가 닫힌구간 $[a, b]$에서 연속이고 열린구간 (a, b)에서 미분가능할 때, $\dfrac{f(b)-f(a)}{b-a}=f'(c)$인 c가 열린구간 (a, b)에 적어도 하나 존재한다.

개념 3 함수의 증가와 감소, 극대와 극소

(1) 증가와 감소: 함수 $f(x)$가 어떤 구간에 속하는 임의의 두 수 x_1, x_2에 대하여
  ① $x_1<x_2$일 때 $f(x_1)<f(x_2)$이면, $f(x)$는 이 구간에서 증가한다고 한다.
  ② $x_1<x_2$일 때 $f(x_1)>f(x_2)$이면, $f(x)$는 이 구간에서 감소한다고 한다.

(2) 증가와 감소의 판정: 함수 $f(x)$가 어떤 구간에서 미분가능하고, 이 구간의 모든 x에 대하여
  ① $f'(x)>0$이면 $f(x)$는 이 구간에서 증가한다.
  ② $f'(x)<0$이면 $f(x)$는 이 구간에서 감소한다.

(3) 극대와 극소: 함수 $f(x)$에서 $x=a$를 포함하는 어떤 열린구간에 속하는 모든 x에 대하여
  ① $f(x)\leq f(a)$일 때, 함수 $f(x)$는 $x=a$에서 극대라 하며, $f(a)$를 극댓값이라 한다.
  ② $f(x)\geq f(a)$일 때, 함수 $f(x)$는 $x=a$에서 극소라 하며, $f(a)$를 극솟값이라 한다.
  이때 극댓값과 극솟값을 통틀어 극값이라 한다.

(4) 극대와 극소의 판정: 미분가능한 함수 $f(x)$에 대하여 $f'(a)=0$이고, $x=a$의 좌우에서
  ① $f'(x)$의 부호가 양($+$)에서 음($-$)으로 바뀌면 $f(x)$는 $x=a$에서 극대이다.
  ② $f'(x)$의 부호가 음($-$)에서 양($+$)으로 바뀌면 $f(x)$는 $x=a$에서 극소이다.

1등급 노트

노트 ① 삼차함수의 그래프의 개형 추론

삼차함수 $f(x)$의 도함수 $f'(x)$의 그래프의 개형에 따른 함수 $y=f(x)$의 그래프의 개형은 다음과 같다.

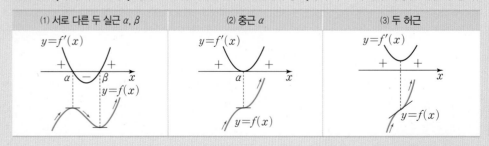

(1) 서로 다른 두 실근 α, β	(2) 중근 α	(3) 두 허근

▶ **롤의 정리와 평균값 정리**
평균값 정리에서 $f(a)=f(b)$인 경우가 롤의 정리이다.

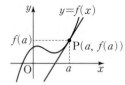

▶ **(2)의 역은 성립하지 않는다.**
함수 $f(x)$가 어떤 구간에서 미분가능하고, 이 구간에서
① $f(x)$가 증가하면 $\Rightarrow f'(x)\geq0$
② $f(x)$가 감소하면 $\Rightarrow f'(x)\leq0$

▶ **극값과 미분계수**
함수 $f(x)$가 $x=a$에서 극값을 갖고 a를 포함하는 어떤 열린구간에서 미분가능하면
$\Rightarrow f'(a)=0$
(일반적으로 역은 성립하지 않는다.)

▶ **삼차함수의 극대·극소**
$f(x)=ax^3+bx^2+cx+d \ (a>0)$에 대하여 이차방정식 $f'(x)=0$, 즉 $3ax^2+2bx+c=0$의 판별식을 D라 할 때 삼차함수 $f(x)$는
① $D>0 \Rightarrow$ 서로 다른 두 실근에서 극값을 갖는다.
② $D=0 \Rightarrow$ 극값을 갖지 않는다.
③ $D<0 \Rightarrow$ 극값을 갖지 않는다.

빈출1 접선의 방정식

01 함수 $y=f(x)$의 그래프 위의 점 $(2, -2)$에서의 접선의 기울기가 3일 때, 함수 $y=\{f(x)\}^2$의 그래프 위의 점 $(2, k)$에서의 접선의 방정식은 $y=ax+b$이다. 이때 상수 a, b, k에 대하여 $a+b+k$의 값은?

① 12   ② 14   ③ 16
④ 18   ⑤ 20

02 곡선 $y=x^3+4x^2+3x$ 위의 점 $A(-1, 0)$에서의 접선을 l이라 할 때, 중심이 y축 위에 있고, 점 A를 지나는 원 C가 직선 l과 접한다. 원 C의 중심의 좌표를 $(0, a)$, 반지름의 길이를 r라 할 때, $2a+4r^2$의 값은?

① 5   ② 6   ③ 11
④ 20   ⑤ 23

03 점 $(-1, 2)$에서 곡선 $y=-x^2-4x+a$에 그은 두 접선이 서로 수직일 때, 상수 a의 값은?

① $-\dfrac{9}{4}$ ② $-\dfrac{5}{4}$ ③ $-\dfrac{1}{4}$
④ $\dfrac{3}{4}$ ⑤ $\dfrac{7}{4}$

04 점 $(0, 2)$에서 곡선 $y=x^3-2x$에 그은 접선의 접점을 P, 이 접선이 곡선과 만나는 다른 점을 Q라 할 때, $\overline{PQ}$의 길이는?

① $2\sqrt{2}$ ② $3\sqrt{2}$ ③ $4\sqrt{2}$
④ $2\sqrt{3}$ ⑤ $3\sqrt{3}$

---

05 오른쪽 그림과 같이 롤러코스터의 레일의 하강부분이 곡선 $f(x)=x^3-3x^2+4(0\le x\le 2)$를 이용하여 설계되었다고 한다. 이 롤러코스터의 하강하는 부분의 기울기가 가장 가파른 지점에서의 접선의 방정식을 $y=g(x)$라 할 때, $g(0)+g(1)$의 값을 구하시오.

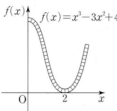

06 두 곡선 $y=3x^3-6x-1$, $y=x^3+3$이 한 점에서 공통인 접선을 가질 때, 이 점을 지나고 공통인 접선과 수직인 직선의 방정식은 $y=px+q$이다. 상수 p, q에 대하여 $q-p$의 값을 구하시오.

빈출2 평균값 정리

07 함수 $f(x)=-2x^2+12x+3$에 대하여 닫힌구간 $[0, 6]$에서 롤의 정리를 만족시키는 상수 c의 값은?

① 1   ② 2   ③ 3
④ 4   ⑤ 5

08 함수 $f(x)=x^3-3x^2-4x+2$가 닫힌구간 $[0, 4]$에 속하는 임의의 두 실수 a, $b(a<b)$에 대하여 $\dfrac{f(b)-f(a)}{b-a}=k$를 만족시키는 정수 k의 개수는?

① 24   ② 25   ③ 26
④ 27   ⑤ 28

빈출3 함수의 증가와 감소

09 함수 $f(x)=-x^3-ax^2+2x-3$의 그래프가 구간 $(-2, -1)$에서 증가하고, 구간 $(-\infty, -3)$에서 감소하도록 하는 모든 정수 a의 값의 합은?

① 5   ② 6   ③ 7

④ 8   ⑤ 9

10 임의의 실수 k에 대하여 곡선 $y=x^3+2ax^2+24x-1$과 직선 $y=k$가 오직 한 점에서 만나도록 하는 정수 a의 개수를 구하시오.

빈출4 함수의 극대와 극소

11 함수 $f(x)=2x^3-ax^2+3a$의 그래프가 x축에 접하도록 하는 모든 실수 a의 값의 곱은? (단, $a \neq 0$)

① -81 ② -27 ③ -9

④ -3 ⑤ -1

12 삼차함수 $f(x)=3x^3+ax^2-bx+c$가 다음 조건을 만족시킬 때, $f(3)$의 값을 구하시오.

(단, a, b, c는 상수이고, $b>0$이다.)

(가) $f(-x)=-f(x)$

(나) 함수 $y=f(x)$의 극댓값과 극솟값의 차는 $\dfrac{32}{9}$이다.
---

13 함수 $f(x)=ax^3+bx^2+cx+d$의 그래프가 오른쪽 그림과 같을 때, $|a-d|-|c-b|-|c|-|d|$를 간단히 하면?
(단, a, b, c, d는 상수이고, $|\alpha|>|\beta|$, $f'(\alpha)=f'(\beta)=0$이다.)

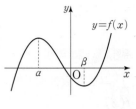

① $-a+b-2c$ ② $a-b$ ③ $a+b$

④ $a-b+2c$ ⑤ $a+b+2c-2d$

빈출5 극대·극소의 활용

14 함수 $f(x)=x^3+3(a-1)x^2-2(a-4)x+1$이 $1<x<2$에서 극댓값을 갖고, $x>2$에서 극솟값을 갖도록 하는 실수 a의 값의 범위는?

① $-2<a<-\dfrac{5}{4}$ ② $-\dfrac{5}{4}<a<-\dfrac{4}{5}$

③ $-\dfrac{4}{5}<a<\dfrac{1}{2}$ ④ $\dfrac{1}{2}<a<\dfrac{4}{5}$

⑤ $\dfrac{4}{5}<a<\dfrac{5}{4}$

교과서 심화 변형

15 함수 $f(x)=x^4-4(a+2)x^3+2(a^2-4)x^2$이 극댓값을 갖지 않을 때, 모든 정수 a의 값의 곱은?

① 120   ② 150   ③ 180

④ 210   ⑤ 240

유형 1 \ 접선의 기울기와 미분계수

1 그림과 같이 삼차함수 $f(x)=-x^3+4x^2-3x$의 그래프 위의 점 $(a, f(a))$에서 기울기가 양의 값인 접선을 그어 x축과 만나는 점을 A, 점 B$(3, 0)$에서 접선을 그어 두 접선이 만나는 점을 C, 점 C에서 x축에 수선을 그어 만나는 점을 D라 하고 $\overline{AD}:\overline{DB}=3:1$일 때, a의 값들의 곱은?

| 학평 기출 |

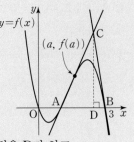

① $\dfrac{1}{3}$ ② $\dfrac{2}{3}$ ③ 1

④ $\dfrac{4}{3}$ ⑤ $\dfrac{5}{3}$

1-1 오른쪽 그림과 같이 함수 $f(x)=2x^3+ax^2+bx+c$의 그래프와 직선 $y=k$가 서로 다른 세 점 A, B, C에서 만난다. $\overline{AB}=4$, $\overline{BC}=2$일 때, 점 C에서의 접선의 기울기는? (단, a, b, c는 상수이다.)

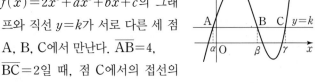

① 24   ② 25   ③ 26
④ 27   ⑤ 28

유형 2 \ 접선의 방정식 – 접선과 수직인 직선

2 곡선 $f(x)=x^2-1$ 위의 점 P(t, t^2-1)에서의 접선 l이 y축과 만나는 점을 Q라 하고, 점 P를 지나고 접선 l과 서로 수직인 직선이 y축과 만나는 점을 R라 할 때, $\lim\limits_{t\to1}\overline{QR}$의 값은?

① $\dfrac{1}{2}$ ② 1   ③ $\dfrac{5}{2}$

④ 3   ⑤ 4

2-1 곡선 $f(x)=x^3-ax$ 위의 점 P$(t, f(t))$를 지나고 점 P에서의 접선과 서로 수직인 직선이 x축과 만나는 점의 x좌표를 $g(t)$라 하자. $\lim\limits_{t\to1}\dfrac{g(2t)-20}{t-1}=p$일 때, 상수 a, p에 대하여 $a+p$의 값을 구하시오. (단, $0<a<10$)

유형 3 \ 접선의 방정식의 활용 (1) – 교점의 개수

3 좌표평면에서 두 함수 $f(x)=6x^3-x$, $g(x)=|x-a|$의 그래프가 서로 다른 두 점에서 만나도록 하는 모든 실수 a의 값의 합은?

| 모평 기출 |

① $-\dfrac{11}{18}$ ② $-\dfrac{5}{9}$ ③ $-\dfrac{1}{2}$

④ $-\dfrac{4}{9}$ ⑤ $-\dfrac{7}{18}$

3-1 두 함수 $f(x)=x^3-ax$, $g(x)=\begin{cases}-x-2 & (x<0) \\ 2x-2 & (x\geq0)\end{cases}$의 그래프가 서로 다른 두 점에서 만나도록 하는 상수 a의 값을 구하시오.

유형4 접선의 방정식의 활용 (2) – 도형의 넓이의 최대, 최소

4 곡선 $y=x^3-5x^2+4x+4$ 위에
세 점 A$(-1, -6)$, B$(2, 0)$,
C$(4, 4)$가 있다. 곡선 위에서 두 점
A, B 사이를 움직이는 점 P와 곡선
위에서 두 점 B, C 사이를 움직이는
점 Q에 대하여 사각형 AQCP의 넓
이가 최대가 되도록 하는 두 점 P, Q
의 x좌표의 곱은?

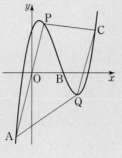

| 학평 기출 |

① $\dfrac{1}{6}$　　　　② $\dfrac{1}{3}$　　　　③ $\dfrac{1}{2}$

④ $\dfrac{2}{3}$　　　　⑤ $\dfrac{5}{6}$

4-1 오른쪽 그림과 같이 함수
$f(x)=x^2-2x-3$의 그래프 위의 두
점 A$(3, 0)$, B$(0, -3)$이 있다. 이 그
래프 위에서 두 점 A, B 사이를 움직
이는 점 P에 대하여 삼각형 ABP의 넓
이의 최댓값은?

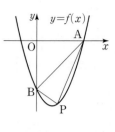

① 3　　　　② $\dfrac{27}{8}$　　　　③ $\dfrac{15}{4}$

④ $\dfrac{33}{8}$　　　　⑤ $\dfrac{9}{2}$

유형5 평균값 정리

5 모든 실수 x에 대하여 미분가능한 함수 $f(x)$가
$\lim\limits_{x\to\infty} f'(x)=2$를 만족시킬 때, $\lim\limits_{x\to\infty}\{f(x+3)-f(x-1)\}$의
값은?

① 8　　　　② 9　　　　③ 10

④ 11　　　　⑤ 12

5-1 실수 전체의 집합에서 함수 $f(x)$는 닫힌구간 $[x, x+1]$
에서 연속이고 열린구간 $(x, x+1)$에서 미분가능하다. 함수
$f(x)$가 다음 조건을 만족시킬 때, $f(1)$의 최댓값과 최솟값의
합을 구하시오.

> (가) $0<c<1$인 모든 실수 c에 대하여 $|f'(c)|\leq 4$
> (나) $f(0)=2$

유형6 함수의 증가와 감소 – 역함수가 존재할 조건

6 삼차함수 $f(x)=x^3+3(a-2)x^2-3(b^2-1)x+1$의 역함
수가 존재하도록 하는 실수 a, b에 대하여 $a+b$의 최댓값을
M, 최솟값을 m이라 할 때, $M+m$의 값은?

① 4　　　　② 5　　　　③ 6

④ 7　　　　⑤ 8

6-1 실수 전체의 집합에서 연속인 함수
$$f(x)=\begin{cases} -\dfrac{1}{3}x^3+kx^2-(k-1)^2x & (x<k-1) \\ -x^2-6x & (x\geq k-1) \end{cases}$$
의 역함수가 존재할 때, 모든 상수 k의 값의 합은?

① -2　　　　② $5-3\sqrt{3}$　　　　③ 0

④ 9　　　　⑤ $5+3\sqrt{3}$

유형7 함수의 그래프와 접선의 개수

7 함수 $f(x)=x^3+3x^2$에 대하여 다음 조건을 만족시키는 정수 a의 최댓값을 M이라 할 때, M^2의 값을 구하시오. | 학평 기출 |

> (가) 점 $(-4,\ a)$를 지나고 곡선 $y=f(x)$에 접하는 직선이 세 개 있다.
> (나) 세 접선의 기울기의 곱은 음수이다.

7-1 곡선 $y=x^3-3x$ 밖의 한 점 $(1,\ k)$에서 곡선에 세 개의 접선을 그을 수 있을 때, 실수 k의 값의 범위는?

① $-2<k<3$　　　　② $k<2$ 또는 $k>3$
③ $2<k<3$　　　　④ $k<-2$ 또는 $k>3$
⑤ $-3<k<-2$

유형8 도함수를 이용한 그래프의 개형 추론

8 삼차함수 $y=f(x)$와 일차함수 $y=g(x)$의 그래프가 그림과 같고, $f'(b)=f'(d)=0$이다. 함수 $y=f(x)g(x)$는 $x=p$와 $x=q$에서 극소이다. 다음 중 옳은 것은? (단, $p<q$) | 모평 기출 |

① $a<p<b$이고 $c<q<d$　　② $a<p<b$이고 $d<q<e$
③ $b<p<c$이고 $c<q<d$　　④ $b<p<c$이고 $d<q<e$
⑤ $c<p<d$이고 $d<q<e$

8-1 사차함수 $y=f(x)$의 도함수 $y=f'(x)$의 그래프가 오른쪽 그림과 같이 원점에 대하여 대칭이고, $f'(-1)=f'(0)=f'(1)=0$이다. 보기에서 옳은 것만을 있는 대로 고른 것은?

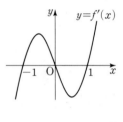

> **보기**
> ㄱ. 모든 실수 x에 대하여 $f(x)=f(-x)$이다.
> ㄴ. $f(0)<0$이면 $f(1)<0$이다.
> ㄷ. $f(0)=0$이면 함수 $y=x^2f(x)$가 $x=0$에서 극댓값을 갖는 경우가 존재한다.

① ㄱ　　　　② ㄷ　　　　③ ㄱ, ㄴ
④ ㄴ, ㄷ　　　　⑤ ㄱ, ㄴ, ㄷ

유형9 대칭성을 갖는 함수의 극대와 극소

9 최고차항의 계수가 양수인 삼차함수 $y=f(x)$가 다음 조건을 만족시킬 때, 방정식 $f'(x)=0$의 두 근의 곱은?

> (가) 함수 $y=f(x)$의 극댓값과 극솟값의 차는 6이다.
> (나) 함수 $y=f(x)$의 그래프에서 극대가 되는 점과 극소가 되는 점은 점 $(6,\ 2)$에 대하여 대칭이다.
> (다) 함수 $y=f(x)$의 그래프는 점 $(8,\ -1)$을 지난다.

① 26　　　　② 28　　　　③ 30
④ 32　　　　⑤ 34

9-1 최고차항의 계수가 1인 사차함수 $y=f(x)$와 두 실수 α, β가 다음 조건을 만족시킬 때, $\alpha^2+\beta^2$의 값을 구하시오.

> (가) $f'(-1)=8$
> (나) 함수 $y=f(x)$는 $x=1$에서 극대이고, $x=\alpha$, $x=\beta$에서 극소이다.
> (다) 두 점 $(\alpha,\ f(\alpha))$, $(\beta,\ f(\beta))$는 직선 $x=1$에 대하여 대칭이다.

유형 10 ＼ 새롭게 정의된 함수의 극대, 극소

10 그림과 같이 일차함수 $y=f(x)$의 그래프와 최고차항의 계수가 1인 사차함수 $y=g(x)$의 그래프는 x좌표가 -2, 1인 두 점에서 접한다. 함수 $h(x)=g(x)-f(x)$라 할 때, 함수 $h(x)$의 극댓값은? | 학평 기출 |

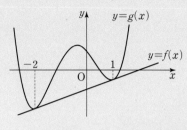

① $\dfrac{81}{16}$ ② $\dfrac{83}{16}$ ③ $\dfrac{85}{16}$

④ $\dfrac{87}{16}$ ⑤ $\dfrac{89}{16}$

10-1 최고차항의 계수가 1인 사차함수 $f(x)$의 도함수 $y=f'(x)$와 이차함수 $g(x)$의 도함수 $y=g'(x)$의 그래프가 다음 그림과 같이 원점에 대하여 대칭이고, x좌표가 -2, 2인 두 점에서 만난다. 함수 $h(x)=f(x)-g(x)$일 때, 함수 $y=h(x)$의 그래프 위의 점 $(-2, h(-2))$에서의 접선의 y절편은 2이다. 함수 $y=h(x)$의 극댓값을 구하시오.

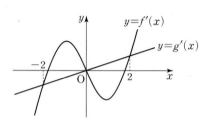

유형 11 ＼ 함수의 미분가능성 ⑴ $-\;|f(x)|$ 꼴

11 최고차항의 계수가 1인 사차함수 $f(x)$에 대하여 함수 $g(x)=|f(x)|$가 다음 조건을 만족시킨다.

> ㈎ 함수 $g(x)$는 $x=1$에서 미분가능하고 $g(1)=g'(1)$이다.
> ㈏ 함수 $g(x)$는 $x=-1$, $x=0$, $x=1$에서 극솟값을 갖는다.

$g(2)$의 값은? | 학평 기출 |

① 2 ② 4 ③ 6

④ 8 ⑤ 10

11-1 최고차항의 계수가 1인 사차함수 $f(x)$에 대하여 함수 $g(x)=\begin{cases} |f(x)| & (x<2) \\ -f(x) & (x\ge2) \end{cases}$가 다음 조건을 만족시킨다.

> ㈎ 함수 $g(x)$는 실수 전체의 집합에서 미분가능하다.
> ㈏ 함수 $g(x)$는 $x=1$에서 극댓값을 갖는다.
> ㈐ 두 함수 $f(x)$, $g(x)$는 모두 극솟값이 1개이다.

$g(-1)-g(3)$의 값을 구하시오.

유형 12 ＼ 함수의 미분가능성 ⑵ $-\;|f(x)-t|$ 꼴

12 사차함수 $f(x)$가 다음 조건을 만족시킬 때, $\dfrac{f'(5)}{f'(3)}$의 값을 구하시오. | 모평 기출 |

> ㈎ 함수 $f(x)$는 $x=2$에서 극값을 갖는다.
> ㈏ 함수 $|f(x)-f(1)|$은 오직 $x=a\ (a>2)$에서만 미분가능하지 않다.

12-1 최고차항의 계수가 1인 삼차함수 $f(x)$가 다음 조건을 만족시킬 때, $f'(2a)$의 값을 구하시오.

> ㈎ 함수 $f(x)$는 $x=2$에서 극값을 갖는다.
> ㈏ 함수 $|f(x)-f(-1)|$은 오직 $x=a\ (a>2)$에서만 미분가능하지 않다.

01 곡선 $f(x)=x^3-6x^2+7x-1$의 접선 중 기울기가 가장 작은 접선의 방정식을 $y=g(x)$라 하자. 두 함수 $y=f(x)$, $y=g(x)$의 그래프의 교점의 개수를 a라 할 때, $g(a)$의 값은?

① 1   ② 2   ③ 3
④ 4   ⑤ 5

02 함수 $f(x)=x^3-12x$의 그래프 위의 점 $P(t,\ t^3-12t)$에서의 접선의 기울기를 m_1, 이 접선이 함수 $y=f(x)$의 그래프와 만나는 점 중 P가 아닌 점을 $Q(s,\ s^3-12s)$라 할 때, 점 Q에서의 접선의 기울기를 m_2라 하자. $m_1m_2=-72$를 만족시키는 모든 t의 값의 곱을 구하시오.

03 사차함수 $f(x)=x(x-1)(x-2)(x+1)$의 그래프 위의 점 $A(2,\ 0)$을 지나고 기울기가 m인 직선이 함수 $y=f(x)$의 그래프와 점 A가 아닌 서로 다른 세 점에서 만날 때, m의 값의 범위는?

① $-\dfrac{\sqrt{3}}{3}<m<\dfrac{\sqrt{3}}{3}$

② $m<-\dfrac{\sqrt{3}}{3}$ 또는 $m>\dfrac{\sqrt{3}}{3}$

③ $m<-\dfrac{2\sqrt{3}}{9}$

④ $-\dfrac{2\sqrt{3}}{9}<m<\dfrac{2\sqrt{3}}{9}$

⑤ $m<-\dfrac{2\sqrt{3}}{9}$ 또는 $m>\dfrac{2\sqrt{3}}{9}$

신 유형

04 곡선 $y=x^3$ 위의 서로 다른 두 점 A, B에서의 접선을 각각 l, m이라 하자. 두 접선 l, m에 동시에 접하는 원의 넓이가 $\dfrac{2}{5}\pi$로 일정할 때, 두 접선 l, m의 기울기의 합은?

① 2   ② 4   ③ 6
④ 8   ⑤ 10

05 정의역이 $\left\{x\ \middle|\ -1<x<\dfrac{3}{2}\right\}$인 함수 $f(x)=x^3-x^2$이 있다. 두 점 $A(-1,\ 0)$, $B(0,\ 1)$과 곡선 $y=f(x)$ 위의 점 P에 대하여 삼각형 ABP의 넓이가 최소일 때 점 P의 x좌표를 α, 삼각형 ABP의 넓이가 최대일 때 점 P의 x좌표를 β라 할 때, $\alpha\beta$의 값은?

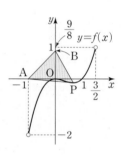

① $-\dfrac{1}{2}$ ② $-\dfrac{1}{3}$ ③ $-\dfrac{1}{4}$

④ $-\dfrac{1}{5}$ ⑤ $-\dfrac{1}{6}$

06 함수 $f(x)=\dfrac{1}{3}x^3+ax^2+(1-b^2)x+3$이 실수 전체의 집합에서 증가하기 위한 실수 a, b에 대하여 $(a-2)^2+(b-1)^2$의 최댓값을 M, 최솟값을 m이라 할 때, $M-m$의 값은?

① $\sqrt{5}$ ② $2\sqrt{5}$ ③ $4\sqrt{5}$
④ $6\sqrt{5}$ ⑤ $8\sqrt{5}$

07 모든 실수 k에 대하여 곡선 $y=x^3-ax^2+bx-1$과 직선 $y=k$가 오직 한 점에서 만날 때, 10 이하의 자연수 a, b에 대하여 모든 순서쌍 (a, b)의 개수를 구하시오.

08 양수 a에 대하여 사차함수 $f(x)=x^4-8a^2x^2$의 그래프 위의 세 점 P, Q, R의 x좌표 k는 각각 다음 조건 중 하나를 만족시킨다.

> (개) 함수 $f(x)$에서 $x=k$를 포함하는 어떤 열린구간에 속하는 모든 x에 대하여 $f(x) \leq f(k)$이다.
> (내) 함수 $f(x)$에서 $x=k$를 포함하는 어떤 열린구간에 속하는 모든 x에 대하여 $f(x) \geq f(k)$이다.

세 점 P, Q, R를 꼭짓점으로 하는 삼각형 PQR가 직각삼각형일 때, 삼각형 PQR의 넓이를 구하시오.

신 유형
09 함수 $f(x)=x^3-\dfrac{9}{2}x^2+6x$에 대하여 함수 $g(x)$를 $g(x)=\{f(x)\}^3-12f(x)$라 할 때, 함수 $g(x)$의 모든 극값의 합은?

① $-\dfrac{243}{8}$ ② -20 ③ $-\dfrac{77}{8}$

④ $\dfrac{3}{4}$ ⑤ $\dfrac{89}{8}$

10 실수 전체의 집합에서 미분가능한 두 함수 $y=f(x)$, $y=g(x)$의 그래프가 모두 $x=a$에서 x축과 접할 때, 함수 $h(x)=f(x)g(x)$에 대하여 보기에서 옳은 것만을 있는 대로 고른 것은?

> **보기**
> ㄱ. 함수 $y=h(x)$의 그래프는 $x=a$에서 x축과 접한다.
> ㄴ. 두 함수 $y=f(x)$, $y=g(x)$가 모두 $x=a$에서 극대이면 함수 $y=h(x)$도 $x=a$에서 극대이다.
> ㄷ. 함수 $y=f(x)$가 $x=a$에서 극소이고, 함수 $y=g(x)$가 $x=a$에서 극대이면 함수 $y=h(x)$는 $x=a$에서 극대이다.

① ㄱ ② ㄴ ③ ㄷ
④ ㄱ, ㄴ ⑤ ㄱ, ㄷ

11 두 삼차함수 $f(x)$, $g(x)$가 다음 조건을 만족시킨다.

> (개) 모든 실수 x에 대하여 $g(x)=f(-x)$이다.
> (내) $2f(-2)=g(-2)$, $2f(2)=g(2)$, $2f'(-2)=g'(-2)$

함수 $h(x)=2f(x)-g(x)$에 대하여 함수 $h(x)$는 $x=p$에서 극솟값을 갖고 $x=q$에서 극댓값이 256일 때, $3g(q)+f(2p)$의 값을 구하시오.

12 최고차항의 계수가 1인 사차함수 $f(x)$가 다음 조건을 만족시킨다.

> (개) $f(a)=f'(a)=0$ (내) $f(b)=f'(b)=0$

함수 $f(x)$는 $x=k$에서 극대일 때, 실수 k의 값은? (단, $a<b$)

① a ② $\dfrac{2a+b}{3}$ ③ $\dfrac{a+b}{2}$

④ $\dfrac{a+2b}{3}$ ⑤ b

13 최고차항의 계수가 양수인 사차함수 $f(x)$가 다음 조건을 만족시킬 때, $f(2)+f'(2)$의 값은?

> (가) 모든 실수 x에 대하여 $f'(-x)+f'(x)=0$이다.
> (나) $\displaystyle\lim_{h\to0}\frac{f(-1+h)}{h}=0$
> (다) 모든 극값의 합은 2이다.

① 64   ② 66   ③ 68
④ 70   ⑤ 72

14 최고차항의 계수가 1인 삼차함수 $f(x)$가 다음 조건을 만족시킨다.

> (가) 모든 실수 x에 대하여 $f(x)+f(2-x)=2$이다.
> (나) 함수 $f(x)$는 $x=-1$에서 극대이다.

함수 $f(x)$의 극댓값과 극솟값의 차를 구하시오.

15 사차함수 $f(x)=x^4+ax^3+bx^2-3$이 다음 조건을 만족시킬 때, $f(4)$의 값을 구하시오. (단, a, b는 상수이다.)

> (가) $f'(1)\times f'(2)<0$
> (나) 함수 $|f(x)|$는 $x=3$에서 극댓값 3을 가진다.

16 최고차항의 계수가 1인 사차함수 $f(x)$와 함수 $g(x)=f(x)-f(-1)$이 다음 조건을 만족시킬 때, $g'(3)+f'(-1)$의 값을 구하시오.

> (가) 함수 $f(x)$는 $x=\dfrac{1}{2}$에서 극값을 갖는다.
> (나) 함수 $|g(x)|$는 $x=1$에서만 미분가능하지 않다.

신 유형

17 함수 $f(x)=|x^3-3x|$와 자연수 k에 대하여 함수 $g(x)=|f(x)-k+1|$이 미분가능하지 않은 점의 개수를 a_k라 할 때, 자연수 k에 대하여 $\displaystyle\sum_{k=1}^{6}a_k$의 값은?

① 20   ② 26   ③ 30
④ 32   ⑤ 39

18 최고차항의 계수가 1인 사차함수 $f(x)$와 그 도함수 $f'(x)$가 다음 조건을 만족시킨다.

> (가) $f(0)=f'(0)=0$
> (나) 도함수 $y=f'(x)$의 그래프는 점 $(2, f'(2))$에서 x축과 접한다.

함수 $|f(x)+k|$가 미분가능하지 않은 점의 개수를 $g(k)$라 할 때, 함수 $g(k)$의 불연속인 점의 개수는?

① 0   ② 1   ③ 2
④ 3   ⑤ 4

19 자연수 n에 대하여 곡선 $y=x^3$ 위의 점 P_n은 다음 조건을 만족시킨다.

> (가) 점 P_n은 원점이 아니다.
> (나) 두 점 P_n, P_{n+1}은 서로 일치하지 않는다.
> (다) 점 P_n을 지나는 직선 l은 곡선 $y=x^3$ 위의 점 P_{n+1}에서의 접선과 일치한다.

점 P_n의 x좌표를 x_n이라 하자. $\sum\limits_{k=1}^{6} x_k = \dfrac{21}{16}$일 때, x_9의 값은?

① $\dfrac{1}{16}$ ② $\dfrac{1}{32}$ ③ $\dfrac{1}{64}$

④ $\dfrac{1}{128}$ ⑤ $\dfrac{1}{256}$

20 실수 전체의 집합에서 미분가능한 함수 $f(x)$가 다음 조건을 만족시킨다.

> (가) $f(0)=1$
> (나) $x<0$인 모든 실수 x에 대하여 $f'(x)<0$이다.
> (다) $1<x_1<x_2$인 모든 실수 x_1, x_2에 대하여
> $f(x_2)-f(x_1) \geq x_2-x_1$이다.

함수 $g(x)=\{f(x)\}^2$에 대하여 보기에서 옳은 것만을 있는 대로 고른 것은?

┤보기├
ㄱ. $g'(0)=2f'(0)$
ㄴ. $0 \leq x < 1$에서 $g'(x)=0$을 만족시키는 x의 값이 적어도 하나 존재한다.
ㄷ. $f(x) \geq 1$이면 $g(x)$는 $x=0$에서 극솟값을 갖는다.

① ㄱ   ② ㄷ   ③ ㄱ, ㄴ

④ ㄴ, ㄷ   ⑤ ㄱ, ㄴ, ㄷ

21 곡선 $y=x(x-1)(x-2)$와 직선 $y=tx$가 서로 다른 세 점 O, P, Q에서 만날 때, 함수 $g(t)$를 $g(t)=\overline{\mathrm{OP}} \times \overline{\mathrm{OQ}}$라 하자. 함수 $g(t)$의 극댓값과 극솟값의 차는? (단, O는 원점이다.)

① $\dfrac{1}{9}$ ② $\dfrac{4}{27}$ ③ $\dfrac{2}{9}$

④ $\dfrac{1}{3}$ ⑤ $\dfrac{10}{27}$

22 최고차항의 계수가 양수인 삼차함수 $f(x)$가 다음 조건을 만족시킬 때, $f(-2)=\dfrac{q}{p}$이다. $p+q$의 값을 구하시오.
(단, p와 q는 서로소인 자연수이다.)

> (가) 함수 $|f(x)|$는 $x=-1$, $x=2$에서 극대이다.
> (나) 함수 $||f(x)|-3|$의 극솟값을 갖는 서로 다른 x의 개수는 4이고, 그 극솟값은 모두 같다.

Ⅱ. 미분

05 도함수의 활용 (2)

개념 1 함수의 최대와 최소

함수 $f(x)$가 닫힌구간 $[a, b]$에서 연속일 때, 함수 $f(x)$의 최댓값과 최솟값은 다음과 같은 순서로 구한다.

(1) 닫힌구간 $[a, b]$에서 함수 $f(x)$의 극댓값과 극솟값을 구한다.

(2) 주어진 구간의 양 끝 점에서의 함숫값 $f(a)$, $f(b)$를 구한다.

(3) 위에서 구한 극댓값, 극솟값, $f(a)$, $f(b)$ 중에서 가장 큰 값이 최댓값, 가장 작은 값이 최솟값이다.

> 극댓값과 극솟값이 반드시 최댓값과 최솟값이 되는 것은 아니다.

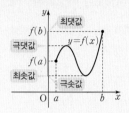

개념 2 방정식에의 활용

(1) 방정식 $f(x)=0$의 서로 다른 실근의 개수
  ⇨ 함수 $y=f(x)$의 그래프와 x축의 교점의 개수와 같다.

(2) 방정식 $f(x)=g(x)$의 서로 다른 실근의 개수 → 방정식 $f(x)-g(x)=0$의 서로 다른 실근의 개수와도 같다.
  ⇨ 두 함수 $y=f(x)$, $y=g(x)$의 그래프의 교점의 개수와 같다.

> 방정식 $f(x)=0$의 실근

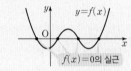

개념 3 부등식에의 활용

(1) 어떤 구간에서 부등식 $f(x)\geq0$이 성립함을 보일 때
  ⇨ 그 구간에서 (함수 $f(x)$의 최솟값)≥0임을 보인다.

(2) 어떤 구간에서 부등식 $f(x)\geq g(x)$가 성립함을 보일 때
  ⇨ $h(x)=f(x)-g(x)$로 놓고, 그 구간에서 ($h(x)$의 최솟값)≥0임을 보인다.

개념 4 속도와 가속도

(1) 수직선 위를 움직이는 점 P의 시각 t에서의 위치 x가 $x=f(t)$일 때
  ① 속도: $v=\dfrac{dx}{dt}=f'(t)$ ② 가속도: $a=\dfrac{dv}{dt}$

(2) 어떤 물체의 시각 t에서의 길이가 l, 넓이가 S, 부피가 V일 때
  ① 길이의 변화율: $\dfrac{dl}{dt}$ ② 넓이의 변화율: $\dfrac{dS}{dt}$ ③ 부피의 변화율: $\dfrac{dV}{dt}$

> 위치, 속도, 가속도 사이의 관계
> 위치 $\xrightarrow{\text{미분}}$ 속도 $\xrightarrow{\text{미분}}$ 가속도

> 속도 $v=f'(t)$의 부호는 운동 방향을 나타낸다. 즉, $v>0$이면 양의 방향, $v<0$이면 음의 방향으로 움직임을 의미한다.
> 따라서 $v=0$이면 운동 방향이 바뀌거나 정지하는 것을 나타낸다.

1등급 노트

노트 ① 삼차방정식 $f(x)=0$의 근의 판별

삼차함수 $f(x)$가 극값을 가질 때, 삼차방정식 $f(x)=0$에 대하여 다음이 성립한다.

① (극댓값)×(극솟값)$<0 \iff$ 서로 다른 세 실근을 갖는다.

② (극댓값)×(극솟값)$=0 \iff$ 한 실근과 중근을 갖는다. (서로 다른 두 실근을 갖는다.)

③ (극댓값)×(극솟값)$>0 \iff$ 한 실근과 두 허근을 갖는다.

> 삼차함수 $f(x)$의 극값이 존재하지 않으면 삼차방정식 $f(x)=0$은 삼중근을 갖거나 한 실근과 두 허근을 갖는다.

빈출1. 함수의 그래프와 최대·최소

01 구간 $[-2, 1]$에서 함수
$$f(x)=(x^2+2x+3)^3-6(x^2+2x+3)^2+4$$
의 최댓값과 최솟값의 차는?

① 20   ② 24   ③ 28

④ 32   ⑤ 36

02 구간 $[-4, 3]$에서 최고차항의 계수가 1인 삼차함수 $f(x)$가 다음 조건을 만족시킬 때, $f(x)$의 최댓값을 구하시오.

> (가) $x=-3$, $x=1$에서 극값을 갖는다.
> (나) 최솟값이 -4이다.

빈출2. 최대·최소의 활용

03 곡선 $y=x^2$ 위를 움직이는 점 P와 원 $(x-3)^2+y^2=1$ 위를 움직이는 점 Q에 대하여 선분 PQ의 길이의 최솟값은?

① 1   ② $\sqrt{5}-1$ ③ 2

④ $\sqrt{5}+1$ ⑤ 4

04 오른쪽 그림과 같이 한 변의 길이가 24 cm인 정삼각형 모양의 종이의 세 꼭짓점 주위에서 합동인 사각형을 잘라내고 남은 부분을 접어서 뚜껑이 없는 삼각기둥 모양의 상자를 만들려고 한다. 이 상자의 부피의 최댓값은?

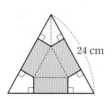
24 cm

① 240 cm³   ② 248 cm³   ③ 256 cm³

④ 264 cm³   ⑤ 272 cm³

빈출3. 방정식에의 활용

05 최고차항의 계수가 1인 삼차함수 $f(x)$가 모든 실수 x에 대하여 $f(-x)=-f(x)$를 만족시킨다. 방정식 $f(x)+16=0$이 서로 다른 두 실근을 가질 때, $f(-3)$의 값을 구하시오.

06 방정식 $x^4+4x^3-3x=2x^2+9x+k$가 한 개의 양의 근과 서로 다른 세 개의 음의 근을 갖도록 하는 실수 k의 값의 범위가 $a<k<b$일 때, $a+b$의 값은?

① 1   ② 3   ③ 5

④ 7   ⑤ 9

07 함수 $f(x)=x^3-6ax+8a$가 극값을 갖고, 방정식 $f(x)=0$이 오직 한 개의 실근을 갖도록 하는 정수 a의 값을 구하시오.

08 점 $(1, k)$에서 곡선 $y=x^3-1$에 서로 다른 세 접선을 그을 수 있도록 하는 실수 k의 값의 범위는?

① $-3<k<-2$ ② $-2<k<-1$ ③ $-1<k<0$

④ $0<k<1$ ⑤ $1<k<2$

부등식에의 활용

09 $2 \leq x \leq 4$에서 부등식 $-3 \leq x^3 - 6x^2 + 9x + k \leq 10$이 항상 성립하도록 하는 모든 정수 k의 값의 합을 구하시오.

교과서 심화 변형

10 두 함수 $f(x) = -2x^2 + 4x - a$, $g(x) = x^4 + 4x^2 + 12x$가 있다. 임의의 실수 x_1, x_2에 대하여 $f(x_1) \leq g(x_2)$가 성립하도록 하는 실수 a의 최솟값은?

① 9 ② 10 ③ 11
④ 12 ⑤ 13

속도와 가속도

11 수직선 위를 움직이는 점 P의 시각 t에서의 위치가 $x = t^3 + at^2 + bt - 10$이다. 점 P는 $t = 2$에서 운동 방향을 바꾸고 그때의 위치가 10일 때, 점 P가 $t = 2$ 이외에서 운동 방향을 바꾸는 순간의 가속도는? (단, a, b는 상수이다.)

① -4 ② -2 ③ 2
④ 4 ⑤ 6

12 수직선 위를 움직이는 두 점 P, Q의 시각 t에서의 위치 $f(t)$, $g(t)$의 그래프가 오른쪽 그림과 같을 때, 보기에서 옳은 것만을 있는 대로 고른 것은?

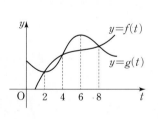

┌ 보기 ┐
ㄱ. 두 점 P, Q는 모두 세 번 만난다.
ㄴ. $t = 6$일 때, 점 Q의 속도가 점 P의 속도보다 더 빠르다.
ㄷ. 점 P는 $t = 4$일 때와 $t = 8$일 때 운동 방향을 바꾼다.
└────────┘

① ㄱ ② ㄷ ③ ㄱ, ㄷ
④ ㄴ, ㄷ ⑤ ㄱ, ㄴ, ㄷ

13 오른쪽 그림과 같이 편평한 바닥에 $60°$로 기울어진 경사면과 반지름의 길이가 0.5 m인 공이 있다. 이 공의 중심은 경사면과 바닥이 만나는 점에서 바닥에 수직으로 높이가 21 m인 위치에 있다. 이 공을 자유낙하시킬 때, t초 후 공의 중심의 높이 $h(t)$는 $h(t) = 21 - 5t^2 (m)$라 한다. 공이 경사면과 처음으로 충돌하는 순간, 공의 속도는?

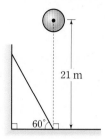

(단, 경사면의 두께와 공기의 저항은 무시한다.)

① -20 m/초 ② -17 m/초 ③ -15 m/초
④ -12 m/초 ⑤ -10 m/초

길이, 넓이, 부피의 변화율

14 오른쪽 그림과 같이 한 변의 길이가 20인 정삼각형 ABC의 점 A에서 출발하여 $\overline{AB}$를 따라 점 B로 매초 1씩 움직이는 점 P와 점 C에서 출발하여 $\overline{BC}$의 연장선을 따라 점 B의 반대 방향으로 매초 2씩 움직이는 점 Q가 있다. 두 점 P, Q가 출발한 지 3초 후 삼각형 PBQ의 넓이의 변화율은?

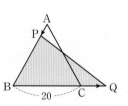

① 2 ② $2\sqrt{2}$ ③ $2\sqrt{3}$
④ 4 ⑤ $2\sqrt{5}$

15 오른쪽 그림과 같이 밑면의 반지름의 길이가 6 cm, 높이가 9 cm인 원뿔 모양의 빈 그릇에 수면의 높이가 매초 1.5 cm씩 일정하게 올라가도록 물을 부었다. 수면의 높이가 6 cm가 되는 순간의 물의 부피의 변화율은 $k\pi$ cm³/초이다. 이때 상수 k의 값을 구하시오.

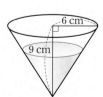

유형 1 \ 합성함수의 최대·최소

1 함수 $f(x)=2x^3-3x^2+2$에 대하여 $-1\le x\le 1$에서 함수 $y=(f\circ f)(x)$의 최댓값을 M, 최솟값을 m이라 할 때, $M-m$의 값을 구하시오.

1-1 함수 $f(x)=\dfrac{1}{3}x^3-x^2+\dfrac{2}{3}$에 대하여 $0\le x\le a$에서 함수 $y=(f\circ f)(x)$의 최댓값이 $\dfrac{110}{3}$이 되도록 하는 양수 a의 값을 구하시오.

유형 2 \ 최대·최소의 활용 (1) – 입체도형의 부피의 최댓값

2 오른쪽 그림과 같이 밑면의 반지름의 길이가 4이고 높이가 8인 원뿔에 두 개의 합동인 원기둥을 붙여 만든 도형이 내접하고 있다. 두 원기둥의 부피의 합의 최댓값이 M일 때, $27M$의 값은?

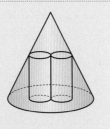

① 64π ② 96π ③ 128π

④ 192π ⑤ 256π

2-1 오른쪽 그림과 같이 반지름의 길이가 3인 구가 있다. 이 구에 내접하는 원기둥의 부피의 최댓값은?

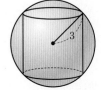

① $6\sqrt{3}\pi$ ② 12π

③ $9\sqrt{3}\pi$ ④ 18π

⑤ $12\sqrt{3}\pi$

유형 3 \ 최대·최소의 활용 (2) – 넓이의 최댓값

3 그림과 같이 한 변의 길이가 4인 정사각형 ABCD에서 선분 BC와 선분 CD의 중점을 각각 E, F라 하자. 점 E를 꼭짓점으로 하고 두 점 A, D를 지나는 포물선과 선분 AF가 만나는 점을 G라 하자. 선분 AG 위를 움직이는 점 P를 지나고 직선 AB와 평행한 직선이 포물선과 만나는 점을 Q라 할 때. 삼각형 AQP의 넓이의 최댓값은?

(단, 점 P는 점 A와 점 G가 아니다.) | 학평 기출 |

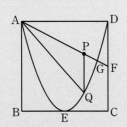

① $\dfrac{85}{27}$ ② $\dfrac{343}{108}$ ③ $\dfrac{173}{54}$

④ $\dfrac{349}{108}$ ⑤ $\dfrac{88}{27}$

3-1 다음 그림과 같이 곡선 $y=-x^2+5x$와 직선 $y=-x+k\ (k>0)$가 만나는 두 점을 각각 P, Q라 하자. 삼각형 POQ의 넓이를 S라 할 때, S가 최대가 될 때의 상수 k의 값을 a, S의 최댓값을 b라 할 때, $a+b^2$의 값은?

(단, O는 원점이다.)

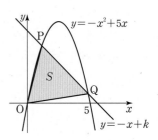

① 110   ② 111   ③ 112

④ 113   ⑤ 114

유형4 \ 최대·최소의 활용

4 함수 $f(x)=-3x^4+4(a-1)x^3+6ax^2\,(a>0)$과 실수 t에 대하여 $x\le t$에서 $f(x)$의 최댓값을 $g(t)$라 하자. 함수 $g(t)$가 실수 전체의 집합에서 미분가능하도록 하는 a의 최댓값은?

| 모평 기출 |

① 1   ② 2   ③ 3

④ 4   ⑤ 5

4-1 함수 $f(x)=-x^2(x-6)$에 대하여 닫힌구간 $[a,\,a+1]$에서 함수 $f(x)$의 최솟값을 $g(a)$라 하자. $-3\le a\le 3$에서 함수 $g(a)$의 최댓값과 최솟값을 각각 $M,\,m$이라 할 때, $M+m$의 값은?

① 20   ② 24   ③ 28

④ 32   ⑤ 36

유형5 \ 방정식의 실근의 개수 (1)

5 오른쪽 그림과 같이 두 삼차함수 $f(x),\,g(x)$의 도함수 $y=f'(x)$, $y=g'(x)$의 그래프가 만나는 서로 다른 두 점의 x좌표는 $a,\,b\,(0<a<b)$이다. 함수 $h(x)$를 $h(x)=f(x)-g(x)$라 할 때, 보기에서 옳은 것만을 있는 대로 고른 것은? (단, $f'(0)=7$, $g'(0)=2$) | 학평 기출 |

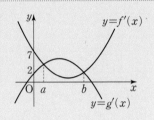

┌ 보기 ┐
ㄱ. 함수 $h(x)$는 $x=a$에서 극댓값을 갖는다.
ㄴ. $h(b)=0$이면 방정식 $h(x)=0$의 서로 다른 실근의 개수는 2이다.
ㄷ. $0<\alpha<\beta<b$인 두 실수 $\alpha,\,\beta$에 대하여 $h(\beta)-h(\alpha)<5(\beta-\alpha)$이다.

① ㄱ   ② ㄷ   ③ ㄱ, ㄴ

④ ㄴ, ㄷ   ⑤ ㄱ, ㄴ, ㄷ

5-1 오른쪽 그림과 같이 사차함수 $f(x)$와 이차함수 $g(x)$의 도함수 $y=f'(x)$, $y=g'(x)$의 그래프가 만나는 서로 다른 세 점의 x좌표는 $a,\,b,\,c\,(a<b<c)$이다. 함수 $h(x)$를 $h(x)=f(x)-g(x)$라 할 때, 보기에서 옳은 것만을 있는 대로 고른 것은?

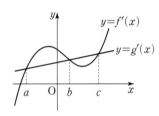

┌ 보기 ┐
ㄱ. $h(b)=0$이면 방정식 $h(x)=0$의 서로 다른 실근의 개수는 3이다.
ㄴ. $h(a)+h(c)=0$이면 방정식 $h(x)=0$의 서로 다른 실근의 개수는 2이다.
ㄷ. $h(a)h(b)h(c)<0$이면 방정식 $h(x)=0$의 서로 다른 실근의 개수는 2이다.

① ㄱ   ② ㄴ   ③ ㄱ, ㄴ

④ ㄴ, ㄷ   ⑤ ㄱ, ㄴ, ㄷ

유형6 \ 방정식의 실근의 개수 (2)

6 서로 다른 두 실수 $\alpha,\,\beta$가 사차방정식 $f(x)=0$의 근일 때, 옳은 것만을 보기에서 있는 대로 고른 것은? | 모평 기출 |

┌ 보기 ┐
ㄱ. $f'(\alpha)=0$이면 다항식 $f(x)$는 $(x-\alpha)^2$으로 나누어떨어진다.
ㄴ. $f'(\alpha)f'(\beta)=0$이면 방정식 $f(x)=0$은 허근을 갖지 않는다.
ㄷ. $f'(\alpha)f'(\beta)>0$이면 방정식 $f(x)=0$은 서로 다른 네 실근을 갖는다.

① ㄱ   ② ㄷ   ③ ㄱ, ㄴ

④ ㄴ, ㄷ   ⑤ ㄱ, ㄴ, ㄷ

6-1 삼차함수 $f(x)$가 다음 조건을 만족시킨다.

┌─────────────────┐
(가) 극솟값은 $-\dfrac{2}{3}$이다.
(나) 함수 $xf(x)$가 $x=0$에서 최솟값 0을 갖는다.
(다) 방정식 $f(x)=0$의 서로 다른 실근의 개수는 2이다.
└─────────────────┘

함수 $g(x)$를 $g(x)=\{f(x)\}^2\{f(x)+1\}$로 정의할 때, 방정식 $g'(x)=0$의 서로 다른 실근의 개수는?

① 3   ② 4   ③ 5

④ 6   ⑤ 7

유형 7 절댓값 기호가 포함된 방정식의 실근의 개수

7 최고차항의 계수가 1인 삼차함수 $f(x)$가 모든 실수 x에 대하여 $f(-x)=-f(x)$를 만족시킨다. 방정식 $|f(x)|=2$의 서로 다른 실근의 개수가 4일 때, $f(3)$의 값은? | 수능 기출 |

① 12 ② 14 ③ 16
④ 18 ⑤ 20

7-1 최고차항의 계수가 1인 삼차함수 $f(x)$가 다음 조건을 만족시킬 때, $f(4)$의 값을 구하시오.

> (가) 함수 $f(|x|)$는 모든 실수 x에 대하여 미분가능하다.
> (나) 방정식 $|f(|x|)|=2$는 서로 다른 다섯 개의 실근을 갖는다.

유형 8 부등식에의 활용 – 증가함수와 감소함수의 활용

8 함수 $f(x)=-x^3+3x^2-4x+1$에 대하여 부등식 $-\{f(x)\}^3+3\{f(x)\}^2-4f(x)+1>f(-5x+4)$를 만족시키는 정수 x의 개수는? (단, $x<10$)

① 4 ② 5 ③ 6
④ 7 ⑤ 8

8-1 함수 $f(x)=x^3-6x^2+12x+32$에 대하여 부등식 $\{f(x)\}^3-6\{f(x)\}^2+12f(x)+32\le f(ax)$를 만족시키는 자연수 x가 존재하도록 하는 실수 a의 최솟값을 구하시오.

유형 9 항상 성립하는 부등식

9 두 함수 $f(x)=2x^3+3x^2$, $g(x)=x^3-a$에 대하여 $1<x<3$일 때, 부등식 $f(x)\ge g(x)$가 항상 성립하도록 하는 실수 a의 최솟값은?

① -5 ② -4 ③ -3
④ -2 ⑤ -1

9-1 두 함수 $f(x)=x^4-4x^3+20$, $g(x)=-x^2+ax-23$에 대하여 임의의 실수 x_1, x_2에 대하여 부등식 $f(x_1)\ge g(x_2)$가 성립하도록 하는 실수 a의 최솟값은?

① -10 ② -9 ③ -8
④ -7 ⑤ -6

유형 10 　 속도와 가속도의 해석

10 원점을 출발하여 수직선 위를 움직이는 점 P의 시각 $t(0 \le t \le 6)$에서의 위치 x가 사차함수 $f(t)$로 주어지고 $x=f(t)$의 그래프가 오른쪽 그림과 같을 때, 보기에서 옳은 것만을 있는 대로 고른 것은?

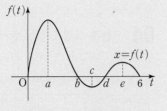

┤보기├
ㄱ. $0<t<6$에서 점 P는 운동 방향을 세 번 바꾼다.
ㄴ. 출발 후 원점을 첫 번째로 다시 지날 때의 속도는 양수이다.
ㄷ. 방향을 두 번째로 바꿀 때의 가속도는 양수이다.

① ㄱ　　　　　　② ㄴ　　　　　　③ ㄱ, ㄷ
④ ㄴ, ㄷ　　　　　⑤ ㄱ, ㄴ, ㄷ

10-1 수직선 위를 움직이는 두 점 P, Q의 시각 t에서의 위치가 각각 $f(t)=-\dfrac{1}{4}t^4+\dfrac{4}{3}t^3-\dfrac{3}{2}t^2+3$, $g(t)=t^2-4t+3$일 때, 보기에서 옳은 것만을 있는 대로 고른 것은?

┤보기├
ㄱ. $t=1$에서 두 점 P, Q의 가속도는 같다.
ㄴ. $1<t<2$일 때, 두 점 P, Q는 서로 반대 방향으로 움직인다.
ㄷ. $1<t<4$일 때, 두 점 P, Q의 속도가 같아지는 순간이 있다.

① ㄱ　　　　　　② ㄴ　　　　　　③ ㄱ, ㄷ
④ ㄴ, ㄷ　　　　　⑤ ㄱ, ㄴ, ㄷ

유형 11 　 위치 함수의 표현

11 곡선 $y=x^2$ 위를 움직이는 점 P와 x축 위의 점 Q가 있다. 점 P에서 x축에 내린 수선의 발을 R라 할 때, $2\overline{OR}=\overline{OQ}$이다. 시각 t에서 점 R의 x좌표가 t^3-2t일 때, 삼각형 OQP가 정삼각형이 되는 순간의 점 Q의 속도를 구하시오.
(단, O는 원점이고 점 P는 제1사분면 위에 있다.)

11-1 x축 위를 움직이는 점 P에서 곡선 $y=\dfrac{1}{2}x^2$에 x축이 아닌 접선 l_1을 그을 때, 접점을 점 Q라 하자. 또, 점 Q를 지나고 직선 l_1에 수직인 직선 l_2가 x축과 만나는 점을 R라 하자. 시각 t에서 점 P의 x좌표가 t^2일 때, $t=1$에서 점 R의 가속도를 구하시오.

유형 12 　 시각에 대한 변화율

12 한 변의 길이가 $12\sqrt{3}$인 정삼각형과 그 정삼각형에 내접하는 원으로 이루어진 도형이 있다. 이 도형에서 정삼각형의 각 변의 길이가 매초 $3\sqrt{3}$씩 늘어남에 따라 원도 정삼각형에 내접하면서 반지름의 길이가 늘어난다. 정삼각형의 한 변의 길이가 $24\sqrt{3}$이 되는 순간, 정삼각형에 내접하는 원의 넓이의 시간(초)에 대한 변화율이 $a\pi$이다. 이때 상수 a의 값을 구하시오.

| 학평 기출 |

12-1 오른쪽 그림과 같이 한 변의 길이가 4인 정사각형 ABCD에서 점 P는 점 A에서 출발하여 매초 1씩 움직이며 정사각형의 변을 따라 점 B, C, D를 지난 후 점 A로 돌아온다. 이때 점 A를 중심으로 하고 점 P를 지나는 원을 O라 하자. 점 P가 출발한 지 10초가 되는 순간 원 O의 넓이의 변화율은?

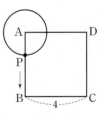

① -4π　　　　　② -2π　　　　　③ 2π
④ 4π　　　　　　⑤ 8π

01 함수 $f(x)=\dfrac{3}{4}x^3-\dfrac{9}{4}x^2+3$에 대하여 $-2\le x<a$에서 함수 $y=(f\circ f)(x)$의 최댓값이 3이 되도록 하는 정수 a의 개수는?

① 2 ② 3 ③ 4
④ 5 ⑤ 6

신 유형
02 함수 $f(x)=\begin{cases} x^2-2ax+3 & (x<0) \\ \dfrac{1}{3}x^3-\dfrac{b+2}{2}x^2+2bx+3 & (x\ge 0)\end{cases}$ 과 실수 t에 대하여 $x\le t$에서 $f(x)$의 최솟값을 $g(t)$라 하자. 함수 $g(t)$가 실수 전체의 집합에서 미분가능하도록 하는 두 음수 a, b에 대하여 a^2+2b의 최솟값은?

① $\dfrac{4}{3}$ ② 2 ③ $\dfrac{8}{3}$
④ $\dfrac{10}{3}$ ⑤ 4

03 오른쪽 그림과 같이 곡선 $y=x^2$ 위의 한 점 A에 대하여 점 A를 지나고 x축과 평행하게 그은 직선이 곡선 $y=x^2$과 만나는 점을 B, y축과 평행하게 그은 직선이 곡선 $y=-2x^2+k$와 만나는 점을 C라 하자. 또, 점 B를 지나고 y축과 평행하게 그은 직선이 곡선 $y=-2x^2+k$와 만나는 점을 D라 할 때, 직사각형 ABDC의 넓이의 최댓값이 12가 되도록 하는 양수 k의 값을 구하시오. (단, 점 A는 제2사분면 위에 있다.)

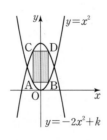

04 오른쪽 그림과 같이 반지름의 길이가 R인 반구에 밑면인 원의 반지름의 길이는 r이고 높이는 h인 원기둥이 내접하고 있다. 이 원기둥의 부피가 최대일 때, $\dfrac{h}{r}$의 값은?

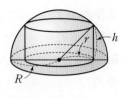

① $\dfrac{\sqrt{3}}{3}$ ② $\dfrac{\sqrt{2}}{2}$ ③ 1
④ $\sqrt{2}$ ⑤ $\sqrt{3}$

05 다음 그림과 같이 좌표평면 위에 중심이 A$(5, 0)$이고 반지름의 길이가 3인 원 O_A와 중심이 점 B이고 반지름의 길이가 3인 원 O_B가 있다. 점 B가 곡선 $y=x^2+1$을 따라 움직일 때, 원 O_A와 원 O_B가 겹치는 부분의 넓이가 최대가 될 때의 점 B의 x좌표는?

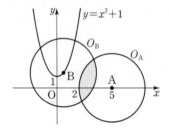

① 0 ② $\dfrac{1}{3}$ ③ $\dfrac{2}{3}$
④ 1 ⑤ $\dfrac{4}{3}$

06 서로 다른 세 실수 x, y, z가 $x+y+z=-6$, $xy+yz+zx=9$를 만족시킬 때, 정수 xyz의 최댓값과 최솟값의 합은?

① -4 ② -3 ③ -2
④ -1 ⑤ 0

07 사차함수 $f(x)$와 삼차함수 $g(x)$에 대하여 $f(a)=g(a)$이고, 도함수 $y=f'(x)$, $y=g'(x)$의 그 래프는 오른쪽 그림과 같다. 함수 $h(x)$를 $h(x)=f(x)-g(x)$라 할 때, 보기에서 옳은 것만을 있는 대로 고른 것은?

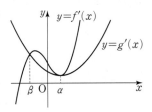

┤보기├
ㄱ. 함수 $h(x)$는 $x=a$에서 극댓값을 갖는다.
ㄴ. 방정식 $h(x)=0$의 서로 다른 모든 실근의 합은 $a+\beta$보다 작다.
ㄷ. 함수 $y=h(x)$의 그래프의 접선 중 기울기가 $\dfrac{h(\beta)}{\beta-a}$인 것은 2개 존재한다.

① ㄱ   ② ㄴ   ③ ㄱ, ㄷ
④ ㄴ, ㄷ   ⑤ ㄱ, ㄴ, ㄷ

08 두 함수 $f(x)=2x^3-\dfrac{1}{2}$, $g(x)=-ax^2+\dfrac{1}{2}$의 그래프가 오직 한 점에서 만나도록 하는 양수 a의 값의 범위는?

① $a>1$ ② $0<a<3$ ③ $a>3$
④ $0<a<5$ ⑤ $a>5$

09 최고차항의 계수가 양수인 삼차방정식 $f(x)=0$이 서로 다른 세 개의 양의 실근을 갖고, 함수 $g(x)=f(x)+xf'(x)$이 다. 보기 중 옳은 것만을 있는 대로 고른 것은?

┤보기├
ㄱ. $g(0)<0$이다.
ㄴ. 방정식 $g(x)=0$이 서로 다른 세 개의 양의 실근을 갖는다.
ㄷ. 방정식 $f(x)=0$과 $g(x)=0$의 공통근이 존재한다.

① ㄱ   ② ㄴ   ③ ㄱ, ㄴ
④ ㄱ, ㄷ   ⑤ ㄱ, ㄴ, ㄷ

10 삼차함수 $f(x)=x^3-\dfrac{9}{2}ax^2+6a^2x+b$에 대하여 방정식 $|f(x)|=t$의 서로 다른 실근의 개수를 $g(t)$라 하자. 실수 전체의 집합에서 정의된 함수 $g(t)$가 $t=0$, $t=2$에서만 불연속일 때, $f(1)$의 값은? (단, a, b는 정수이고, $a>0$이다.)

① -2 ② -1 ③ 0
④ 1 ⑤ 2

11 최고차항의 계수가 1인 사차함수 $f(x)$가 있다. 실수 a에 대하여 $f(a)=f'(a)=0$을 만족시킬 때, 보기에서 항상 옳은 것만을 있는 대로 고른 것은?

┤보기├
ㄱ. 방정식 $f'(x)=0$이 서로 다른 두 실근을 가지면 함수 $f(x)$의 최솟값은 0이다.
ㄴ. 함수 $|f(x)|$가 두 점에서 미분가능하지 않으면 함수 $f(x)$는 $x=a$에서 극솟값을 갖는다.
ㄷ. 함수 $|f(x)|$가 오직 한 점에서 미분가능하지 않고 $f'(a+2)=20$이면 $f(a+3)=54$이다.

① ㄴ   ② ㄷ   ③ ㄱ, ㄷ
④ ㄴ, ㄷ   ⑤ ㄱ, ㄴ, ㄷ

12 $x\geq0$인 모든 실수 x에 대하여 부등식
$$x^{2n+1}-(2n+1)x+n(n-4)\geq0$$
이 성립하도록 하는 자연수 n의 최솟값은?

① 4 ② 5 ③ 6
④ 7 ⑤ 8

13 $x \geq 2$인 모든 실수 x에 대하여 부등식
$$x^3 - 3(a+1)x^2 + 3a(a+2)x - 2(a+2)^2 \geq 0$$
이 성립하도록 하는 상수 a의 값의 범위는?

① $a \leq -3$ ② $a \leq -1$ ③ $-1 \leq a \leq 3$

④ $a \geq 3$ ⑤ $a \leq -1$ 또는 $a \geq 3$

14 함수 $f(x)$가 $f(x) = \begin{cases} -2x+27 & (x \leq 0) \\ x^3 - 3x^2 + 27 & (x > 0) \end{cases}$ 일 때, 모든 실수 x에 대하여 부등식 $f(x) \geq kx$가 성립하도록 하는 실수 k의 최댓값과 최솟값의 곱은?

① 18 ② 9 ③ -9

④ -18 ⑤ -27

15 다음 조건을 만족시키는 최고차항의 계수가 1인 사차함수 $f(x)$에 대하여 $f(2)$의 최댓값과 최솟값의 합은?

> (가) $f(1) = f'(1) = 0$
> (나) 모든 실수 x에 대하여 $xf'(x) \geq f(x)$이다.

① 3 ② 4 ③ 5

④ 6 ⑤ 7

16 수직선 위를 움직이는 두 점 P, Q의 시각 t $(t > 0)$에서의 위치를 각각 $f(t) = t^4 - 8t^3 + 24t^2$, $g(t) = 2t^3 + kt$라 할 때, 두 점 P, Q의 속도가 같아지는 순간이 2회 존재하기 위한 정수 k의 개수를 구하시오.

17 수직선 위를 움직이는 두 점 P, Q의 시각 t에서의 위치가 각각 $x_P(t) = t^3 + 2t^2 + 2t$, $x_Q(t) = 2t^2 + 5t$일 때, 보기에서 옳은 것만을 있는 대로 고른 것은?

> ┤보기├
> ㄱ. 두 점 P, Q는 모두 운동 방향을 바꾸지 않고 처음 출발한 방향으로만 운동한다.
> ㄴ. 두 점 P, Q는 출발 후 한 번 만난다.
> ㄷ. $0 < t < 3$일 때, 두 점 P, Q 사이의 거리가 자연수가 되는 시각은 총 20번이다.

① ㄱ   ② ㄴ   ③ ㄱ, ㄴ

④ ㄱ, ㄷ   ⑤ ㄱ, ㄴ, ㄷ

18 오른쪽 그림과 같이 반지름의 길이가 $2\sqrt{3}$인 구 S와 구 S에 내접하는 정육면체로 이루어진 입체도형이 있다. 이 도형에서 구의 반지름의 길이가 매초 $\sqrt{3}$씩 늘어남에 따라 정육면체도 구에 내접하면서 한 모서리의 길이가 늘어난다. 구의 부피가 $108\sqrt{3}\pi$가 되는 순간의 구에 내접하는 정육면체의 부피의 변화율을 구하시오.

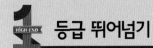
19 양수 t에 대하여 닫힌구간 $[x-t,\ x+t]$에서 함수 $f(x)=x^3-ax^2+10$의 최댓값을 $g_t(x)$라 하자. 함수 $g_t(x)$가 다음 조건을 만족시키도록 하는 양수 t의 최솟값이 6일 때, $\{f(2)\}^2$의 값을 구하시오. (단, $a>0$)

> $x_1<x_2$인 임의의 $x_1,\ x_2$에 대하여 항상 $g_t(x_1)\leq g_t(x_2)$이다.

20 함수 $f(x)=2x^3-9x^2+k$와 자연수 n에 대하여 방정식 $|f(x)|=n$의 서로 다른 실근의 개수를 a_n이라 할 때, 다음 조건을 만족시키는 모든 정수 k의 값의 곱을 구하시오.

> (가) 방정식 $f(x)=0$은 서로 다른 세 실근을 갖는다.
>
> (나) $\sum\limits_{n=1}^{20} a_n=85$

신 유형

21 두 함수 $f(x)=x^2+2x$, $g(x)=x^3-3x^2+7$에 대하여 6개의 방정식 $(g\circ f)(x)=3$, $(g\circ f)(x)=4$, $\cdots$, $(g\circ f)(x)=8$의 해를 작은 수부터 크기 순서대로 나열한 값을 $x_1,\ x_2,\ x_3,\ \cdots,\ x_m$이라 하자. $a=\sum\limits_{n=1}^{m} x_n$, $b=x_{m-1}$일 때, $2m+a+b$의 값을 구하시오.

22 최고차항의 계수가 3인 삼차함수 $f(x)$가 다음 조건을 만족시킬 때, $f(4)$의 값을 구하시오.

> (가) 함수 $f(|x|)$는 $x=0$에서 미분가능하다.
>
> (나) 방정식 $f(|x|)=4$는 서로 다른 세 개의 실근을 갖는다.
>
> (다) 방정식 $\{f(x)\}^2=a$가 서로 다른 네 개의 실근을 갖도록 하는 정수 a의 개수는 47이다.

'포기해야겠다'는

생각이 들때야 말로

성공에 가까워진 때이다.

– 밥 파슨스
(미국의 사업가)

적분

Ⅲ. 적분

부정적분과 정적분

개념 1 부정적분

(1) 함수 $F(x)$의 도함수가 $f(x)$일 때, 즉 $F'(x)=f(x)$일 때, 함수 $F(x)$를 $f(x)$의 부정적
분이라 하고, 이것을 기호로 $\int f(x)dx$와 같이 나타낸다.

$$\int f(x)dx=F(x)+C \text{ (단, } C\text{는 적분상수)}$$

(2) x^n의 부정적분: n이 음이 아닌 정수일 때

$$\int x^n dx=\frac{1}{n+1}x^{n+1}+C \text{ (단, } C\text{는 적분상수)}$$

(3) 부정적분과 도함수

① $\int\left\{\dfrac{d}{dx}f(x)\right\}dx=f(x)+C$ (단, C는 적분상수)

② $\dfrac{d}{dx}\int f(x)dx=f(x)$

주의 $\int\left\{\dfrac{d}{dx}f(x)\right\}dx\neq\dfrac{d}{dx}\int f(x)dx$임에 유의한다.

> $F(x) \underset{\text{적분}}{\overset{\text{미분}}{\rightleftharpoons}} f(x)$

> 여러 가지 함수의 부정적분
> $\int (ax+b)^n dx$
> $=\dfrac{1}{a(n+1)}(ax+b)^{n+1}+C$
> (단, C는 적분상수)

개념 2 정적분

(1) 함수 $f(x)$가 닫힌구간 $[a,\ b]$에서 연속일 때, 함수 $f(x)$의 부정적분 중의 하나를
$F(x)$라 하면 $F(b)-F(a)$를 $f(x)$의 a에서 b까지의 정적분이라 하고, 이것을 기호로
$\int_a^b f(x)dx$와 같이 나타낸다.

$$\int_a^b f(x)dx=\Big[F(x)\Big]_a^b=F(b)-F(a)$$

(2) 정적분의 기본 정리

① $\int_a^a f(x)dx=0$ 　　　　　② $\int_a^b f(x)dx=-\int_b^a f(x)dx$

> 대칭인 함수의 정적분
> 함수 $f(x)$가 닫힌구간 $[-a,\ a]$에서 연속
> 일 때
> ① $f(-x)=f(x)$이면
> 　⇨ $\int_{-a}^a f(x)dx=2\int_0^a f(x)dx$

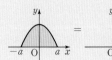

> ② $f(-x)=-f(x)$이면
> 　⇨ $\int_{-a}^a f(x)dx=0$

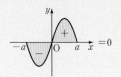

개념 3 정적분의 성질

두 함수 $f(x)$, $g(x)$가 임의의 세 실수 a, b, c를 포함하는 닫힌구간에서 연속일 때

(1) $\int_a^b kf(x)dx=k\int_a^b f(x)dx$ (단, k는 상수)

(2) $\int_a^b \{f(x)\pm g(x)\}dx=\int_a^b f(x)dx\pm\int_a^b g(x)dx$ (복호동순)

(3) $\int_a^b f(x)dx=\int_a^c f(x)dx+\int_c^b f(x)dx$

> 정적분의 성질 (3)은 a, b, c의 대소에 관계
> 없이 성립한다.

개념 4 정적분으로 정의된 함수의 미분과 극한

함수 $f(t)$가 실수 a를 포함하는 구간에서 연속일 때

(1) $\dfrac{d}{dx}\int_a^x f(t)dt=f(x)$ 　　　　(2) $\dfrac{d}{dt}\int_x^{x+a} f(t)dt=f(x+a)-f(x)$

(3) $\lim\limits_{h\to 0}\dfrac{1}{h}\int_a^{a+h} f(t)dt=f(a)$ 　　(4) $\lim\limits_{x\to a}\dfrac{1}{x-a}\int_a^x f(t)dt=f(a)$

> 함수 $f(t)$가 실수 전체의 집합에서 연속이
> 면 정적분 $\int_a^x f(t)dt$는 실수 전체의 집합
> 에서 미분가능한 함수이다.

빈출1 부정적분

01 미분가능한 함수 $f(x)$의 한 부정적분을 $F(x)$라 할 때, 보기에서 옳은 것만을 있는 대로 고른 것은?

(단, C는 적분상수이다.)

┤보기├

ㄱ. $\int \{3x^2 + f(x)\} dx = x^3 + F(x) + C$

ㄴ. $\int x f(x) dx = x F(x) + C$

ㄷ. $\int 2F(x) f(x) dx = \{F(x)\}^2 + C$

① ㄱ ② ㄴ ③ ㄱ, ㄷ
④ ㄴ, ㄷ ⑤ ㄱ, ㄴ, ㄷ

02 연속함수 $f(x)$의 도함수가 $f'(x) = \begin{cases} -3x^2 & (|x| > 2) \\ 4x & (|x| < 2) \end{cases}$

이고 $y = f(x)$의 그래프가 점 $(-1, 10)$을 지날 때, $f(-3) + f(3)$의 값을 구하시오.

교과서 심화 변형

03 최고차항의 계수가 1인 삼차함수 $f(x)$가 $f'(-x) = f'(x)$를 만족시키고, $x = -2$에서 극댓값 20을 가질 때, 함수 $f(x)$의 극솟값을 구하시오.

빈출2 정적분의 계산

04 자연수 n에 대하여 $f(n) = \int_0^{2n} |x^2 - nx| dx$일 때, $f(1) + f(2) + f(3) + \cdots + f(10)$의 값은?

① 1600 ② 2025 ③ 2500
④ 3025 ⑤ 3600

05 x에 대한 두 일차식 $f(x)$, $g(x)$가 각각

$$f(x) = x \int_0^1 \frac{t^2}{t+1} dt - \int_0^1 \frac{1}{s+1} ds,$$

$$g(x) = \int_0^1 \frac{t^3}{t+1} dt + x \int_0^1 \frac{1}{s+1} ds$$

이다. 방정식 $f(x) = g(x)$의 해가 $x = \alpha$일 때, $9\alpha^2$의 값을 구하시오.

빈출3 정적분으로 정의된 함수

06 다항함수 $f(x)$에 대하여

$$f(x) = 9x^2 - \int_0^2 (x-3) f(t) dt$$

가 성립할 때, $f(-2) - f'(-2)$의 값을 구하시오.

07 임의의 실수 x에 대하여 다항함수 $f(x)$가

$$\int_{-1}^x (x-t) f(t) dt = x^4 + ax^3 + bx^2 - 1$$

을 만족시킬 때, $f(-1)$의 값은? (단, a, b는 상수이다.)

① -4 ② -2 ③ 0
④ 2 ⑤ 4

08 $\sum_{k=1}^9 \left\{ \lim_{x \to 2} \frac{1}{x-2} \int_4^{x^2} (k^2 - t^2) dt \right\}$의 값은?

① 560 ② 564 ③ 568
④ 572 ⑤ 576

유형 1 \ 부정적분과 도함수 (1)

1 이차함수 $f(x)$에 대하여 함수 $g(x)$가

$$g(x) = \int \{x^2 + f(x)\}dx, \quad f(x)g(x) = -2x^4 + 8x^3$$

을 만족시킬 때, $g(1)$의 값은? | 모평 기출 |

① 1 ② 2 ③ 3

④ 4 ⑤ 5

1-1 최고차항의 계수가 양수인 두 다항함수 $f(x)$, $g(x)$에 대하여

$$f(x) = \int x^2 g(x)dx, \quad \frac{d}{dx}\{f(x)g(x)\} = 5x^4 + 14x^3 + 9x^2$$

이 성립할 때, $f(2) + g(2)$의 값을 구하시오.

유형 2 \ 부정적분과 도함수 (2) − 극대·극소

2 두 다항함수

$$f(x) = \int (x^2-1)^2(x^{100}+x^{98}+1)dx,$$

$$g(x) = \int (x^3+1)(x^{100}+x^{98}+1)dx$$

에 대하여 함수 $h(x) = f(x) - g(x)$가 $x = a$에서 극대이고 $x = b$에서 극소일 때, $a + 10b$의 값을 구하시오.

2-1 두 다항함수 $f(x)$, $g(x)$에 대하여

$$\int \{f(x)+g(x)\}dx = -\frac{1}{4}x^4 - \frac{1}{3}x^3 + 4x + C_1,$$

$$\int f(x)g(x)dx = \frac{2}{5}x^5 - \frac{1}{2}x^4 - \frac{8}{3}x^3 + 4x^2 + C_2$$

이다. $f(0) = 4$일 때, 함수 $f(x) - g(x)$가 $x = \alpha$에서 극대이고 $x = \beta$에서 극소이다. $\alpha + \beta$의 값은?

(단, C_1, C_2는 적분상수이다.)

① -1 ② $-\frac{2}{3}$ ③ 0

④ $\frac{2}{3}$ ⑤ $\frac{4}{3}$

유형 3 \ 함수의 연속성과 부정적분

3 실수 전체의 집합에서 연속인 함수 $f(x)$의 도함수 $f'(x)$가 $f'(x) = x + |x^2 - 1|$이고, 함수 $y = f(x)$의 그래프가 원점을 지날 때, $f(-2) + f(2)$의 값은?

① -4 ② -2 ③ 0

④ 2 ⑤ 4

3-1 연속함수 $f(x)$의 도함수 $f'(x)$에 대하여 $y = f'(x)$의 그래프가 오른쪽 그림과 같을 때, $f(-5) - f(4)$의 값은?

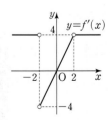

① -20 ② -16

③ -12 ④ -8

⑤ -4

> 정답과 해설 97쪽

유형4 부정적분과 극대·극소

4 최고차항의 계수가 1인 삼차함수 $f(x)$가 $f(0)=0$, $f(a)=0$, $f'(a)=0$이고 함수 $g(x)$가 다음 두 조건을 만족시킬 때, $g\left(\dfrac{a}{3}\right)$의 값을 구하시오. (단, a는 양수이다.)

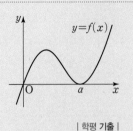

| 학평 기출 |

> (가) $g'(x)=f(x)+xf'(x)$
> (나) $g(x)$의 극댓값이 81이고 극솟값이 0이다.

4-1 실수 전체의 집합에서 연속인 함수 $f(x)$의 도함수 $f'(x)$가 $f'(x)=\begin{cases} x^2-ax & (x<0) \\ x^2+ax & (x\ge 0) \end{cases}$ 이다. 함수 $f(x)$의 극댓값과 극솟값의 차가 $27\sqrt{3}$일 때, 상수 a의 값은?

① $-3\sqrt{3}$ ② -3 ③ 0
④ 3 ⑤ $3\sqrt{3}$

유형5 절댓값 기호를 포함한 함수의 정적분

5 삼차함수 $f(x)=x^3-3x-1$이 있다. 실수 t $(t\ge -1)$에 대하여 $-1\le x\le t$에서 $|f(x)|$의 최댓값을 $g(t)$라고 하자. $\displaystyle\int_{-1}^{1} g(t)dt=\dfrac{q}{p}$일 때, $p+q$의 값을 구하시오.

(단, p와 q는 서로소인 자연수이다.) | 수능 기출 |

5-1 $f(k)=\displaystyle\int_{0}^{6}(6-|x-k|)dx$라 할 때, 함수 $f(k)$의 최댓값은? (단, $0\le k\le 6$)

① 18 ② 21 ③ 24
④ 27 ⑤ 30

유형6 대칭성을 갖는 함수의 정적분

6 연속함수 $f(x)$가 다음 조건을 만족시킬 때, $\displaystyle\int_{0}^{3} f(x)dx$의 값은?

> (가) 모든 실수 x에 대하여 $f(-x)=-f(x)$이다.
> (나) $x>0$일 때, 곡선 $y=f(x)$는 직선 $x=3$에 대하여 대칭이다.
> (다) $\displaystyle\int_{-1}^{3} f(x)dx=4$, $\displaystyle\int_{1}^{6} f(x)dx=10$

① 5 ② 6 ③ 7
④ 8 ⑤ 9

6-1 연속함수 $f(x)$가 다음 조건을 만족시킬 때, $\displaystyle\int_{-2}^{2} f(x)dx$의 값은?

> (가) 모든 실수 x에 대하여 $f(x+4)=f(-x+4)$, $f(x)=f(-x)$이다.
> (나) $\displaystyle\int_{-1}^{2} f(x)dx=28$, $\displaystyle\int_{0}^{9} f(x)dx=15$, $\displaystyle\int_{4}^{8} f(x)dx=-2$

① 16 ② 18 ③ 20
④ 22 ⑤ 24

7 실수 전체의 집합에서 증가하는 연속함수 $f(x)$가 다음 조건을 만족시킬 때, $\int_4^6 f(x)dx$의 값을 구하시오.

> (가) 모든 실수 x에 대하여 $f(x)=f(x-2)+3$이다.
>
> (나) $\int_0^4 f(x)dx=-2$

7-1 실수 전체의 집합에서 연속인 함수 $f(x)$가 다음 조건을 만족시킬 때, $a+b$의 값을 구하시오. (단, a, b는 상수이다.)

> (가) $0 \le x < 1$에서 $f(x)=ax^2+b$
>
> (나) 모든 실수 x에 대하여 $f(x+1)=f(x)+3$이다.
>
> (다) $\int_0^4 f(x)dx=30$

8 모든 실수 x에 대하여 함수 $f(x)$는 다음 조건을 만족시킨다.

> (가) $f(x+2)=f(x)$ (나) $f(x)=|x|$ $(-1 \le x < 1)$

함수 $g(x)=\int_{-2}^x f(t)dt$라 할 때, 실수 a에 대하여

$g(a+4)-g(a)$의 값을 구하시오.

| 학평 기출 |

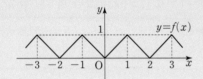

8-1 함수 $f(x)$는 모든 실수 x에 대하여 $f(x+4)=f(x)$를 만족시키고 $f(x)=\begin{cases} 2x & (0 \le x < 2) \\ (x-4)^2 & (2 \le x < 4) \end{cases}$이다.

$\int_{-n}^{n+3} f(x)dx=\dfrac{151}{3}$일 때, 자연수 n의 값을 구하시오.

9 함수 $f'(x)=(x+1)(x-1)(x-k)$가 다음 조건을 만족시킬 때, 보기에서 옳은 것만을 있는 대로 고른 것은? (단, k는 상수이다.)

> (가) 함수 $f(x)$는 $x=-1$에서만 극값을 갖는다.
>
> (나) 1보다 큰 모든 실수 t에 대하여 $\int_{-1}^t |f'(x)|dx=f(t)+1$

┌ 보기 ┐

ㄱ. $\int_{-2}^0 f'(x)dx<0$

ㄴ. 함수 $f(x)$의 최솟값은 -1이다.

ㄷ. 방정식 $|f(x)|=f(k)$는 서로 다른 세 실근을 갖는다.

① ㄱ   ② ㄴ   ③ ㄷ

④ ㄱ, ㄴ   ⑤ ㄴ, ㄷ

9-1 $f(4)=0$인 이차함수 $f(x)$에 대하여 함수 $g(x)$는 $g(x)=\int_0^x \{2tf(t)+t^2f'(t)\}dt$이고, 함수 $g(x)$는 극댓값만 갖고 극솟값은 갖지 않는다. 함수 $g(x)$의 극댓값을 p, 함수 $f(x)$의 극값을 q라 할 때, $\dfrac{27q}{p}$의 값은?

① 1   ② 2   ③ 3

④ 4   ⑤ 5

10 양수 a, b에 대하여 함수 $f(x)=\int_0^x (t-a)(t-b)dt$가 다음 조건을 만족시킬 때, $a+b$의 값을 구하시오. | 학평 기출 |

(가) 함수 $f(x)$는 $x=\dfrac{1}{2}$에서 극값을 갖는다.

(나) $f(a)-f(b)=\dfrac{1}{6}$

10-1 함수 $f(x)=\begin{cases} 2 & (x<0) \\ x-2 & (x\geq 0) \end{cases}$에 대하여

$g(x)=\int_{-2}^x tf(t)dt$일 때, 함수 $g(x)$의 극솟값은?

① $-\dfrac{19}{3}$ ② -6 ③ $-\dfrac{17}{3}$

④ $-\dfrac{16}{3}$ ⑤ -5

11 실수 전체의 집합에서 미분가능한 함수 $f(x)$에 대하여 $f(x)=\int_2^x (|t-1|-1)dt$일 때, 방정식 $f(x)=k$가 서로 다른 세 실근을 갖도록 하는 실수 k의 값의 범위는?

① $k<0$ ② $k\leq 0$ ③ $0<k<1$

④ $0<k\leq 1$ ⑤ $k>1$

11-1 함수 $f(x)=x^2-(2+a)x+2a$에 대하여 함수 $g(x)$를 $g(x)=\int_0^x f(t)dt$라 할 때, 방정식 $g(x)=0$의 서로 다른 실근이 2개 이하가 되도록 하는 정수 a의 개수는?

① 4   ② 5   ③ 6

④ 7   ⑤ 8

12 삼차함수 $f(x)$는 $f(0)>0$을 만족시킨다. 함수 $g(x)$를 $g(x)=\left| \int_0^x f(t)dt \right|$라 할 때, $y=g(x)$의 그래프가 그림과 같다.

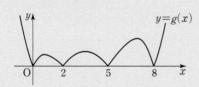

보기에서 옳은 것만을 있는 대로 고른 것은? | 수능 기출 |

┤ 보기 ├

ㄱ. 방정식 $f(x)=0$은 서로 다른 3개의 실근을 갖는다.

ㄴ. $f'(0)<0$

ㄷ. $\int_m^{m+2} f(x)dx>0$을 만족시키는 자연수 m의 개수는 3이다.

① ㄴ   ② ㄷ   ③ ㄱ, ㄴ

④ ㄱ, ㄷ   ⑤ ㄱ, ㄴ, ㄷ

12-1 이차함수 $y=f(x)$의 그래프가 오른쪽 그림과 같다.

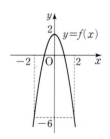

$g(x)=\int_{-1}^x f(t)dt$라 할 때, 보기에서 옳은 것만을 있는 대로 고른 것은?

┤ 보기 ├

ㄱ. 함수 $g(x)$의 극솟값은 0이다.

ㄴ. 닫힌구간 $[-3, 3]$에서 함수 $g(x)$의 최댓값은 $\dfrac{8}{3}$이다.

ㄷ. $\int_{-1}^{-2} g'(x)dx<0$

① ㄱ   ② ㄴ   ③ ㄱ, ㄴ

④ ㄴ, ㄷ   ⑤ ㄱ, ㄴ, ㄷ

01 함수 $f(x)=2\int\left(\sum\limits_{k=1}^{2020}kx^{k-1}\right)dx$에 대하여 $f(0)=3$일 때, $\log_3 f(3)$의 값을 구하시오.

02 다항함수 $f(x)$의 부정적분 중 하나를 $F(x)$라 할 때,
$$2xF(x)=x^2f(x)+\frac{1}{2}x^4+x^2$$
이 성립한다. $F(2)=2$일 때, $f(1)$의 값을 구하시오.

03 삼차함수 $f(x)$의 도함수 $f'(x)$에 대하여 함수 $y=f'(x)$의 그래프는 오른쪽 그림과 같다. 방정식 $|f(x)|=34$가 서로 다른 세 실근을 갖도록 하는 함수 $f(x)$에 대하여 $f(1)$의 최댓값이 M, 최솟값이 m일 때, $M+m$의 값은?

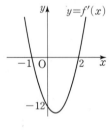

① -13 ② -6 ③ 0
④ 6 ⑤ 13

04 최고차항의 계수가 1인 삼차함수 $f(x)$가 다음 조건을 만족시킨다. $f(4)=4k$일 때, $kf(-1)$의 값을 구하시오.
(단, k는 상수이다.)

⑺ 함수 $f(x)$는 $x=-2$에서 극댓값 $3k+3$을 갖는다.
⒝ 방정식 $f(x)=f(4)$는 서로 다른 두 실근을 갖는다.
⒟ $f'(1)f'(3)<0$

05 실수 전체의 집합에서 연속인 함수 $f(x)$에 대하여 $f(x)$의 도함수 $f'(x)$가
$$f'(x)=\begin{cases}ax^2-7ax+b & (x<-1)\\ 2x^3-9ax^2+12a^2x & (x\ge-1)\end{cases}$$
일 때, 두 함수 $f(x)$, $f'(x)$가 다음 조건을 만족시킨다. 함수 $f(x)$의 극솟값을 m이라 할 때, $3m(a-b)$의 값을 구하시오.
(단, a, b는 상수이다.)

⑺ 함수 $f'(x)$의 역함수가 존재한다.
⒝ 함수 $f'(x)$는 실수 전체의 집합에서 미분가능하다.
⒟ $f(-3)=129$

06 임의의 실수 x, y에 대하여 미분가능한 함수 $f(x)$가 $f(x+y)=f(x)+f(y)+axy(x+y)$를 만족시킨다. $f'(0)=12$이고 함수 $f(x)$의 극댓값이 16일 때, $f(1)$의 값은? (단, a는 상수이다.)

① 9 ② 10 ③ 11
④ 12 ⑤ 13

07 실수 전체의 집합에서 정의된 두 함수 $y=f(x)$, $y=g(x)$의 그래프가 다음 그림과 같고 함수 $f(x)$는 이차함수일 때, $\int_0^6 g(f(x))dx$의 값을 구하시오.

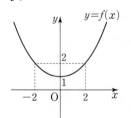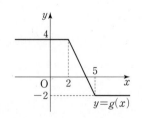

신 유형

08 함수 $f(x)=(x-2)^2|x-a|$에 대하여 방정식 $f(x)=32$가 한 개의 양의 근과 서로 다른 두 개의 음의 근을 가질 때, $\int_0^2 f(x)dx$의 값은? (단, a는 상수이다.)

① 12   ② 14   ③ 16

④ 18   ⑤ 20

09 함수 $f(x)=a|x^2-4x|$에 대하여 $\int_0^3 f(2-x)dx=\dfrac{1}{4}$일 때, $\int_{-1}^2 \{f(x)+2f(4-x)+x^3\}dx$의 값은?

(단, a는 상수이다.)

① 3   ② $\dfrac{7}{2}$ ③ 4

④ $\dfrac{9}{2}$ ⑤ 5

10 다음 조건을 만족시키는 두 다항함수 $f(x)$, $g(x)$에 대하여 $f(1)g(1)$의 값을 구하시오.

㉮ 모든 실수 x에 대하여 $f(-x)=f(x)$, $g(-x)=-g(x)$

㉯ $\int_{-1}^1 \{f'(x)+1\}^2 g(x)dx=24$

㉰ $\int_0^1 f(x)g'(x)dx=3$

11 최고차항의 계수가 1인 삼차함수 $f(x)$가 다음 조건을 만족시킬 때, $\int_0^6 f(x)dx$의 값을 구하시오.

㉮ 방정식 $f(x)=4$는 서로 다른 두 실근을 갖는다.

㉯ 모든 실수 a에 대하여 $\int_{-a}^a \{f(x)+12\}dx=0$이다.

12 일차함수 $y=f(x)$의 그래프가 오른쪽 그림과 같고, 함수 $g(x)$가 $g(x)=\int_0^{x+1} (t+1)f(t)dt$일 때, 함수 $g(x)$의 극댓값과 극솟값의 합은?

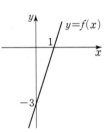

① -2 ② 0

③ 2   ④ 4

⑤ 6

13 함수 $f(x)=x^3-\dfrac{3}{2}ax^2+32$에 대하여 함수 $g(x)$가 $g(x)=\int_{-2}^x f(t)dt$일 때, 보기에서 옳은 것만을 있는 대로 고른 것은? (단, $a>0$)

┌ **보기** ┐

ㄱ. $g'(0)>0$

ㄴ. $f(-2)<0$이면 함수 $g(x)$의 최솟값은 0보다 작다.

ㄷ. 함수 $g(x)$가 $x>0$에서 증가하도록 하는 a의 최댓값은 4 이다.

① ㄱ   ② ㄴ   ③ ㄱ, ㄴ

④ ㄱ, ㄷ   ⑤ ㄱ, ㄴ, ㄷ

14 사차함수 $f(x)$의 그래프가 오른쪽 그림과 같고 $\int_{-2}^{2} f(x)dx = \int_{2}^{5} f(x)dx$일 때, 함수 $g(x) = \int_{1}^{x} f(t)dt$에 대하

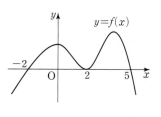

여 보기에서 옳은 것만을 있는 대로 고른 것은?

┌ 보기 ├
ㄱ. 방정식 $g(x) = 0$은 서로 다른 세 실근을 갖는다.
ㄴ. $\int_{0}^{1} g(x)dx > 0$
ㄷ. 함수 $g(x)$의 극댓값을 a, 극솟값을 b라 하면 $\int_{1}^{2} f(x)dx = \dfrac{a+b}{2}$이다.

① ㄱ   ② ㄴ   ③ ㄱ, ㄴ
④ ㄱ, ㄷ   ⑤ ㄱ, ㄴ, ㄷ

15 최고차항의 계수가 1인 삼차함수 $f(x)$에 대하여 $f(x)$의 극댓값과 극솟값의 곱이 0이다. 함수 $g(x)$를 $g(x) = \int_{a}^{x} f(t)dt$라 할 때, 보기에서 옳은 것만을 있는 대로 고른 것은?

(단, a는 상수이다.)

┌ 보기 ├
ㄱ. 함수 $g(x)$의 극댓값이 존재한다.
ㄴ. 방정식 $g(x) - g(a) = 0$의 해가 오직 하나뿐이면 $x = a$는 방정식 $f(x) = 0$의 해이다.
ㄷ. $x > a$인 모든 x에 대하여 $g(x) > 0$이면 $f(a) \geq 0$이다.

① ㄱ   ② ㄴ   ③ ㄱ, ㄷ
④ ㄴ, ㄷ   ⑤ ㄱ, ㄴ, ㄷ

16 함수 $f(x) = x^3 - x^2 - 3$에 대하여

$$\lim_{x \to 2} \frac{\int_{2}^{x} \{(x+a)t^2 f(t) + x^2 t^3 + b\}dt}{x(x-2)} = 21$$

일 때, 상수 a, b에 대하여 $4a + b$의 값을 구하시오.

신 유형

17 최고차항의 계수가 1인 삼차함수 $f(x)$에 대하여 방정식 $f(x) = 2x + k$의 모든 실근의 합을 $g(k)$라 하자. 두 함수 $f(x)$, $g(k)$가 다음 조건을 만족시킬 때, $\int_{0}^{2} f(x)dx$의 값은?

┌──────────────────────────────┐
(가) $f'(-1) < 0$, $f(2) = 7$
(나) 실수 전체의 집합에서 정의된 함수 $g(k)$는 $k = 3$에서만 불연속이다.
└──────────────────────────────┘

① -34 ② -33 ③ -32
④ -31 ⑤ -30

18 다항함수 $f(x)$가

$$x^3 f(x) - \int_{0}^{x} t^2 f(t)dt = \frac{3}{10}x^{10} + 7x^8 - \frac{6}{7}x^7 + ax^3 + b$$

를 만족시킨다. $\int_{-1}^{1} f(x)dx = \dfrac{28}{5}$일 때, $f(1)$의 값은?

(단, a, b는 상수이다.)

① $\dfrac{28}{3}$ ② $\dfrac{29}{3}$ ③ 10
④ $\dfrac{31}{3}$ ⑤ $\dfrac{32}{3}$

19 함수 $f(x) = ax^2 |x - b|$에 대하여 $F(x) = \int_{2}^{x} f(t)dt$이다. 함수 $F(x)$가 다음 조건을 만족시킬 때, $F(-2)$의 값은?

(단, $a > 0$이고, a, b는 상수이다.)

┌──────────────────────────────┐
(가) 함수 $F'(x)$, $F(x)$는 실수 전체의 집합에서 미분가능하다.
(나) $F(4) = 90$
└──────────────────────────────┘

① -12 ② -16 ③ -20
④ -24 ⑤ -28

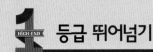
20 상수 a, b, c에 대하여 함수 $f(x)$의 도함수 $f'(x)$는 다음과 같다.

$$f'(x) = \begin{cases} b & (x \geq 3a) \\ x^2 - 3ax & (-a < x < 3a) \\ c & (x \leq -a) \end{cases}$$

두 함수 $f(x)$, $f'(x)$가 실수 전체의 집합에서 연속일 때, $f(ka) = f(3a+2)$를 만족시키는 상수 k의 값은?

(단, $a > 0$, $k < -a$)

① $-\dfrac{1}{3}$　　② $-\dfrac{2}{3}$　　③ -1

④ $-\dfrac{4}{3}$　　⑤ $-\dfrac{5}{3}$

21 최고차항의 계수가 1인 사차함수 $f(x)$와 함수

$$g(x) = \begin{cases} f(x) & (|x| \leq 3) \\ -x^2 + ax + b & (|x| > 3) \end{cases}$$

가 다음 조건을 만족시킬 때, 상수 a, b에 대하여 $a+b$의 값을 구하시오.

㈎ 함수 $g(x)$는 실수 전체의 집합에서 미분가능하다.

㈏ $\displaystyle\int_{-3}^{3} g'(x)\,dx = 48$

㈐ $g(2) = 41$

22 최고차항의 계수가 1인 삼차함수 $f(x)$가 다음 조건을 만족시킬 때, $f(3)$의 값을 구하시오.

㈎ 방정식 $f(x) = 0$은 서로 다른 세 실근을 갖고, 세 실근의 합은 -1이다.

㈏ $\displaystyle\int_{-a}^{a} \{f(x) + |f(x)|\}\,dx = 0$을 만족시키는 실수 a의 최댓값은 1이다.

㈐ $\displaystyle\int_{0}^{2} f(x)\,dx = -\dfrac{28}{3}$

23 함수 $f(x) = \begin{cases} x & (0 \leq x < 1) \\ -x+2 & (1 \leq x < 3) \\ x-4 & (3 \leq x < 4) \end{cases}$에 대하여 함수

$g(x) = \begin{cases} kx & (x < 0) \\ f(x) & (x \geq 0) \end{cases}$ 라 하자. 모든 실수 x에 대하여

$f(x+4) = f(x)$가 성립하고, $\displaystyle\int_{-t}^{t} g(x)\,dx = 0$을 만족시키는 양수 t가 4개이다. 양수 t의 값 중 가장 큰 값을 a라 할 때, $5a + 49k$의 값을 구하시오. (단, k는 상수이다.)

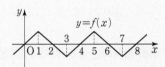

Ⅲ. 적분

07 정적분의 활용

개념 1 정적분과 넓이

(1) **정적분과 넓이의 관계:** 함수 $f(x)$가 닫힌구간 $[a, b]$에서 연속이고 $f(x) \geq 0$일 때, 곡선 $y=f(x)$와 x축 및 두 직선 $x=a$, $x=b$로 둘러싸인 도형의 넓이 S는

$$S = \int_a^b f(x)dx$$

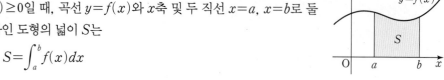

(2) **곡선과 x축 사이의 넓이:** 함수 $f(x)$가 닫힌구간 $[a, b]$에서 연속일 때, 곡선 $y=f(x)$와 x축 및 두 직선 $x=a$, $x=b$로 둘러싸인 도형의 넓이 S는

$$S = \int_a^b |f(x)|dx$$

예 오른쪽 그림과 같이 함수 $f(x)$가 닫힌구간 $[a, c]$에서 $f(x) \geq 0$이고, 닫힌구간 $[c, b]$에서 $f(x) \leq 0$일 때, 곡선 $y=f(x)$와 x축 및 두 직선 $x=a$, $x=b$로 둘러싸인 도형의 넓이 S는

$$S = \int_a^b |f(x)|dx = \int_a^c |f(x)|dx + \int_c^b |f(x)|dx$$
$$= \int_a^c f(x)dx + \int_c^b \{-f(x)\}dx$$

> **곡선과 y축 사이의 넓이**
> 함수 $g(y)$가 닫힌구간 $[c, d]$에서 연속일 때, 곡선 $x=g(y)$와 y축 및 두 직선 $y=c$, $y=d$로 둘러싸인 도형의 넓이 S는
> $$S = \int_c^d |g(y)|dy$$

개념 2 두 곡선 사이의 넓이

(1) 두 함수 $f(x)$, $g(x)$가 닫힌구간 $[a, b]$에서 연속일 때, 두 곡선 $y=f(x)$, $y=g(x)$ 및 두 직선 $x=a$, $x=b$로 둘러싸인 도형의 넓이 S는

$$S = \int_a^b |f(x) - g(x)|dx$$

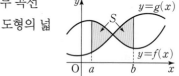

(2) 함수 $y=f(x)$와 그 역함수 $y=g(x)$의 그래프로 둘러싸인 도형의 넓이는 직선 $y=x$와 곡선 $y=f(x)$로 둘러싸인 도형의 넓이의 2배이다.

$$\int_a^b |f(x) - g(x)|dx = 2\int_a^b |f(x) - x|dx$$

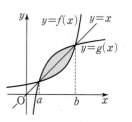

> 일반적으로 $y=f(x)$가 증가함수일 때, (2)와 같이 계산할 수 있다.

개념 3 직선 위를 움직이는 점의 위치와 움직인 거리

수직선 위를 움직이는 점 P의 시각 t에서의 속도를 $v(t)$, 시각 $t=a$에서의 점 P의 위치를 x_0이라 할 때

(1) 시각 t에서의 점 P의 위치 $x(t)$는

$$x(t) = x_0 + \int_a^t v(t)dt$$

> **참고** 원점에서 출발하는 경우 시각 t에서의 점 P의 위치 $x(t)$는 $x(t) = \int_0^t v(t)dt$

(2) 시각 $t=a$에서 시각 $t=b$까지 점 P의 위치의 변화량은

$$\int_a^b v(t)dt = x(b) - x(a) = (\text{시각 } t=b\text{에서의 위치}) - (\text{시각 } t=a\text{에서의 위치})$$

(3) 시각 $t=a$에서 시각 $t=b$까지 점 P가 움직인 거리 s는

$$s = \int_a^b |v(t)|dt$$

> **위치, 속도, 가속도 사이의 관계**
> 위치 $\xrightarrow[\text{적분}]{\text{미분}}$ 속도 $\xrightarrow[\text{적분}]{\text{미분}}$ 가속도

> **속도와 운동 방향**
> $v(t) > 0$이면 점 P는 양의 방향으로 움직이고, $v(t) < 0$이면 점 P는 음의 방향으로 움직인다.

> **위치의 변화량과 움직인 거리**
> 속도를 정적분하면 위치의 변화량이 되고, 절댓값을 취해 정적분하면 움직인 거리가 된다. 따라서 위치의 변화량은 음수일 수 있지만 움직인 거리는 항상 음이 아닌 수이다.

❯정답과 해설 117쪽

빈출1. **곡선과 좌표축 사이의 넓이**

01 오른쪽 그림과 같이 곡선 $y=-x^2-6x+a$와 x축으로 둘러싼인 도형의 넓이를 A, 이 곡선과 x축 및 y축으로 둘러싼인 도형의 넓이를 B라 하자. $A:B=2:1$일 때, 상수 a의 값은?

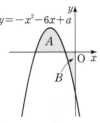

① -2 ② -4 ③ -6

④ -8 ⑤ -10

02 곡선 $y=x(x-k)(x-4)$와 x축으로 둘러싼인 도형의 넓이가 최소가 되게 하는 상수 k의 값을 구하시오.

(단, $0<k<4$)

빈출2. **두 곡선 사이의 넓이**

03 오른쪽 그림과 같이 곡선 $y=-x^2+3x$와 직선 $y=mx$로 둘러싼인 도형의 넓이를 A, 이 곡선과 두 직선 $y=mx$, $x=3$으로 둘러싼인 부분의 넓이를 B라 할 때, $A=B$를 만족시키는 실수 m의 값을 구하시오.

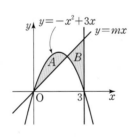

04 점 $(0, -1)$에서 곡선 $y=x^2-x$에 그은 두 접선과 이 곡선으로 둘러싼인 도형의 넓이는?

① $\dfrac{1}{2}$ ② $\dfrac{2}{3}$ ③ $\dfrac{3}{4}$

④ 1 ⑤ $\dfrac{6}{5}$

교과서 심화 변형

05 곡선 $y=-x^2+2x$와 직선 $y=ax$로 둘러싼인 도형의 넓이가 x축에 의하여 이등분될 때, 음수 a에 대하여 $(2-a)^3$의 값을 구하시오.

06 함수 $f(x)=x^3+x^2+x$와 그 역함수 $g(x)$에 대하여 두 곡선 $y=f(x)$와 $y=g(x)$로 둘러싼인 도형의 넓이는?

① $\dfrac{1}{2}$ ② $\dfrac{1}{3}$ ③ $\dfrac{1}{4}$

④ $\dfrac{1}{5}$ ⑤ $\dfrac{1}{6}$

빈출3. **직선 위를 움직이는 점의 위치와 움직인 거리**

07 어떤 고속 열차가 출발지로부터 3 km 떨어진 지점까지 직선으로 달리는 동안 t분 후의 속도는 $v(t)=3t^2+4t$ (km/분)이고, 그 이후의 속도는 일정하다고 한다. 이 열차가 출발한 후 3분 동안 달린 거리는?

① 11 km   ② 13 km   ③ 15 km

④ 17 km   ⑤ 19 km

08 수직선 위를 움직이는 점 P의 시각 t에서의 속도 $v(t)$의 그래프가 오른쪽 그림과 같다. $t=3$, $t=5$에서의 위치가 각각 13, 14일 때, $t=9$에서의 점 P의 위치를 구하시오.

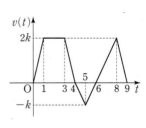

유형 1 \ 곡선과 x축 사이의 넓이 (1) – 주기함수의 정적분

1 함수 $f(x)$가 $f(x)=x^2+ax+b\,(0\le x<4)$이고 다음 조건을 만족시킨다.

> (가) 모든 실수 x에 대하여 $f(x+4)=f(x)$이다.
> (나) 함수 $f(x)$는 실수 전체의 집합에서 연속이다.
> (다) $\displaystyle\int_0^{2020} f(x)dx=\int_4^{2020} f(x)dx$

$0\le x<4$에서 곡선 $y=f(x)$와 x축으로 둘러싸인 도형의 넓이를 S라 할 때, $\dfrac{3^6}{2^{10}}S^2$의 값을 구하시오. (단, a, b는 상수이다.)

1-1 함수 $f(x)$가 $f(x)=\begin{cases} ax+4 & (0\le x<3) \\ -ax+6a+4 & (3\le x<6) \end{cases}$이고 모든 실수 x에 대하여 $f(x+6)=f(x)$를 만족시킨다. 함수 $y=f(x)$의 그래프와 x축, y축 및 직선 $x=27$로 둘러싸인 부분의 넓이가 45가 되도록 하는 모든 상수 a의 값의 합은?

① $-\dfrac{32}{9}$ ② $-\dfrac{11}{3}$ ③ $-\dfrac{34}{9}$

④ $-\dfrac{35}{9}$ ⑤ -4

유형 2 \ 곡선과 x축 사이의 넓이 (2) – 평행이동을 이용한 정적분

2 실수 전체의 집합에서 증가하는 연속함수 $f(x)$가 다음 조건을 만족시킨다. | 수능 기출 |

> (가) 모든 실수 x에 대하여 $f(x)=f(x-3)+4$이다.
> (나) $\displaystyle\int_0^6 f(x)dx=0$

함수 $y=f(x)$의 그래프와 x축 및 두 직선 $x=6$, $x=9$로 둘러싸인 도형의 넓이는?

① 9 ② 12 ③ 15
④ 18 ⑤ 21

2-1 실수 전체의 집합에서 증가하면서 연속인 함수 $f(x)$가 다음 조건을 만족시킨다.

> (가) 모든 실수 x에 대하여 $f(x)=f(x-3)+4$이다.
> (나) $\displaystyle\int_0^3 f(x)dx=1$, $\int_0^3 |f(x)|dx=7$

함수 $y=f(x)$의 그래프와 x축, y축 및 직선 $x=6$으로 둘러싸인 도형의 넓이는?

① 16 ② 17 ③ 19
④ 20 ⑤ 21

유형 3 \ 곡선과 접선으로 둘러싸인 도형의 넓이

3 직선 l이 함수 $f(x)=x^4-2x^2-2x+3$의 그래프와 서로 다른 두 점에서 접할 때, 직선 l과 곡선 $y=f(x)$로 둘러싸인 도형의 넓이가 A이다. $30A$의 값을 구하시오. | 경찰대 기출 |

3-1 곡선 $y=x^2-2x$ 위의 한 점 $\mathrm{P}(t,\,t^2-2t)$에 대하여 점 P를 지나고 점 P에서의 접선에 수직인 직선과 곡선 $y=x^2-2x$로 둘러싸인 도형의 넓이를 $S(t)$라 하자. 함수 $y=S(t)$가 $t=a$에서 최솟값 b를 가질 때, $a+b$의 값은? (단, $t>1$)

① $\dfrac{7}{3}$ ② $\dfrac{5}{2}$ ③ $\dfrac{8}{3}$

④ $\dfrac{17}{6}$ ⑤ 3

유형 4 두 곡선 사이의 넓이 (1) – 넓이가 같은 경우

4 함수 $y=\dfrac{1}{2}x^3$의 그래프 위의 점
P$(a,\,b)$에 대하여 곡선 $y=f(x)$와
x축 및 직선 $x=1$로 둘러싸인 도형
의 넓이를 S_1, 곡선 $y=f(x)$와 두 직
선 $x=1$, $y=b$로 둘러싸인 도형의
넓이를 S_2라 하자. $S_1=S_2$일 때, $30a$의 값을 구하시오.
(단, $a>1$) | 학평 기출 |

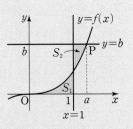

4-1 직선 $y=kx$가 곡선
$y=-x^2+3x$와 x축으로 둘러싸인 부
분의 넓이를 이등분할 때, $2(3-k)^3$
의 값을 구하시오. (단, $0<k<3$)

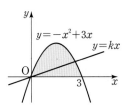

유형 5 두 곡선 사이의 넓이 (2) – 넓이의 비

5 그림과 같이 좌표평면 위의 두 점
A$(2,\,0)$, B$(0,\,3)$을 지나는 직선과 곡
선 $y=ax^2\ (a>0)$ 및 y축으로 둘러싸
인 도형 중에서 제1사분면에 있는 도형
의 넓이를 S_1이라 하자. 또, 직선 AB와
곡선 $y=ax^2$ 및 x축으로 둘러싸인 도형의 넓이를 S_2라 하자.
$S_1:S_2=13:3$일 때, 상수 a의 값은? | 학평 기출 |

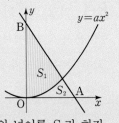

① $\dfrac{2}{9}$ ② $\dfrac{1}{3}$ ③ $\dfrac{4}{9}$

④ $\dfrac{5}{9}$ ⑤ $\dfrac{2}{3}$

5-1 오른쪽 그림과 같이 함수
$f(x)=|x^2-2x|$의 그래프와 직선
$y=k\ (k>1)$로 둘러싸인 도형의 넓이
를 S_1이라 하고, 함수 $y=f(x)$의 그래
프와 x축으로 둘러싸인 도형의 넓이를
S_2라 하자. $S_1:S_2=6:1$일 때, 상수 k의 값은?

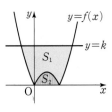

① 2   ② $\dfrac{9}{4}$ ③ $\dfrac{5}{2}$

④ $\dfrac{11}{4}$ ⑤ 3

유형 6 두 곡선 사이의 넓이 (3) – 도형

6 그림과 같이 중심이
A$\left(0,\,\dfrac{3}{2}\right)$이고, 반지름의 길이가
$r\left(r<\dfrac{3}{2}\right)$인 원 C가 있다. 원 C가
함수 $y=\dfrac{1}{2}x^2$의 그래프와 서로 다
른 두 점에서 만날 때, 원 C와 함수 $y=\dfrac{1}{2}x^2$의 그래프로 둘러
싸인 ⌣ 모양의 넓이는 $a+b\pi$이다. $120(a+b)$의 값을 구하
시오. (단, a, b는 유리수이다.) | 학평 기출 |

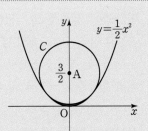

6-1 오른쪽 그림과 같이 한 변의
길이가 $2\sqrt{2}$인 정사각형 ABCD에서
선분 AB, BC, CD, DA의 중점을
각각 E, F, G, H라 하자. 두 점 H,
E에서 두 직선 AD, AB에 접하는
포물선 C_1을 그리고, 두 점 E, F에서 두 직선 AB, BC에 접하
는 포물선 C_2를 그린다. 이와 같은 방법으로 포물선 C_3, C_4를
그릴 때, 4개의 포물선으로 둘러싸인 도형의 넓이는?

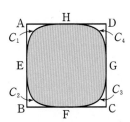

① $\dfrac{19}{3}$ ② $\dfrac{13}{2}$ ③ $\dfrac{20}{3}$

④ $\dfrac{41}{6}$ ⑤ 7

유형7 역함수의 그래프와 넓이

7 함수 $f(x)=x^3+x^2$ $(x\geq0)$의 역함수를 $g(x)$라 할 때, $\int_2^{12}g(x)dx$의 값은?

① $\dfrac{179}{12}$ ② $\dfrac{61}{4}$

③ $\dfrac{187}{12}$ ④ $\dfrac{191}{12}$

⑤ $\dfrac{65}{4}$

7-1 모든 실수 x에 대하여 $f'(x)\geq0$인 연속함수 $f(x)$가 다음 조건을 만족시킨다.

㈎ $f(x)=x$가 되는 x의 값은 0, 1, 2, 3의 네 개 뿐이다.

㈏ $\int_0^2 f(x)dx=2$, $\int_1^3 f(x)dx=\dfrac{25}{6}$, $\int_0^3 f(x)dx=\dfrac{29}{6}$

함수 $f(x)$의 역함수를 $g(x)$라 할 때, $3\int_0^3|f(x)-g(x)|dx$의 값을 구하시오.

유형8 직선 위를 움직이는 점의 위치와 움직인 거리

8 수직선 위를 움직이는 두 점 P, Q가 있다. 점 P는 점 A(5)를 출발하여 시각 t에서의 속도가 $3t^2-2$이고, 점 Q는 점 B(k)를 출발하여 시각 t에서의 속도가 1이다. 두 점 P, Q가 동시에 출발한 후 2번 만나도록 하는 정수 k의 값은?

(단, $k\neq5$) | 학평 기출 |

① 2 ② 4 ③ 6

④ 8 ⑤ 10

8-1 어떤 고속 열차가 기차역을 출발하여 6 km를 달리는 동안은 시각 t분에서의 속도가 $v(t)=\dfrac{1}{2}t^2+\dfrac{1}{2}$ (km/분)이고, 그 이후로는 속도가 일정하다고 한다. 이 열차가 출발한 후 6분 동안 달린 거리는?

① 20 km ② 21 km ③ 22 km

④ 23 km ⑤ 24 km

유형9 그래프를 이용한 속도와 거리

9 같은 높이의 지면에서 동시에 출발하여 지면과 수직인 방향으로 올라가는 두 물체 A, B가 있다. 그림은 시각 t $(0\leq t\leq c)$에서 물체 A의 속도 $f(t)$와 물체 B의 속도 $g(t)$를 나타낸 것이다.

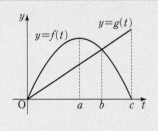

$\int_0^c f(t)dt=\int_0^c g(t)dt$이고 $0\leq t\leq c$일 때, 보기에서 옳은 것만을 있는 대로 고른 것은? | 모평 기출 |

┌ 보기 ┐

ㄱ. $t=a$일 때, 물체 A는 물체 B보다 높은 위치에 있다.

ㄴ. $t=b$일 때, 물체 A와 물체 B의 높이의 차가 최대이다.

ㄷ. $t=c$일 때, 물체 A와 물체 B는 같은 높이에 있다.

① ㄴ ② ㄷ ③ ㄱ, ㄴ

④ ㄱ, ㄷ ⑤ ㄱ, ㄴ, ㄷ

9-1 수직선 위를 움직이는 두 점 P, Q의 시각 t에서의 속도를 각각 $f(t)$, $g(t)$라 할 때, 그 그래프가 오른쪽 그림과 같다. 곡선 $y=f(t)$와 t축, y축으로 둘러싸인 도형의 넓이를 S_1, 곡선 $y=f(t)$와 t축으로 둘러싸인 도형의 넓이를 S_2, 곡선

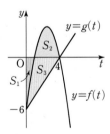

$y=f(t)$와 직선 $y=g(t)$, t축으로 둘러싸인 도형의 넓이를 S_3이라 할 때, $S_2=S_3=2S_1$이 성립한다. 원점에서 동시에 출발한 두 점 P, Q가 운동 방향을 동시에 바꾸는 순간 두 점 P, Q 사이의 거리를 구하시오.

01 $x=-2$에서 극댓값 $\frac{10}{3}$, $x=2$에서 극솟값 $\frac{2}{3}$를 갖는 삼차함수 $f(x)$에 대하여 곡선 $y=f(x)$와 x축 및 두 직선 $x=-2$, $x=2$로 둘러싸인 도형의 넓이는?

① 6   ② 8   ③ 10

④ 12   ⑤ 14

02 함수 $f(x)=-x^2+ax+4$에 대하여 오른쪽 그림과 같이 곡선 $y=f(x)$와 직선 $x=-1$ 및 x축, y축으로 둘러싸인 도형의 넓이를 S_1, 곡선 $y=f(x)$와 직선 $x=1$ 및 x축, y축으로 둘러싸인 도형의 넓이를 S_2, 곡선 $y=f(x)$와 두 직선 $x=1$, $x=3$ 및 x축으로 둘러싸인 도형의 넓이를 S_3이라 하자. S_1, S_2, S_3이 이 순서대로 등차수열을 이룰 때, 상수 a의 값은? (단, $f(-1)>0$, $f(1)>0$, $f(3)>0$)

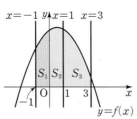

① $\frac{5}{3}$ ② $\frac{26}{15}$ ③ $\frac{9}{5}$

④ $\frac{28}{15}$ ⑤ $\frac{29}{15}$

03 함수 $f(x)=-x^2+3x$에 대하여 다음 그림과 같이 두 곡선 $y=f(x)$, $y=f(x-a)$와 x축으로 둘러싸인 세 도형의 넓이를 각각 S_1, S_2, S_3이라 하자. $2S_1+2S_3=23S_2$가 성립하도록 하는 실수 a의 값을 구하시오. (단, $0<a<3$)

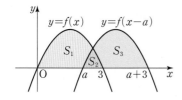

04 오른쪽 그림과 같이 곡선 $y=x^2$ $(x\geq0)$과 직선 $y=1$의 교점을 A라 하고, 점 A를 지나는 직선 l의 y축과의 교점을 B, x축과의 교점을 C라 하자. 직선 l과 직선 $y=1$ 및 y축으로 둘러싸인 도형의 넓이를 S_1, 곡선 $y=x^2$과 직선 $y=1$ 및 y축으로 둘러싸인 도형의 넓이를 S_2, 곡선 $y=x^2$과 직선 l 및 x축으로 둘러싸인 도형의 넓이를 S_3이라 할 때, $S_1+S_3-S_2$의 최솟값은?

(단, 직선 l의 기울기는 음수이다.)

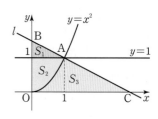

① $\frac{2}{3}$ ② $\frac{3}{4}$ ③ $\frac{5}{6}$

④ $\frac{11}{12}$ ⑤ 1

05 최고차항의 계수가 1인 삼차함수 $f(x)$가 다음 조건을 만족시킨다.

> (가) $f(0)>0$
> (나) 방정식 $f(x)=0$은 서로 다른 세 실근 α, β, γ를 갖는다. (단, $\alpha<\beta<\gamma$)
> (다) $2\int_0^3 f(x)dx=\int_0^3 |f(x)|dx$

보기에서 옳은 것만을 있는 대로 고른 것은?

> ┤ 보기 ├
> ㄱ. $\alpha\beta\gamma<0$
> ㄴ. $\gamma<3$일 때, $\int_0^3 f(x)dx=-2\int_\beta^\gamma f(x)dx$이다.
> ㄷ. $\gamma\geq3$일 때, $2\int_0^3 |f(x)|dx=3\int_0^\beta f(x)dx$이다.

① ㄱ   ② ㄴ   ③ ㄱ, ㄴ

④ ㄴ, ㄷ   ⑤ ㄱ, ㄴ, ㄷ

06 최고차항의 계수가 1이고 서로 다른 두 양의 실근을 갖는 이차함수 $y=f(x)$의 그래프가 오른쪽 그림과 같고, 함수 $g(x)$를 $g(x)=\int_2^{2+x} f(x)dx$ 라 할 때, 다음이 성립한다. $g(4)$의 값은?

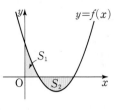

> ㈎ 모든 실수 x에 대하여 $g(x)=-g(-x)$이다.
> ㈏ 곡선 $y=f(x)$와 x축 및 y축으로 둘러싸인 도형의 넓이를 S_1, 이 곡선과 x축으로 둘러싸인 도형의 넓이를 S_2라 할 때, $S_2=2S_1$이다.

① 12 　　② 14 　　③ 16
④ 18 　　⑤ 20

신 **유형**

07 함수 $f(x)=x^4-3x^2+2x+2$의 그래프와 x축과 평행하지 않은 직선 l이 서로 다른 세 점에서 만난다. 세 교점이 다음 조건을 만족시킬 때, 곡선 $y=f(x)$와 직선 l로 둘러싸인 도형의 넓이는?

> ㈎ 세 교점의 x좌표는 모두 정수이다.
> ㈏ 세 교점 중 한 점은 y축 위에 있다.

① $\dfrac{26}{5}$ 　　② $\dfrac{27}{5}$ 　　③ $\dfrac{28}{5}$
④ $\dfrac{29}{5}$ 　　⑤ 6

08 곡선 $f(x)=x^2-2x+2$ 위의 점 $A(a, f(a))$에서 그은 접선을 l_1이라 하고, 접선 l_1이 y축과 만나는 점을 B라 하자. 점 B에서 곡선 $y=f(x)$에 그은 접선 중 접선 l_1이 아닌 다른 접선을 l_2라 할 때, 곡선 $y=f(x)$와 두 직선 l_1, l_2로 둘러싸인 도형의 넓이가 18이 되도록 하는 실수 a의 값을 구하시오.
(단, $a>1$)

09 함수 $f(x)=\int_1^x (3x^2-12x+6)dx$와 일차함수 $g(x)$가 다음 조건을 만족시킬 때, 곡선 $y=f(x)$와 직선 $y=g(x)$로 둘러싸인 도형의 넓이의 최댓값을 구하시오.

> ㈎ 어떤 실수 a에 대하여 $f(a)=g(a)$, $f'(a)=g'(a)$이다.
> ㈏ 모든 실수 x에 대하여 $\int_{-x}^x \{g(x)+1\}dx=0$이다.

10 오른쪽 그림과 같이 곡선 $y=x^2 (x\geq 0)$과 점 $(0, 4a^2)$을 지나고 기울기가 음수인 직선 l이 있다. 곡선 $y=x^2$과 직선 l 및 직선 $y=4a^2$으로 둘러싸인 도형의 넓이를 S_1, 곡선 $y=x^2$과 직선 l 및 y축으로 둘러싸인 도형의 넓이를 S_2, 곡선 $y=x^2$과 직선 l과 x축으로 둘러싸인 도형의 넓이를 S_3이라 하자. $\dfrac{S_2}{S_1}=\dfrac{13}{19}$일 때, $\dfrac{S_1+S_2}{S_3}$의 값은? (단, $a>0$)

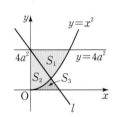

① 8 　　② $\dfrac{26}{3}$ 　　③ $\dfrac{28}{3}$
④ 10 　　⑤ $\dfrac{32}{3}$

11 $0\leq a<b\leq 3$인 모든 실수 a, b에 대하여 $f(0)=0$인 다항함수 $f(x)$가 $f(a)<\dfrac{f(a)+f(b)}{2}<f\left(\dfrac{a+b}{2}\right)<f(b)$를 만족시킬 때, 보기에서 옳은 것만을 있는 대로 고른 것은?

> ─┤보기├─
> ㄱ. 함수 $f'(x)$는 구간 $[0, 3]$에서 증가한다.
> ㄴ. $0\leq p<q\leq 3$인 모든 실수 p, q에 대하여 $\dfrac{(q-p)\{f(q)-f(p)\}}{2}\leq \int_p^q \{f(x)-f(p)\}dx$이다.
> ㄷ. $2\int_0^3 f(x)dx<9f'(0)$

① ㄱ 　　② ㄴ 　　③ ㄱ, ㄴ
④ ㄴ, ㄷ 　　⑤ ㄱ, ㄴ, ㄷ

12 함수
$f(x)=x^3+x^2+x-2$와 그 역
함수 $g(x)$에 대하여 두 곡선
$y=f(x)$, $y=g(x)$와 직선
$y=-x-4$로 둘러싸인 도형의
넓이를 S라 하자. $3S$의 값을
구하시오.

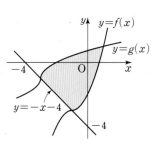

13 오른쪽 그림과 같이 한 변의 길이
가 2인 정삼각형 ABC와 정삼각형 ABC
의 외접원 S, 점 A를 꼭짓점으로 하고
두 점 B, C를 지나는 포물선 C_1이 있다.
색칠한 부분의 넓이가 $a\pi+b\sqrt{3}$일 때,
$9a+b$의 값을 구하시오. (단, a, b는 유리수이다.)

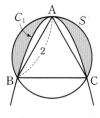

14 원점을 출발하여 수직선 위
를 움직이는 점 P의 시각
t $(0\le t\le e)$에서의 속도 $v(t)$의
그래프가 오른쪽 그림과 같다. 출
발 후 $t=c$일 때 점 P가 원점을 지나고,

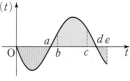

$\int_0^a |v(t)|dt=\int_a^e v(t)dt$, $\int_a^c v(t)dt>\int_c^d v(t)dt$일 때, 보기
에서 옳은 것만을 있는 대로 고른 것은?

┤ 보기 ├
ㄱ. 점 P는 운동 방향을 2번 바꾼다.
ㄴ. $t=e$일 때 점 P의 위치는 원점이다.
ㄷ. 점 P는 $t=d$일 때 원점에서 가장 멀리 떨어져 있다.

① ㄱ
② ㄴ
③ ㄱ, ㄴ
④ ㄴ, ㄷ
⑤ ㄱ, ㄴ, ㄷ

15 $x=a$에서 출발하여 수직선 위를 움직이는 점 P의 시각 t
에서의 속도가 $v(t)=4t^3-12t^2-4t+12$이다. 점 P가 출발 후
원점을 오직 한 번만 지날 때, 실수 a의 최댓값은?

① 8
② 9
③ 10
④ 11
⑤ 12

16 원점을 출발하여 수직선 위
를 움직이는 점 P의 시각
$t(0\le t\le 13)$에서의 속도 $v(t)$의
그래프가 오른쪽 그림과 같다.
$t=2$에서의 점 P의 위치가 2일 때,
점 P가 $t=0$에서 $t=13$까지 움직인 거리는? (단, $a>0$)

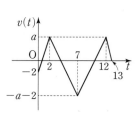

① 31
② $\dfrac{94}{3}$
③ $\dfrac{95}{3}$
④ 32
⑤ $\dfrac{97}{3}$

17 원점을 출발하여 수직선 위를 움직이는 두 점 P, Q의 시
각 t $(t\ge 0)$에서의 속도를 각각 $f(t)$, $g(t)$라 하자. 함수 $f(t)$,
$g(t)$가

$$f(t)=\begin{cases} -t+4 & (t\le 2) \\ a(t-2)^2+2 & (t>2) \end{cases}, \quad g(t)=\begin{cases} t & (t\le 2) \\ 2 & (t>2) \end{cases}$$

일 때, 보기에서 옳은 것만을 있는 대로 고른 것은?

(단, a는 실수이다.)

┤ 보기 ├
ㄱ. $t>2$일 때 점 P의 가속도가 양수이면 $a>0$이다.
ㄴ. $t=4$일 때 두 점 P, Q가 다시 만나면 $t=6$일 때 두 점 P,
　Q 사이의 거리는 36이다.
ㄷ. 시각 t $(t\ge 0)$에서의 두 점 P, Q 사이의 거리를 $h(t)$라
　할 때, 함수 $h(t)$는 $t=2$에서 미분가능하다.

① ㄱ
② ㄴ
③ ㄱ, ㄷ
④ ㄴ, ㄷ
⑤ ㄱ, ㄴ, ㄷ

18 최고차항의 계수가 1인 삼차함수 $f(x)$가 모든 실수 x에 대하여 $f(x)+f(4-x)=6$을 만족시키고, 곡선 $y=f(x)$와 직선 $y=3x-3$이 서로 다른 세 점에서 만난다. 곡선 $y=f(x)$와 직선 $y=3x-3$으로 둘러싸인 도형의 넓이가 18일 때, $f(4)$의 값은?

① 5 ② 6 ③ 7
④ 8 ⑤ 9

20 오른쪽 그림과 같이 한 변의 길이가 3인 정사각형 ABCD에서 점 P는 점 A를 출발하여 시계 반대 방향으로 정사각형의 변을 따라 움직이고, 점 Q는 점 C를 출발하여 대각선 AC 위를 왕복한다. 두 점 P, Q가 각각 점 A, C를 출발한 지 t초 후의 두 점 P, Q의 속도가 각각 $\dfrac{2}{3}t+1$, $\sqrt{2}$일 때, 출발 후 100초 동안 두 점 P, Q가 만나는 횟수를 구하시오.

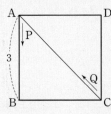

19 오른쪽 그림은 직선 $y=x$와 다항함수 $y=f(x)$의 그래프의 일부이다. 모든 실수 x에 대하여 $f'(x)\geq0$이고 $f\left(\dfrac{1}{4}\right)=0$, $f(a)=a$, $f(1)=1$일 때, 보기에서 옳은 것만을 있는 대로 고른 것은? $\left(단, \dfrac{1}{4}<a<1\right)$

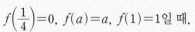
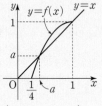

┌ 보기 ┐

ㄱ. $f'(x)=\dfrac{4}{3}$인 x가 열린구간 $\left(\dfrac{1}{4}, 1\right)$에 존재한다.

ㄴ. $\displaystyle\int_{\frac{1}{4}}^{1}f(x)dx+\int_{0}^{1}f^{-1}(x)dx=1$이다.

ㄷ. $g(x)=(f\circ f)(x)$일 때, $\displaystyle\int_{a}^{1}\{g(x)+g^{-1}(x)\}dx=\dfrac{3}{4}$이면 $a=\dfrac{1}{2}$이다.

① ㄱ ② ㄴ ③ ㄱ, ㄴ
④ ㄴ, ㄷ ⑤ ㄱ, ㄴ, ㄷ

21 원점을 출발하여 수직선 위를 움직이는 점 P의 시각 t에서의 속도 $v(t)=-t^2+(a+2)t-2a$의 그래프가 오른쪽 그림과 같다. t초 동안 점 P가 처음 움직인 방향과 반대 방향으로 움직인 거리를 $f(t)$ $(t>0)$라 할 때, 보기에서 옳은 것만을 있는 대로 고른 것은? (단, a는 실수이고 $a>2$이다.)

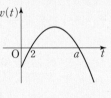

┌ 보기 ┐

ㄱ. $t=4$일 때 점 P의 가속도가 0이면 $a=6$이다.

ㄴ. 함수 $f(t)$는 $t>0$에서 미분가능하다.

ㄷ. 함수 $y=f(t)$의 그래프와 x축 및 두 직선 $t=2$, $t=a+2$로 둘러싸인 도형의 넓이가 4일 때, $a=4$이다.

① ㄱ ② ㄴ ③ ㄱ, ㄴ
④ ㄱ, ㄷ ⑤ ㄱ, ㄴ, ㄷ

능률
EBS 수능특강
변형문제

수능특강 전 지문 변형으로 압도적 문항수!
영어 전문 브랜드 NE능률이 만든 고퀄리티 변형 문제!

★★★
2020
신간

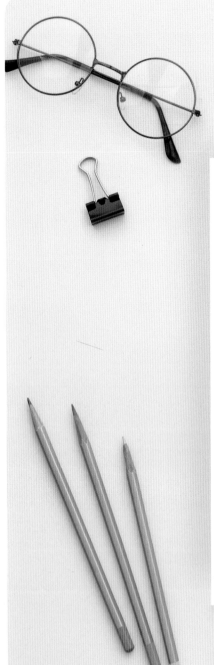

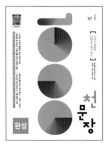

수학 II

정답과 해설

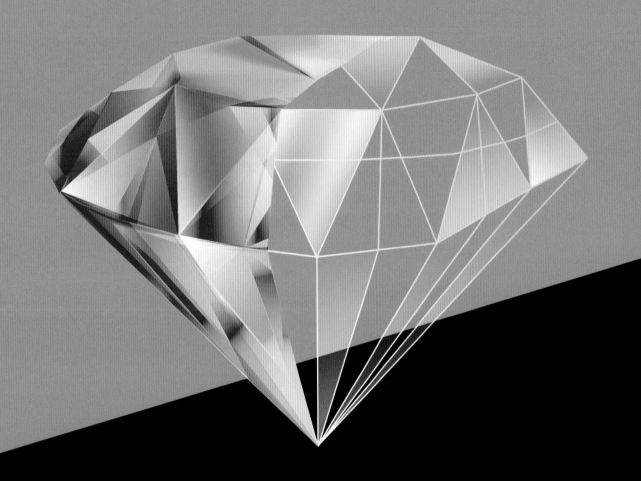

HIGH-END
내신 하이엔드

1등급을 위한 고난도 유형 공략서

HIGH-END
내신 하이엔드

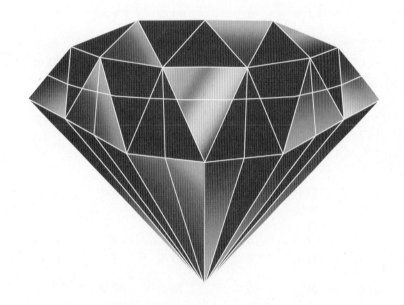

수학 II

정답과 해설

I. 함수의 극한과 연속

01. 함수의 극한 > 본문 7쪽

A

01 ②	02 1	03 2	04 4	05 ③	06 9	07 ①	08 ③	09 3	10 26
11 ④	12 ⑤	13 ①	14 1						

B

1 ⑤	1-1 1	2 ③	2-1 6	3 $-\dfrac{1}{5}$	3-1 28	4 ②	4-1 ④	5 ②	5-1 ②
6 ③	6-1 10	7 7	7-1 ②	8 ①	8-1 ③	9 ①	9-1 ③		

C

01 ③	02 2	03 ④	04 ①	05 ②	06 ④	07 ①	08 ④	09 ②	10 ④
11 96	12 ②	13 ②	14 ①	15 20	16 1	17 ⑤	18 ④	19 90	20 2
21 162	22 ⑤								

02. 함수의 연속 > 본문 17쪽

A

01 ④	02 ⑤	03 ②	04 ②, ④	05 1	06 4	07 ①	08 -12	09 ②	10 ①
11 2	12 ④	13 3	14 10						

B

1 ②	1-1 ①	2 ③	2-1 ③	3 ②	3-1 ①	4 ⑤	4-1 ⑤	5 ③	5-1 ②
6 ④	6-1 ⑤	7 48	7-1 ③	8 ①	8-1 ①	9 36	9-1 ④		

C

01 ②	02 ④	03 ③	04 ②	05 ②	06 ③	07 ④	08 ⑤	09 ④	10 3
11 ⑤	12 ③	13 3	14 ③	15 ③	16 ③	17 4	18 ②	19 ①	20 ⑤
21 ②	22 ③								

II. 미분

03. 미분계수와 도함수 > 본문 29쪽

A

01 ③	02 ④	03 ①	04 4	05 ⑤	06 ②, ④	07 8	08 ③	09 0	10 ⑤
11 19	12 18	13 ④	14 ①						

B

1 ③	1-1 ③, ⑤	2 ①	2-1 ①	3 ④	3-1 4	4 ③	4-1 ④	5 ⑤	5-1 8
6 ②	6-1 301	7 ③	7-1 ④	8 13	8-1 ①	9 ②	9-1 ④		

C

01 ②	02 1	03 ③	04 ④	05 5	06 ①	07 ②	08 ①	09 ③	10 ④
11 0	12 8	13 9	14 ⑤	15 9	16 ③	17 45	18 1	19 0	20 54
21 16	22 3								

04. 도함수의 활용 (1) > 본문 39쪽

A

01 ⑤	02 ②	03 ①	04 ②	05 7	06 2	07 ③	08 ④	09 ③	10 9
11 ①	12 69	13 ④	14 ②	15 ⑤					

B

1 ⑤	1-1 ①	2 ③	2-1 215	3 ④	3-1 1	4 ④	4-1 ②	5 ①	5-1 4
6 ①	6-1 ②	7 9	7-1 ⑤	8 ②	8-1 ⑤	9 ④	9-1 12	10 ①	10-1 18
11 ③	11-1 128	12 12	12-1 120						

C

01 ②	02 6	03 ④	04 ③	05 ②	06 ③	07 34	08 1	09 ①	10 ⑤
11 296	12 ③	13 ②	14 32	15 13	16 160	17 ④	18 ③	19 ④	20 ⑤
21 ②	22 14								

05. 도함수의 활용(2) > 본문 50쪽

A
| 01 ④ | 02 28 | 03 ② | 04 ③ | 05 9 | 06 ④ | 07 1 | 08 ③ | 09 15 | 10 ① |
| 11 ⑤ | 12 ① | 13 ① | 14 ③ | 15 24 | | | | | |

B
1 85	1-1 4	2 ⑤	2-1 ⑤	3 ②	3-1 ⑤	4 ①	4-1 ④	5 ⑤	5-1 ⑤
6 ⑤	6-1 ②	7 ④	7-1 18	8 ④	8-1 12	9 ②	9-1 ③	10 ③	10-1 ⑤
11 14	11-1 124	12 36	12-1 ①						

C
01 ④	02 ①	03 9	04 ②	05 ④	06 ①	07 ②	08 ②	09 ③	10 ①
11 ②	12 ③	13 ⑤	14 ④	15 ⑤	16 33	17 ⑤	18 216	19 900	20 72
21 28	22 52								

Ⅲ. 적분

06. 부정적분과 정적분 > 본문 63쪽

A
| 01 ③ | 02 32 | 03 -12 | 04 ④ | 05 25 | 06 24 | 07 ① | 08 ② |

B
1 ②	1-1 23	2 19	2-1 ②	3 ⑤	3-1 ①	4 64	4-1 ①	5 17	5-1 ④
6 ②	6-1 ②	7 8	7-1 5	8 2	8-1 14	9 ④	9-1 ④	10 2	10-1 ④
11 ③	11-1 ④	12 ⑤	12-1 ①						

C
01 2021	02 $\frac{3}{2}$	03 ①	04 21	05 217	06 ③	07 $\frac{20}{3}$	08 ①	09 ④	10 9
11 36	12 ②	13 ⑤	14 ④	15 ④	16 2	17 ①	18 ④	19 ①	20 ⑤
21 12	22 20	23 50							

07. 정적분의 활용 > 본문 73쪽

A
| 01 ③ | 02 2 | 03 1 | 04 ② | 05 16 | 06 ⑤ | 07 ④ | 08 19 |

B
| 1 3 | 1-1 ③ | 2 ④ | 2-1 ④ | 3 32 | 3-1 ④ | 4 40 | 4-1 27 | 5 ② | 5-1 ⑤ |
| 6 140 | 6-1 ③ | 7 ④ | 7-1 4 | 8 ② | 8-1 ② | 9 ⑤ | 9-1 16 | | |

C
01 ②	02 ②	03 2	04 ①	05 ③	06 ③	07 ④	08 3	09 108	10 ⑤
11 ④	12 26	13 7	14 ③	15 ②	16 ②	17 ③	18 ①	19 ⑤	20 16
21 ⑤									

I 함수의 극한과 연속

01 함수의 극한

본문 7~8쪽

01 ②	02 1	03 2	04 4	05 ③
06 9	07 ①	08 ③	09 3	10 26
11 ④	12 ⑤	13 ①	14 1	

01 ㄱ. $\lim\limits_{x \to 1-}\left(1-\dfrac{1}{x-1}\right)=\infty$, $\lim\limits_{x \to 1+}\left(1-\dfrac{1}{x-1}\right)=-\infty$

이때 $\lim\limits_{x \to 1-}\left(1-\dfrac{1}{x-1}\right)$의 값과 $\lim\limits_{x \to 1+}\left(1-\dfrac{1}{x-1}\right)$의 값이 존재

하지 않으므로 $\lim\limits_{x \to 1}\left(1-\dfrac{1}{x-1}\right)$의 값은 존재하지 않는다.

ㄴ. $\lim\limits_{x \to 0-}\dfrac{x^2}{|x|}=\lim\limits_{x \to 0-}\dfrac{x^2}{-x}=\lim\limits_{x \to 0-}(-x)=0$,

$\lim\limits_{x \to 0+}\dfrac{x^2}{|x|}=\lim\limits_{x \to 0+}\dfrac{x^2}{x}=\lim\limits_{x \to 0+}x=0$

$\therefore \lim\limits_{x \to 0}\dfrac{x^2}{|x|}=0$

ㄷ. $\lim\limits_{x \to -2-}\dfrac{[x+2]}{x+2}=\lim\limits_{x \to -2-}\dfrac{-1}{x+2}=\infty$,

$\lim\limits_{x \to -2+}\dfrac{[x+2]}{x+2}=\lim\limits_{x \to -2+}\dfrac{0}{x+2}=0$

이때 $\lim\limits_{x \to -2-}\dfrac{[x+2]}{x+2}$의 값이 존재하지 않으므로 $\lim\limits_{x \to -2}\dfrac{[x+2]}{x+2}$

의 값은 존재하지 않는다.

따라서 극한값이 존재하는 것은 ㄴ뿐이다. **답 ②**

02 주어진 그래프에서 $\lim\limits_{x \to 0-}f(x)=0$

$x \to 0+$일 때 $f(x)=1$이므로 $\lim\limits_{x \to 0+}f(f(x))=f(1)=0$

$\dfrac{x-2}{x+1}=1-\dfrac{3}{x+1}=t$로 놓으면 $x \to \infty$일 때 $t \to 1-$이므로

$\lim\limits_{x \to \infty}f\left(\dfrac{x-2}{x+1}\right)=\lim\limits_{t \to 1-}f(t)=1$

$\therefore \lim\limits_{x \to 0-}f(x)+\lim\limits_{x \to 0+}f(f(x))+\lim\limits_{x \to \infty}f\left(\dfrac{x-2}{x+1}\right)=0+0+1=1$

답 1

> **1등급 노트** 합성함수의 극한
>
> 두 함수 $f(x)$, $g(x)$에 대하여 $\lim\limits_{x \to a+}g(f(x))$의 값은 $f(x)=t$로 놓
> 고 다음을 이용한다.
> (1) $x \to a+$일 때 $t \to b+$이면 $\lim\limits_{x \to a+}g(f(x))=\lim\limits_{t \to b+}g(t)$
> (2) $x \to a+$일 때 $t \to b-$이면 $\lim\limits_{x \to a+}g(f(x))=\lim\limits_{t \to b-}g(t)$
> (3) $x \to a+$일 때 $t=b$이면 $\lim\limits_{x \to a+}g(f(x))=g(b)$

03 $\lim\limits_{x \to k+}\dfrac{[x]^2+2x}{[x]}+\lim\limits_{x \to k-}\dfrac{[x]^2+5x-5}{[x]}$

$=\dfrac{k^2+2k}{k}+\dfrac{(k-1)^2+5k-5}{k-1}$

$=\dfrac{k(k+2)}{k}+\dfrac{(k-1)(k+4)}{k-1}$

$=k+2+k+4 \; (\because k>1)$

$=2k+6$

이때 $2k+6=10$이므로

$2k=4$

$\therefore k=2$ **답 2**

> **1등급 노트** $[x]$ 꼴을 포함한 함수의 극한
>
> $[x]$가 x보다 크지 않은 최대의 정수일 때, 정수 n에 대하여
> (1) $x \to n+$일 때, $n<x<n+1$이므로 $\lim\limits_{x \to n+}[x]=n$
> (2) $x \to n-$일 때, $n-1 \leq x<n$이므로 $\lim\limits_{x \to n-}[x]=n-1$

04 $\dfrac{1}{x}=t$로 놓으면 $x \to 0+$일 때 $t \to \infty$이므로

$\lim\limits_{x \to 0+}\dfrac{xf\left(\dfrac{1}{x}\right)+2}{x-1}=\lim\limits_{t \to \infty}\dfrac{\dfrac{f(t)}{t}+2}{\dfrac{1}{t}-1}$

$=-\left\{\lim\limits_{t \to \infty}\dfrac{f(t)}{t}+2\right\}=-6$

$\lim\limits_{t \to \infty}\dfrac{f(t)}{t}+2=6$ $\therefore \lim\limits_{t \to \infty}\dfrac{f(t)}{t}=4$

$\therefore \lim\limits_{x \to \infty}\dfrac{f(x)}{x}=4$ **답 4**

05 ㄱ. $\lim\limits_{x \to a}f(x)=\alpha$, $\lim\limits_{x \to a}\{f(x)-g(x)\}=\beta$ (α, β는 실수)라

하면

$\lim\limits_{x \to a}g(x)=\lim\limits_{x \to a}[f(x)-\{f(x)-g(x)\}]$

$=\lim\limits_{x \to a}f(x)-\lim\limits_{x \to a}\{f(x)-g(x)\}=\alpha-\beta$

즉, $\lim\limits_{x \to a}g(x)$의 값도 존재한다. (참)

ㄴ. $\lim\limits_{x \to a}\{f(x)+g(x)\}=\alpha$, $\lim\limits_{x \to a}\{f(x)-g(x)\}=\beta$ (α, β는 실수)

라 하면

$\lim\limits_{x \to a}f(x)=\lim\limits_{x \to a}\dfrac{\{f(x)+g(x)\}+\{f(x)-g(x)\}}{2}$

$=\dfrac{1}{2}[\lim\limits_{x \to a}\{f(x)+g(x)\}+\lim\limits_{x \to a}\{f(x)-g(x)\}]$

$=\dfrac{\alpha+\beta}{2}$

즉, $\lim\limits_{x \to a}f(x)$의 값도 존재한다. (참)

ㄷ. [반례] $f(x)=x$, $g(x)=\dfrac{1}{x}$이면

$\lim\limits_{x \to 0}f(x)=\lim\limits_{x \to 0}x=0$, $\lim\limits_{x \to 0}\dfrac{f(x)}{g(x)}=\lim\limits_{x \to 0}\dfrac{x}{\dfrac{1}{x}}=\lim\limits_{x \to 0}x^2=0$

이지만 $\lim\limits_{x \to 0}g(x)$의 값은 존재하지 않는다. (거짓)

따라서 옳은 것은 ㄱ, ㄴ이다. **답 ③**

06 $|f(x)-6x|<1$에서 $-1<f(x)-6x<1$

$\therefore 6x-1<f(x)<6x+1$

$6x-1>0$, 즉 $x>\dfrac{1}{6}$일 때 각 변을 제곱하면

$(6x-1)^2<\{f(x)\}^2<(6x+1)^2$

모든 실수 x에 대하여 $4x^2+x+1>0$이므로 각 변을 $4x^2+x+1$로 나누면

$\dfrac{(6x-1)^2}{4x^2+x+1}<\dfrac{\{f(x)\}^2}{4x^2+x+1}<\dfrac{(6x+1)^2}{4x^2+x+1}$

이때 $\displaystyle\lim_{x\to\infty}\dfrac{(6x-1)^2}{4x^2+x+1}=9$, $\displaystyle\lim_{x\to\infty}\dfrac{(6x+1)^2}{4x^2+x+1}=9$이므로 함수의 극한의 대소 관계에 의하여

$\displaystyle\lim_{x\to\infty}\dfrac{\{f(x)\}^2}{4x^2+x+1}=9$ **답** 9

07 $-x^2-2<\dfrac{f(x)}{g(x)}<x^2+4x$에서

$\displaystyle\lim_{x\to-1}(-x^2-2)=-3$, $\displaystyle\lim_{x\to-1}(x^2+4x)=-3$이므로 함수의 극한의 대소 관계에 의하여

$\displaystyle\lim_{x\to-1}\dfrac{f(x)}{g(x)}=-3$

$\therefore \displaystyle\lim_{x\to-1}\dfrac{\{f(x)\}^2-3\{g(x)\}^2}{f(x)g(x)}=\lim_{x\to-1}\dfrac{\left\{\dfrac{f(x)}{g(x)}\right\}^2-3}{\dfrac{f(x)}{g(x)}}$

$\qquad\qquad\qquad=\dfrac{(-3)^2-3}{-3}=-2$ **답** ①

08 $-2<x<2$일 때, $x^2-4<0$이므로

$\displaystyle\lim_{x\to-2+}\dfrac{x^2-2x-8}{|x^2-4|}=\lim_{x\to-2+}\dfrac{x^2-2x-8}{-(x^2-4)}$

$\qquad\qquad\qquad=\lim_{x\to-2+}\dfrac{(x+2)(x-4)}{-(x+2)(x-2)}$

$\qquad\qquad\qquad=\lim_{x\to-2+}\dfrac{x-4}{-(x-2)}$

$\qquad\qquad\qquad=-\dfrac{3}{2}$

$\displaystyle\lim_{x\to\infty}\dfrac{x(\sqrt{x^2-3x}-x)}{2x-1}=\lim_{x\to\infty}\dfrac{x(\sqrt{x^2-3x}-x)(\sqrt{x^2-3x}+x)}{(2x-1)(\sqrt{x^2-3x}+x)}$

$\qquad\qquad\qquad=\lim_{x\to\infty}\dfrac{-3x^2}{(2x-1)(\sqrt{x^2-3x}+x)}$

$\qquad\qquad\qquad=\lim_{x\to\infty}\dfrac{-3}{\left(2-\dfrac{1}{x}\right)\left(\sqrt{1-\dfrac{3}{x}}+1\right)}$

$\qquad\qquad\qquad=\dfrac{-3}{2\times(1+1)}$

$\qquad\qquad\qquad=-\dfrac{3}{4}$

$\therefore \displaystyle\lim_{x\to-2+}\dfrac{x^2-2x-8}{|x^2-4|}-\lim_{x\to\infty}\dfrac{x(\sqrt{x^2-3x}-x)}{2x-1}$

$\qquad=-\dfrac{3}{2}-\left(-\dfrac{3}{4}\right)=-\dfrac{3}{4}$ **답** ③

09 $\displaystyle\lim_{x\to-\infty}\dfrac{f(x)}{x}=k$라 하고, $x=-t$로 놓으면

$x\to-\infty$일 때 $t\to\infty$이므로

$\displaystyle\lim_{x\to-\infty}\dfrac{f(x)}{x}=\lim_{t\to\infty}\dfrac{f(-t)}{-t}=k$에서

$\displaystyle\lim_{t\to\infty}\dfrac{f(-t)}{t}=-k$

$\therefore \displaystyle\lim_{x\to-\infty}\dfrac{f(x)}{2f(x)+\sqrt{f(x)+9x^2}}$

$\qquad=\lim_{t\to\infty}\dfrac{f(-t)}{2f(-t)+\sqrt{f(-t)+9t^2}}$

$\qquad=\lim_{t\to\infty}\dfrac{\dfrac{f(-t)}{t}}{2\times\dfrac{f(-t)}{t}+\sqrt{\dfrac{f(-t)}{t}\times\dfrac{1}{t}+9}}$

$\qquad=\dfrac{-k}{-2k+3}$

$\qquad=\dfrac{k}{2k-3}$

따라서 $\dfrac{k}{2k-3}=1$이므로 $2k-3=k$

$\therefore k=3$ **답** 3

다른풀이 $\displaystyle\lim_{x\to-\infty}\dfrac{f(x)}{2f(x)+\sqrt{f(x)+9x^2}}=1$에서 $x\to-\infty$이므로 $x<0$이다.

$\therefore x=-\sqrt{x^2}$

이때 $\displaystyle\lim_{x\to-\infty}\dfrac{f(x)}{x}=k$로 놓으면

$\displaystyle\lim_{x\to-\infty}\dfrac{f(x)}{2f(x)+\sqrt{f(x)+9x^2}}=\lim_{x\to-\infty}\dfrac{\dfrac{f(x)}{x}}{2\times\dfrac{f(x)}{x}-\sqrt{\dfrac{f(x)}{x}\times\dfrac{1}{x}+9}}$

$\qquad\qquad\qquad\qquad=\dfrac{k}{2k-3}$

따라서 $\dfrac{k}{2k-3}=1$이므로 $2k-3=k$

$\therefore k=3$

10 $\displaystyle\lim_{x\to-1}\dfrac{x+1}{\sqrt{x+a}-2}=A$에서 $x\to-1$일 때 (분자)$\to0$이고 0이 아닌 극한값이 존재하므로 (분모)$\to0$이어야 한다.

즉, $\displaystyle\lim_{x\to-1}(\sqrt{x+a}-2)=0$이므로

$\sqrt{-1+a}-2=0$, $a-1=4$

$\therefore a=5$

$\displaystyle\lim_{x\to-1}\dfrac{x+1}{\sqrt{x+a}-2}=\lim_{x\to-1}\dfrac{x+1}{\sqrt{x+5}-2}$

$\qquad\qquad\qquad=\lim_{x\to-1}\dfrac{(x+1)(\sqrt{x+5}+2)}{(\sqrt{x+5}-2)(\sqrt{x+5}+2)}$

$\qquad\qquad\qquad=\lim_{x\to-1}\dfrac{(x+1)(\sqrt{x+5}+2)}{x+1}$

$\qquad\qquad\qquad=\lim_{x\to-1}(\sqrt{x+5}+2)=4$

$\therefore A=4$

한편, $\lim\limits_{x\to 3}\dfrac{x^2+bx+c}{x-3}=4$에서 $x\to 3$일 때 (분모)$\to 0$이고 극한값이 존재하므로 (분자)$\to 0$이어야 한다.

즉, $\lim\limits_{x\to 3}(x^2+bx+c)=0$이므로

$9+3b+c=0$ $\therefore c=-3b-9$

$$\lim_{x\to 3}\dfrac{x^2+bx+c}{x-3}=\lim_{x\to 3}\dfrac{x^2+bx-3b-9}{x-3}$$
$$=\lim_{x\to 3}\dfrac{(x-3)(x+3+b)}{x-3}$$
$$=\lim_{x\to 3}(x+3+b)$$
$$=6+b=4$$

$\therefore b=-2,\ c=-3$

$\therefore abc-A=5\times(-2)\times(-3)-4=26$ 📕 26

---

11 $a\geq 0$이면 $\lim\limits_{x\to\infty}(\sqrt{4x^2+3x}+ax)=\infty$이므로 $a<0$이어야 한다.

$$\lim_{x\to\infty}(\sqrt{4x^2+3x}+ax)$$
$$=\lim_{x\to\infty}\dfrac{(\sqrt{4x^2+3x}+ax)(\sqrt{4x^2+3x}-ax)}{\sqrt{4x^2+3x}-ax}$$
$$=\lim_{x\to\infty}\dfrac{(4x^2+3x)-a^2x^2}{\sqrt{4x^2+3x}-ax}$$
$$=\lim_{x\to\infty}\dfrac{(4-a^2)x^2+3x}{\sqrt{4x^2+3x}-ax}\quad\cdots\cdots\ \bigcirc$$

이 값이 존재하려면 $4-a^2=0$이어야 하므로

$a=-2\ (\because a<0)$

$a=-2$를 $\bigcirc$에 대입하면

$$\lim_{x\to\infty}\dfrac{3x}{\sqrt{4x^2+3x}+2x}=\lim_{x\to\infty}\dfrac{3}{\sqrt{4+\dfrac{3}{x}}+2}=\dfrac{3}{4}$$

따라서 $b=\dfrac{3}{4}$이므로

$a+b=-2+\dfrac{3}{4}=-\dfrac{5}{4}$ 📕 ④

---

12 $\lim\limits_{x\to\infty}\dfrac{f(x)-5x^2}{4-3x}=a$에서 $f(x)$는 이차항의 계수가 5인 이차함수임을 알 수 있다. $\qquad\cdots\cdots\ \bigcirc$

또, $\lim\limits_{x\to 2}\dfrac{f(x)}{x-2}=-10$에서 $x\to 2$일 때 (분모)$\to 0$이고 극한값이 존재하므로 (분자)$\to 0$이어야 한다.

즉, $\lim\limits_{x\to 2}f(x)=0$이므로 $f(2)=0\qquad\cdots\cdots\ \bigcirc$

$\bigcirc$, $\bigcirc$에 의하여 $f(x)=5(x-2)(x+k)$ (k는 상수)로 놓을 수 있다.

$$\lim_{x\to 2}\dfrac{f(x)}{x-2}=\lim_{x\to 2}\dfrac{5(x-2)(x+k)}{x-2}$$
$$=\lim_{x\to 2}5(x+k)$$
$$=5(2+k)$$

이때 $5(2+k)=-10$이므로

$2+k=-2$ $\therefore k=-4$

따라서 $f(x)=5(x-2)(x-4)=5x^2-30x+40$이므로

$$\lim_{x\to\infty}\dfrac{f(x)-5x^2}{4-3x}=\lim_{x\to\infty}\dfrac{-30x+40}{4-3x}=\lim_{x\to\infty}\dfrac{10(4-3x)}{4-3x}=10$$

$\therefore a=10$ 📕 ⑤

---

13 점 P는 곡선 $y=\sqrt{2x}$ 위의 점이므로 $\mathrm{P}(x,\ \sqrt{2x})$

이때 $\overline{\mathrm{PH}}=\sqrt{2x}$이고, $\overline{\mathrm{OQ}}=\overline{\mathrm{OP}}=\sqrt{x^2+2x}$, $\overline{\mathrm{OH}}=x$이므로

$\overline{\mathrm{QH}}=\sqrt{x^2+2x}-x$

$$\therefore \lim_{x\to 0+}\dfrac{\overline{\mathrm{QH}}}{\overline{\mathrm{PH}}}=\lim_{x\to 0+}\dfrac{\sqrt{x^2+2x}-x}{\sqrt{2x}}$$
$$=\lim_{x\to 0+}\dfrac{\sqrt{x+2}-\sqrt{x}}{\sqrt{2}}=1$$ 📕 ①

---

14 $\mathrm{P}\left(a,\ \dfrac{1}{2}a^2\right)$이라 하고, 선분 OP의 중점을 M이라 하면

$\mathrm{M}\left(\dfrac{1}{2}a,\ \dfrac{1}{4}a^2\right)$

직선 OP의 방정식은

$y=\dfrac{\dfrac{1}{2}a^2}{a}x$, 즉 $y=\dfrac{1}{2}ax$

이므로 이 직선과 수직인 직선 QM의 방정식은

$y-\dfrac{1}{4}a^2=-\dfrac{2}{a}\left(x-\dfrac{1}{2}a\right)$ —— 수직인 두 직선의 기울기의 곱은 -1이다.

$\therefore y=-\dfrac{2}{a}x+\dfrac{1}{4}a^2+1$

따라서 $\mathrm{Q}\left(0,\ \dfrac{1}{4}a^2+1\right)$이고, 점 P가 원점 O에 한없이 가까워지면 $a\to 0+$이므로 점 Q가 한없이 가까워지는 점의 y좌표는

$\lim\limits_{a\to 0+}\left(\dfrac{1}{4}a^2+1\right)=1$ 📕 1

B ^{Step} 1등급을 위한 **고난도 기출** Vs **변형 유형**   본문 9~11쪽

1 ⑤	1-1 1	2 ③	2-1 6	3 $-\dfrac{1}{5}$	3-1 28
4 ②	4-1 ④	5 ②	5-1 ②	6 ③	6-1 10
7 7	7-1 ②	8 ①	8-1 ③	9 ①	9-1 ③

---

1 전략 $[x-2]$의 좌극한의 값과 우극한의 값을 구한 후, 주어진 극한값을 구한다.

풀이 (i) $\lim\limits_{x\to 3-}[x-2]=0$이므로

$$\lim_{x\to 3-}f(x)=\lim_{x\to 3-}\dfrac{|x|[x-2]}{|x+2|}=\dfrac{3\times 0}{5}=0$$

(ii) $\lim\limits_{x\to -1+}[x-2]=-3$이므로

$$\lim_{x\to -1+}f(x)=\lim_{x\to -1+}\dfrac{|x|[x-2]}{|x+2|}=\dfrac{1\times(-3)}{1}=-3$$

(iii) $\lim\limits_{x\to 1+}[x-2]=-1$이므로

$$\lim_{x\to 1+}f(x)=\lim_{x\to 1+}\dfrac{|x|[x-2]}{|x+2|}=\dfrac{1\times(-1)}{3}=-\dfrac{1}{3}$$

(i), (ii), (iii)에 의하여

$$5 \lim_{x \to 3-} f(x) + \lim_{x \to -1+} f(x) + 3 \lim_{x \to 1+} f(x)$$

$$= 5 \times 0 + (-3) + 3 \times \left(-\frac{1}{3}\right) = -4$$

답 ⑤

1-1 전략 $[|x|-4]$의 좌극한의 값과 우극한의 값을 구한 후, 주어진 극한값을 구한다.

풀이 $y=|x-4|$, $y=[|x|-4]$의 그래프는 다음 그림과 같다.

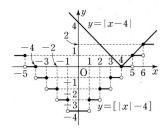

(i) $\displaystyle\lim_{x \to 4-} f(x) = \lim_{x \to 4-} \frac{|x-4|}{[|x|-4]} = \frac{0}{-1} = 0$

(ii) $x \to -2+$일 때 $[|x|-4] \to -3$이고 $|x-4| \to 6-$이므로

$$\frac{|x-4|}{[|x|-4]} \to -2+$$

따라서 $f(x)=t$로 놓으면 $x \to -2+$일 때 $t \to -2+$이므로

$$\lim_{x \to -2+} f(f(x)) = \lim_{t \to -2+} f(t) = \lim_{t \to -2+} \frac{|t-4|}{[|t|-4]} = \frac{6}{-3} = -2$$

(iii) $\displaystyle\lim_{x \to \frac{7}{2}+} f(x) = \lim_{x \to \frac{7}{2}+} \frac{|x-4|}{[|x|-4]} = \frac{\frac{1}{2}}{-1} = -\frac{1}{2}$

(i), (ii), (iii)에 의하여

$$\lim_{x \to 4-} f(x) + \lim_{x \to -2+} f(f(x)) \times \lim_{x \to \frac{7}{2}+} f(x)$$

$$= 0 + (-2) \times \left(-\frac{1}{2}\right) = 1$$

답 1

2 전략 (좌극한)=(우극한)일 때, 함수의 극한값이 존재함을 이용한다.

풀이 ㄱ. $x \to -1-$일 때 $g(x) \to -1+$이므로

$$\lim_{x \to -1-} f(g(x)) = \lim_{t \to -1+} f(t) = 0$$

$x \to -1+$일 때 $g(x) \to 0+$이므로

$$\lim_{x \to -1+} f(g(x)) = \lim_{t \to 0+} f(t) = 0$$

$$\therefore \lim_{x \to -1} f(g(x)) = 0 \ (\text{참})$$

ㄴ. $f(2-x)=f(2+x)$이므로 함수 $y=f(x)$의 그래프는 직선 $x=2$에 대하여 대칭이다.

또, $g(x-2)=g(x+2)$에서 $g(x)=g(x+4)$이므로 함수 $g(x)$의 주기는 4이다.

(i) $x \to 2-$일 때 $g(x) \to 0-$이므로

$$\lim_{x \to 2-} f(g(x)) = \lim_{t \to 0-} f(t) = 1$$

함수 $g(x)$는 주기가 4이므로 $x \to 2+$일 때 $g(x)$의 값은 $x \to -2+$일 때 $g(x)$의 값과 같다. 즉, $g(x) \to 0-$이므로

$$\lim_{x \to 2+} f(g(x)) = \lim_{t \to 0-} f(t) = 1$$

$$\therefore \lim_{x \to 2} f(g(x)) = 1$$

(ii) $x \to 2-$일 때 $f(x) \to 0-$이므로

$$\lim_{x \to 2-} g(f(x)) = \lim_{s \to 0-} g(s) = 1$$

함수 $f(x)$의 그래프는 직선 $x=2$에 대하여 대칭이므로 $x \to 2+$일 때 $f(x)$의 값은 $x \to 2-$일 때 $f(x)$의 값과 같다. 즉, $f(x) \to 0-$이므로

$$\lim_{x \to 2+} g(f(x)) = \lim_{s \to 0-} g(s) = 1$$

$$\therefore \lim_{x \to 2} g(f(x)) = 1$$

(i), (ii)에 의하여 $\displaystyle\lim_{x \to 2} f(g(x)) = \lim_{x \to 2} g(f(x)) = 1$ (참)

ㄷ. (i) 함수 $g(x)$는 주기가 4이므로 $x \to 4-$일 때 $g(x)$의 값은 $x \to 0-$일 때 $g(x)$의 값과 같다. 즉, $g(x) \to 1-$이므로

$$\lim_{x \to 4-} f(g(x)) = \lim_{t \to 1-} f(t) = -1$$

또, $x \to 4+$일 때 $g(x)$의 값은 $x \to 0+$일 때 $g(x)$의 값과 같다. 즉, $g(x) \to 1-$이므로

$$\lim_{x \to 4+} f(g(x)) = \lim_{t \to 1-} f(t) = -1$$

$$\therefore \lim_{x \to 4} f(g(x)) = -1$$

(ii) 함수 $y=f(x)$의 그래프는 직선 $x=2$에 대하여 대칭이므로 $x \to 4-$일 때 $f(x)$의 값은 $x \to 0+$일 때 $f(x)$의 값과 같다. 즉, $f(x) \to 0-$이므로

$$\lim_{x \to 4-} g(f(x)) = \lim_{s \to 0-} g(s) = 1$$

또, $x \to 4+$일 때 $f(x)$의 값은 $x \to 0-$일 때 $f(x)$의 값과 같다. 즉, $f(x) \to 1-$이므로

$$\lim_{x \to 4+} g(f(x)) = \lim_{s \to 1-} g(s) = 0$$

이때 $\displaystyle\lim_{x \to 4-} g(f(x)) \neq \lim_{x \to 4+} g(f(x))$이므로 $\displaystyle\lim_{x \to 4} g(f(x))$의 값은 존재하지 않는다.

(i), (ii)에 의하여

$$\lim_{x \to 4} f(g(x)) \neq \lim_{x \to 4} g(f(x)) \ (\text{거짓})$$

따라서 옳은 것은 ㄱ, ㄴ이다.

답 ③

참고 ㄱ에서 $\displaystyle\lim_{x \to -1-} g(x) \neq \lim_{x \to -1+} g(x)$이므로 $\displaystyle\lim_{x \to -1} g(x)$는 존재하지 않지만 $\displaystyle\lim_{x \to -1} f(g(x))$는 존재한다.

2-1 전략 $a=1, 2, \cdots, 7$일 때, (좌극한)=(우극한)인 값을 찾는다.

풀이 (i) $a=1$일 때

$$\lim_{x \to 1-} g(f(x)) = \lim_{t \to 3-} g(t) = 2, \ \lim_{x \to 1+} g(f(x)) = \lim_{t \to 2-} g(t) = 2$$

$$\therefore \lim_{x \to 1} g(f(x)) = 2$$

(ii) $a=2$일 때

$$\lim_{x \to 2-} g(f(x)) = \lim_{t \to 1+} g(t) = 4, \ \lim_{x \to 2+} g(f(x)) = g(3) = 3$$

이때 $\displaystyle\lim_{x \to 2-} g(f(x)) \neq \lim_{x \to 2+} g(f(x))$이므로 $\displaystyle\lim_{x \to 2} g(f(x))$의 값은 존재하지 않는다.

(iii) $a=3$일 때

$$\lim_{x \to 3-} g(f(x)) = g(3) = 3, \ \lim_{x \to 3+} g(f(x)) = \lim_{t \to 1+} g(t) = 4$$

이때 $\displaystyle\lim_{x \to 3-} g(f(x)) \neq \lim_{x \to 3+} g(f(x))$이므로 $\displaystyle\lim_{x \to 3} g(f(x))$의 값은 존재하지 않는다.

한편, $f(x)=f(x+4)-1$에서 $f(x+4)=f(x)+1$이므로

$a \geq 4$일 때

$$\lim_{x \to a} f(x) = \lim_{x \to a-4} \{f(x)+1\}$$

(iv) $a=4$일 때

$$\lim_{x \to 4-} g(f(x)) = \lim_{t \to 3-} g(t) = 2$$

$$\lim_{x \to 4+} g(f(x)) = \lim_{x \to 0+} g(f(x)+1) = \lim_{t \to 2+} g(t) = 0$$

이때 $\lim\limits_{x \to 4-} g(f(x)) \neq \lim\limits_{x \to 4+} g(f(x))$이므로 $\lim\limits_{x \to 4} g(f(x))$의 값
은 존재하지 않는다.

(v) $a=5$일 때

$$\lim_{x \to 5-} g(f(x)) = \lim_{x \to 1-} g(f(x)+1) = \lim_{t \to 4-} g(t) = 2$$

$$\lim_{x \to 5+} g(f(x)) = \lim_{x \to 1+} g(f(x)+1) = \lim_{t \to 3-} g(t) = 2$$

$$\therefore \lim_{x \to 5} g(f(x)) = 2$$

(vi) $a=6$일 때

$$\lim_{x \to 6-} g(f(x)) = \lim_{x \to 2-} g(f(x)+1) = \lim_{t \to 2+} g(t) = 0$$

$$\lim_{x \to 6+} g(f(x)) = \lim_{x \to 2+} g(f(x)+1) = g(4) = 2$$

이때 $\lim\limits_{x \to 6-} g(f(x)) \neq \lim\limits_{x \to 6+} g(f(x))$이므로 $\lim\limits_{x \to 6} g(f(x))$의 값
은 존재하지 않는다.

(vii) $a=7$일 때

$$\lim_{x \to 7-} g(f(x)) = \lim_{x \to 3-} g(f(x)+1) = g(4) = 2$$

$$\lim_{x \to 7+} g(f(x)) = \lim_{x \to 3+} g(f(x)+1) = \lim_{t \to 2+} g(t) = 0$$

이때 $\lim\limits_{x \to 7-} g(f(x)) \neq \lim\limits_{x \to 7+} g(f(x))$이므로 $\lim\limits_{x \to 7} g(f(x))$의 값
은 존재하지 않는다.

(i)~(vii)에 의하여 $\lim\limits_{x \to a} g(f(x))$의 값이 존재하도록 하는 정수 a의
값은 1 또는 5이다.

$$\therefore 1+5=6$$

답 6

3 **전략** $\lim\limits_{x \to a} \dfrac{f(x)}{g(x)} = \alpha$ (α는 실수)이고 $\lim\limits_{x \to a} g(x) = 0$이면
$\lim\limits_{x \to a} f(x) = 0$임을 이용한다.

풀이 $f\left(\dfrac{1}{2}\right) = 0$, $f(3) = 0$, $f(\alpha) = 0$이므로

$$f\left(\frac{1}{2}\right) = \frac{1}{8} + \frac{1}{4}a + \frac{1}{2}b + c = 0 \qquad \therefore 8c + 4b + 2a + 1 = 0$$

$$f(3) = 27 + 9a + 3b + c = 0 \qquad \therefore \frac{1}{27}c + \frac{1}{9}b + \frac{1}{3}a + 1 = 0$$

$$f(\alpha) = \alpha^3 + \alpha^2 a + \alpha b + c = 0 \qquad \therefore \frac{1}{\alpha^3}c + \frac{1}{\alpha^2}b + \frac{1}{\alpha}a + 1 = 0$$

즉, $g(2) = 0$, $g\left(\dfrac{1}{3}\right) = 0$, $g\left(\dfrac{1}{\alpha}\right) = 0$이므로 $x = 2$, $x = \dfrac{1}{3}$, $x = \dfrac{1}{\alpha}$은
방정식 $g(x) = 0$의 해이다.

또, 방정식 $f(x) = 0$에서 삼차방정식의 근과 계수의 관계에 의하여

$$\frac{1}{2} \times 3 \times \alpha = -c \qquad \therefore c = -\frac{3}{2}\alpha$$

$$\therefore f(x) = \left(x - \frac{1}{2}\right)(x-3)(x-\alpha),$$

$$g(x) = -\frac{3}{2}\alpha(x-2)\left(x-\frac{1}{3}\right)\left(x-\frac{1}{\alpha}\right)$$

이때 $t \neq 2$인 임의의 실수 t에 대하여

$$\lim_{x \to t} \frac{f(x)}{g(x)} = \lim_{x \to t} \frac{\left(x-\frac{1}{2}\right)(x-3)(x-\alpha)}{-\frac{3}{2}\alpha(x-2)\left(x-\frac{1}{3}\right)\left(x-\frac{1}{\alpha}\right)}$$

의 값이 존재하므로 $\lim\limits_{x \to \frac{1}{3}} \dfrac{f(x)}{g(x)}$의 값이 존재한다.

$\lim\limits_{x \to \frac{1}{3}} \dfrac{f(x)}{g(x)}$의 값이 존재하고 $\lim\limits_{x \to \frac{1}{3}} g(x) = g\left(\dfrac{1}{3}\right) = 0$이므로

$$\lim_{x \to \frac{1}{3}} f(x) = f\left(\frac{1}{3}\right) = 0$$이어야 한다.

$$-\frac{1}{6} \times \left(-\frac{8}{3}\right) \times \left(\frac{1}{3} - \alpha\right) = 0, \quad \alpha - \frac{1}{3} = 0$$

$$\therefore \alpha = \frac{1}{3}$$

$$\therefore \lim_{x \to a} \frac{f(x)}{g(x)} = \lim_{x \to \frac{1}{3}} \frac{\left(x-\frac{1}{2}\right)(x-3)\left(x-\frac{1}{3}\right)}{-\frac{1}{2}(x-2)\left(x-\frac{1}{3}\right)(x-3)}$$

$$= \lim_{x \to \frac{1}{3}} \frac{-2x+1}{x-2} = \frac{\frac{1}{3}}{-\frac{5}{3}} = -\frac{1}{5}$$

답 $-\dfrac{1}{5}$

3-1 **전략** $\lim\limits_{x \to a} \dfrac{f(x)}{g(x)} = \alpha$ (α는 실수)이고 $\lim\limits_{x \to a} g(x) = 0$이면
$\lim\limits_{x \to a} f(x) = 0$임을 이용한다.

풀이 조건 (나)의 $\lim\limits_{x \to 1} \dfrac{g(x)-g(3)}{x-1} = -2$에서 $x \to 1$일 때
(분모)$\to 0$이고 극한값이 존재하므로 (분자)$\to 0$이어야 한다.

즉, $\lim\limits_{x \to 1} \{g(x) - g(3)\} = 0$이므로

$g(1) = g(3) = 1$ ($\because$ 조건 (나))

따라서 이차함수 $y = g(x)$의 그래프의 축은 직선 $x = 2$이므로

$g(x) = a(x-2)^2 + b$ (a, b는 상수)로 놓을 수 있다.

이때 $g(1) = 1$이므로 $a + b = 1$ $\qquad \therefore b = 1-a$

$$\therefore g(x) = a(x-2)^2 + (1-a) = ax^2 - 4ax + 3a + 1$$

$$\therefore \lim_{x \to 1} \frac{g(x)-g(3)}{x-1} = \lim_{x \to 1} \frac{(ax^2 - 4ax + 3a + 1) - 1}{x-1}$$

$$= \lim_{x \to 1} \frac{ax^2 - 4ax + 3a}{x-1}$$

$$= \lim_{x \to 1} \frac{a(x-1)(x-3)}{x-1}$$

$$= \lim_{x \to 1} a(x-3) = -2a$$

이때 $-2a = -2$이므로 $a = 1$

$$\therefore g(x) = (x-2)^2 \qquad \cdots\cdots \ \text{㉠}$$

조건 (다)에 의하여 모든 실수 p에 대하여 $\lim\limits_{x \to p} \dfrac{f(x)}{g(x)} = \lim\limits_{x \to p} \dfrac{f(x)}{(x-2)^2}$

의 값이 존재하므로 $\lim\limits_{x \to 2} \dfrac{f(x)}{(x-2)^2}$의 값이 존재한다.

즉, $f(x)$는 $(x-2)^2$을 인수로 가지므로

$f(x) = c(x-\alpha)(x-2)^2$ (c, α는 상수, $c \neq 0$)으로 놓을 수 있다.

조건 (가)의 $\lim\limits_{x \to 1} \dfrac{f(x)}{x-1} = 2$에서 $x \to 1$일 때 (분모)$\to 0$이고 극한값
이 존재하므로 (분자)$\to 0$이어야 한다.

즉, $\lim_{x \to 1} f(x) = 0$이므로 $f(1) = 0$

이때 $f(1) = c(1-\alpha) = 0$이므로 $\alpha = 1$ ($\because c \neq 0$)

따라서 $f(x) = c(x-1)(x-2)^2$이므로

$$\lim_{x \to 1} \frac{f(x)}{x-1} = \lim_{x \to 1} c(x-2)^2 = c = 2$$

$\therefore f(x) = 2(x-1)(x-2)^2$ ...... ㉡

㉠, ㉡에 의하여 $f(4) + g(4) = 24 + 4 = 28$ **답** 28

4 **전략** 참, 거짓을 판별할 때에는 반례를 생각한다.

풀이 ㄱ. $\lim_{x \to \infty} f(x) = \alpha$, $\lim_{x \to \infty} \{f(x) + g(x)\} = \beta$라 하면

$$\lim_{x \to \infty} g(x) = \lim_{x \to \infty} [\{f(x) + g(x)\} - f(x)]$$
$$= \lim_{x \to \infty} \{f(x) + g(x)\} - \lim_{x \to \infty} f(x)$$
$$= \beta - \alpha$$

즉, $\lim_{x \to \infty} g(x)$의 값도 존재한다. (참)

ㄴ. [반례] $f(x) = 0$, $g(x) = x$이면

$\lim_{x \to \infty} f(x) = 0$, $\lim_{x \to \infty} f(x)g(x) = 0$이지만 $\lim_{x \to \infty} g(x)$의 값은 존재하지 않는다. (거짓)

ㄷ. [반례] $x > 0$에 대하여 $f(x) = \frac{1}{x}$, $g(x) = \frac{2}{x}$로 놓으면 모든 실수 x $(x > 0)$에 대하여 $f(x) < g(x)$이지만

$\lim_{x \to \infty} f(x) = \lim_{x \to \infty} g(x) = 0$ (거짓)

ㄹ. [반례] $f(x) = 3$이면 $\lim_{x \to 0} \frac{x}{f(x)} = \lim_{x \to 0} \frac{x}{3} = 0$이지만

$\lim_{x \to 0} f(x) = \lim_{x \to 0} 3 = 3$ (거짓)

따라서 옳은 것은 ㄱ의 1개뿐이다. **답** ②

주의 ㄴ. $\lim_{x \to \infty} f(x) = \alpha$, $\lim_{x \to \infty} g(x) = \beta$일 때,

$$\lim_{x \to \infty} \frac{f(x)}{g(x)} = \frac{\alpha}{\beta} \text{ (단, } \beta \neq 0)$$

이때 $\beta \neq 0$이라는 조건에 유의해야 한다.

ㄷ. 모든 실수 x에 대하여 $f(x) < g(x)$이면 $\lim_{x \to \infty} f(x) \leq \lim_{x \to \infty} g(x)$

ㄹ. $\lim_{x \to a} \frac{f(x)}{g(x)} = \alpha$ $(\alpha \neq 0)$이고 $\lim_{x \to a} f(x) = 0$이면 $\lim_{x \to a} g(x) = 0$

이때 $\alpha \neq 0$이라는 조건에 유의해야 한다.

4-1 **전략** 참, 거짓을 판별할 때에는 반례를 생각한다.

풀이 ㄱ. $\lim_{x \to 0} f(x) = 0$, $\lim_{x \to 0} \frac{g(x)}{f(x)} = 0$이면

$$\lim_{x \to 0} g(x) = \lim_{x \to 0} \left\{ f(x) \times \frac{g(x)}{f(x)} \right\}$$
$$= \lim_{x \to 0} f(x) \times \lim_{x \to 0} \frac{g(x)}{f(x)} = 0 \text{ (참)}$$

ㄴ. [반례] $f(x) = x^2$, $g(x) = \frac{1}{x}$로 놓으면

$\lim_{x \to 0} f(x) = \lim_{x \to 0} x^2 = 0$, $\lim_{x \to 0} f(x)g(x) = \lim_{x \to 0} x = 0$이지만

$\lim_{x \to 0+} g(x) = \lim_{x \to 0+} \frac{1}{x} = \infty$, $\lim_{x \to 0-} g(x) = \lim_{x \to 0-} \frac{1}{x} = -\infty$

이므로 $\lim_{x \to 0} g(x)$의 값은 존재하지 않는다. (거짓)

ㄷ. $\lim_{x \to 1} f(x) = 1$이므로 $\lim_{x \to 1+} f(x) = \lim_{x \to 1-} f(x) = 1$

$\lim_{x \to \infty} f\left(1 + \frac{1}{x}\right)$에서 $1 + \frac{1}{x} = t$로 놓으면 $x \to \infty$일 때

$t \to 1+$이므로

$\lim_{x \to \infty} f\left(1 + \frac{1}{x}\right) = \lim_{t \to 1+} f(t) = 1$ (참)

ㄹ. $\lim_{x \to 0} \frac{x^2 + 2x - 2f(x)}{x + f(x)} = \lim_{x \to 0} \left\{ -2 + \frac{x^2 + 4x}{x + f(x)} \right\} = 4$이므로

$$\lim_{x \to 0} \frac{x^2 + 4x}{x + f(x)} = 6$$

즉, $\lim_{x \to 0} \frac{x^2 + 4x}{x + f(x)} = \lim_{x \to 0} \frac{x + 4}{1 + \frac{f(x)}{x}} = 6$이므로

$$\lim_{x \to 0} \left\{ 1 + \frac{f(x)}{x} \right\} = \frac{2}{3} \quad \therefore \lim_{x \to 0} \frac{f(x)}{x} = -\frac{1}{3} \text{ (참)}$$

따라서 옳은 것은 ㄱ, ㄷ, ㄹ이다. **답** ④

5 **전략** $\lim_{x \to 1} \frac{f(x) + x^3}{x-1} = 7$임을 이용할 수 있도록 식을 변형한다.

풀이 $\lim_{x \to 1} \frac{f(x) + x^3}{x-1} = 7$에서 $x \to 1$일 때 (분모)$\to 0$이고 극한값이 존재하므로 (분자)$\to 0$이어야 한다.

즉, $\lim_{x \to 1} \{f(x) + x^3\} = 0$이므로

$f(1) + 1 = 0 \quad \therefore f(1) = -1$

따라서 $g(x) = f(x) - f(1) = f(x) + 1$이므로

$$\lim_{x \to 1} \frac{f(x)g(x)}{x^2 + x - 2}$$
$$= \lim_{x \to 1} \frac{f(x)\{f(x) + 1\}}{x^2 + x - 2}$$
$$= \lim_{x \to 1} \frac{f(x)\{f(x) + x^3 - (x^3 - 1)\}}{(x+2)(x-1)}$$
$$= \lim_{x \to 1} \frac{f(x)}{x+2} \times \lim_{x \to 1} \frac{f(x) + x^3 - (x^3 - 1)}{x-1}$$
$$= \lim_{x \to 1} \frac{f(x)}{x+2} \times \left\{ \lim_{x \to 1} \frac{f(x) + x^3}{x-1} - \lim_{x \to 1} (x^2 + x + 1) \right\}$$
$$= \frac{f(1)}{3} \times (7 - 3) = -\frac{4}{3}$$ **답** ②

5-1 **전략** $\lim_{x \to 0} f(x)g(x) = \alpha$ (α는 0이 아닌 상수), $\lim_{x \to 0} f(x) = 0$이면

$\lim_{x \to 0} g(x) = \infty$ 또는 $\lim_{x \to 0} g(x) = -\infty$임을 이용한다.

풀이 $\lim_{x \to 0} \{f(x) - g(x)\} = \lim_{x \to 0} f(x) \left\{ 1 - \frac{g(x)}{f(x)} \right\} = 2$ ...... ㉠

$k = 1$이면 $\lim_{x \to 0} \left\{ 1 - \frac{g(x)}{f(x)} \right\} = 1 - 1 = 0$이므로 ㉠에서

$$\lim_{x \to 0} \frac{1}{f(x)} = \lim_{x \to 0} \frac{f(x) - g(x)}{f(x)\{f(x) - g(x)\}}$$
$$= \lim_{x \to 0} \frac{1 - \frac{g(x)}{f(x)}}{f(x) - g(x)} = \frac{0}{2} = 0$$

$$\therefore \lim_{x \to 0} \frac{g(x) + 1}{f(x) + 2} = \lim_{x \to 0} \frac{\frac{g(x)}{f(x)} + \frac{1}{f(x)}}{1 + \frac{2}{f(x)}} = \frac{1 + 0}{1 + 0} = 1$$

이것은 $\lim\limits_{x \to 0} \dfrac{g(x)+1}{f(x)+2}=2$를 만족시키지 않는다.

$\therefore k \neq 1$

$\lim\limits_{x \to 0} \dfrac{g(x)}{f(x)}=k \ (k \neq 1)$이므로 ㉠에서

$\lim\limits_{x \to 0} f(x) \times (1-k)=2$

$\therefore \lim\limits_{x \to 0} f(x)=\dfrac{2}{1-k}$

이때

$\lim\limits_{x \to 0} g(x)=\lim\limits_{x \to 0} \left\{ f(x) \times \dfrac{g(x)}{f(x)} \right\}$

$\qquad\qquad =\lim\limits_{x \to 0} f(x) \times \lim\limits_{x \to 0} \dfrac{g(x)}{f(x)}=\dfrac{2k}{1-k}$

이므로

$\lim\limits_{x \to 0} \dfrac{g(x)+1}{f(x)+2}=\dfrac{\dfrac{2k}{1-k}+1}{\dfrac{2}{1-k}+2}=\dfrac{2k+1-k}{2+2-2k}=\dfrac{k+1}{4-2k}=2$

$k+1=8-4k$, $5k=7$

$\therefore k=\dfrac{7}{5}$ 답 ②

6 **전략** 조건 ㈎를 이용하여 $f(x)g(x)$의 차수와 최고차항의 계수를 정하고, 조건 ㈏를 이용하여 $f(x)g(x)$의 식을 세운다.

풀이 조건 ㈎에 의하여 $f(x)g(x)$는 최고차항의 계수가 2인 삼차식이다. 또, 조건 ㈏에 의하여 $f(x)g(x)$는 x^2을 인수로 가져야 한다.

즉, $f(x)g(x)=x^2(2x+a)$ (a는 상수)로 놓으면

$\lim\limits_{x \to 0} \dfrac{f(x)g(x)}{x^2}=\lim\limits_{x \to 0}(2x+a)=a$

$\therefore a=-4$

$\therefore f(x)g(x)=x^2(2x-4)=2x^2(x-2)$

이때 두 다항함수 $f(x)$, $g(x)$의 상수항과 계수가 모두 정수이므로 $f(2)$의 값이 최대가 되는 $f(x)$는 $f(x)=2x^2$이고 $f(2)$의 최댓값은 $f(2)=8$ 답 ③

6-1 **전략** 조건 ㈎를 이용하여 $f(x)g(x)$의 차수와 최고차항의 계수를 정하고, 조건 ㈏를 이용하여 $f(x)g(x)$의 식을 세운다.

풀이 조건 ㈎에 의하여 $f(x)g(x)$는 최고차항의 계수가 3인 삼차식이다. 또, 조건 ㈏에 의하여 $f(x)g(x)$는 x를 인수로 가져야 한다.

즉, $f(x)g(x)=x(3x^2+ax+b)$ (a, b는 상수)로 놓으면

$\lim\limits_{x \to 0} \dfrac{f(x)g(x)}{x}=\lim\limits_{x \to 0}(3x^2+ax+b)=b$ $\therefore b=2$

$\therefore f(x)g(x)=x(3x^2+ax+2)$

이때 조건 ㈐에 의하여 $f(x)$가 x를 인수로 가져야 하므로 $3x^2+ax+2$가 계수가 정수인 두 일차식의 곱으로 인수분해되는 경우와 인수분해되지 않는 경우로 나누어 생각할 수 있다.

(i) $3x^2+ax+2$가 계수가 정수인 두 일차식의 곱으로 인수분해되지 않는 경우

$f(x)$가 x를 인수로 가져야 하므로

$f(x)=x$, $g(x)=3x^2+ax+2$

또는 $f(x)=-x$, $g(x)=-(3x^2+ax+2)$

(ii) $3x^2+ax+2$가 계수가 정수인 두 일차식의 곱으로 인수분해되는 경우

① $3x^2+ax+2=(x+1)(3x+2)$일 때,

$f(x)=x(x+1)$ 또는 $f(x)=-x(x+1)$

또는 $f(x)=x(3x+2)$ 또는 $f(x)=-x(3x+2)$

② $3x^2+ax+2=(x-1)(3x-2)$일 때,

$f(x)=x(x-1)$ 또는 $f(x)=-x(x-1)$

또는 $f(x)=x(3x-2)$ 또는 $f(x)=-x(3x-2)$

③ $3x^2+ax+2=(3x+1)(x+2)$일 때,

$f(x)=x(3x+1)$ 또는 $f(x)=-x(3x+1)$

또는 $f(x)=x(x+2)$ 또는 $f(x)=-x(x+2)$

④ $3x^2+ax+2=(3x-1)(x-2)$일 때,

$f(x)=x(3x-1)$ 또는 $f(x)=-x(3x-1)$

또는 $f(x)=x(x-2)$ 또는 $f(x)=-x(x-2)$

(i), (ii)에 의하여 $f(1)$은 $f(x)=x(3x+2)$일 때 최댓값 $M=1 \times 5=5$, $f(x)=-x(3x+2)$일 때 최솟값 $m=(-1) \times 5=-5$를 갖는다.

$\therefore M-m=5-(-5)=10$ 답 10

7 **전략** $\dfrac{1}{x}=t$로 치환하고 극한값이 존재할 조건을 이용하여 다항식 $f(x)$를 결정한다.

풀이 $\dfrac{1}{x}=t$로 치환하면 $x=\dfrac{1}{t}$이고, $x \to 0+$일 때 $t \to \infty$이므로

$\lim\limits_{x \to 0+} \dfrac{(x^3+x^2)f\left(\dfrac{1}{x}\right)-1}{2(x^2-x)}=\lim\limits_{t \to \infty} \dfrac{\left(\dfrac{1}{t^3}+\dfrac{1}{t^2}\right)f(t)-1}{2\left(\dfrac{1}{t^2}-\dfrac{1}{t}\right)}$

$\qquad\qquad\qquad\qquad\qquad =\lim\limits_{t \to \infty} \dfrac{(1+t)f(t)-t^3}{2(t-t^2)}$

$\qquad\qquad\qquad\qquad\qquad =-4$

이때 극한값이 존재하므로

$f(t)(t+1)=t^3+8t^2+at+b$ (a, b는 상수)   ㉠

로 놓을 수 있다.

㉠의 양변에 $t=-1$을 대입하면

$-a+b+7=0$ $\therefore b=a-7$

$b=a-7$을 ㉠에 대입하면

$f(t)(t+1)=t^3+8t^2+at+a-7$

$\qquad\qquad\quad =(t+1)(t^2+7t+a-7)$

$\therefore f(t)=t^2+7t+a-7$

이때 $\lim\limits_{x \to 0} \dfrac{f(x)-3}{x}=k$에서 $x \to 0$일 때 (분모)$\to 0$이고 극한값이 존재하므로 (분자)$\to 0$이어야 한다.

즉, $\lim\limits_{x \to 0} \{f(x)-3\}=0$이므로

$f(0)=a-7=3$ $\therefore a=10$

따라서 $f(t)=t^2+7t+3$이므로

$k=\lim\limits_{x \to 0} \dfrac{f(x)-3}{x}=\lim\limits_{x \to 0} \dfrac{x^2+7x}{x}$

$\quad =\lim\limits_{x \to 0}(x+7)=7$ 답 7

7-1 전략 $\dfrac{1}{x}=t$로 치환하고 극한값이 존재할 조건을 이용하여 다항식 $f(x)$를 결정한다.

풀이 $\dfrac{1}{x}=t$로 치환하면 $x=\dfrac{1}{t}$이고, $x\to 0+$일 때 $t\to\infty$이므로

$$\lim_{x\to 0+}\frac{(x^6+x^4)f\left(\dfrac{1}{x^2}\right)-2}{x^5+x^2}=\lim_{t\to\infty}\frac{\left(\dfrac{1}{t^6}+\dfrac{1}{t^4}\right)f(t^2)-2}{\dfrac{1}{t^5}+\dfrac{1}{t^2}}$$

$$=\lim_{t\to\infty}\frac{(1+t^2)f(t^2)-2t^6}{t+t^4}$$

$$=3$$

따라서 $f(t^2)$은 최고차항의 계수가 2인 사차식이어야 한다.
즉, $f(t)$가 최고차항의 계수가 2인 이차식이므로
$f(t)=2t^2+at+b\ (a,\ b$는 상수$)$로 놓을 수 있다.

$$\therefore \lim_{t\to\infty}\frac{(1+t^2)f(t^2)-2t^6}{t+t^4}=\lim_{t\to\infty}\frac{(1+t^2)(2t^4+at^2+b)-2t^6}{t+t^4}$$

$$=\lim_{t\to\infty}\frac{(2+a)t^4+(a+b)t^2+b}{t+t^4}$$

$$=2+a$$

이때 $2+a=3$이므로 $a=1$
$\therefore f(x)=2x^2+x+b$

$\lim\limits_{x\to 1}\dfrac{x-1}{\sqrt{f(x)}-x}=k\ (k\neq 0)$에서 $x\to 1$일 때 (분자)$\to 0$이고 0이 아닌 극한값이 존재하므로 (분모)$\to 0$이어야 한다.

즉, $\lim\limits_{x\to 1}\{\sqrt{f(x)}-x\}=0$이므로
$\sqrt{f(1)}-1=\sqrt{b+3}-1=0$
$\therefore b=-2$

따라서 $f(x)=2x^2+x-2$이므로

$$k=\lim_{x\to 1}\frac{x-1}{\sqrt{f(x)}-x}$$

$$=\lim_{x\to 1}\frac{x-1}{\sqrt{2x^2+x-2}-x}$$

$$=\lim_{x\to 1}\frac{(x-1)(\sqrt{2x^2+x-2}+x)}{x^2+x-2}$$

$$=\lim_{x\to 1}\frac{(x-1)(\sqrt{2x^2+x-2}+x)}{(x-1)(x+2)}$$

$$=\lim_{x\to 1}\frac{\sqrt{2x^2+x-2}+x}{x+2}$$

$$=\frac{2}{3}$$

$\therefore k+f(k)=\dfrac{2}{3}+f\left(\dfrac{2}{3}\right)=\dfrac{2}{3}+\left(\dfrac{8}{9}+\dfrac{2}{3}-2\right)=\dfrac{2}{9}$ 답 ②

8 전략 접선의 기울기 $f(t)$를 t에 대한 식으로 나타내고, 함수의 극한값을 계산한다.

풀이 원점을 지나고 원 C에 접하는 직선의 방정식을 $y=mx\ (m\neq 0)$로 놓으면 곡선 $y=\sqrt{x}$ 위의 점 $A(t,\ \sqrt{t})$를 중심으로 하고 x축에 접하는 원의 반지름의 길이가 $\sqrt{t}$이므로 원의 중심 $A(t,\ \sqrt{t})$와 직선 $y=mx$, 즉 $mx-y=0$ 사이의 거리가 $\sqrt{t}$이다.

$$\therefore \sqrt{t}=\frac{|mt-\sqrt{t}|}{\sqrt{m^2+1}}$$

양변을 제곱하면

$$t=\frac{m^2t^2-2t\sqrt{t}m+t}{m^2+1},\ m^2t+t=m^2t^2-2t\sqrt{t}m+t$$

$(t-1)m=2\sqrt{t}\ (\because mt\neq 0)$

$\therefore m=\dfrac{2\sqrt{t}}{t-1}(\because t\neq 1)$

따라서 $f(t)=\dfrac{2\sqrt{t}}{t-1}$이므로

$$\lim_{t\to 0+}\frac{f(t)}{\sqrt{t}}=\lim_{t\to 0+}\frac{2}{t-1}=-2$$ 답 ①

개념 연계 수학상 점과 직선 사이의 거리

점 $(x_1,\ y_1)$과 직선 $ax+by+c=0$ 사이의 거리는

$$\frac{|ax_1+by_1+c|}{\sqrt{a^2+b^2}}$$

8-1 전략 직선에 접하는 원의 성질을 이용하여 a, b를 t에 대한 식으로 나타내고, 근호가 있는 함수의 극한값을 계산한다.

풀이 $\overline{CP}\perp l$이고
$\overline{CO}=\sqrt{a^2+b^2}$, $\overline{PC}=b$, $\overline{PO}=\sqrt{t^2+t^4}$
이므로 직각삼각형 CPO에서
$a^2+b^2=b^2+t^2+t^4$, $a^2=t^2+t^4$
$\therefore a=t\sqrt{1+t^2}\ (\because a>0)$

또, $\overline{PC}=b$이므로 $\sqrt{(t-a)^2+(t^2-b)^2}=b$
$(t-t\sqrt{1+t^2})^2+(t^2-b)^2=b^2$
$t^2-2t^2\sqrt{1+t^2}+t^2+t^4+t^4-2bt^2+b^2=b^2$
$2bt^2=2t^4+2t^2-2t^2\sqrt{1+t^2}$
$\therefore b=t^2+1-\sqrt{1+t^2}\ (\because t>0)$

$$\therefore \lim_{t\to 0+}\frac{b}{t(a+b)}$$

$$=\lim_{t\to 0+}\frac{t^2+1-\sqrt{1+t^2}}{t\{t^2+1+(t-1)\sqrt{1+t^2}\}}$$

$$=\lim_{t\to 0+}\frac{\{(t^2+1)^2-(1+t^2)\}\{t^2+1-(t-1)\sqrt{1+t^2}\}}{t\{(t^2+1)^2-(t-1)^2(1+t^2)\}(t^2+1+\sqrt{1+t^2})}$$

$$=\lim_{t\to 0+}\frac{(t^4+t^2)\{t^2+1-(t-1)\sqrt{1+t^2}\}}{t(2t^3+2t)(t^2+1+\sqrt{1+t^2})}$$

$$=\lim_{t\to 0+}\frac{t^2+1-(t-1)\sqrt{1+t^2}}{2(t^2+1+\sqrt{1+t^2})}$$

$$=\frac{0+1+1}{2\times(1+1)}=\frac{1}{2}$$ 답 ③

9 전략 피타고라스 정리를 이용하여 $f(x)$를 x에 대한 식으로 나타내고, 근호가 있는 함수의 극한값을 계산한다.

풀이 직각삼각형 OPQ에서 $\overline{OP}=x$, $\overline{OQ}=4$이므로
$\overline{PQ}=\sqrt{16-x^2}$
직각삼각형 APQ에서
$f(x)=\sqrt{(x+4)^2+(\sqrt{16-x^2})^2}=\sqrt{8x+32}$

$$\therefore \lim_{x \to 4-} \frac{8-f(x)}{4-x} = \lim_{x \to 4-} \frac{8-\sqrt{8x+32}}{4-x}$$
$$= \lim_{x \to 4-} \frac{(8-\sqrt{8x+32})(8+\sqrt{8x+32})}{(4-x)(8+\sqrt{8x+32})}$$
$$= \lim_{x \to 4-} \frac{32-8x}{(4-x)(8+\sqrt{8x+32})}$$
$$= \lim_{x \to 4-} \frac{8}{8+\sqrt{8x+32}} = \frac{8}{8+8} = \frac{1}{2} \qquad \text{답 ①}$$

9-1 [전략] 반원의 지름을 빗변으로 하는 직각삼각형과 내접원의 성질을 이용하여 S_1, S_2를 $\overline{AP}$의 길이에 대한 식으로 나타낸다.

[풀이] ∠APB는 지름 AB에 대한 원주각이므로 ∠APB=90°
직각삼각형 PBA에서 $\overline{AP}=x$, 점 P에서 선분 AB에 내린 수선의 발을 H라 하면

$\overline{AB}=4$이므로 $\overline{BP}=\sqrt{16-x^2}$

이때 $\overline{AP} \times \overline{BP} = \overline{AB} \times \overline{PH}$이므로 $x\sqrt{16-x^2}=4 \times \overline{PH}$

$$\therefore \overline{PH} = \frac{x\sqrt{16-x^2}}{4}$$

$$\therefore \triangle PAO = \triangle POB = \frac{1}{2} \times 2 \times \overline{PH} = \frac{x\sqrt{16-x^2}}{4}$$

한편, 삼각형 PAO의 내접원의 반지름의 길이를 r_1이라 하면

$$\triangle PAO = \frac{1}{2}r_1(2+2+x) = \frac{x\sqrt{16-x^2}}{4}$$

에서 $r_1 = \dfrac{x\sqrt{16-x^2}}{2(4+x)}$이므로

$$S_1 = \pi r_1^2 = \frac{x^2(16-x^2)}{4(4+x)^2}\pi$$

또, 삼각형 POB의 내접원의 반지름의 길이를 r_2라 하면

$$\triangle POB = \frac{1}{2}r_2(2+2+\sqrt{16-x^2}) = \frac{x\sqrt{16-x^2}}{4}$$

에서 $r_2 = \dfrac{x\sqrt{16-x^2}}{2(4+\sqrt{16-x^2})}$이므로

$$S_2 = \pi r_2^2 = \frac{x^2(16-x^2)}{4(4+\sqrt{16-x^2})^2}\pi$$

따라서 점 P가 점 B에 한없이 가까워질 때, $x \to 4-$이므로 구하는 극한값은

$$\lim_{x \to 4-} \frac{S_1+S_2}{\overline{AB}-\overline{AP}}$$
$$= \lim_{x \to 4-} \frac{x^2(16-x^2)}{4-x}\left\{\frac{1}{4(4+x)^2} + \frac{1}{4(4+\sqrt{16-x^2})^2}\right\}\pi$$
$$= \lim_{x \to 4-} x^2(4+x)\left\{\frac{1}{4(4+x)^2} + \frac{1}{4(4+\sqrt{16-x^2})^2}\right\}\pi$$
$$= 16 \times 8 \times \left(\frac{1}{4 \times 64} + \frac{1}{4 \times 16}\right)\pi = \frac{5}{2}\pi \qquad \text{답 ③}$$

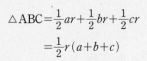

개념 연계 | 중학 수학 | **내접원과 삼각형의 넓이**

오른쪽 그림과 같이 세 변의 길이가 a, b, c인 삼각형 ABC의 내접원의 반지름의 길이가 r이면

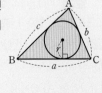

$$\triangle ABC = \frac{1}{2}ar + \frac{1}{2}br + \frac{1}{2}cr$$
$$= \frac{1}{2}r(a+b+c)$$

01 ③	02 2	03 ④	04 ①	05 ②
06 ④	07 ①	08 ④	09 ②	10 ④
11 96	12 ②	13 ②	14 ①	15 20
16 1	17 ⑤	18 ④		

1등급 뛰어넘기

19 90	20 2	21 162	22 ⑤

01 [전략] 역함수와 합성함수의 좌극한의 값과 우극한의 값을 구한다.

[풀이] 함수 $y=f(x)$의 그래프와 그 역함수 $y=f^{-1}(x)$의 그래프는 직선 $y=x$에 대하여 대칭이므로 함수 $y=f^{-1}(x)$의 그래프는 오른쪽 그림과 같다.

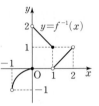

따라서

$x \to 0-$일 때 $f^{-1}(x) \to 0-$이므로

$$\lim_{x \to 0-} g(f^{-1}(x)) = \lim_{t \to 0-} g(t) = 2$$

$x \to 0-$, 즉 $-x \to 0+$일 때 $f^{-1}(-x) \to 2-$이므로

$$\lim_{x \to 0-} g(f^{-1}(-x)) = \lim_{s \to 2-} g(s) = 0$$

$x \to 1+$일 때 $g(x) \to 2-$이므로

$$\lim_{x \to 1+} f^{-1}(g(x)) = \lim_{r \to 2-} f^{-1}(r) = 1$$

$$\therefore \lim_{x \to 0-} g(f^{-1}(x)) + \lim_{x \to 0-} g(f^{-1}(-x)) + \lim_{x \to 1+} f^{-1}(g(x))$$
$$= 2+0+1 = 3 \qquad \text{답 ③}$$

02 [전략] 함수의 극한의 대소 관계를 이용하여 극한값을 구한다.

[풀이] $x^2+2x-1 < [x^2+2x] \le x^2+2x$이므로

$$\sqrt{x^2+2x-1}-x < \sqrt{[x^2+2x]}-x \le \sqrt{x^2+2x}-x$$

$x \to \infty$일 때의 극한값을 구해야 하므로 x의 값을 큰 양수라고 생각하면

$$\frac{2}{\sqrt{x^2+2x}-x} \le \frac{2}{\sqrt{[x^2+2x]}-x} < \frac{2}{\sqrt{x^2+2x-1}-x}$$

이때

$$\lim_{x \to \infty} \frac{2}{\sqrt{x^2+2x}-x} = \lim_{x \to \infty} \frac{2(\sqrt{x^2+2x}+x)}{2x}$$
$$= \lim_{x \to \infty} \frac{\sqrt{1+\frac{2}{x}}+1}{1}$$
$$= 2,$$

$$\lim_{x \to \infty} \frac{2}{\sqrt{x^2+2x-1}-x} = \lim_{x \to \infty} \frac{2(\sqrt{x^2+2x-1}+x)}{2x-1}$$
$$= \lim_{x \to \infty} \frac{2\left(\sqrt{1+\frac{2}{x}-\frac{1}{x^2}}+1\right)}{2-\frac{1}{x}}$$
$$= 2$$

이므로 함수의 극한의 대소 관계에 의하여

$$\lim_{x \to \infty} \frac{2}{\sqrt{[x^2+2x]}-x} = 2 \qquad \text{답 2}$$

03 전략 $\dfrac{0}{0}$ 꼴의 분수식은 근호가 있는 쪽을 유리화한다.

풀이 $\displaystyle\lim_{x\to 0}\frac{x^m+1-\sqrt{2x^4+1}}{x^n}=\lim_{x\to 0}\frac{x^{2m}+2x^m-2x^4}{x^n(x^m+1+\sqrt{2x^4+1})}$

$ \cdots\cdots$ ㉠

$\displaystyle\lim_{x\to 0}\frac{1}{x^m+1+\sqrt{2x^4+1}}=\frac{1}{2}$이므로 ㉠의 값이 양수가 되려면

$\displaystyle\lim_{x\to 0}\frac{x^{2m}+2x^m-2x^4}{x^n}$의 값이 양수이어야 한다.

(ⅰ) $m=1$일 때

$\displaystyle\lim_{x\to 0}\frac{x^{2m}+2x^m-2x^4}{x^n}=\lim_{x\to 0}\frac{x^2+2x-2x^4}{x^n}$의 값이 존재하려면

$n=1$이고 그때의 극한값은

$\displaystyle\lim_{x\to 0}\frac{x^2+2x-2x^4}{x}=\lim_{x\to 0}(x+2-2x^3)=2$

(ⅱ) $m=2$일 때

$\displaystyle\lim_{x\to 0}\frac{x^{2m}+2x^m-2x^4}{x^n}=\lim_{x\to 0}\frac{2x^2-x^4}{x^n}$의 값이 존재하려면 $n\le 2$

이고 그때의 극한값은

$\displaystyle\lim_{x\to 0}\frac{2x^2-x^4}{x^n}=\lim_{x\to 0}(2x^{2-n}-x^{4-n})=\begin{cases}0 & (n=1)\\2 & (n=2)\end{cases}$

(ⅲ) $m=3$일 때

$\displaystyle\lim_{x\to 0}\frac{x^{2m}+2x^m-2x^4}{x^n}=\lim_{x\to 0}\frac{x^6+2x^3-2x^4}{x^n}$의 값이 존재하려면

$n\le 3$이고 그때의 극한값은

$\displaystyle\lim_{x\to 0}\frac{x^6+2x^3-2x^4}{x^n}=\lim_{x\to 0}(x^{6-n}+2x^{3-n}-2x^{4-n})$

$=\begin{cases}0 & (n=1,\,2)\\2 & (n=3)\end{cases}$

(ⅳ) $m=4$일 때

$\displaystyle\lim_{x\to 0}\frac{x^{2m}+2x^m-2x^4}{x^n}=\lim_{x\to 0}\frac{x^8}{x^n}$의 값이 존재하려면 $n\le 8$이고

그때의 극한값은

$\displaystyle\lim_{x\to 0}\frac{x^8}{x^n}=\lim_{x\to 0}x^{8-n}=\begin{cases}0 & (1\le n\le 7)\\1 & (n=8)\end{cases}$

(ⅴ) $m\ge 5$일 때

$\displaystyle\lim_{x\to 0}\frac{x^{2m}+2x^m-2x^4}{x^n}$의 값이 존재하려면 $n\le 4$이고 그때의 극한

값은

$\displaystyle\lim_{x\to 0}\frac{x^{2m}+2x^m-2x^4}{x^n}=\lim_{x\to 0}(x^{2m-n}+2x^{m-n}-2x^{4-n})$

$=\begin{cases}0 & (1\le n\le 3)\\-2 & (n=4)\end{cases}$

(ⅰ)~(ⅴ)에 의하여 $\displaystyle\lim_{x\to 0}\frac{x^{2m}+2x^m-2x^4}{x^n}$의 값이 양수가 되도록 하는

자연수 m, n의 순서쌍 $(m,\,n)$은 $(1,\,1)$, $(2,\,2)$, $(3,\,3)$, $(4,\,8)$의

4개이다. 답 ④

04 전략 함수의 극한에 대한 명제의 반례를 생각한다.

풀이 ㄱ. $\{f(x)\}^2\ge 0$, $\{g(x)\}^2\ge 0$이므로

$0\le\{f(x)\}^2\le\{f(x)\}^2+\{g(x)\}^2$

$\therefore 0\le\displaystyle\lim_{x\to a}\{f(x)\}^2\le\lim_{x\to a}[\{f(x)\}^2+\{g(x)\}^2]$

이때 $\displaystyle\lim_{x\to a}[\{f(x)\}^2+\{g(x)\}^2]=0$이므로 함수의 극한의 대소

관계에 의하여

$\displaystyle\lim_{x\to a}\{f(x)\}^2=0$

마찬가지 방법으로 $\displaystyle\lim_{x\to a}\{g(x)\}^2=0$ (참)

ㄴ. [반례] $f(x)=\begin{cases}-1 & (x<0)\\1 & (x\ge 0)\end{cases}$이면 $|f(x)|=1$

$\therefore \displaystyle\lim_{x\to 0}|f(x)|=1$

즉, $\displaystyle\lim_{x\to a}|f(x)|$의 값은 존재하지만 $\displaystyle\lim_{x\to a}f(x)$의 값은 존재하지

않는다. (거짓)

ㄷ. [반례] $f(x)=\begin{cases}x & (x<0)\\-x+3 & (x\ge 0)\end{cases}$이면

$\displaystyle\lim_{x\to 0-}f(f(x))=\lim_{t\to 0-}f(t)=0$

$\displaystyle\lim_{x\to 0+}f(f(x))=\lim_{t\to 3-}f(t)=0$

$\therefore \displaystyle\lim_{x\to 0}f(f(x))=0$

즉, $\displaystyle\lim_{x\to a}f(f(x))$의 값은 존재하지만 $\displaystyle\lim_{x\to a}f(x)$의 값은 존재하

지 않는다. (거짓)

따라서 옳은 것은 ㄱ뿐이다. 답 ①

주의 $\displaystyle\lim_{x\to a-}f(x)\ne\lim_{x\to a+}f(x)$이더라도 $\displaystyle\lim_{x\to a}|f(x)|$, $\displaystyle\lim_{x\to a}f(f(x))$의 값

이 존재할 수 있으므로 그 반례를 기억하도록 한다.

05 전략 $f(x)g(x)-x=\{f(x)+1\}\{g(x)-x\}+xf(x)-g(x)$로

변형한다.

풀이 $\displaystyle\lim_{x\to 2}\frac{g(x)-x}{x-2}=3$에서 $x\to 2$일 때 (분모)$\to 0$이고 극한값

이 존재하므로 (분자)$\to 0$이어야 한다.

즉, $\displaystyle\lim_{x\to 2}\{g(x)-x\}=0$이므로 $g(2)=2$

또, $g(x)=xf(x)+2x-4$에서 $g(2)=2f(2)=2$이므로 $f(2)=1$

$\therefore \displaystyle\lim_{x\to 2}\frac{f(x)g(x)-x}{x^3-8}$

$=\displaystyle\lim_{x\to 2}\frac{\{f(x)+1\}\{g(x)-x\}+xf(x)-g(x)}{x^3-8}$

$=\displaystyle\lim_{x\to 2}\frac{\{f(x)+1\}\{g(x)-x\}-2(x-2)}{(x-2)(x^2+2x+4)}$

$=\displaystyle\lim_{x\to 2}\left\{\frac{f(x)+1}{x^2+2x+4}\times\frac{g(x)-x}{x-2}-\frac{2}{x^2+2x+4}\right\}$

$=\displaystyle\lim_{x\to 2}\frac{f(x)+1}{x^2+2x+4}\times\lim_{x\to 2}\frac{g(x)-x}{x-2}-\lim_{x\to 2}\frac{2}{x^2+2x+4}$

$=\dfrac{1}{6}\times 3-\dfrac{1}{6}=\dfrac{1}{3}$ 답 ②

06 전략 함수의 극한에 대한 성질을 이용하기 위하여 식을 변형한다.

풀이 조건 ㈎에서 $f(x)=g(x)+2x^2$

이것을 조건 ㈏의 식에 대입하면

$\displaystyle\lim_{x\to 1}\frac{f(x)-x^2}{g(x)+x^3}=\lim_{x\to 1}\frac{g(x)+x^2}{g(x)+x^3}=\lim_{x\to 1}\frac{\{g(x)+x^3\}-x^3+x^2}{g(x)+x^3}$

$=\displaystyle\lim_{x\to 1}\left\{1+\frac{x^2-x^3}{g(x)+x^3}\right\}=\frac{3}{2}$

$$\therefore \lim_{x \to 1} \frac{x^2 - x^3}{g(x) + x^3} = \frac{1}{2}$$

즉, $\lim_{x \to 1} \dfrac{g(x) + x^3}{x^2 - x^3} = 2$ 이고,

$$\lim_{x \to 1} \frac{g(x) + x^3}{x^2 - x^3} = \lim_{x \to 1} \frac{g(x) + x^3}{x^2(1-x)} = \lim_{x \to 1} \left\{ \frac{1}{x^2} \times \frac{g(x) + x^3}{1-x} \right\}$$
$$= \lim_{x \to 1} \frac{g(x) + x^3}{1-x}$$

이므로 $\lim_{x \to 1} \dfrac{g(x) + x^3}{1-x} = 2$

조건 (개)에서 $g(x) = f(x) - 2x^2$이므로

$$\lim_{x \to 1} \frac{g(x) + x^3}{1-x} = \lim_{x \to 1} \frac{f(x) - 2x^2 + x^3}{1-x}$$
$$= \lim_{x \to 1} \frac{\{f(x) - x^2\} - x^2 + x^3}{1-x}$$
$$= \lim_{x \to 1} \left\{ \frac{f(x) - x^2}{1-x} - \frac{x^2(1-x)}{1-x} \right\}$$
$$= \lim_{x \to 1} \left\{ \frac{f(x) - x^2}{1-x} - x^2 \right\}$$
$$= \lim_{x \to 1} \frac{f(x) - x^2}{1-x} - 1 = 2$$

$$\therefore \lim_{x \to 1} \frac{f(x) - x^2}{1-x} = 3$$

$$\therefore \lim_{x \to 1} \frac{\{f(x) - x^2\}\{g(x) + x^3\}}{(x-1)^2}$$
$$= \lim_{x \to 1} \frac{f(x) - x^2}{1-x} \times \lim_{x \to 1} \frac{g(x) + x^3}{1-x}$$
$$= 3 \times 2 = 6$$

답 ④

07 **전략** 함수의 극한에 대한 성질을 이용하여 $\lim_{x \to 0} \dfrac{f(x)}{x}$, $\lim_{x \to 0} g(x)$가 존재함을 확인한다.

풀이 조건 (개)에서

$$\lim_{x \to 0} \frac{\{f(x)\}^2 + x^2}{\{f(x)\}^2 - x^2} = \lim_{x \to 0} \frac{\{f(x)\}^2 - x^2 + 2x^2}{\{f(x)\}^2 - x^2}$$
$$= 1 + \lim_{x \to 0} \frac{2x^2}{\{f(x)\}^2 - x^2} = \frac{13}{12}$$

$$\therefore \lim_{x \to 0} \frac{2x^2}{\{f(x)\}^2 - x^2} = \frac{1}{12}$$

이때 $\lim_{x \to 0} \dfrac{2}{\left\{ \dfrac{f(x)}{x} \right\}^2 - 1} = \dfrac{1}{12}$이므로 함수의 극한에 대한 성질에

의하여 $\lim_{x \to 0} \left\{ \dfrac{f(x)}{x} \right\}^2$ 의 값이 존재한다.

$\lim_{x \to 0} \dfrac{f(x)}{x} = \alpha$라 하면

$$\lim_{x \to 0} \frac{2}{\left\{ \dfrac{f(x)}{x} \right\}^2 - 1} = \frac{2}{\alpha^2 - 1} = \frac{1}{12}$$

$\alpha^2 - 1 = 24$, $\alpha^2 = 25$

$$\therefore \alpha = 5 \text{ 또는 } \alpha = -5$$

조건 (내)에서 $f(x)g(x) + f(x) - xg(x) + 2x = 0$이므로 $x \neq 0$일 때

$$\frac{f(x)g(x)}{x} + \frac{f(x)}{x} - g(x) + 2 = 0$$

$$\lim_{x \to 0} \left\{ \frac{f(x)g(x)}{x} + \frac{f(x)}{x} - g(x) + 2 \right\} = 0$$

$$\therefore \lim_{x \to 0} \left[g(x) \left\{ \frac{f(x)}{x} - 1 \right\} + \frac{f(x)}{x} + 2 \right] = 0$$

이때 $\lim_{x \to 0} \dfrac{f(x)}{x}$의 값이 존재하므로 함수의 극한에 대한 성질에 의하여 $\lim_{x \to 0} g(x)$의 값도 존재한다.

$\lim_{x \to 0} g(x) = \beta$라 하면

$$\lim_{x \to 0} \left[g(x) \left\{ \frac{f(x)}{x} - 1 \right\} + \frac{f(x)}{x} + 2 \right] = 0$$에서

$\beta(\alpha - 1) + \alpha + 2 = 0$

$\alpha = 5$일 때, $4\beta + 7 = 0$

$$\therefore \beta = -\frac{7}{4}$$

$\alpha = -5$일 때, $-6\beta - 3 = 0$

$$\therefore \beta = -\frac{1}{2}$$

즉, $\lim_{x \to 0} g(x)$의 값은 $-\dfrac{7}{4}$ 또는 $-\dfrac{1}{2}$이므로 모든 값의 곱은

$$-\frac{7}{4} \times \left(-\frac{1}{2} \right) = \frac{7}{8}$$

따라서 $p = 8$, $q = 7$이므로

$p + q = 8 + 7 = 15$

답 ①

✏️다른풀이 $\lim_{x \to 0} \dfrac{2}{\left\{ \dfrac{f(x)}{x} \right\}^2 - 1} = \dfrac{1}{12}$이므로 $\dfrac{2}{\left\{ \dfrac{f(x)}{x} \right\}^2 - 1} = h(x)$

라 하면 $\lim_{x \to 0} h(x) = \dfrac{1}{12}$이고

$$\left\{ \frac{f(x)}{x} \right\}^2 = \frac{2}{h(x)} + 1$$

$$\therefore \lim_{x \to 0} \left\{ \frac{f(x)}{x} \right\}^2 = \lim_{x \to 0} \left\{ \frac{2}{h(x)} + 1 \right\} = 25$$

$$\therefore \lim_{x \to 0} \frac{f(x)}{x} = \pm 5$$

08 **전략** 이차방정식의 근의 공식을 이용하여 $f(k)$를 구한 후, 함수의 극한값이 존재함을 이용하여 a, b의 값을 구한다.

풀이 x에 대한 이차방정식 $x^2 + 2kx + k^2 - k - 2 = 0$에서

$x = -k \pm \sqrt{k+2}$

$$\therefore f(k) = -k + \sqrt{k+2}$$

$\lim_{k \to a} \dfrac{f(k)}{k-a} = b$에서 $k \to a$일 때 (분모)$\to 0$이고 극한값이 존재하므로 (분자)$\to 0$이어야 한다.

즉, $\lim_{k \to a} f(k) = 0$이므로 $f(a) = 0$

$-a + \sqrt{a+2} = 0$, $a = \sqrt{a+2}$

양변을 제곱하면

$a^2 = a + 2$, $a^2 - a - 2 = 0$

$(a+1)(a-2) = 0$

$$\therefore a = -1 \text{ 또는 } a = 2$$

이때 $f(-1) = 1 + \sqrt{1} = 2 \neq 0$, $f(2) = -2 + \sqrt{4} = 0$이므로

$a = 2$

$$\therefore \lim_{k \to 2} \frac{f(k)}{k-2} = \lim_{k \to 2} \frac{-k+\sqrt{k+2}}{k-2}$$

$$= \lim_{k \to 2} \frac{k^2-k-2}{(k-2)(-k-\sqrt{k+2})}$$

$$= \lim_{k \to 2} \frac{(k+1)(k-2)}{(k-2)(-k-\sqrt{k+2})}$$

$$= \lim_{k \to 2} \frac{k+1}{-k-\sqrt{k+2}} =$$

$$= \frac{3}{-2-\sqrt{4}} = -\frac{3}{4}$$

따라서 $b=-\dfrac{3}{4}$이므로

$$4(a-b)=4 \times \left(2+\frac{3}{4}\right)=11 \qquad \qquad \text{답 ④}$$

09 전략 $\displaystyle\lim_{x \to 2} \frac{|f(x)-f(2)|}{x-2}$의 값이 존재하므로

$\displaystyle\lim_{x \to 2} \frac{f(x)-f(2)}{x-2}=0$임을 이용한다.

풀이 $x<2$일 때 $\dfrac{|f(x)-f(2)|}{x-2}<0$이므로

$$\lim_{x \to 2-} \frac{|f(x)-f(2)|}{x-2} \leq 0$$

$x>2$일 때 $\dfrac{|f(x)-f(2)|}{x-2}>0$이므로 $\displaystyle\lim_{x \to 2+} \frac{|f(x)-f(2)|}{x-2} \geq 0$

$\displaystyle\lim_{x \to 2} \frac{|f(x)-f(2)|}{x-2}$의 값이 존재하므로

$$\lim_{x \to 2-} \frac{|f(x)-f(2)|}{x-2} = \lim_{x \to 2+} \frac{|f(x)-f(2)|}{x-2}$$

따라서 $\displaystyle\lim_{x \to 2} \frac{|f(x)-f(2)|}{x-2}=0$이므로 $\displaystyle\lim_{x \to 2} \frac{f(x)-f(2)}{x-2}=0$

즉, $f(x)-f(2)$는 $(x-2)^2$을 인수로 갖는다.

또, $f(x)$는 최고차항의 계수가 1인 삼차함수이므로

$f(x)-f(2)=(x-2)^2(x+a)$ (a는 상수)

로 놓을 수 있다.

이때 $f(3)-f(2)=3+a$이므로

$$\lim_{x \to 3} \frac{f(x)-f(3)}{x-3} = \lim_{x \to 3} \frac{(x-2)^2(x+a)+f(2)-f(3)}{x-3}$$

$$= \lim_{x \to 3} \frac{(x-2)^2(x+a)-(3+a)}{x-3}$$

$$= \lim_{x \to 3} \frac{x^3+(a-4)x^2-4(a-1)x+3(a-1)}{x-3}$$

$$= \lim_{x \to 3} \frac{(x-3)\{x^2+(a-1)x-a+1\}}{x-3}$$

$$= \lim_{x \to 3} \{x^2+(a-1)x-a+1\}$$

$$= 2a+7$$

따라서 $2a+7=9$이므로 $a=1$

$$\therefore f(3)-f(2)=3+a=3+1=4 \qquad \qquad \text{답 ②}$$

10 전략 $\displaystyle\lim_{x \to k-} \frac{[x]^2+ax-a+6}{[x]} = \lim_{x \to k+} \frac{[x]^2+ax-a+6}{[x]}$을 만족

시키는 정수 k에 대한 방정식을 구한다.

풀이 $\displaystyle\lim_{x \to k} \frac{[x]^2+ax-a+6}{[x]}$의 값이 존재하려면

$$\lim_{x \to k-} \frac{[x]^2+ax-a+6}{[x]} = \lim_{x \to k+} \frac{[x]^2+ax-a+6}{[x]}$$

이어야 한다.

$x \to k-$일 때 $[x] \to k-1$이므로

$$\lim_{x \to k-} \frac{[x]^2+ax-a+6}{[x]} = \frac{(k-1)^2+ak-a+6}{k-1}$$

$x \to k+$일 때 $[x] \to k$이므로

$$\lim_{x \to k+} \frac{[x]^2+ax-a+6}{[x]} = \frac{k^2+ak-a+6}{k}$$

이때 $\dfrac{(k-1)^2+ak-a+6}{k-1} = \dfrac{k^2+ak-a+6}{k}$에서

$k(k-1)^2+ak^2-ak+6k$

$$\qquad = k^2(k-1)+ak(k-1)-a(k-1)+6(k-1)$$

$\therefore k^2-(a+1)k+a-6=0$ $\qquad \cdots\cdots$ ㉠

k에 대한 이차방정식 ㉠을 만족시키는 정수 k의 값이 2이므로 ㉠의 두 근을 α, β $(\alpha>\beta)$라 하면 이차방정식의 근과 계수의 관계에 의하여

$\alpha+\beta=a+1$, $\alpha\beta=a-6$

즉, $\alpha\beta=\alpha+\beta-7$이므로

$\alpha\beta-\alpha-\beta+1=-6$

$\therefore (\alpha-1)(\beta-1)=-6$

α, β는 정수이므로 $\alpha-1$, $\beta-1$도 정수이다.

이때 $(\alpha-1)(\beta-1)=-6$을 만족시키는 순서쌍 $(\alpha-1, \beta-1)$은

$(1, -6)$, $(2, -3)$, $(3, -2)$, $(6, -1)$

즉, 순서쌍 (α, β)는 $(2, -5)$, $(3, -2)$, $(4, -1)$, $(7, 0)$

$a=\alpha+\beta-1$이므로 a의 값은 $\alpha=2$, $\beta=-5$일 때 최소이고, $\alpha=7$, $\beta=0$일 때 최대이다.

따라서 a의 최솟값은 $m=2-5-1=-4$, 최댓값은

$M=7+0-1=6$이므로

$$M+m=6+(-4)=2 \qquad \qquad \text{답 ④}$$

11 전략 주어진 극한값으로부터 $f(x)+g(x)$의 최고차항과

$f(x)-g(x)$의 인수, $f(1)g(1)$의 값을 구한다.

풀이 $\displaystyle\lim_{x \to \infty} \frac{f(x)+g(x)}{x^3}=2$에서 $f(x)+g(x)$는 최고차항의 계수

가 2인 삼차식이므로

$f(x)+g(x)=2x^3+ax^2+bx+c$ (a, b, c는 상수) $\qquad \cdots\cdots$ ㉠

로 놓을 수 있다.

$\displaystyle\lim_{x \to 0} \frac{f(x)-g(x)}{x^2}=4$에서 $f(x)-g(x)$는 x^2을 인수로 갖고 x^2의

계수는 4이다. $\qquad \cdots\cdots$ ㉡

$\displaystyle\lim_{x \to 1} \frac{f(x)g(x)-3}{x-1}$의 값이 존재하고 $x \to 1$일 때 (분모)$\to 0$이므

로 (분자)$\to 0$이어야 한다.

즉, $\displaystyle\lim_{x \to 1} \{f(x)g(x)-3\}=0$이므로 $f(1)g(1)=3$ $\qquad \cdots\cdots$ ㉢

(i) $f(x)$, $g(x)$가 최고차항의 계수가 1인 삼차함수일 때

$f(x)-g(x)$는 이차식이고, ㉡에 의하여

$f(x)-g(x)=4x^2$ $\qquad \cdots\cdots$ ㉣

⊙, ⓔ에 의하여
$$f(x)=x^3+\frac{a+4}{2}x^2+\frac{b}{2}x+\frac{c}{2},$$
$$g(x)=x^3+\frac{a-4}{2}x^2+\frac{b}{2}x+\frac{c}{2}$$
ⓒ에 의하여 $\left(\frac{a}{2}+\frac{b}{2}+\frac{c}{2}+3\right)\left(\frac{a}{2}+\frac{b}{2}+\frac{c}{2}-1\right)=3$

이때 $\frac{a+b+c}{2}=k$로 놓으면

$(k+3)(k-1)=3$, $k^2+2k-6=0$

$\therefore k=-1\pm\sqrt{7}$

이때 $f(1)+g(1)=a+b+c+2=2k+2$이므로

$f(1)+g(1)=2\sqrt{7}$ 또는 $f(1)+g(1)=-2\sqrt{7}$

(ii) $f(x)$가 최고차항의 계수가 2인 삼차함수일 때

ⓐ에 의하여 $g(x)$의 차수는 2 이하이고, ⓑ에 의하여

$$f(x)-g(x)=x^2(2x+4) \qquad \cdots\cdots \text{ⓜ}$$

ⓐ, ⓜ에 의하여

$$f(x)=2x^3+\frac{a+4}{2}x^2+\frac{b}{2}x+\frac{c}{2},$$
$$g(x)=\frac{a-4}{2}x^2+\frac{b}{2}x+\frac{c}{2}$$

ⓒ에 의하여 $\left(\frac{a}{2}+\frac{b}{2}+\frac{c}{2}+4\right)\left(\frac{a}{2}+\frac{b}{2}+\frac{c}{2}-2\right)=3$

$(k+4)(k-2)=3$, $k^2+2k-11=0$

$\therefore k=-1\pm2\sqrt{3}$

이때 $f(1)+g(1)=a+b+c+2=2k+2$이므로

$f(1)+g(1)=4\sqrt{3}$ 또는 $f(1)+g(1)=-4\sqrt{3}$

(iii) $g(x)$가 최고차항의 계수가 2인 삼차함수일 때

ⓐ에 의하여 $f(x)$의 차수는 2 이하이고, ⓑ에 의하여

$$f(x)-g(x)=x^2(-2x+4) \qquad \cdots\cdots \text{ⓗ}$$

ⓐ, ⓗ에 의하여

$$f(x)=\frac{a+4}{2}x^2+\frac{b}{2}x+\frac{c}{2},$$
$$g(x)=2x^3+\frac{a-4}{2}x^2+\frac{b}{2}x+\frac{c}{2}$$

ⓒ에 의하여 $\left(\frac{a}{2}+\frac{b}{2}+\frac{c}{2}+2\right)\left(\frac{a}{2}+\frac{b}{2}+\frac{c}{2}\right)=3$

$(k+2)k=3$, $k^2+2k-3=0$, $(k+3)(k-1)=0$

$\therefore k=-3$ 또는 $k=1$

이때 $f(1)+g(1)=a+b+c+2=2k+2$이므로

$f(1)+g(1)=-4$ 또는 $f(1)+g(1)=4$

(i), (ii), (iii)에 의하여 $f(1)+g(1)$의 최댓값은 $M=4\sqrt{3}$, 최솟값

$m=-4\sqrt{3}$이므로

$M^2+m^2=(4\sqrt{3})^2+(-4\sqrt{3})^2=96$　　　　　답 96

참고 $\{f(1)+g(1)\}^2=\{f(1)-g(1)\}^2+4f(1)g(1)$을 이용하여

$f(1)+g(1)$의 값을 구할 수도 있다.

---

12 **전략** 함수의 주기성을 이용하여 두 함수 $f(x)$, $g(x)$의 그래프를 그린 후, 합성함수의 좌극한의 값과 우극한의 값을 비교한다.

풀이 모든 실수 x에 대하여 $f(x)=f(x+4)$이므로 함수 $f(x)$는

주기가 4인 주기함수이고, $g(x)=g(x-2)+1$이므로 함수

$y=g(x)$의 그래프는 $0\le x<2$에서의 함수 $y=g(x)$의 그래프를 평행이동한 그래프가 계속된다.

따라서 두 함수 $y=f(x)$, $y=g(x)$의 그래프는 다음 그림과 같다.

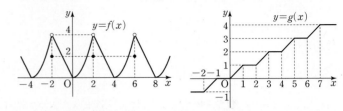

위의 그래프에서 $t=4n-2$ (n은 정수)일 때 $\lim\limits_{x\to t}f(x)\ne f(t)$이므로 $\lim\limits_{x\to a}f(g(x))$의 값이 존재하지 않는 a의 값은 $g(x)=4n-2$ (n은 정수)에서 생각해야 한다.

먼저 $g(x)=2$, 즉 $3\le x\le4$일 때를 알아보자.

(i) $a=3$일 때

$\lim\limits_{x\to a-}f(g(x))=\lim\limits_{t\to2-}f(t)=4$, $\lim\limits_{x\to a+}f(g(x))=f(2)=2$

이때 $\lim\limits_{x\to a-}f(g(x))\ne\lim\limits_{x\to a+}f(g(x))$이므로 $\lim\limits_{x\to3}f(g(x))$의 값은 존재하지 않는다.

(ii) $3<a<4$일 때

$\lim\limits_{x\to a-}f(g(x))=f(2)=2$, $\lim\limits_{x\to a+}f(g(x))=f(2)=2$

$\therefore \lim\limits_{x\to a}f(g(x))=2$

(iii) $a=4$일 때

$\lim\limits_{x\to a-}f(g(x))=f(2)=2$, $\lim\limits_{x\to a+}f(g(x))=\lim\limits_{t\to2+}f(t)=4$

이때 $\lim\limits_{x\to a-}f(g(x))\ne\lim\limits_{x\to a+}f(g(x))$이므로 $\lim\limits_{x\to4}f(g(x))$의 값은 존재하지 않는다.

같은 방법으로 $g(x)=6$, $g(x)=10$, $\cdots$일 때를 알아보면

$\lim\limits_{x\to a}f(g(x))$의 값이 존재하지 않는 자연수 a의 값은 3, 4, 11, 12, 19, 20, $\cdots$이다.

따라서 $0<x<k$에서 $\lim\limits_{x\to a}f(g(x))$의 값이 존재하지 않도록 하는 a의 개수가 4이기 위해서는 $12<k\le19$이어야 하므로 k의 최댓값은 19이다.　　　　　답 ②

---

13 **전략** $\frac{1}{x}=t$로 치환하고 극한값이 존재할 조건을 이용하여 다항함수 $f(x)$를 결정한다.

풀이 $\frac{1}{x}=t$로 놓으면 $x=\frac{1}{t}$이고, $x\to0+$일 때 $t\to\infty$이므로

$$\lim_{x\to0+}\frac{(x^3+x^2)f\left(\frac{1}{x}\right)-\frac{1}{x}}{x^3+1}=\lim_{t\to\infty}\frac{\left(\frac{1}{t^3}+\frac{1}{t^2}\right)f(t)-t}{\frac{1}{t^3}+1}$$
$$=\lim_{t\to\infty}\frac{(1+t)f(t)-t^4}{1+t^3}=4$$

따라서 $f(t)$는 최고차항의 계수가 1인 삼차함수이므로

$f(t)=t^3+at^2+bt+c$ (a, b, c는 상수)로 놓으면

$$\lim_{t\to\infty}\frac{(1+t)f(t)-t^4}{1+t^3}=\lim_{t\to\infty}\frac{(1+t)(t^3+at^2+bt+c)-t^4}{1+t^3}$$
$$=\lim_{t\to\infty}\frac{(a+1)t^3+(a+b)t^2+(b+c)t+c}{1+t^3}$$
$$=a+1$$

즉, $a+1=4$이므로 $a=3$

$\therefore f(t)=t^3+3t^2+bt+c$

모든 실수 k에 대하여 $\lim\limits_{x\to k}\dfrac{x+1}{f(x)}$의 값이 존재하므로 삼차방정식 $f(x)=0$은 $x=-1$만을 근으로 가져야 한다.

즉, $f(-1)=0$이므로 $-1+3-b+c=0$

$\therefore b=c+2$

$\therefore f(x)=x^3+3x^2+(c+2)x+c=(x+1)(x^2+2x+c)$

이때 이차방정식 $x^2+2x+c=0$의 판별식을 D라 하면

$\dfrac{D}{4}=1-c<0$

$\therefore c>1$

또, $f(0)=c$가 자연수이므로 c는 1보다 큰 자연수이다.

따라서 $f(2)=3c+24$는 $c=2$일 때 최솟값 $3\times2+24=30$을 갖는다.

답 ②

14 전략 $\lim\limits_{x\to t}\dfrac{f(x)}{x-t}=2$를 만족시키는 실수 t가 오직 하나 존재할 때의 t의 값을 구한다.

풀이 조건 ㈎에서 $x\to0$일 때 (분모)$\to0$이고 극한값이 존재하므로 (분자)$\to0$이어야 한다.

즉, $\lim\limits_{x\to0}\{f(x)+3\}=0$이므로

$f(0)=-3$ ······ ㉠

조건 ㈏에서 $x\to t$일 때 (분모)$\to0$이고 극한값이 존재하므로 (분자)$\to0$이어야 한다.

즉, $\lim\limits_{x\to t}f(x)=0$이므로 $f(t)=0$

따라서 $f(x)=(x-t)(x^2+ax+b)$ (a, b는 상수)로 놓으면

$\lim\limits_{x\to t}\dfrac{f(x)}{x-t}=\lim\limits_{x\to t}(x^2+ax+b)=t^2+at+b=2$

$t^2+at+b-2=0$을 만족시키는 실수 t가 오직 하나 존재하므로 이차방정식 $t^2+at+b-2=0$의 판별식을 D라 하면

$D=a^2-4b+8=0$ $\therefore b=\dfrac{a^2}{4}+2$

$b=\dfrac{a^2}{4}+2$를 $t^2+at+b-2=0$에 대입하면

$t^2+at+\dfrac{a^2}{4}=0$, $\left(t+\dfrac{a}{2}\right)^2=0$

$\therefore t=-\dfrac{a}{2}$ ······ ㉡

$\therefore f(x)=\left(x+\dfrac{a}{2}\right)\left(x^2+ax+\dfrac{a^2}{4}+2\right)$

이때 ㉠에 의하여

$f(0)=\dfrac{a}{2}\left(\dfrac{a^2}{4}+2\right)=\dfrac{a^3}{8}+a=-3$

$a^3+8a+24=0$, $(a+2)(a^2-2a+12)=0$

$\therefore a=-2$ ($\because a^2-2a+12>0$)

$a=-2$를 ㉡에 대입하면 $t=1$

한편, $f(x)=(x-1)(x^2-2x+3)=x^3-3x^2+5x-3$이므로

$s=\lim\limits_{x\to0}\dfrac{f(x)+3}{x}=\lim\limits_{x\to0}\dfrac{x^3-3x^2+5x}{x}=\lim\limits_{x\to0}(x^2-3x+5)=5$

$\therefore s+t=5+1=6$

답 ①

15 전략 극한값이 존재할 조건을 이용하여 다항함수 $f(x)$를 결정한다.

풀이 조건 ㈎에 의하여 $f(x)$는 $(x-1)^2$을 인수로 갖는다.

또, 조건 ㈏에서

$\lim\limits_{x\to\infty}\dfrac{x^3f\left(\frac{1}{x}\right)+2f(x)}{x^3}=\lim\limits_{x\to\infty}\left\{f\left(\dfrac{1}{x}\right)+2\times\dfrac{f(x)}{x^3}\right\}$

$=f(0)+2\lim\limits_{x\to\infty}\dfrac{f(x)}{x^3}=3$ ······ ㉠

즉, $\lim\limits_{x\to\infty}\dfrac{f(x)}{x^3}$의 값이 존재하므로 $f(x)$의 최고차항의 차수는 3 이하이다.

따라서 $f(x)=(x-1)^2(ax+b)$ (a, b는 상수)로 놓으면

$\lim\limits_{x\to1}\dfrac{f(x)}{(x-1)^2}=\lim\limits_{x\to1}(ax+b)=a+b=1$ ······ ㉡

또, $\lim\limits_{x\to\infty}\dfrac{f(x)}{x^3}=a$, $f(0)=b$이므로 ㉠에서

$2a+b=3$ ······ ㉢

㉡, ㉢을 연립하여 풀면

$a=2$, $b=-1$

따라서 $f(x)=(x-1)^2(2x-1)$이므로

$f(3)=2^2\times5=20$

답 20

16 전략 $\angle$AQB$=\dfrac{\pi}{2}$임을 이용하여 $S(r)$를 r에 대한 식으로 나타낸다. 또, 코사인법칙을 이용하여 $l(r)$를 r에 대한 식으로 나타낸다.

풀이 오른쪽 그림과 같이 $\overline{BQ}$를 그으면

$\angle$AQB$=\dfrac{\pi}{2}$이므로 직각삼각형 ABQ에서

$\overline{BQ}=\sqrt{4-r^2}$

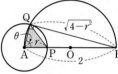

$\angle$QAB$=\theta$라 하면

$\sin\theta=\dfrac{\sqrt{4-r^2}}{2}$, $\cos\theta=\dfrac{r}{2}$

$\therefore S(r)=\dfrac{1}{2}r^2\sin\theta=\dfrac{1}{2}r^2\times\dfrac{\sqrt{4-r^2}}{2}=\dfrac{r^2\sqrt{4-r^2}}{4}$

삼각형 APQ에서 코사인법칙에 의하여

$\overline{PQ}^2=r^2+r^2-2r^2\cos\theta$

$=r^2+r^2-2r^2\times\dfrac{r}{2}=2r^2-r^3$

$\therefore l(r)=r\sqrt{2-r}$

$\therefore \lim\limits_{r\to2-}\dfrac{S(r)}{l(r)}=\lim\limits_{r\to2-}\dfrac{\frac{r^2\sqrt{4-r^2}}{4}}{r\sqrt{2-r}}$

$=\lim\limits_{r\to2-}\dfrac{r\sqrt{2+r}}{4}=1$

답 1

개념 연계 수학 I **코사인법칙**

삼각형 ABC에서

(1) $a^2=b^2+c^2-2bc\cos A$

(2) $b^2=c^2+a^2-2ca\cos B$

(3) $c^2=a^2+b^2-2ab\cos C$

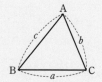

17 전략 두 점 P, Q의 좌표를 각각 a에 대한 식으로 나타내어 $m_1(a)$, $m_2(a)$를 구한다.

풀이 곡선 $y=\sqrt{a(x+1)}$ 과 원 $x^2+y^2=1$의 교점의 x좌표는
$x^2+ax+a=1$에서
$x^2+ax+a-1=0$, $(x+1)(x+a-1)=0$
$\therefore x=-1$ 또는 $x=1-a$
$x=-1$일 때 $y=0$, $x=1-a$일 때 $y=\sqrt{a(2-a)}$
점 P는 x축 위의 점이 아니므로
$P(1-a, \sqrt{a(2-a)}\,)$
$\therefore m_1(a)=\dfrac{\sqrt{a(2-a)}}{1-a}$
또, 점 Q는 곡선 $y=\sqrt{a(x+1)}$ 위의 점이므로 $Q(1, \sqrt{2a}\,)$
$\therefore m_2(a)=\sqrt{2a}$

$\therefore \lim_{a\to 0+} \dfrac{m_1(a)-m_2(a)}{a\sqrt{a}}=\lim_{a\to 0+}\dfrac{\dfrac{\sqrt{a(2-a)}}{1-a}-\sqrt{2a}}{a\sqrt{a}}$

$=\lim_{a\to 0+}\dfrac{\dfrac{\sqrt{2-a}}{1-a}-\sqrt{2}}{a}$

$=\lim_{a\to 0+}\dfrac{\sqrt{2-a}-\sqrt{2}(1-a)}{a(1-a)}$

$=\lim_{a\to 0+}\dfrac{(2-a)-2(1-a)^2}{a(1-a)\{\sqrt{2-a}+\sqrt{2}(1-a)\}}$

$=\lim_{a\to 0+}\dfrac{-2a^2+3a}{a(1-a)\{\sqrt{2-a}+\sqrt{2}(1-a)\}}$

$=\lim_{a\to 0+}\dfrac{-2a+3}{(1-a)\{\sqrt{2-a}+\sqrt{2}(1-a)\}}$

$=\dfrac{3}{2\sqrt{2}}=\dfrac{3\sqrt{2}}{4}$　　답 ⑤

18 전략 $S(a)$, $T(a)$를 각각 a에 대한 식으로 나타내어 함수의 극한을 계산한다.

풀이 $A(a, 2a^2)$이므로 점 P의 x좌표는 a, 점 Q의 y좌표는 $2a^2$이다.
$\therefore P(a, a^2)$, $Q(\sqrt{2}a, 2a^2)$
이때 $\overline{PA}=2a^2-a^2=a^2$, $\overline{QA}=\sqrt{2}a-a=(\sqrt{2}-1)a$이므로
$T(a)=\dfrac{1}{2}\times\overline{PA}\times\overline{QA}=\dfrac{(\sqrt{2}-1)a^3}{2}$

모든 변이 x축 또는 y축에 평행한 정사각형 ABCD의 대각선 AC의 기울기는 -1이므로 직선 AC의 방정식은
$y=-(x-a)+2a^2$
$\therefore y=-x+2a^2+a$
이때 점 C는 직선 $y=-x+2a^2+a$와 곡선 $y=x^2$의 교점이므로 점 C의 x좌표는 $x^2=-x+2a^2+a$에서
$x^2+x-2a^2-a=0$
$\therefore x=\dfrac{-1+\sqrt{8a^2+4a+1}}{2}$ ($\because x>0$)
따라서
$\overline{BC}=\dfrac{-1+\sqrt{8a^2+4a+1}}{2}-a=\dfrac{-(2a+1)+\sqrt{8a^2+4a+1}}{2}$

이므로
$S(a)=\overline{BC}^2=\dfrac{1}{4}(2a+1-\sqrt{8a^2+4a+1}\,)^2$

$\therefore \lim_{a\to 0+}\dfrac{S(a)}{a\times T(a)}$

$=\lim_{a\to 0+}\dfrac{1}{2(\sqrt{2}-1)}\left(\dfrac{2a+1-\sqrt{8a^2+4a+1}}{a^2}\right)^2$

$=\dfrac{1}{2(\sqrt{2}-1)}\lim_{a\to 0+}\left\{\dfrac{(2a+1)^2-(8a^2+4a+1)}{a^2(2a+1+\sqrt{8a^2+4a+1})}\right\}^2$

$=\dfrac{\sqrt{2}+1}{2}\lim_{a\to 0+}\left\{\dfrac{-4a^2}{a^2(2a+1+\sqrt{8a^2+4a+1})}\right\}^2$

$=\dfrac{\sqrt{2}+1}{2}\lim_{a\to 0+}\left(\dfrac{-4}{2a+1+\sqrt{8a^2+4a+1}}\right)^2$

$=\dfrac{\sqrt{2}+1}{2}\times(-2)^2=2\sqrt{2}+2$　　답 ④

19 전략 정사각형의 변 중 기울기가 -1인 변과 원이 접할 때의 반지름의 길이와 점 A, 점 F를 지나는 원의 반지름의 길이를 기준으로 구간을 나누어 $f(r)$의 값을 구한다.

풀이 원점과 직선 EH, 즉 $x+y+1=0$ 사이의 거리는
$\dfrac{|1|}{\sqrt{2}}=\dfrac{\sqrt{2}}{2}$

원점과 직선 BC, 즉 $x+y-2=0$ 사이의 거리는 $\dfrac{|-2|}{\sqrt{2}}=\sqrt{2}$

원점과 직선 FG, 즉 $x+y+3=0$ 사이의 거리는 $\dfrac{|3|}{\sqrt{2}}=\dfrac{3\sqrt{2}}{2}$

원점과 점 $F(-2, -1)$ 사이의 거리는 $\sqrt{(-2)^2+(-1)^2}=\sqrt{5}$

원점과 직선 AD, 즉 $x+y-6=0$ 사이의 거리는 $\dfrac{|-6|}{\sqrt{2}}=3\sqrt{2}$

원점과 점 $A(2, 4)$ 사이의 거리는 $\sqrt{2^2+4^2}=2\sqrt{5}$

따라서 원 $x^2+y^2=r^2$과 두 정사각형의 교점의 개수 $f(r)$는 다음과 같다.

$$f(r)=\begin{cases} 0 & \left(|r|<\dfrac{\sqrt{2}}{2},\ |r|>2\sqrt{5}\right) \\ 1 & \left(|r|=\dfrac{\sqrt{2}}{2}\right) \\ 2 & \left(\dfrac{\sqrt{2}}{2}<|r|<\sqrt{2},\ \sqrt{5}<|r|<3\sqrt{2},\ |r|=2\sqrt{5}\right) \\ 3 & \left(|r|=\sqrt{2},\ |r|=3\sqrt{2}\right) \\ 4 & \left(\sqrt{2}<|r|<\dfrac{3\sqrt{2}}{2},\ |r|=\sqrt{5},\ 3\sqrt{2}<|r|<2\sqrt{5}\right) \\ 5 & \left(|r|=\dfrac{3\sqrt{2}}{2}\right) \\ 6 & \left(\dfrac{3\sqrt{2}}{2}<|r|<\sqrt{5}\right) \end{cases}$$

이를 그래프로 나타내면 다음 그림과 같다.

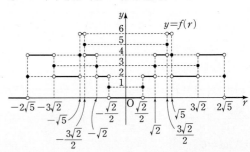

따라서 $\lim\limits_{r \to a-} f(r) < f(a)$를 만족시키는 a의 값은

$a = -2\sqrt{5}$, $a = -\sqrt{5}$, $a = \dfrac{\sqrt{2}}{2}$, $a = \sqrt{2}$, $a = \dfrac{3\sqrt{2}}{2}$, $a = 3\sqrt{2}$

이므로 모든 a의 값의 곱은

$(-2\sqrt{5}) \times (-\sqrt{5}) \times \dfrac{\sqrt{2}}{2} \times \sqrt{2} \times \dfrac{3\sqrt{2}}{2} \times 3\sqrt{2} = 90$　**답** 90

20 **전략** 함수 $g(k)$의 그래프에서 $\lim\limits_{k \to p} g(k)$의 값이 존재하지 않는 $k = p$에 대하여 $\lim\limits_{k \to p} h(g(k))$의 값이 존재할 조건을 확인한다.

풀이 함수 $y = |f(x)|$의 그래프는 다음 그림과 같다.

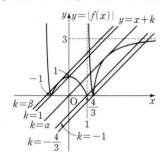

$x > 1$에서 함수 $y = \dfrac{4-3x}{1-x}$의 그래프와 직선 $y = x+k$가 접할 때의 k의 값을 a라 하면

$x + a = \dfrac{4-3x}{1-x}$, $x^2 + (a-4)x + 4 - a = 0$

이 이차방정식의 판별식을 D_1이라 하면

$D_1 = (a-4)^2 - 4(4-a) = 0$, $a(a-4) = 0$

$\therefore a = 0$ ($\because -1 < a < 1$)

또, 함수 $y = 1 - x^2$의 그래프와 직선 $y = x+k$가 접할 때의 k의 값을 β라 하면

$x + \beta = 1 - x^2$, $x^2 + x + \beta - 1 = 0$

이 이차방정식의 판별식을 D_2라 하면

$D_2 = 1 - 4(\beta - 1) = 0$, $-4\beta + 5 = 0$

$\therefore \beta = \dfrac{5}{4}$

따라서 함수 $y = |f(x)|$의 그래프와 직선 $y = k$가 만나는 점의 개수 $g(k)$는 다음과 같다.

$g(k) = \begin{cases} 1 & \left(k < -\dfrac{4}{3}\right) \\ 2 & \left(k = -\dfrac{4}{3} \text{ 또는 } 0 < k < 1 \text{ 또는 } k > \dfrac{5}{4}\right) \\ 3 & \left(-\dfrac{4}{3} < k < -1 \text{ 또는 } k = 0 \text{ 또는 } k = 1 \text{ 또는 } k = \dfrac{5}{4}\right) \\ 4 & \left(-1 \leq k < 0 \text{ 또는 } 1 < k < \dfrac{5}{4}\right) \end{cases}$

이를 그래프로 나타내면 다음 그림과 같다.

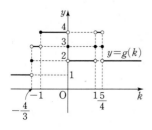

이때 $\underset{\substack{\lim\limits_{k \to -\frac{4}{3}^-} h(g(k)) = \lim\limits_{k \to -\frac{4}{3}^+} h(g(k))}}{}$

$\lim\limits_{k \to -\frac{4}{3}} h(g(k))$의 값이 존재하기 위해서는 $h(1) = h(3)$

$\lim\limits_{k \to -1} h(g(k))$의 값이 존재하기 위해서는 $h(3) = h(4)$

$\lim\limits_{k \to 0} h(g(k))$의 값이 존재하기 위해서는 $h(2) = h(4)$

$\lim\limits_{k \to 1} h(g(k))$의 값이 존재하기 위해서는 $h(2) = h(4)$

$\lim\limits_{k \to \frac{5}{4}} h(g(k))$의 값이 존재하기 위해서는 $h(2) = h(4)$

이어야 한다.

(i) $p_0 = 0$일 때

$\lim\limits_{k \to 0} h(g(k))$의 값이 존재하지 않으므로 $h(2) \neq h(4)$

따라서 $\lim\limits_{k \to 1} h(g(k))$, $\lim\limits_{k \to \frac{5}{4}} h(g(k))$의 값도 존재하지 않는다.

즉, $p_0 \neq 0$, $p_0 \neq 1$, $p_0 \neq \dfrac{5}{4}$

(ii) $p_0 = -\dfrac{4}{3}$일 때

$\lim\limits_{k \to -\frac{4}{3}} h(g(k))$의 값이 존재하지 않으므로 $h(1) \neq h(3)$

또, $p \neq -\dfrac{4}{3}$인 모든 p에 대하여 $\lim\limits_{k \to p} h(g(k))$의 값이 존재해야 하므로 $h(2) = h(3) = h(4)$이어야 한다.

이때 $h(|3p_0|) = h(4) = 4$이므로

$h(2) = h(3) = h(4) = 4$

따라서 $h(x) = (x-2)(x-3)(x-4) + 4$이므로

$h(1) = -2$

(iii) $p_0 = -1$일 때

$\lim\limits_{k \to -1} h(g(k))$의 값이 존재하지 않으므로 $h(3) \neq h(4)$

또, $p \neq -1$인 모든 p에 대하여 $\lim\limits_{k \to p} h(g(k))$의 값이 존재해야 하므로 $h(1) = h(3)$, $h(2) = h(4)$이어야 한다.

이때 $h(|3p_0|) = h(3) = 4$이므로

$h(1) = h(3) = 4$

(i), (ii), (iii)에 의하여 $h(1)$의 최댓값은 4이고 최솟값은 -2이므로 그 합은

$4 + (-2) = 2$　**답** 2

참고 (iii)의 경우, 삼차함수 $h(x)$는 다음과 같이 구할 수 있다.

$h(1) = h(3) = 4$이므로

$h(x) = (x-1)(x-3)(x-a) + 4$ (a는 상수)

로 놓을 수 있다.

이때 $h(2) = -(2-a) + 4 = a+2$, $h(4) = 3(4-a) + 4 = -3a + 16$이고, $h(2) = h(4)$이므로

$a + 2 = -3a + 16$, $4a = 14$

$\therefore a = \dfrac{7}{2}$

$\therefore h(x) = (x-1)(x-3)\left(x - \dfrac{7}{2}\right) + 4$

21 **전략** $n = 1, 2, 3, 4$일 때의 극한값을 이용하여 $g(x)$의 식을 추론한다.

풀이 조건 (가)에 의하여 $f(x) = (x-2)(x-3)$

조건 (나)에서

(ⅰ) $n=1$일 때

$$\lim_{x\to 1}\frac{f(x)g(x)-\{f(x)\}^2}{g(x)}=\lim_{x\to 1}f(x)\left\{1-\frac{f(x)}{g(x)}\right\}=0$$

이때 $\lim_{x\to 1}f(x)\neq 0$이므로 $\lim_{x\to 1}\left\{1-\frac{f(x)}{g(x)}\right\}=0$
(밑줄 $=2$)

즉, $\lim_{x\to 1}\frac{f(x)}{g(x)}=1$이므로 $f(1)=g(1)$

(ⅱ) $n=2$일 때

$$\lim_{x\to 2}\frac{f(x)g(x)-\{f(x)\}^2}{g(x)}=\lim_{x\to 2}f(x)\left\{1-\frac{f(x)}{g(x)}\right\}$$
$$=-2\quad\cdots\cdots\;\text{㉠}$$

이때 $\lim_{x\to 2}f(x)=0$이고, $g(x)$는 다항함수이므로 $\lim_{x\to 2}g(x)$
의 값이 존재한다.

$\lim_{x\to 2}g(x)\neq 0$이면 $\lim_{x\to 2}f(x)\left\{1-\frac{f(x)}{g(x)}\right\}=0$이 되어 ㉠을
만족시키지 않는다.

$\therefore\;\lim_{x\to 2}g(x)=0$

(ⅲ) $n=3$일 때

$$\lim_{x\to 3}\frac{f(x)g(x)-\{f(x)\}^2}{g(x)}=\lim_{x\to 3}f(x)\left\{1-\frac{f(x)}{g(x)}\right\}$$
$$=-2\quad\cdots\cdots\;\text{㉡}$$

이때 $\lim_{x\to 3}f(x)=0$이므로 (ⅱ)와 같은 방법으로
$\lim_{x\to 3}g(x)=0$

(ⅳ) $n=4$일 때

$$\lim_{x\to 4}\frac{f(x)g(x)-\{f(x)\}^2}{g(x)}=\lim_{x\to 4}f(x)\left\{1-\frac{f(x)}{g(x)}\right\}=0$$

이때 $\lim_{x\to 4}f(x)\neq 0$이므로 $\lim_{x\to 4}\left\{1-\frac{f(x)}{g(x)}\right\}=0$
(밑줄 $=2$)

즉, $\lim_{x\to 4}\frac{f(x)}{g(x)}=1$이므로 $f(4)=g(4)$

(ⅰ)~(ⅳ)에서 $h(x)=g(x)-f(x)$로 놓으면

$h(1)=h(2)=h(3)=h(4)=0$이므로

$h(x)=(x-1)(x-2)(x-3)(x-4)h_1(x)$
로 놓을 수 있다.

$f(x)=(x-2)(x-3)$이므로

$g(x)=h(x)+f(x)=(x-2)(x-3)\{(x-1)(x-4)h_1(x)+1\}$

㉠에서

$$\lim_{x\to 2}f(x)\left\{1-\frac{f(x)}{g(x)}\right\}$$
$$=\lim_{x\to 2}(x-2)(x-3)\left\{1-\frac{1}{(x-1)(x-4)h_1(x)+1}\right\}$$
$$=-2$$

$$\therefore\;\lim_{x\to 2}\frac{(x-2)(x-3)}{(x-1)(x-4)h_1(x)+1}=2$$

위의 식에서 $x\to 2$일 때 (분자)$\to 0$이고 0이 아닌 극한값이 존재하
므로 (분모)$\to 0$이어야 한다.

즉, $\lim_{x\to 2}\{(x-1)(x-4)h_1(x)+1\}=0$이므로

$-2h_1(2)+1=0\qquad\therefore\;h_1(2)=\frac{1}{2}$

㉡에서

$$\lim_{x\to 3}f(x)\left\{1-\frac{f(x)}{g(x)}\right\}$$
$$=\lim_{x\to 3}(x-2)(x-3)\left\{1-\frac{1}{(x-1)(x-4)h_1(x)+1}\right\}=-2$$

$$\therefore\;\lim_{x\to 3}\frac{(x-2)(x-3)}{(x-1)(x-4)h_1(x)+1}=2$$

위의 식에서 $x\to 3$일 때 (분자)$\to 0$이고 0이 아닌 극한값이 존재하
므로 (분모)$\to 0$이어야 한다.

즉, $\lim_{x\to 3}\{(x-1)(x-4)h_1(x)+1\}=0$이므로

$-2h_1(3)+1=0\qquad\therefore\;h_1(3)=\frac{1}{2}$

한편, $h_1(2)=h_1(3)=\frac{1}{2}$을 만족시키기 위해서는 $h_1(x)$가 상수함수
또는 2차 이상의 다항함수이어야 한다.

$h_1(x)$가 상수함수이면 $h_1(x)=\frac{1}{2}$

이때 함수 $g(x)$의 최고차항의 계수가 $\frac{1}{2}$이 되므로 조건을 만족시키
지 않는다.

따라서 $h_1(x)$는 2차 이상의 다항함수이고, 차수가 가장 낮은 $h_1(x)$
는 이차함수이므로

$h_1(x)=(x-2)(x-3)+\frac{1}{2}$

$\therefore\;g_1(x)$
$$=(x-2)(x-3)\left[(x-1)(x-4)\left\{(x-2)(x-3)+\frac{1}{2}\right\}+1\right]$$

$\therefore\;g_1(5)=6\times\left\{4\times\left(6+\frac{1}{2}\right)+1\right\}=162$　　　**🖪 162**

🖉다른풀이 $\dfrac{f(x)g(x)-\{f(x)\}^2}{g(x)}=i(x)$라 하면 $\lim_{x\to 2}i(x)=-2$

이고 $g(x)=\dfrac{\{f(x)\}^2}{f(x)-i(x)}$

$\therefore\;\lim_{x\to 2}g(x)=\lim_{x\to 2}\dfrac{\{f(x)\}^2}{f(x)-i(x)}=\dfrac{0}{0+2}=0$

22 **전략** (좌극한)=(우극한)일 때, 함수의 극한값이 존재함을 이용한다.

풀이 $\lim_{x\to a}f(x)f(x-k)$의 값이 존재하려면

$\lim_{x\to a-}f(x)f(x-k)=\lim_{x\to a+}f(x)f(x-k)$이어야 한다.

(ⅰ) $k<0$일 때

$\lim_{x\to a-}f(x)f(x-k)=(a-1)f(a-k)=-(a-1)(a-k-4)^2$

$\lim_{x\to a+}f(x)f(x-k)=-(a-4)^2f(a-k)=(a-4)^2(a-k-4)^2$

이때 $-(a-1)(a-k-4)^2=(a-4)^2(a-k-4)^2$에서

$\{(a-4)^2+(a-1)\}(a-k-4)^2=0$

$(a^2-7a+15)(a-k-4)^2=0$

$\therefore\;a-k-4=0$ 또는 $a^2-7a+15=0$

$\therefore\;a=k+4\;(\because a^2-7a+15\neq 0)$

(ⅱ) $k=0$일 때

$\lim_{x\to a-}f(x)f(x-k)=\lim_{x\to a-}\{f(x)\}^2=(a-1)^2$

$\lim_{x\to a+}f(x)f(x-k)=\lim_{x\to a+}\{f(x)\}^2=(a-4)^4$

이때 $(a-1)^2=(a-4)^4$에서

$a-1=(a-4)^2$ 또는 $a-1=-(a-4)^2$

$\therefore a^2-9a+17=0$ 또는 $a^2-7a+15=0$

$\therefore a=\dfrac{9\pm\sqrt{13}}{2}$ $(\because a^2-7a+15\neq0)$

(iii) $k>0$일 때

$\displaystyle\lim_{x\to a-}f(x)f(x-k)=(a-1)f(a-k)=(a-1)(a-k-1)$

$\displaystyle\lim_{x\to a+}f(x)f(x-k)=-(a-4)^2f(a-k)$

$=-(a-4)^2(a-k-1)$

이때 $(a-1)(a-k-1)=-(a-4)^2(a-k-1)$에서

$\{(a-4)^2+(a-1)\}(a-k-1)=0$

$(a^2-7a+15)(a-k-1)=0$

$\therefore a-k-1=0$ 또는 $a^2-7a+15=0$

$\therefore a=k+1$ $(\because a^2-7a+15\neq0)$

(i), (ii), (iii)에 의하여 $y=g(a)$의 그래프는 다음 그림과 같다.

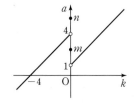 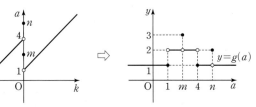

$\left(\text{단},\ m=\dfrac{9-\sqrt{13}}{2},\ n=\dfrac{9+\sqrt{13}}{2}\right)$

ㄱ. $g(a)$의 그래프에서 $g(1)=1$ (참)

ㄴ. $\displaystyle\lim_{a\to1-}g(a)=1$, $\displaystyle\lim_{a\to4-}g(a)=2$이므로

$\displaystyle\lim_{a\to1-}g(a)+\lim_{a\to4-}g(a)=1+2=3$ (참)

ㄷ. $g(\alpha)+g(\beta)=5$가 되려면 $g(\alpha)=3$, $g(\beta)=2$이어야 한다.

$\therefore \alpha=m,\ 1<\beta<m$ 또는 $m<\beta<4$ 또는 $\beta=n$

따라서 $\alpha+\beta$의 최댓값은

$m+n=\dfrac{9-\sqrt{13}}{2}+\dfrac{9+\sqrt{13}}{2}=9$ (참)

따라서 ㄱ, ㄴ, ㄷ 모두 옳다. **답** ⑤

참고 두 함수 $f(x)$, $f(x-k)$는

$f(x)=\begin{cases} x-1 & (x<a) \\ -(x-4)^2 & (x\geq a)\end{cases}$

$f(x-k)=\begin{cases} x-k-1 & (x<a+k) \\ -(x-k-4)^2 & (x\geq a+k)\end{cases}$

이므로 k의 값의 부호에 따라 $f(x)f(x-k)$를 구하면 다음과 같다.

(i) $k>0$일 때

$f(x)f(x-k)=\begin{cases} (x-1)(x-k-1) & (x<a) \\ -(x-4)^2(x-k-1) & (a\leq x<a+k) \\ (x-4)^2(x-k-4)^2 & (x\geq a+k)\end{cases}$

(ii) $k=0$일 때

$f(x)f(x-k)=\{f(x)\}^2=\begin{cases} (x-1)^2 & (x<a) \\ (x-4)^4 & (x\geq a)\end{cases}$

(iii) $k<0$일 때

$f(x)f(x-k)=\begin{cases} (x-1)(x-k-1) & (x<a+k) \\ -(x-1)(x-k-4)^2 & (a+k\leq x<a) \\ (x-4)^2(x-k-4)^2 & (x\geq a)\end{cases}$

01 ④	02 ⑤	03 ②	04 ②, ④	05 1
06 4	07 ①	08 −12	09 ②	10 ①
11 2	12 ④	13 3	14 10	

01 ㄱ. 함수 $f(x)$가 실수 전체의 집합에서 연속이려면 $x=-1$에서 연속이어야 한다.

이때 $f(-1)=-3$이고,

$\displaystyle\lim_{x\to-1}f(x)=\lim_{x\to-1}\dfrac{x^2-x-2}{x+1}$

$=\displaystyle\lim_{x\to-1}\dfrac{(x+1)(x-2)}{x+1}$

$=\displaystyle\lim_{x\to-1}(x-2)=-3$

$\therefore \displaystyle\lim_{x\to-1}f(x)=f(-1)$

즉, 함수 $f(x)$는 $x=-1$에서 연속이다.

ㄴ. 함수 $g(x)$가 실수 전체의 집합에서 연속이려면 $x=0$에서 연속이어야 한다. 이때

$\displaystyle\lim_{x\to0-}g(x)=\lim_{x\to0-}\dfrac{x^2-3x}{|x|}=\lim_{x\to0-}\dfrac{x(x-3)}{-x}$

$=-\displaystyle\lim_{x\to0-}(x-3)=3$

$\displaystyle\lim_{x\to0+}g(x)=\lim_{x\to0+}\dfrac{x^2-3x}{|x|}=\lim_{x\to0+}\dfrac{x(x-3)}{x}$

$=\displaystyle\lim_{x\to0+}(x-3)=-3$

$\therefore \displaystyle\lim_{x\to0-}g(x)\neq\lim_{x\to0+}g(x)$

즉, $\displaystyle\lim_{x\to0}g(x)$의 값이 존재하지 않으므로 함수 $g(x)$는 $x=0$에서 불연속이다.

ㄷ. 함수 $h(x)$가 실수 전체의 집합에서 연속이려면 $x=1$에서 연속이어야 한다.

이때 $h(1)=0$이고,

$\displaystyle\lim_{x\to1-}h(x)=\lim_{x\to1-}(x-1)=0$, $\displaystyle\lim_{x\to1+}h(x)=\lim_{x\to1+}\sqrt{x-1}=0$

이므로 $\displaystyle\lim_{x\to1}h(x)=0$

$\therefore \displaystyle\lim_{x\to1}h(x)=h(1)$

즉, 함수 $h(x)$는 $x=1$에서 연속이다.

따라서 실수 전체의 집합에서 연속인 함수는 ㄱ, ㄷ이다. **답** ④

02 $f(x)=\dfrac{1}{x+\dfrac{3}{x-\dfrac{4}{x}}}=\dfrac{1}{x+\dfrac{3}{\dfrac{x^2-4}{x}}}$

$=\dfrac{1}{x+\dfrac{3x}{x^2-4}}=\dfrac{1}{\dfrac{x^3-4x+3x}{x^2-4}}$

$=\dfrac{x^2-4}{x^3-x}$

이때 $x=0$, $x^2-4=(x+2)(x-2)=0$,
$x^3-x=x(x+1)(x-1)=0$인 x의 값에서 함수 $f(x)$가 정의되지 않는다.
따라서 함수 $f(x)$가 $x=a$에서 불연속인 실수 a는 -2, -1, 0, 1, 2의 5개이다. **답 ⑤**

03 ㄱ. $\lim\limits_{x\to1-}f(x)=1$, $\lim\limits_{x\to1+}f(x)=0$이므로
$$\lim\limits_{x\to1-}f(x)\neq\lim\limits_{x\to1+}f(x)$$
즉, $\lim\limits_{x\to1}f(x)$의 값은 존재하지 않는다. (거짓)

ㄴ. $g(x)=f(x+1)$로 놓자. 이때 $g(-1)=f(0)=1$이고,
$x+1=t$로 놓으면 $x\to-1-$일 때 $t\to0-$이고,
$x\to-1+$일 때 $t\to0+$이므로
$$\lim\limits_{x\to-1-}g(x)=\lim\limits_{x\to-1-}f(x+1)=\lim\limits_{t\to0-}f(t)=1$$
$$\lim\limits_{x\to-1+}g(x)=\lim\limits_{x\to-1+}f(x+1)=\lim\limits_{t\to0+}f(t)=1$$
$$\therefore \lim\limits_{x\to-1}g(x)=g(-1)$$
즉, 함수 $g(x)=f(x+1)$은 $x=-1$에서 연속이다. (참)

ㄷ. $\lim\limits_{x\to1-}f(x)=1$, $\lim\limits_{x\to1-}f(-x)=\lim\limits_{x\to-1+}f(x)=1$이므로
$$\lim\limits_{x\to1-}f(x)f(-x)=1$$
$\lim\limits_{x\to1+}f(x)=0$, $\lim\limits_{x\to1+}f(-x)=\lim\limits_{x\to-1-}f(x)=0$이므로
$$\lim\limits_{x\to1+}f(x)f(-x)=0$$
$$\therefore \lim\limits_{x\to1-}f(x)f(-x)\neq\lim\limits_{x\to1+}f(x)f(-x)$$
즉, $\lim\limits_{x\to1}f(x)f(-x)$의 값이 존재하지 않으므로 함수 $f(x)f(-x)$는 $x=1$에서 불연속이다. (거짓)
따라서 옳은 것은 ㄴ뿐이다. **답 ②**

04 ① $f(x)$와 $g(x)$가 연속함수이면 $\{f(x)\}^2$과 $\{g(x)\}^2$도 연속함수이므로 $\{f(x)\}^2-\{g(x)\}^2$도 연속함수이다. (참)

② $g(x)=-f(x)$이면 $\dfrac{1}{f(x)+g(x)}$은 정의되지 않는다. (거짓)

③ $f(x)-g(x)=h(x)$로 놓으면
$$f(x)=g(x)+h(x)$$
이때 $g(x)$와 $h(x)$가 연속함수이므로 $f(x)$도 연속함수이다. (참)

④ [반례] $f(x)=x$, $g(x)=\begin{cases} 1 & (x\leq0) \\ -1 & (x>0) \end{cases}$ 이면
$$\dfrac{f(x)}{g(x)}=\begin{cases} x & (x\leq0) \\ -x & (x>0) \end{cases}$$
이때 $\dfrac{f(x)}{g(x)}$와 $f(x)$가 연속함수이지만 $g(x)$는 $x=0$에서 불연속이다. (거짓)

⑤ $f(x)+g(x)=h(x)$로 놓으면
$$g(x)=h(x)-f(x)$$
이때 $f(x)$와 $h(x)$가 연속함수이므로 $g(x)$도 연속함수이다. (참)
따라서 옳지 않은 것은 ②, ④이다. **답 ②, ④**

05 함수 $f(x)$가 실수 전체의 집합에서 연속이려면 $x=-1$, $x=1$에서 연속이어야 한다.
함수 $f(x)$가 $x=1$에서 연속이어야 하므로
$$\lim\limits_{x\to1-}f(x)=\lim\limits_{x\to1+}f(x)=f(1)$$
이때 $f(1)=0$이고,
$$\lim\limits_{x\to1-}f(x)=\lim\limits_{x\to1-}\dfrac{\sqrt{x^2+a}+b}{x+1}=\dfrac{\sqrt{1+a}+b}{2}$$
$$\lim\limits_{x\to1+}f(x)=\lim\limits_{x\to1+}(x+2)(x-1)=0$$
이므로 $\dfrac{\sqrt{1+a}+b}{2}=0$
$$\therefore b=-\sqrt{1+a} \quad\cdots\cdots ㉠$$
또, 함수 $f(x)$가 $x=-1$에서 연속이어야 하므로
$$\lim\limits_{x\to-1-}f(x)=\lim\limits_{x\to-1+}f(x)=f(-1)$$
이때 $f(-1)=-2$이고,
$$\lim\limits_{x\to-1-}f(x)=\lim\limits_{x\to-1-}(x+2)(x-1)=-2$$
$$\lim\limits_{x\to-1+}f(x)=\lim\limits_{x\to-1+}\dfrac{\sqrt{x^2+a}+b}{x+1}$$
$$=\lim\limits_{x\to-1+}\dfrac{\sqrt{x^2+a}-\sqrt{1+a}}{x+1} \ (\because ㉠)$$
$$=\lim\limits_{x\to-1+}\dfrac{(\sqrt{x^2+a}-\sqrt{1+a})(\sqrt{x^2+a}+\sqrt{1+a})}{(x+1)(\sqrt{x^2+a}+\sqrt{1+a})}$$
$$=\lim\limits_{x\to-1+}\dfrac{x^2-1}{(x+1)(\sqrt{x^2+a}+\sqrt{1+a})}$$
$$=\lim\limits_{x\to-1+}\dfrac{(x+1)(x-1)}{(x+1)(\sqrt{x^2+a}+\sqrt{1+a})}$$
$$=\lim\limits_{x\to-1+}\dfrac{x-1}{\sqrt{x^2+a}+\sqrt{1+a}}$$
$$=\dfrac{-2}{2\sqrt{1+a}}=-\dfrac{1}{\sqrt{1+a}}$$
이므로 $-\dfrac{1}{\sqrt{1+a}}=-2$
$$\sqrt{1+a}=\dfrac{1}{2}, \ 1+a=\dfrac{1}{4}$$
$$\therefore a=-\dfrac{3}{4}$$
$a=-\dfrac{3}{4}$을 ㉠에 대입하면
$$b=-\dfrac{1}{2}$$
$$\therefore b-2a=-\dfrac{1}{2}-2\times\left(-\dfrac{3}{4}\right)=1$$ **답 1**

06 $x\neq\pm2$일 때, $f(x)=\dfrac{x^3+2x^2+ax+b}{x^2-4}$
함수 $f(x)$가 실수 전체의 집합에서 연속이려면 $x=2$, $x=-2$에서 연속이어야 한다.
함수 $f(x)$가 $x=2$에서 연속이어야 하므로
$$f(2)=\lim\limits_{x\to2}f(x)=\lim\limits_{x\to2}\dfrac{x^3+2x^2+ax+b}{x^2-4}$$
$x\to2$일 때 (분모)$\to0$이고 극한값이 존재하므로 (분자)$\to0$이어야 한다.

즉, $\lim_{x \to 2}(x^3+2x^2+ax+b)=0$이므로

$8+8+2a+b=0$

$\therefore 2a+b=-16$ ...... ㉠

또, 함수 $f(x)$가 $x=-2$에서 연속이어야 하므로

$f(-2)=\lim_{x \to -2}f(x)=\lim_{x \to -2}\dfrac{x^3+2x^2+ax+b}{x^2-4}$

$x \to -2$일 때 (분모)$\to 0$이고 극한값이 존재하므로 (분자)$\to 0$이어야 한다.

즉, $\lim_{x \to -2}(x^3+2x^2+ax+b)=0$이므로

$-8+8-2a+b=0$

$\therefore 2a-b=0$ ...... ㉡

㉠, ㉡을 연립하여 풀면 $a=-4$, $b=-8$

따라서 $x \neq \pm 2$일 때, $f(x)=\dfrac{x^3+2x^2-4x-8}{x^2-4}=x+2$이고,

$x=-2$, $x=2$에서 연속이므로

$f(-2)=\lim_{x \to -2}(x+2)=0$

$f(2)=\lim_{x \to 2}(x+2)=4$

$\therefore f(-2)+f(2)=0+4=4$ **답** 4

07 함수 $f(x)g(x)$가 실수 전체의 집합에서 연속이려면 $x=a$에서 연속이어야 하므로

$\lim_{x \to a-}f(x)g(x)=\lim_{x \to a+}f(x)g(x)=f(a)g(a)$

이때 $f(a)g(a)=(a+10)(-2a+5)$이고,

$\lim_{x \to a-}f(x)g(x)=\lim_{x \to a-}(x+10)(x-3a+5)$

$=(a+10)(-2a+5)$

$\lim_{x \to a+}f(x)g(x)=\lim_{x \to a+}(x^2+4x)(x-3a+5)$

$=(a^2+4a)(-2a+5)$

이므로

$(a+10)(-2a+5)=(a^2+4a)(-2a+5)$

$(2a-5)(a^2+3a-10)=0$, $(a+5)(a-2)(2a-5)=0$

$\therefore a=-5$ 또는 $a=2$ 또는 $a=\dfrac{5}{2}$

따라서 모든 실수 a의 값의 곱은

$-5 \times 2 \times \dfrac{5}{2}=-25$ **답** ①

08 $g(x)$가 다항함수이므로 함수 $f(x)$가 실수 전체의 집합에서 연속이려면 $x=3$에서 연속이어야 한다.

즉, $\lim_{x \to 3}f(x)=f(3)=k$이므로

$\lim_{x \to 3}\dfrac{g(x)}{x-3}=k$

$\therefore \lim_{x \to 3}\dfrac{f(x)g(x)}{x^2-9}=\lim_{x \to 3}\dfrac{f(x)g(x)}{(x+3)(x-3)}$

$=\lim_{x \to 3}\dfrac{f(x)}{x+3} \times \lim_{x \to 3}\dfrac{g(x)}{x-3}$

$=\dfrac{f(3)}{6} \times k=\dfrac{k^2}{6}$

이때 $\dfrac{k^2}{6}=2$이므로

$k^2=12$ $\therefore k=\pm 2\sqrt{3}$

따라서 모든 실수 k의 값의 곱은

$2\sqrt{3} \times (-2\sqrt{3})=-12$ **답** -12

09 함수 $f(x)$가 $x=2$에서 연속이려면

$\lim_{x \to 2-}f(x)=\lim_{x \to 2+}f(x)=f(2)$이어야 한다.

이때 $f(2)=4-(2a+2)+2=-2a+4$이고,

$\lim_{x \to 2-}f(x)=\lim_{x \to 2-}\{[x^2]+(ax+2)[x-3]+x\}$

$=3-2(2a+2)+2$

$=-4a+1$

$\lim_{x \to 2+}f(x)=\lim_{x \to 2+}\{[x^2]+(ax+2)[x-3]+x\}$

$=4-(2a+2)+2$

$=-2a+4$

이므로

$-4a+1=-2a+4$, $2a=-3$

$\therefore a=-\dfrac{3}{2}$ **답** ②

10 함수 $g(f(x))$가 실수 전체의 집합에서 연속이려면 $x=1$에서 연속이어야 하므로

$\lim_{x \to 1-}g(f(x))=\lim_{x \to 1+}g(f(x))=g(f(1))$

이때 $f(x)=t$로 놓으면 $x \to 1-$일 때 $t \to 1+$이고, $x \to 1+$일 때 $t \to -1-$이므로

$\lim_{x \to 1-}g(f(x))=\lim_{t \to 1+}g(t)=\lim_{t \to 1+}(t^3-at^2+bt-2)$

$=1-a+b-2=-a+b-1$

$\lim_{x \to 1+}g(f(x))=\lim_{t \to -1-}g(t)=\lim_{t \to -1-}(t^3-at^2+bt-2)$

$=-1-a-b-2=-a-b-3$

$g(f(1))=g(0)=-2$

이므로

$-a+b-1=-a-b-3=-2$

$-a+b-1=-a-b-3$에서

$2b=-2$ $\therefore b=-1$

$b=-1$을 $-a-b-3=-2$에 대입하면

$-a-2=-2$ $\therefore a=0$

$\therefore a^2+b^2=0^2+(-1)^2=1$ **답** ①

11 함수 $f(x)$가 실수 전체의 집합에서 연속이려면 $x=2$에서 연속이어야 하므로

$\lim_{x \to 2-}f(x)=\lim_{x \to 2+}f(x)=f(2)$

이때 $f(2)=4$이고,

$\lim_{x \to 2-}f(x)=\lim_{x \to 2-}(x^2+ax+b)=4+2a+b$

$\lim_{x \to 2+}f(x)=\lim_{x \to 2+}\{-2(x-4)\}=4$

이므로

$4+2a+b=4 \quad \therefore 2a+b=0$ …… ㉠

이때 $f(x+3)=f(x)$이므로 $f(3)=f(0)$

$\therefore b=2$

$b=2$를 ㉠에 대입하면 $a=-1$

따라서 $f(x)=\begin{cases} x^2-x+2 & (0\le x<2) \\ -2(x-4) & (2\le x\le 3) \end{cases}$ 이므로

$f(7)=f(4)=f(1)=1-1+2=2$ 답 2

12 함수 $f(x)$는 $x\ne 2$인 모든 실수에서 연속이므로 닫힌구간 $[-4, 0]$에서 연속이다.

따라서 함수 $f(x)$는 최대·최소 정리에 의하여 닫힌구간 $[-4, 0]$에서 최댓값과 최솟값을 갖는다.

이때 $k<0$이므로 $f(x)=\frac{k}{x-2}-2$는 $x<2$에서 x의 값이 커지면 $f(x)$의 값도 커진다. 즉, 닫힌구간 $[-4, 0]$에서 함수 $f(x)$의 최댓값은 $f(0)$, 최솟값은 $f(-4)$이므로 최댓값과 최솟값의 곱은

$f(0)f(-4)=\left(-\frac{k}{2}-2\right)\left(-\frac{k}{6}-2\right)=4$

$(k+4)(k+12)=48,\ k^2+16k=0$

$k(k+16)=0$

$\therefore k=-16\ (\because k<0)$ 답 ④

13 $\lim_{x\to -1}\frac{f(x)}{x+1}=1$에서 $x\to -1$일 때 (분모)$\to 0$이고 극한값이 존재하므로 (분자)$\to 0$이어야 한다.

즉, $\lim_{x\to -1}f(x)=0$이므로 $f(-1)=0$

$\lim_{x\to 2}\frac{f(x)}{x-2}=2$에서 $x\to 2$일 때 (분모)$\to 0$이고 극한값이 존재하므로 (분자)$\to 0$이어야 한다.

즉, $\lim_{x\to 2}f(x)=0$이므로 $f(2)=0$

$f(x)=(x+1)(x-2)Q(x)$ ($Q(x)$는 다항함수) …… ㉠

로 놓을 수 있다.

㉠을 $\lim_{x\to -1}\frac{f(x)}{x+1}=1$의 좌변에 대입하면

$$\lim_{x\to -1}\frac{(x+1)(x-2)Q(x)}{x+1}=\lim_{x\to -1}(x-2)Q(x)=-3Q(-1)$$

즉, $-3Q(-1)=1$이므로 $Q(-1)=-\frac{1}{3}$ …… ㉡

또, ㉠을 $\lim_{x\to 2}\frac{f(x)}{x-2}=2$의 좌변에 대입하면

$$\lim_{x\to 2}\frac{(x+1)(x-2)Q(x)}{x-2}=\lim_{x\to 2}(x+1)Q(x)=3Q(2)$$

즉, $3Q(2)=2$이므로 $Q(2)=\frac{2}{3}$ …… ㉢

이때 $Q(x)$는 다항함수이므로 실수 전체의 집합에서 연속이고, ㉡, ㉢에서 $Q(-1)Q(2)<0$이므로 사잇값의 정리에 의하여 방정식 $Q(x)=0$은 열린구간 $(-1, 2)$에서 적어도 하나의 실근을 갖는다.

따라서 방정식 $f(x)=0$은 닫힌구간 $[-1, 2]$에서 적어도 3개의 실근을 갖는다. 답 3

14 두 함수 $y=f(x)$와 $y=x^2-1$의 그래프의 교점의 x좌표는 $f(x)=x^2-1$에서 $f(x)-x^2+1=0$의 실근이다.

$g(x)=f(x)-x^2+1$로 놓으면 함수 $g(x)$는 연속함수이고,

$g(1)=f(1)-1+1=f(1)=1$

$g(2)=f(2)-4+1=f(2)-3=k^2-5k$

$g(3)=f(3)-9+1=f(3)-8=9-8=1$

두 함수 $y=f(x)$와 $y=x^2-1$의 그래프가 두 열린구간 $(1, 2)$, $(2, 3)$에서 각각 적어도 하나의 교점을 가지려면 방정식 $g(x)=0$이 두 열린구간 $(1, 2)$, $(2, 3)$에서 각각 적어도 하나의 실근을 가져야 한다.

즉, 사잇값의 정리에 의하여 $g(1)g(2)<0$, $g(2)g(3)<0$이어야 하므로 $k^2-5k<0$, $k(k-5)<0$

$\therefore 0<k<5$

따라서 모든 정수 k의 값의 합은

$1+2+3+4=10$ 답 10

Step B 1등급을 위한 고난도 기출 VS 변형 유형

본문 19~21쪽

1 ②	1-1 ①	2 ③	2-1 ③	3 ②	3-1 ①
4 ⑤	4-1 ⑤	5 ③	5-1 ②	6 ④	6-1 ⑤
7 48	7-1 ③	8 ①	8-1 ②	9 36	9-1 ④

1 전략 좌극한의 값, 우극한의 값, 함숫값을 비교하여 보기의 참, 거짓을 판별한다.

풀이 ㄱ. $g(x)=\begin{cases} f(x) & (f(x)\ge 0) \\ 0 & (f(x)<0) \end{cases}$ 이므로

닫힌구간 $[-1, 1]$에서 함수 $y=g(x)$의 그래프는 오른쪽 그림과 같다.

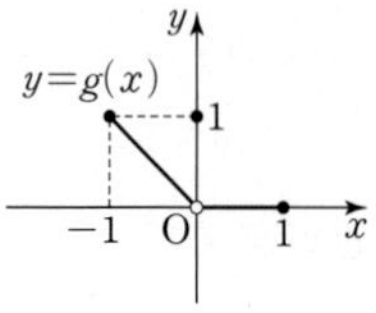

$\therefore \lim_{x\to 0}g(x)\ne g(0)$

즉, 함수 $g(x)$는 $x=0$에서 불연속이다. (거짓)

ㄴ. $\lim_{x\to 0+}h(x)=\lim_{x\to 0+}\{f(x)-f(-x)\}$

$=\lim_{x\to 0+}f(x)-\lim_{x\to 0+}f(-x)$

$=-1-\lim_{x\to 0-}f(x)$

$=-1-0=-1$ (거짓)

ㄷ. $g(0)h(0)=1\times 0=0$이고,

$\lim_{x\to 0-}g(x)h(x)=\lim_{x\to 0-}g(x)\times\lim_{x\to 0-}h(x)$

$=0\times\lim_{x\to 0-}h(x)=0$

$\lim_{x\to 0+}g(x)h(x)=\lim_{x\to 0+}g(x)\times\lim_{x\to 0+}h(x)$

$=0\times\lim_{x\to 0+}h(x)=0$

이므로 $\lim_{x\to 0}g(x)h(x)=0$

$\therefore \lim_{x\to 0}g(x)h(x)=g(0)h(0)$

즉, 함수 $g(x)h(x)$는 $x=0$에서 연속이다. (참)

따라서 옳은 것은 ㄷ뿐이다. 답 ②

1-1 전략 좌극한의 값, 우극한의 값, 함숫값을 비교하여 보기의 참, 거짓을 판별한다.

풀이 ㄱ. $g(1)=f(1)+f(0)=1+1=2$이고,

$$\lim_{x\to 1-} g(x)=\lim_{x\to 1-}\{f(x)+f(x-1)\}$$
$$=\lim_{x\to 1-}f(x)+\lim_{x\to 0-}f(x)=0+2=2$$
$$\lim_{x\to 1+} g(x)=\lim_{x\to 1+}\{f(x)+f(x-1)\}$$
$$=\lim_{x\to 1+}f(x)+\lim_{x\to 0+}f(x)=1+1=2$$

이므로 $\lim_{x\to 1} g(x)=2$

$\therefore \lim_{x\to 1} g(x)=g(1)$

즉, 함수 $g(x)$는 $x=1$에서 연속이다. (참)

ㄴ. $\lim_{x\to 1-} h(x)=\lim_{x\to 1-} f(x)f(x-1)$
$$=\lim_{x\to 1-}f(x)\times \lim_{x\to 0-}f(x)=0\times 2=0$$
$\lim_{x\to 1+} h(x)=\lim_{x\to 1+} f(x)f(x-1)$
$$=\lim_{x\to 1+}f(x)\times \lim_{x\to 0+}f(x)=1\times 1=1$$

$\therefore \lim_{x\to 1-} h(x)\neq \lim_{x\to 1+} h(x)$

즉, $\lim_{x\to 1} h(x)$의 값이 존재하지 않으므로 함수 $h(x)$는 $x=1$에서 불연속이다. (거짓)

ㄷ. ㄱ, ㄴ에 의하여

$\lim_{x\to 1-} g(x)h(x)=2\times 0=0$, $\lim_{x\to 1+} g(x)h(x)=2\times 1=2$

$\therefore \lim_{x\to 1-} g(x)h(x)\neq \lim_{x\to 1+} g(x)h(x)$

즉, $\lim_{x\to 1} g(x)h(x)$의 값이 존재하지 않으므로 함수 $g(x)h(x)$는 $x=1$에서 불연속이다. (거짓)

따라서 옳은 것은 ㄱ뿐이다. 답 ①

2 전략 함수 $g(x)$는 $x=a+1$에서 연속인지, 함수 $h(x)$는 $x=1$에서 연속인지 확인한다.

풀이 ㄱ. $\lim_{x\to 1-} f(x)=\lim_{x\to 1-} x^2=1$, $\lim_{x\to 1+} f(x)=\lim_{x\to 1+} x^2=1$

$\therefore \lim_{x\to 1-} f(x)=\lim_{x\to 1+} f(x)$ (참)

ㄴ. $g(x)=f(x-a)=\begin{cases}(x-a)^2 & (x\neq a+1)\\ 2 & (x=a+1)\end{cases}$

함수 $g(x)$가 실수 전체의 집합에서 연속이려면 $x=a+1$에서 연속이어야 한다.

이때 $g(a+1)=2$이고, $\lim_{x\to a+1} g(x)=\lim_{x\to a+1}(x-a)^2=1$이므로 $\lim_{x\to a+1} g(x)\neq g(a+1)$

즉, 함수 $g(x)$는 $x=a+1$에서 불연속이다. (거짓)

ㄷ. $h(x)=(x-1)f(x)=\begin{cases}x^2(x-1) & (x\neq 1)\\ 0 & (x=1)\end{cases}$

함수 $h(x)$가 실수 전체의 집합에서 연속이려면 $x=1$에서 연속이어야 한다.

이때 $h(1)=0$이고, $\lim_{x\to 1} h(x)=\lim_{x\to 1} x^2(x-1)=0$이므로

$\lim_{x\to 1} h(x)=h(1)$

즉, 함수 $h(x)$는 $x=1$에서 연속이므로 실수 전체의 집합에서 연

속이다. (참)

따라서 옳은 것은 ㄱ, ㄷ이다. 답 ③

✏️다른풀이 ㄴ. 함수 $f(x)$가 $x=1$에서 불연속이고 함수 $y=g(x)$의 그래프는 함수 $y=f(x)$의 그래프를 x축으로 a만큼 평행이동한 것이므로 함수 $g(x)$는 a의 값에 관계없이 항상 $x=a+1$에서 불연속이다.

2-1 전략 함수가 연속이기 위한 조건을 이용한다.

풀이 함수 $f(x)f(-x)$가 $x=0$에서 연속이려면

$\lim_{x\to 0-} f(x)f(-x)=\lim_{x\to 0+} f(x)f(-x)=\{f(0)\}^2$이어야 한다.

$\lim_{x\to 0-} f(x)f(-x)=\lim_{x\to 0-} f(x)\times \lim_{x\to 0+} f(x)$
$$=\lim_{x\to 0-}(x+k)\times \lim_{x\to 0+}\{(x-2)^2-1\}=3k$$
$\lim_{x\to 0+} f(x)f(-x)=\lim_{x\to 0+} f(x)\times \lim_{x\to 0-} f(x)$
$$=\lim_{x\to 0+}\{(x-2)^2-1\}\times \lim_{x\to 0-}(x+k)=3k$$

$\{f(0)\}^2=k^2$이므로

$3k=k^2$, $k(k-3)=0$

$\therefore k=0$ 또는 $k=3$

따라서 모든 실수 k의 값의 합은 $0+3=3$ 답 ③

3 전략 함수 $f(x)g(x)$가 $x=2$에서 연속이므로 $\lim_{x\to 2} f(x)g(x)=f(2)g(2)$임을 이용한다.

풀이 함수 $f(x)g(x)$가 $x=2$에서 연속이려면

$\lim_{x\to 2-} f(x)g(x)=\lim_{x\to 2+} f(x)g(x)=f(2)g(2)$이어야 한다.

$\lim_{x\to 2-} f(x)g(x)=\lim_{x\to 2-}(-x^2+a)(x-4)$
$$=(-4+a)\times(-2)=8-2a$$
$\lim_{x\to 2+} f(x)g(x)=\lim_{x\to 2+}\left\{(x^2-4)\times \dfrac{1}{x-2}\right\}$
$$=\lim_{x\to 2+}(x+2)=4$$
$f(2)g(2)=(-4+a)\times(-2)=8-2a$

이므로 $8-2a=4$ $\therefore a=2$ 답 ②

3-1 전략 함수 $f(x)g(x)$가 실수 전체의 집합에서 연속이기 위해서는 함수 $f(x)$가 불연속인 $x=a$에서 $g(x)=0$, 함수 $g(x)$가 불연속인 $x=b$에서 $f(x)=0$이어야 함을 이용한다.

풀이 함수 $f(x)=\begin{cases}x^2-x-2 & (x<a)\\ x+2 & (x\geq a)\end{cases}$ 는 $\underset{\underset{\lim_{x\to a-}f(x)=\lim_{x\to a+}f(x)=f(a)}{}}{a^2-a-2=a+2}$일 때 실수 전체의 집합에서 연속이다.

이때 $a^2-2a-4=0$에서 $a=1\pm\sqrt 5$

즉, $a=1+\sqrt 5$ 또는 $a=1-\sqrt 5$일 때 함수 $f(x)$는 실수 전체의 집합에서 연속이다.

함수 $g(x)=\begin{cases}-x-4 & (x<b)\\ x^2-2x-3 & (x\geq b)\end{cases}$ 은 $\underset{\underset{\lim_{x\to b-}g(x)=\lim_{x\to b+}g(x)=g(b)}{}}{-b-4=b^2-2b-3}$일 때 실수 전체의 집합에서 연속이다.

이때 $b^2-b+1=0$을 만족시키는 실수 b의 값이 존재하지 않는다.

즉, 함수 $g(x)$는 $x=b$에서 불연속이다.

(ⅰ) $a=1+\sqrt{5}$ 또는 $a=1-\sqrt{5}$인 경우

함수 $f(x)$는 실수 전체의 집합에서 연속이므로 함수 $f(x)g(x)$가 실수 전체의 집합에서 연속이려면 $f(b)=0$이어야 한다.

① $b<a$인 경우

$f(b)=b^2-b-2=0$에서 $(b+1)(b-2)=0$

∴ $b=-1$ 또는 $b=2$

이때 $b<a$를 만족시키는 a, b의 값은

$a=1+\sqrt{5}$, $b=-1$ 또는 $a=1+\sqrt{5}$, $b=2$

② $b>a$인 경우

$f(b)=b+2=0$에서 $b=-2$

이는 $b>a$를 만족시키지 않는다.

(ⅱ) $a\neq1+\sqrt{5}$, $a\neq1-\sqrt{5}$인 경우

함수 $f(x)$는 $x=a$에서 불연속이고 함수 $g(x)$는 $x=b$에서 불연속이므로 함수 $f(x)g(x)$가 실수 전체의 집합에서 연속이려면 $f(b)=0$, $g(a)=0$이어야 한다.

① $b<a$인 경우

$f(b)=b^2-b-2=0$에서 $(b+1)(b-2)=0$

∴ $b=-1$ 또는 $b=2$

$g(a)=a^2-2a-3=0$에서 $(a+1)(a-3)=0$

∴ $a=-1$ 또는 $a=3$

이때 $b<a$를 만족시키는 a, b의 값은

$a=3$, $b=2$ 또는 $a=3$, $b=-1$

② $b>a$인 경우

$f(b)=b+2=0$에서 $b=-2$

$g(a)=-a-4=0$에서 $a=-4$

이는 $b>a$를 만족시킨다.

(ⅰ), (ⅱ)에 의하여 a, b의 순서쌍 (a, b)는

$(1+\sqrt{5}, -1)$, $(1+\sqrt{5}, 2)$, $(3, 2)$, $(3, -1)$, $(-4, -2)$

이므로 $a+b$의 값은 $\sqrt{5}$, $3+\sqrt{5}$, 5, 2, -6이다.

따라서 $a+b$의 최댓값은 $3+\sqrt{5}$, 최솟값은 -6이므로 그 차는

$3+\sqrt{5}-(-6)=9+\sqrt{5}$ **답 ①**

1등급 노트 함수 $f(x)g(x)$가 연속일 조건

함수 $f(x)$가 $x=a$에서 불연속일 때, 함수 $f(x)g(x)$가 $x=a$에서 연속일 조건

⇨ $\displaystyle\lim_{x\to a}g(x)=g(a)=0$

---

4 **전략** 합성함수 $g(f(x))$는 두 함수 $f(x)$, $g(x)$가 불연속인 x의 값을 기준으로 연속성을 확인한다.

풀이 ㄱ. $g(f(0))=g(0)=0$ (참)

ㄴ. ㄱ에서 $g(f(0))=0$이고,

$\displaystyle\lim_{x\to0-}g(f(x))=\lim_{t\to0-}g(t)=0$

$\displaystyle\lim_{x\to0+}g(f(x))=\lim_{t\to2-}g(t)=0$

이므로 $\displaystyle\lim_{x\to0}g(f(x))=0$

∴ $\displaystyle\lim_{x\to0}g(f(x))=g(f(0))=0$

즉, 함수 $g(f(x))$는 $x=0$에서 연속이다. (참)

ㄷ. 함수 $g(x)$가 $x=1$에서 불연속이므로 $-1\leq x\leq3$에서 함수 $g(f(x))$는 $f(x)=1$인 $x=\dfrac{1}{2}$에서 불연속이다.

또, $\displaystyle\lim_{x\to2-}g(f(x))=\lim_{t\to-2+}g(t)=-2$,

$\displaystyle\lim_{x\to2+}g(f(x))=\lim_{t\to-1+}g(t)=-1$

이므로 $\displaystyle\lim_{x\to2-}g(f(x))\neq\lim_{x\to2+}g(f(x))$

즉, 함수 $g(f(x))$는 $x=2$에서 불연속이다.

한편, ㄴ에서 함수 $g(f(x))$는 $x=0$에서 연속이고, $-1\leq x\leq3$에서 $x=0$, $x=\dfrac{1}{2}$, $x=2$를 제외한 모든 x에 대하여 두 함수 $f(x)$, $g(x)$가 연속이므로 함수 $g(f(x))$는 연속이다.

즉, $-1\leq x\leq3$에서 함수 $g(f(x))$가 불연속인 x의 값은 $\dfrac{1}{2}$, 2의 2개이다. (참)

따라서 ㄱ, ㄴ, ㄷ 모두 옳다. **답 ⑤**

1등급 노트 합성함수의 연속

함수 $g(x)$가 $x=a$에서 연속이고 함수 $f(x)$가 $x=g(a)$에서 연속이면
⇨ 함수 $f(g(x))$는 $x=a$에서 연속

4-1 **전략** 주어진 함수에서 좌극한의 값, 우극한의 값, 함숫값을 비교하여 보기의 참, 거짓을 판별한다.

풀이 ㄱ. $f(-1)g(-1)=1\times1=1$이고,

$\displaystyle\lim_{x\to-1-}f(x)g(x)=(-1)\times(-1)=1$,

$\displaystyle\lim_{x\to-1+}f(x)g(x)=1\times1=1$

이므로 $\displaystyle\lim_{x\to-1}f(x)g(x)=1$

∴ $\displaystyle\lim_{x\to-1}f(x)g(x)=f(-1)g(-1)$

즉, 함수 $f(x)g(x)$는 $x=-1$에서 연속이다. (참)

ㄴ. 두 함수 $f(x)$와 $g(x)$가 $x=0$에서 연속이므로 함수 $f(g(x))$도 $x=0$에서 연속이다. (참)

ㄷ. $g(|f(1)|)=g(|-1|)=g(1)=0$이고,

$\displaystyle\lim_{x\to1-}g(|f(x)|)=\lim_{s\to1-}g(s)=0$,

$\displaystyle\lim_{x\to1+}g(|f(x)|)=\lim_{s\to1-}g(s)=0$

이므로 $\displaystyle\lim_{x\to1}g(|f(x)|)=0$

∴ $\displaystyle\lim_{x\to1}g(|f(x)|)=g(|f(1)|)$

즉, 함수 $g(|f(x)|)$는 $x=1$에서 연속이다. (참)

따라서 ㄱ, ㄴ, ㄷ 모두 옳다. **답 ⑤**

---

5 **전략** 함수 $f(x)$는 x가 정수일 때 불연속임을 이용한다.

풀이 함수 $f(x)$는 x가 정수일 때 불연속이므로 함수 $(f\circ g)(x)=f(g(x))$가 불연속인 경우는 함수 $g(x)$의 함숫값이 정수일 때이다.

열린구간 $\left(\dfrac{1}{10000}, 10000\right)$, 즉 $(10^{-4}, 10^4)$에서 함수 $g(x)=\log x$의 함숫값이 정수가 되는 x의 값은

10^{-3}, 10^{-2}, 10^{-1}, 1, 10, 10^2, 10^3

따라서 함수 $(f \circ g)(x)$가 $x=a$에서 불연속인 모든 실수 a의 개수
는 7이다. 　　　　　　　　　　　　　　　　　　　　　**답** ③

5-1 **전략** 먼저 함수 $f(x)$가 불연속이 되는 x의 값을 구한다.

풀이 함수 $f(x)=\left[\sin\dfrac{\pi}{2}x\right]$에 대하여 함수 $y=\sin\dfrac{\pi}{2}x$의 주기는

$\dfrac{2\pi}{\dfrac{\pi}{2}}=4$이므로 함수 $y=\sin\dfrac{\pi}{2}x$와 함수 $y=f(x)$의 그래프는 다음

그림과 같고, 모든 실수 x에 대하여 $f(x+4)=f(x)$이다.

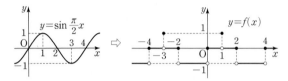

따라서 함수 $f(x)$는 $x=\cdots,\ -4,\ -3,\ -2,\ 0,\ 1,\ 2,\ 4,\ \cdots$에서 불
연속이다.

또한, $(f \circ g)(x)=f(g(x))$이고, 함수
$g(x)=4\cos x$에 대하여 닫힌구간 $[0,\,2\pi]$에
서 $-4\le g(x)\le4$이므로 $g(x)=-4,\ -3,$
$-2,\ 0,\ 1,\ 2,\ 4$일 때 합성함수 $(f \circ g)(x)$의
연속성을 확인해야 한다.

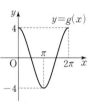

(ⅰ) $g(x)=4$일 때
　이를 만족시키는 a에 대하여 $f(g(a))=f(4)=0$이고,
　$\lim\limits_{x\to a}f(g(x))=\lim\limits_{t\to4-}f(t)=-1$
　이므로 $\lim\limits_{x\to a}f(g(x))\neq f(g(a))$
　즉, 함수 $(f \circ g)(x)$는 $x=a$에서 불연속이다.

(ⅱ) $g(x)=-4$, 즉 $x=\pi$일 때
　$f(g(\pi))=f(-4)=f(0)=0$이고,
　$\lim\limits_{x\to\pi}f(g(x))=\lim\limits_{t\to-4+}f(t)=\lim\limits_{t\to0+}f(t)=0$
　이므로 $\lim\limits_{x\to\pi}f(g(x))=f(g(\pi))$
　즉, 함수 $(f \circ g)(x)$는 $x=\pi$에서 연속이다.

(ⅲ) $g(x)=-2$ 또는 $g(x)=0$ 또는 $g(x)=2$일 때
　이를 만족시키는 $x=a$에 대하여 $\lim\limits_{x\to a}f(g(x))$의 값이 존재하지
　않으므로 함수 $(f \circ g)(x)$는 $x=a$에서 불연속이다.

(ⅳ) $g(x)=-3$ 또는 $g(x)=1$일 때
　이를 만족시키는 $x=a$에 대하여
　$f(g(a))=1,\ \lim\limits_{x\to a}f(g(a))=0$
　이므로 $\lim\limits_{x\to a}f(g(x))\neq f(g(a))$
　즉, 함수 $(f \circ g)(x)$는 $x=a$에서 불연속이다.

(ⅰ)~(ⅳ)에 의하여 $g(x)=-3,\ -2,\ 0,\ 1,\ 2,\ 4$일 때 합성함수
$(f \circ g)(x)$는 불연속이다.
이때 $-4<t\le4$인 실수 t에 대하여 방정식 $4\cos x=t$를 만족시키는
x의 값의 합은 2π이므로 함수 $(f \circ g)(x)$가 $x=a$에서 불연속인 모
든 실수 a의 값의 합은

$6\times2\pi=12\pi$ 　　　　　　　　　　　　　　　　　　　　**답** ②

---

6 **전략** $r=1$일 때와 $r=2$일 때를 기준으로 경우를 나누어 함수 $f(r)$
를 구한다.

풀이 (ⅰ) $r<1$일 때
　반지름의 길이가 r이고 x축에 접하는 원은 원 C와 접할 수 없다.
　$\therefore f(r)=0$

(ⅱ) $r=1$일 때
　오른쪽 그림과 같이 중심이 점 $(0,\,1)$인
　원은 원 C에 외접한다.
　$\therefore f(1)=1$

(ⅲ) $1<r<2$일 때
　오른쪽 그림과 같이 중심이 점 $(a,\,r)$인
　원이 원 C에 외접하면 중심이 점
　$(-a,\,r)$인 원도 원 C에 외접한다.
　$\therefore f(r)=2$

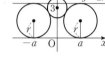

(ⅳ) $r=2$일 때
　오른쪽 그림과 같이 원 C는 중심이 점
　$(0,\,2)$인 원에 내접하고, 원 C에 외접
　하는 원이 2개이다.
　$\therefore f(2)=3$

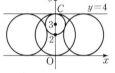

(ⅴ) $r>2$일 때

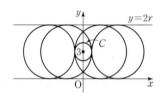

　위의 그림과 같이 원 C가 내접하는 원이 2개, 원 C에 외접하는
　원이 2개이다.
　$\therefore f(r)=4$

(ⅰ)~(ⅴ)에 의하여 함수 $y=f(r)$의 그래프는 오
른쪽 그림과 같다.
따라서 열린구간 $(0,\,4)$에서 함수 $f(r)$는 $r=1$,
$r=2$에서 불연속이므로
$m=2$

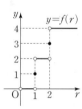

$\therefore f(1)+f(2)+m=1+3+2=6$ 　　　　　　　　　　　　**답** ④

6-1 **전략** 원 $(x-2)^2+(y-1)^2=r^2$이 두 직선 $y=x$, $y=-x$에 접할
때와 원점을 지날 때를 기준으로 함수 $f(r)$를 구한다.

풀이

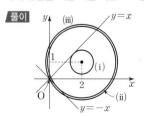

(ⅰ) 원 $(x-2)^2+(y-1)^2=r^2$이 직선 $y=x$에 접할 때
　원의 반지름의 길이는 점 $(2,\,1)$과 직선 $y=x$, 즉 $x-y=0$ 사이
　의 거리와 같으므로

　$r=\dfrac{|2-1|}{\sqrt{1+1}}=\dfrac{1}{\sqrt{2}}=\dfrac{\sqrt{2}}{2}$

(ii) 원 $(x-2)^2+(y-1)^2=r^2$이 직선 $y=-x$에 접할 때

원의 반지름의 길이는 점 $(2, 1)$과 직선 $y=-x$, 즉 $x+y=0$ 사이의 거리와 같으므로

$$r=\frac{|2+1|}{\sqrt{1+1}}=\frac{3}{\sqrt{2}}=\frac{3\sqrt{2}}{2}$$

(iii) 원 $(x-2)^2+(y-1)^2=r^2$이 원점을 지날 때

원의 반지름의 길이는 점 $(2, 1)$과 원점 사이의 거리와 같으므로

$$r=\sqrt{2^2+1^2}=\sqrt{5}$$

(i), (ii), (iii)에 의하여 함수 $f(r)$와 그 그래프는 다음과 같다.

$$f(r)=\begin{cases} 0 & \left(0<r<\frac{\sqrt{2}}{2}\right) \\ 1 & \left(r=\frac{\sqrt{2}}{2}\right) \\ 2 & \left(\frac{\sqrt{2}}{2}<r<\frac{3\sqrt{2}}{2}\right) \\ 3 & \left(r=\frac{3\sqrt{2}}{2}\,\text{또는}\,r=\sqrt{5}\right) \\ 4 & \left(\frac{3\sqrt{2}}{2}<r<\sqrt{5}\,\text{또는}\,r>\sqrt{5}\right) \end{cases}$$

따라서 함수 $f(r)$는 $r=\frac{\sqrt{2}}{2}$, $r=\frac{3\sqrt{2}}{2}$, $r=\sqrt{5}$에서 불연속이므로 $m=3$이고, $\lim\limits_{r\to\frac{\sqrt{2}}{2}}f(r)$, $\lim\limits_{r\to\frac{3\sqrt{2}}{2}}f(r)$의 값이 존재하지 않으므로 $n=2$이다.

$\therefore m+n=3+2=5$　　　　　답 ⑤

7 전략 $m=0$일 때 함수 $g(m)$이 연속임을 이용하여 $g(0)$의 값을 구하고, $m<0$일 때 $g(m)=g(0)$임을 이용한다.

풀이 함수 $y=f(x)$의 그래프가 $x\geq m$에서 직선 $y=mx$와 만나는 점의 개수를 $h_1(m)$이라 하고, $x<m$에서 직선 $y=mx$와 만나는 점의 개수를 $h_2(m)$이라 하면

$g(m)=h_1(m)+h_2(m)$

함수 $g(m)$이 $m=0$에서 연속이므로

$\lim\limits_{m\to0-}g(m)=\lim\limits_{m\to0+}g(m)=g(0)$　　　　…… ㉠

$\lim\limits_{m\to0-}h_1(m)=0$, $\lim\limits_{m\to0+}h_1(m)=2$, $h_1(0)=1$이므로

$g(0)=h_1(0)+h_2(0)=1+h_2(0)$이고,

$\lim\limits_{m\to0-}g(m)=\lim\limits_{m\to0-}\{h_1(m)+h_2(m)\}=\lim\limits_{m\to0-}h_2(m)$

$\lim\limits_{m\to0+}g(m)=\lim\limits_{m\to0+}\{h_1(m)+h_2(m)\}=2+\lim\limits_{m\to0+}h_2(m)$

따라서 ㉠에 의하여

$\lim\limits_{m\to0-}h_2(m)=2+\lim\limits_{m\to0+}h_2(m)=1+h_2(0)$　　…… ㉡

이때 $h_2(m)$은 0, 1, 2 중 하나이다.

㉡에서 $h_2(0)=2$일 때 $\lim\limits_{m\to0-}h_2(m)=3$, $h_2(0)=0$일 때 $\lim\limits_{m\to0+}h_2(m)=-1$이므로 성립하지 않는다.

즉, $h_2(0)=1$이므로 $g(0)=1+h_2(0)=1+1=2$

또, ㉡에 의하여 $\lim\limits_{m\to0-}h_2(m)=2$이므로 곡선 $y=x^2+ax+b$는 $x<0$에서 x축에 접한다.

따라서 $y=x^2+ax+b=\left(x+\frac{a}{2}\right)^2+b-\frac{a^2}{4}$에서

$-\frac{a}{2}<0$, $b-\frac{a^2}{4}=0$이므로 $a>0$, $b=\frac{a^2}{4}$

이제 함수 $y=f(x)$의 그래프와 직선 $y=mx$의 교점의 개수를 조사하여 $h_1(m)$, $h_2(m)$을 각각 구해 보자.

(i) $x\geq m$일 때

$\frac{1}{4}(x-3)^2=mx$에서 $(x-3)^2=4mx$

$\therefore x^2-2(3+2m)x+9=0$

이 이차방정식의 판별식을 D라 하면

$$\frac{D}{4}=(3+2m)^2-9=4m^2+12m=4m(m+3)$$

따라서 곡선 $y=\frac{1}{4}(x-3)^2$과 직선 $y=mx$는

$m=-3$ 또는 $m=0$일 때 한 점에서 만나고,

$-3<m<0$일 때 만나지 않고,

$m<-3$ 또는 $m>0$일 때 두 점에서 만난다.

한편, $x=m$에서 직선 $y=mx$와 곡선 $y=\frac{1}{4}(x-3)^2$의 y좌표는 각각 m^2, $\frac{1}{4}(m-3)^2$이므로

$$\frac{1}{4}(m-3)^2-m^2=\frac{1}{4}(m^2-6m+9-4m^2)$$

$$=-\frac{3}{4}(m^2+2m-3)$$

$$=-\frac{3}{4}(m+3)(m-1)\qquad…… ㉢$$

이때 m의 값의 범위에 따라 $x\geq m$에서 직선과 곡선의 교점의 개수 $h_1(m)$은 다음과 같다.

① $-3<m<0$일 때

㉢>0이므로 오른쪽 그림에서

$h_1(m)=0$　$\frac{1}{4}(m-3)^2>m^2$

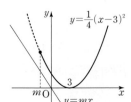

② $m=-3$일 때

㉢$=0$이므로 오른쪽 그림에서

$h_1(m)=1$　$\frac{1}{4}(m-3)^2=m^2$

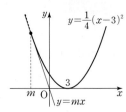

③ $m<-3$일 때

㉢<0이므로 오른쪽 그림에서

$h_1(m)=1$　$\frac{1}{4}(m-3)^2<m^2$

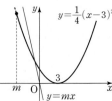

①, ②, ③에 의하여

$$h_1(m)=\begin{cases} 0 & (-3<m<0) \\ 1 & (m\leq-3) \end{cases}$$

이때 함수 $g(m)$은 $m\leq0$에서 연속이고 $g(0)=2$이므로 $m\leq0$일 때 $g(m)=2$이어야 하므로

$$h_2(m)=g(m)-h_1(m)$$

$$=\begin{cases} 2 & (-3<m<0) \\ 1 & (m\leq-3) \end{cases}$$

(ii) $x < m$일 때

$x = m$에서 직선 $y = mx$와 곡선 $y = x^2 + ax + b$의 y좌표는 각각 m^2, $m^2 + am + b$이므로

$$m^2 + am + b - m^2 = am + \frac{a^2}{4} = a\left(m + \frac{a}{4}\right) \qquad \cdots\cdots ㉣$$

이때 m의 범위에 따라 $x < m$에서 직선과 곡선의 교점의 개수 $h_2(m)$은 다음과 같다.

④ $m < -\dfrac{a}{4}$일 때

㉣< 0이므로 오른쪽 그림에서

$\underset{m^2+am+b<m^2}{h_2(m) = 1}$

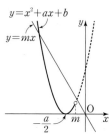

⑤ $m = -\dfrac{a}{4}$일 때

㉣$= 0$이므로 오른쪽 그림에서

$\underset{m^2+am+b=m^2}{h_2(m) = 1}$

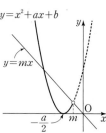

⑥ $-\dfrac{a}{4} < m < 0$일 때

㉣> 0이므로 오른쪽 그림에서

$\underset{m^2+am+b>m^2}{h_2(m) = 2}$

④, ⑤, ⑥에 의하여

$$h_2(m) = \begin{cases} 1 & \left(m \le -\dfrac{a}{4}\right) \\ 2 & \left(-\dfrac{a}{4} < m < 0\right) \end{cases}$$

(i), (ii)에 의하여 $-\dfrac{a}{4} = -3$이므로

$a = 12$

$\therefore b = \dfrac{a^2}{4} = 36$

$\therefore a + b = 12 + 36 = 48$ 　　　　　　　　　답 48

7-1 　**전략** 함수 $g(m)$이 실수 전체의 집합에서 연속이려면 모든 실수 m에 대하여 $g(m) = 1$임을 이용한다.

풀이 함수 $y = f(x)$의 그래프가 $0 < x < 2$에서 직선 $y = mx$와 만나는 점의 개수를 $h_1(m)$이라 하고, $x \ge 2$에서 직선 $y = mx$와 만나는 점의 개수를 $h_2(m)$이라 하면

$$h_1(m) = \begin{cases} 0 & (m < 1) \\ 1 & (m \ge 1) \end{cases}, \ g(m) = h_1(m) + h_2(m)$$

이때 함수 $g(m)$이 실수 전체의 집합에서 연속이려면 $g(m) = 1$이어야 하므로 $y = ax^2 + bx + c$에서 $a < 0$이고

$$h_2(m) = g(m) - h_1(m)$$
$$= \begin{cases} 1 & (m < 1) \\ 0 & (m \ge 1) \end{cases}$$

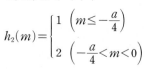

따라서 함수 $y = f(x)$의 그래프의 개형은 다음과 같이 두 가지로 생각할 수 있다.

(i) 점 $(2, 2)$에서 접할 때　　(ii) $f(x)$가 감소함수일 때

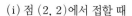
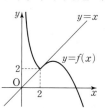
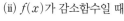
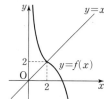

이때 $f(4) = 2$이므로 함수 $y = f(x)$의 그래프의 개형은 (i)과 같다. 즉, 방정식 $ax^2 + bx + c = x$는 중근을 가지므로 이차방정식 $ax^2 + (b - 1)x + c = 0$의 판별식을 D라 하면

$$D = (b - 1)^2 - 4ac = 0 \qquad \cdots\cdots ㉠$$

$f(2) = 2$에서 $4a + 2b + c = 2$

$f(4) = 2$에서 $16a + 4b + c = 2$

두 식을 연립하면 $b = -6a$, $c = 8a + 2$ 　　$\cdots\cdots ㉡$

㉡을 ㉠에 대입하면

$(-6a - 1)^2 - 4a(8a + 2) = 0$

$4a^2 + 4a + 1 = 0$, $(2a + 1)^2 = 0$

$\therefore a = -\dfrac{1}{2}$, $b = 3$, $c = -2 \ (\because ㉡)$

$\therefore abc = -\dfrac{1}{2} \times 3 \times (-2) = 3$ 　　　　답 ③

참고 $h_2(m)$은 $0, 1, 2$ 중 하나이고

$$h_1(m) = \begin{cases} 0 & (m < 1) \\ 1 & (m \ge 1) \end{cases}$$

이므로 함수 $g(m)$이 실수 전체의 집합에서 연속이려면

$$h_2(m) = \begin{cases} 2 & (m < 1) \\ 1 & (m \ge 1) \end{cases} \ \text{또는} \ h_2(m) = \begin{cases} 1 & (m < 1) \\ 0 & (m \ge 1) \end{cases}$$

이때 $a > 0$이면 함수 $y = f(x)$의 그래프의 개형은 그림과 같다.

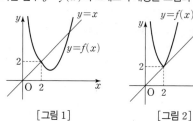

[그림 1]　　　　　　　　[그림 2]

[그림 1]은 $m < 1$에서 $h_2(m) \ne 2$인 m의 값이 존재하므로 조건을 만족시키지 않는다.

[그림 2]는 $f(4) = 2$가 성립할 수 없으므로 조건을 만족시키지 않는다.

즉, $a > 0$일 때 조건을 만족시키지 않으므로 $a < 0$이어야 한다.

8 　**전략** $\displaystyle\lim_{x \to a} f(x) = \alpha$이면 $\displaystyle\lim_{x \to a} |f(x)| = |\alpha|$임을 이용한다.

풀이 ㄱ. [반례] $f(x) = \begin{cases} 1 & (x < 0) \\ -1 & (x \ge 0) \end{cases}$, $g(x) = \begin{cases} -1 & (x < 0) \\ 1 & (x \ge 0) \end{cases}$일 때,

$\displaystyle\lim_{x \to 0} f(x)$, $\displaystyle\lim_{x \to 0} g(x)$의 값은 존재하지 않지만

$\displaystyle\lim_{x \to 0} \{f(x) + g(x)\} = 0$ (거짓)

ㄴ. 함수 $f(x)$가 $x = 0$에서 연속이므로

$\displaystyle\lim_{x \to 0-} f(x) = \lim_{x \to 0+} f(x) = f(0)$

$\therefore \displaystyle\lim_{x \to 0-} |f(x)| = \left| \lim_{x \to 0-} f(x) \right| = |f(0)|$,

$\displaystyle\lim_{x \to 0+} |f(x)| = \left| \lim_{x \to 0+} f(x) \right| = |f(0)|$

즉, $\lim\limits_{x \to 0-} |f(x)| = \lim\limits_{x \to 0+} |f(x)| = |f(0)|$이므로 함수 $|f(x)|$
도 $x=0$에서 연속이다. (참)

ㄷ. [반례] $f(x) = \begin{cases} 1 & (x<0) \\ -1 & (x \geq 0) \end{cases}$일 때, $|f(x)| = 1$

이때 함수 $|f(x)|$는 $x=0$에서 연속이지만 함수 $f(x)$는 $x=0$
에서 불연속이다. (거짓)

따라서 옳은 것은 ㄴ뿐이다. **답** ①

8-1 **전략** 연속함수의 성질에 대한 명제의 반례를 생각한다.

풀이 ㄱ. [반례] $f(x) = x$, $g(x) = \dfrac{1}{x}$일 때, $f(x)g(x) = 1$

이때 두 함수 $f(x)$, $f(x)g(x)$는 $x=0$에서 연속이지만 함수
$g(x)$는 $x=0$에서 불연속이다. (거짓)

ㄴ. 함수 $f(x)$가 $x=a$에서 연속이므로

$\lim\limits_{x \to a} f(x) = f(a)$

함수 $g(x)$가 $x=f(a)$에서 연속이므로

$\lim\limits_{x \to f(a)} g(x) = g(f(a))$

$\therefore \lim\limits_{x \to a} g(f(x)) = \lim\limits_{t \to f(a)} g(t) = g(f(a))$

즉, 함수 $g(f(x))$는 $x=a$에서 연속이다. (참)

ㄷ. [반례] $f(x) = \begin{cases} x & (x<1) \\ x-2 & (x \geq 1) \end{cases}$, $g(x) = -x^2 + 2$일 때,

$g(f(x)) = \begin{cases} -x^2 + 2 & (x<1) \\ -(x-2)^2 + 2 & (x \geq 1) \end{cases}$

이때 $\lim\limits_{x \to 1-} g(f(x)) = \lim\limits_{x \to 1+} g(f(x)) = g(f(1)) = 1$이므로 함수
$g(f(x))$는 $x=1$에서 연속이고 함수 $g(x)$는 $x=f(1)=-1$에
서 연속이지만 함수 $f(x)$는 $x=1$에서 불연속이다. (거짓)

따라서 옳은 것은 ㄴ뿐이다. **답** ②

9 **전략** $h(x) = f(x) - g(x)$로 놓고 $h(1)h(2) < 0$이어야 함을 이용
한다.

풀이 $f(x) = g(x)$에서 $f(x) - g(x) = 0$

$h(x) = f(x) - g(x) = x^5 + 2x^2 + k - 3$으로 놓으면 함수 $h(x)$는 닫
힌구간 $[1, 2]$에서 연속이다.

이때 방정식 $h(x) = 0$이 열린구간 $(1, 2)$에서 적어도 하나의 실근을
가지려면 사잇값의 정리에 의하여 $h(1)h(2) < 0$이어야 하므로

$k(k+37) < 0$

$\therefore -37 < k < 0$

따라서 정수 k는 $-36, -35, -34, \cdots, -1$의 36개이다. **답** 36

9-1 **전략** $f(x) = 4kx^2 - k^2x - 12$로 놓고 $f(1)f(2) < 0$이어야 함을 이
용한다.

풀이 $f(x) = 4kx^2 - k^2x - 12$로 놓으면 $k=0$일 때, $f(x) = -12$

$k \neq 0$일 때, $f(x) = 4kx^2 - k^2x - 12 = 4k\left(x - \dfrac{k}{8}\right)^2 - \dfrac{k^3}{16} - 12$

즉, 이차함수 $y = f(x)$의 그래프는 점 $(0, -12)$를 지나고, 꼭짓점
의 좌표는 $\left(\dfrac{k}{8}, -\dfrac{k^3}{16} - 12\right)$이다.

(i) $k=0$일 때, 방정식 $f(x) = 0$을 만족시키는 실수 x의 값이 존재
하지 않는다.

(ii) $k<0$일 때, 함수 $y=f(x)$의 그래프의 개
형이 오른쪽 그림과 같으므로 열린구간
$(1, 2)$에서 방정식 $f(x) = 0$을 만족시키는
실수 x의 값이 존재하지 않는다.

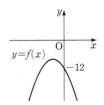

(iii) $k>0$일 때, 함수 $y=f(x)$의 그래프의 개
형이 오른쪽 그림과 같으므로 방정식
$f(x) = 0$은 양의 실근과 음의 실근을 각각
하나씩 갖는다.

이때 방정식 $f(x) = 0$이 열린구간 $(1, 2)$
에서 적어도 하나의 실근을 가지려면 사잇값의 정리에 의하여
$f(1)f(2) < 0$이어야 하므로

$(4k - k^2 - 12)(16k - 2k^2 - 12) < 0$

$(k^2 - 4k + 12)(k^2 - 8k + 6) < 0$

$k^2 - 8k + 6 < 0 \; (\because k^2 - 4k + 12 > 0)$

$\therefore 4 - \sqrt{10} < k < 4 + \sqrt{10}$

(i), (ii), (iii)에 의하여 $4 - \sqrt{10} < k < 4 + \sqrt{10}$이므로 정수 k는 1, 2, 3,
$\cdots$, 7의 7개이다. **답** ④

C **Step** **1등급 완성 최고난도 예상 문제** 본문 22~25쪽

01 ②	02 ④	03 ③	04 ②	05 ②
06 ③	07 ④	08 ⑤	09 ④	10 3
11 ⑤	12 ③	13 3	14 ③	15 ③
16 ③	17 4	18 ②		

1등급 뛰어넘기

19 ①	20 ⑤	21 ②	22 ③

01 **전략** 좌극한의 값, 우극한의 값, 함숫값을 비교한다.

풀이 ㄱ. $g(0) = f(0) + f(0) = -1 + (-1) = -2$이고,

$\lim\limits_{x \to 0-} g(x) = \lim\limits_{x \to 0-} \{f(x) + f(-x)\}$

$= -1 + 0 = -1$,

$\lim\limits_{x \to 0+} g(x) = \lim\limits_{x \to 0+} \{f(x) + f(-x)\}$

$= 0 + (-1) = -1$

이므로 $\lim\limits_{x \to 0} g(x) = -1$

$\therefore \lim\limits_{x \to 0} g(x) \neq g(0)$

즉, 함수 $g(x)$는 $x=0$에서 불연속이다.

ㄴ. $h(0)=f(0)f(0)=(-1)\times(-1)=1$이고,

$\lim_{x\to 0-}h(x)=\lim_{x\to 0-}f(x)f(-x)=(-1)\times 0=0$,

$\lim_{x\to 0+}h(x)=\lim_{x\to 0+}f(x)f(-x)=0\times(-1)=0$

이므로 $\lim_{x\to 0}h(x)=0$

$\therefore \lim_{x\to 0}h(x)\neq h(0)$

즉, 함수 $x=0$에서 불연속이다.

ㄷ. ㄱ, ㄴ에 의하여

$g(0)+h(0)=(-2)+1=-1$,

$\lim_{x\to 0}\{g(x)+h(x)\}=-1+0=-1$

이므로 $\lim_{x\to 0}\{g(x)+h(x)\}=g(0)+h(0)$

즉, 함수 $g(x)+h(x)$는 $x=0$에서 연속이다.

ㄹ. ㄱ, ㄴ에 의하여

$g(0)h(0)=(-2)\times 1=-2$,

$\lim_{x\to 0}g(x)h(x)=(-1)\times 0=0$

이므로 $\lim_{x\to 0}g(x)h(x)\neq g(0)h(0)$

즉, 함수 $g(x)h(x)$는 $x=0$에서 불연속이다.

따라서 $x=0$에서 연속인 함수는 ㄷ뿐이다.　　　답 ②

02 전략 함수 $f(x)$가 실수 전체의 집합에서 연속이려면 $x=-1$에서 연속이어야 함을 이용한다.

풀이 함수 $f(x)$가 실수 전체의 집합에서 연속이려면 $x=-1$에서 연속이어야 하므로

$\lim_{x\to -1}f(x)=f(-1)$

$\lim_{x\to -1}\dfrac{x^2+ax+b}{x+1}=\dfrac{6}{c-1}$에서 $x\to -1$일 때 (분모)$\to 0$이고 극한값이 존재하므로 (분자)$\to 0$이어야 한다.

즉, $\lim_{x\to -1}(x^2+ax+b)=0$이므로 $1-a+b=0$

$\therefore a=b+1$

$\lim_{x\to -1}\dfrac{x^2+ax+b}{x+1}=\lim_{x\to -1}\dfrac{x^2+(b+1)x+b}{x+1}$

$=\lim_{x\to -1}\dfrac{(x+1)(x+b)}{x+1}$

$=\lim_{x\to -1}(x+b)=-1+b=\dfrac{6}{c-1}$

$\therefore (b-1)(c-1)=6$

이때 b, c가 정수이므로 $b-1$, $c-1$의 값은 다음과 같다.

$b-1$	1	2	3	6	-1	-2	-3	-6
$c-1$	6	3	2	1	-6	-3	-2	-1

따라서 a, b, c의 값은 다음과 같다.

b	2	3	4	7	0	-1	-2	-5
c	7	4	3	2	-5	-2	-1	0
$a=b+1$	3	4	5	8	1	0	-1	-4
$a+b+c$	12	11	12	17	-4	-3	-4	-9

즉, $a+b+c$의 최댓값은 17, 최솟값은 -9이므로 그 차는 $17-(-9)=26$　　　답 ④

03 전략 유리함수 $\dfrac{g(x)}{f(x)}$는 $f(x)\neq 0$인 실수 전체의 집합에서 연속임을 이용한다.

풀이 조건 (나)에서 $x\to -1$일 때 (분자)$\to 0$이고 0이 아닌 극한값이 존재하므로 (분모)$\to 0$이어야 한다.

즉, $\lim_{x\to -1}f(x)=0$이므로 $f(-1)=0$

따라서 $f(x)=(x+1)(x^2+ax+b)$ (a, b는 상수)로 놓을 수 있다.

$\lim_{x\to -1}\dfrac{x+1}{f(x)}=\lim_{x\to -1}\dfrac{1}{x^2+ax+b}$

$=\dfrac{1}{1-a+b}=1$

$1-a+b=1$

$\therefore a=b$

$\therefore f(x)=(x+1)(x^2+ax+a)$

이때 조건 (가)에 의하여 $x^2+ax+a=0$을 만족시키는 실수 x의 값이 존재하지 않아야 하므로 이 이차방정식의 판별식을 D라 하면

$D=a^2-4a<0$

$a(a-4)<0$

$\therefore 0<a<4$

이때 $f(0)=a$가 자연수이므로

$a=1$ 또는 $a=2$ 또는 $a=3$

따라서 $f(1)=2(2a+1)=4a+2$는 $a=3$일 때 최댓값 14를 갖는다.　　　답 ③

04 전략 방정식 $f(x)=0$의 서로 다른 두 실근을 α, β라 하면 함수 $g(x)$가 $x=\alpha$, $x=\beta$에서 연속임을 이용한다.

풀이 조건 (가)에서 방정식 $f(x)=0$의 서로 다른 두 실근을 α, β $(\alpha<\beta)$라 하면

$g(x)=\begin{cases} -x+4 & (x\le \alpha \text{ 또는 } x\ge \beta) \\ x^2-2x+k & (\alpha<x<\beta) \end{cases}$

조건 (나)에 의하여 함수 $g(x)$는 $x=\alpha$, $x=\beta$에서 연속이므로

$\lim_{x\to \alpha-}g(x)=\lim_{x\to \alpha+}g(x)=g(\alpha)$, $\lim_{x\to \beta-}g(x)=\lim_{x\to \beta+}g(x)=g(\beta)$

$-\alpha+4=\alpha^2-2\alpha+k$, $\beta^2-2\beta+k=-\beta+4$

$\therefore \alpha^2-\alpha+k-4=0$, $\beta^2-\beta+k-4=0$

즉, α, β는 방정식 $x^2-x+k-4=0$의 서로 다른 두 실근이므로 최고차항의 계수가 1인 이차함수 $f(x)$는

$f(x)=x^2-x+k-4$

$\therefore f(2)=4-2+k-4=k-2$

이때 $g(2)=\begin{cases} 2 & (f(2)\ge 0) \\ k & (f(2)<0) \end{cases}$ 이므로 조건 (다)에 의하여 $f(2)\ge 0$이고, $k-2=2$

$\therefore k=4$

따라서 $f(x)=x^2-x$이므로

$f(k)=f(4)=16-4=12$　　　답 ②

05 전략 함수 $g(x)$가 $x=-2$, $x=2$에서 연속임을 이용하여 $f(x)$를 구한다.

풀이 사차함수 $f(x)$는 실수 전체의 집합에서 연속이고,

함수 $g(x)=\begin{cases} \dfrac{f(x)}{(x-2)(x+2)} & (|x|>2) \\ (x+1)f\left(\dfrac{x}{2}\right) & (|x|<2) \end{cases}$ 가 실수 전체의 집합에서

연속이므로 $x=2$, $x=-2$에서도 연속이다.

(i) 함수 $g(x)$는 $x=2$에서 연속이므로

$$\lim_{x\to 2-} g(x)=\lim_{x\to 2+} g(x)=g(2)$$

이때

$$\lim_{x\to 2-} g(x)=\lim_{x\to 2-}(x+1)f\left(\frac{x}{2}\right)=3f(1),$$

$$\lim_{x\to 2+} g(x)=\lim_{x\to 2+}\frac{f(x)}{(x-2)(x+2)}$$

이므로 $\displaystyle\lim_{x\to 2+}\frac{f(x)}{(x-2)(x+2)}=3f(1)=g(2)$ ····· ㉠

㉠에서 $x\to 2+$일 때 (분모)$\to 0$이고 극한값이 존재하므로 (분자)$\to 0$이어야 한다.

즉, $\displaystyle\lim_{x\to 2+}f(x)=0$이므로 $f(2)=0$

(ii) 함수 $g(x)$는 $x=-2$에서 연속이므로

$$\lim_{x\to -2-} g(x)=\lim_{x\to -2+} g(x)=g(-2)$$

이때

$$\lim_{x\to -2-} g(x)=\lim_{x\to -2-}\frac{f(x)}{(x-2)(x+2)},$$

$$\lim_{x\to -2+} g(x)=\lim_{x\to -2+}(x+1)f\left(\frac{x}{2}\right)=-f(-1)$$

이므로 $\displaystyle\lim_{x\to -2-}\frac{f(x)}{(x-2)(x+2)}=-f(-1)=g(-2)$ ····· ㉡

㉡에서 $x\to -2-$일 때 (분모)$\to 0$이고 극한값이 존재하므로 (분자)$\to 0$이어야 한다.

즉, $\displaystyle\lim_{x\to -2-}f(x)=0$이므로

$f(-2)=0$

(i), (ii)에 의하여

$f(x)=(x+2)(x-2)(x^2+ax+b)$ (a, b는 상수)

로 놓을 수 있다.

$$\lim_{x\to 2+}\frac{f(x)}{(x-2)(x+2)}=\lim_{x\to 2+}(x^2+ax+b)=4+2a+b,$$

$f(1)=3\times(-1)\times(1+a+b)=-3-3a-3b$

이므로 ㉠에서 $4+2a+b=-9-9a-9b$

$\therefore 11a+10b=-13$ ····· ㉢

$$\lim_{x\to -2-}\frac{f(x)}{(x-2)(x+2)}=\lim_{x\to -2-}(x^2+ax+b)=4-2a+b,$$

$f(-1)=(-3)\times(1-a+b)=-3+3a-3b$

이므로 ㉡에서 $4-2a+b=3-3a+3b$

$\therefore a-2b=-1$ ····· ㉣

㉢, ㉣을 연립하여 풀면

$a=-\dfrac{9}{8}$, $b=-\dfrac{1}{16}$

$\therefore f(x)=(x+2)(x-2)\left(x^2-\dfrac{9}{8}x-\dfrac{1}{16}\right)$

$\therefore g(-2)+g(2)=-f(-1)+3f(1)$

$\qquad =3\times\left(1+\dfrac{9}{8}-\dfrac{1}{16}\right)-9\times\left(1-\dfrac{9}{8}-\dfrac{1}{16}\right)$

$\qquad =\dfrac{99}{16}+\dfrac{27}{16}=\dfrac{63}{8}$

따라서 $m=8$, $n=63$이므로

$m+n=8+63=71$ **답 ②**

06 **전략** 함수 $f(x)$가 $x=a$에서 불연속일 때, 함수 $f(x)g(x)$가 $x=a$에서 연속이려면 $g(a)=0$이어야 함을 이용한다.

풀이 $p(x)=x^3+(a-4)x^2+(a^2-4a)x+a^3$으로 놓으면 방정식 $p(x)=0$의 서로 다른 실근의 개수가 $f(a)$이다.

$p(-a)=0$이므로 $p(x)=(x+a)(x^2-4x+a^2)$

$p(x)=0$에서 $x=-a$ 또는 $x^2-4x+a^2=0$

이차방정식 $x^2-4x+a^2=0$의 판별식을 D라 하면

$\dfrac{D}{4}=4-a^2=-(a+2)(a-2)$

(i) $a<-2$ 또는 $a>2$일 때, $\dfrac{D}{4}<0$이므로 $f(a)=1$

(ii) $a=-2$일 때, $\dfrac{D}{4}=0$이고 $p(x)=(x-2)^3$이므로 $f(a)=1$

(iii) $a=2$일 때, $\dfrac{D}{4}=0$이고 $p(x)=(x+2)(x-2)^2$이므로 $f(a)=2$

(iv) $-2<a<2$일 때, $\dfrac{D}{4}>0$이고

$x^2-4x+a^2=0$에서 $x=2\pm\sqrt{4-a^2}$

이때 $2\pm\sqrt{4-a^2}=-a$이면 $\pm\sqrt{4-a^2}=-a-2$

양변을 제곱하면

$4-a^2=a^2+4a+4$

$2a^2+4a=0$, $2a(a+2)=0$

$\therefore a=0$ ($\because -2<a<2$)

즉, $a=0$일 때 $p(x)=x^2(x-4)$이므로 $f(a)=2$

$-2<a<0$ 또는 $0<a<2$일 때 $f(a)=3$

(i)~(iv)에 의하여 함수 $y=f(a)$의 그래프는 오른쪽 그림과 같으므로 함수 $f(a)$는 $a=-2$, $a=0$, $a=2$에서 불연속이다.

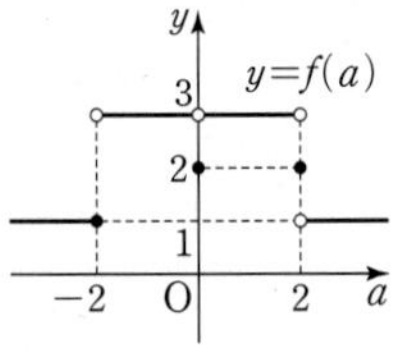

따라서 함수 $f(a)g(a)$가 실수 전체의 집합에서 연속이려면 $g(0)=g(-2)=g(2)=0$이어야 한다.

이를 만족시키는 다항함수 $g(a)$ 중 차수가 가장 낮은 것은 삼차함수이므로

$h(a)=ba(a-2)(a+2)$ (b는 0이 아닌 상수)

로 놓을 수 있다.

$\therefore \dfrac{h(5)}{h(3)}=\dfrac{105b}{15b}=7$ **답 ③**

07 **전략** 함수 $f(x)$가 $x=a$에서 불연속일 때, 함수 $f(x)g(x)$가 $x=a$에서 연속이려면 $g(a)=0$이어야 함을 이용한다.

풀이 오른쪽 그림과 같이 원 $x^2+y^2=4$와 곡선 $y=x^2+k$가 두 점에서 접할 때, $x^2+(x^2+k)^2=4$에서 $x^2=t$로 놓으면 $t+(t+k)^2=4$, $t^2+(2k+1)t+k^2-4=0$ 이 이차방정식의 판별식을 D라 하면

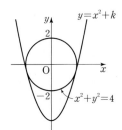

$$D=(2k+1)^2-4(k^2-4)=0$$

$$4k+17=0 \qquad \therefore k=-\frac{17}{4}$$

$$\therefore f(k)=\begin{cases} 0 & \left(k<-\dfrac{17}{4} \text{ 또는 } k>2\right) \\ 2 & \left(k=-\dfrac{17}{4} \text{ 또는 } -2<k<2\right) \\ 4 & \left(-\dfrac{17}{4}<k<-2\right) \\ 3 & (k=-2) \\ 1 & (k=2) \end{cases}$$

이때 함수 $y=f(x)$의 그래프는 다음 그림과 같다.

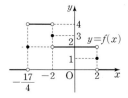

즉, 함수 $f(x)$는 $x=-\dfrac{17}{4}$, $x=-2$, $x=2$에서 불연속이다.

따라서 함수 $f(x)g(x)$가 실수 전체의 집합에서 연속이려면 $g\left(-\dfrac{17}{4}\right)=g(-2)=g(2)=0$이어야 하므로 최고차항의 계수가 4인 삼차함수 $g(x)$는

$$g(x)=4\left(x+\frac{17}{4}\right)(x+2)(x-2)$$

또한, $a=-\dfrac{17}{4}$일 때 $\displaystyle\lim_{x\to a-} f(x)<f(a)$이고, $\displaystyle\lim_{x\to -2-} f(x)=4$이므로

$a=-\dfrac{17}{4}$, $b=4$

$$\therefore g\left(a+\frac{13}{4}\right)-g(b-3)=g(-1)-g(1)$$
$$=-39-(-63)=24$$ **답** ④

08 **전략** 함수 $f(x)$가 $x=a$에서 불연속이고, 함수 $g(x)$가 $x=b$에서 불연속일 때, 합성함수 $f(g(x))$의 연속성은 $x=b$, $g(x)=a$인 점에서의 연속성을 확인해야 함을 이용한다.

풀이 ㄱ. $\displaystyle\lim_{x\to 0-} f(g(x))=f(1)=0$

$\displaystyle\lim_{x\to 0+} f(g(x))=\lim_{t\to -1+} f(t)=0$

$\therefore \displaystyle\lim_{x\to 0} f(g(x))=0$ (참)

ㄴ. (i) 함수 $g(x)$가 $x=0$, $x=1$에서 불연속이므로 $x=0$, $x=1$에서 함수 $f(g(x))$의 연속성을 확인한다.

ㄱ에서 $\displaystyle\lim_{x\to 0} f(g(x))=0$이고, $f(g(0))=f(-1)=0$이므로

$\displaystyle\lim_{x\to 0} f(g(x))=f(g(0))$

즉, 함수 $f(g(x))$는 $x=0$에서 연속이다.

또한, $\displaystyle\lim_{x\to 1-} f(g(x))=\lim_{t\to 0-} f(t)=1$

$\displaystyle\lim_{x\to 1+} f(g(x))=\lim_{t\to 1+} f(t)=0$

$\therefore \displaystyle\lim_{x\to 1-} f(g(x)) \neq \lim_{x\to 1+} f(g(x))$

즉, $\displaystyle\lim_{x\to 1} f(g(x))$의 값이 존재하지 않으므로 함수 $f(g(x))$는 $x=1$에서 불연속이다.

(ii) 함수 $f(x)$가 $x=0$, $x=1$에서 불연속이므로 $g(x)=0$, $g(x)=1$인 x의 값에 대하여 함수 $f(g(x))$의 연속성을 확인한다.

주어진 함수 $y=g(x)$의 그래프로부터 $g(x)=0$인 x는 존재하지 않고, $g(x)=1$인 x의 값은 $x<0$ 또는 $x=1$이다.

$a<0$인 a에 대하여 $g(a)=1$이므로

$f(g(a))=f(1)=0$, $\displaystyle\lim_{x\to a} f(g(x))=f(1)=0$

즉, $\displaystyle\lim_{x\to a} f(g(x))=f(g(a))$이므로 함수 $f(g(x))$는 $a<0$인 a에 대하여 $x=a$에서 연속이다.

(i), (ii)에 의하여 함수 $f(g(x))$는 $x=1$에서만 불연속이다.

따라서 함수 $(x-a)f(g(x))$가 실수 전체의 집합에서 연속이 되려면 $1-a=0$ $\therefore a=1$ (참)

ㄷ. (i) 함수 $f(x)$가 $x=0$, $x=1$에서 불연속이므로 $x=0$, $x=1$에서 함수 $g(f(x))$의 연속성을 확인한다.

$\displaystyle\lim_{x\to 0-} g(f(x))=\lim_{s\to 1-} g(s)=0$

$\displaystyle\lim_{x\to 0+} g(f(x))=\lim_{s\to 0+} g(s)=-1$

$\therefore \displaystyle\lim_{x\to 0-} g(f(x)) \neq \lim_{x\to 0+} g(f(x))$

즉, $\displaystyle\lim_{x\to 0} g(f(x))$의 값이 존재하지 않으므로 함수 $g(f(x))$는 $x=0$에서 불연속이다.

또한, $\displaystyle\lim_{x\to 1-} g(f(x))=\lim_{s\to 1-} g(s)=0$

$\displaystyle\lim_{x\to 1+} g(f(x))=\lim_{s\to 0-} g(s)=1$

$\therefore \displaystyle\lim_{x\to 1-} g(f(x)) \neq \lim_{x\to 1+} g(f(x))$

즉, $\displaystyle\lim_{x\to 1} g(f(x))$의 값이 존재하지 않으므로 함수 $g(f(x))$는 $x=1$에서 불연속이다.

(ii) 함수 $g(x)$가 $x=0$, $x=1$에서 불연속이므로 $f(x)=0$, $f(x)=1$인 x의 값에 대하여 함수 $g(f(x))$의 연속성을 확인한다.

주어진 함수 $y=f(x)$의 그래프로부터 $f(x)=0$인 x의 값은 $x=-1$, $x=0$, $x=1$이고, $f(x)=1$인 x는 존재하지 않는다.

$\displaystyle\lim_{x\to -1-} g(f(x))=\lim_{s\to 0-} g(s)=1$

$\displaystyle\lim_{x\to -1+} g(f(x))=\lim_{s\to 0+} g(s)=-1$

$\therefore \displaystyle\lim_{x\to -1-} g(f(x)) \neq \lim_{x\to -1+} g(f(x))$

즉, $\displaystyle\lim_{x\to -1} g(f(x))$의 값이 존재하지 않으므로 함수 $g(f(x))$는 $x=-1$에서 불연속이다.

(i), (ii)에 의하여 함수 $g(f(x))$는 $x=-1$, $x=0$, $x=1$에서 불연속이므로 불연속인 점은 3개이다. (참)

따라서 ㄱ, ㄴ, ㄷ 모두 옳다. **답** ⑤

09 전략 함수 $f(x)$가 $x=a$에서 불연속이고, 함수 $g(x)$가 $x=b$에서 불연속일 때, 합성함수 $f(g(x))$의 연속성은 $x=b$, $g(x)=a$인 점에서의 연속성을 확인해야 함을 이용한다.

풀이 함수 $f(x)$는 $x=0$, $x=1$, $x=2$에서 불연속이므로 $g(x)=0$, $g(x)=1$, $g(x)=2$인 x의 값에 대하여 함수 $f(g(x))$의 연속성을 확인한다.

$g(x)=x^2-2x+k=(x-1)^2+k-1$이므로

$g(x) \geq k-1$

(i) $k-1>2$, 즉 $k>3$일 때

함수 $g(x)$는 실수 전체의 집합에서 연속이고 $g(x) \geq k-1>2$이다.

또, $x>2$일 때 함수 $f(x)$가 연속이므로 함수 $f(g(x))$는 실수 전체의 집합에서 연속이다.

∴ $k>3$일 때, $h(k)=0$

(ii) $k-1=2$, 즉 $k=3$일 때

$g(x)=(x-1)^2+2 \geq 2$이므로 $g(x)=2$, 즉 $x=1$에서의 함수 $f(g(x))$의 연속성을 확인한다.

$\lim\limits_{x \to 1} f(g(x))=\lim\limits_{t \to 2+} f(t)=3$, $f(g(1))=f(2)=1$이므로

$\lim\limits_{x \to 1} f(g(x)) \neq f(g(1))$

즉, 함수 $f(g(x))$는 $x=1$에서 불연속이다.

∴ $h(3)=1$

(iii) $k-1=1$, 즉 $k=2$일 때

$g(x)=(x-1)^2+1 \geq 1$이므로 $g(x)=1$ 또는 $g(x)=2$, 즉 $x=0$, $x=1$, $x=2$에서의 함수 $f(g(x))$의 연속성을 확인한다.

$\lim\limits_{x \to 0-} f(g(x))=\lim\limits_{t \to 2+} f(t)=3$

$\lim\limits_{x \to 0+} f(g(x))=\lim\limits_{t \to 2-} f(t)=1$

∴ $\lim\limits_{x \to 0-} f(g(x)) \neq \lim\limits_{x \to 0+} f(g(x))$

즉, $\lim\limits_{x \to 0} f(g(x))$의 값이 존재하지 않으므로 함수 $f(g(x))$는 $x=0$에서 불연속이다.

$\lim\limits_{x \to 1} f(g(x))=\lim\limits_{t \to 1+} f(t)=1$, $f(g(1))=f(1)=1$이므로

$\lim\limits_{x \to 1} f(g(x))=f(g(1))$

즉, 함수 $f(g(x))$는 $x=1$에서 연속이다.

$\lim\limits_{x \to 2-} f(g(x))=\lim\limits_{t \to 1+} f(t)=1$

$\lim\limits_{x \to 2+} f(g(x))=\lim\limits_{t \to 2+} f(t)=3$

∴ $\lim\limits_{x \to 2-} f(g(x)) \neq \lim\limits_{x \to 2+} f(g(x))$

즉, $\lim\limits_{x \to 2} f(g(x))$의 값이 존재하지 않으므로 함수 $f(g(x))$는 $x=2$에서 불연속이다.

∴ $h(2)=2$

(iv) $k-1=0$, 즉 $k=1$일 때

$g(x)=(x-1)^2 \geq 0$이므로 $g(x)=0$ 또는 $g(x)=1$ 또는 $g(x)=2$인 점에서의 연속성을 (iii)과 같은 방법으로 확인하면 함수 $f(g(x))$는 $g(x)=0$ 또는 $g(x)=1$ 또는 $g(x)=2$인 5개의 점에서 불연속이다.

∴ $h(1)=5$

(v) $k-1<0$, 즉 $k<1$일 때

$g(x)=0$ 또는 $g(x)=1$ 또는 $g(x)=2$인 점에서의 연속성을 (iii) 과 같은 방법으로 확인하면 함수 $f(g(x))$는 $g(x)=0$ 또는 $g(x)=1$ 또는 $g(x)=2$인 6개의 점에서 불연속이다.

∴ $k<1$일 때 $h(k)=6$

(i)~(v)에 의하여

$$h(k)=\begin{cases} 6 & (k<1) \\ 5 & (k=1) \\ 2 & (k=2) \\ 1 & (k=3) \\ 0 & (k>3) \end{cases}$$

∴ $\sum\limits_{k=0}^{10} h(k)=6+5+2+1=14$　　　답 ④

10 전략 직선 $y=mx$와 함수 $y=\left|\dfrac{2-x}{x-1}\right|$의 그래프가 접할 때의 m의 값을 기준으로 함수 $f(m)$을 구한다.

풀이 $y=\left|\dfrac{2-x}{x-1}\right|=\left|\dfrac{1}{x-1}-1\right|$

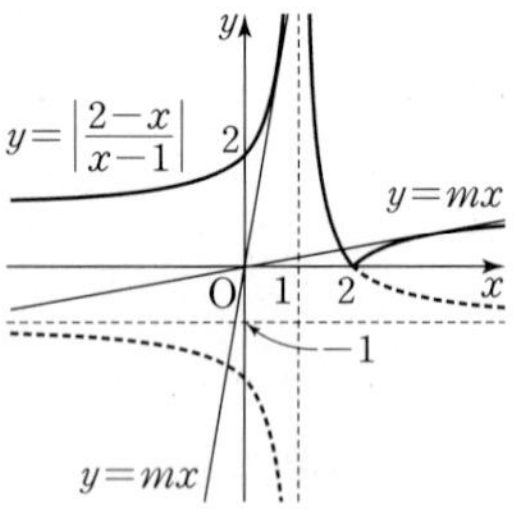

이므로 그래프는 오른쪽 그림과 같다.

직선 $y=mx$와 함수 $y=-\dfrac{2-x}{x-1}$의 그래프가 접할 때의 m의 값을 구하면

$mx=-\dfrac{2-x}{x-1}$

$mx^2-(m+1)x+2=0$

이 이차방정식의 판별식을 D라 하면

$D=(m+1)^2-8m=0$, $m^2-6m+1=0$

∴ $m=3 \pm 2\sqrt{2}$

이때 직선 $y=mx$와 함수 $y=\left|\dfrac{2-x}{x-1}\right|$의 그래프의 교점의 개수 $f(m)$은 다음과 같다.

$$f(m)=\begin{cases} 1 & (m \leq 0) \\ 3 & (0<m<3-2\sqrt{2}) \\ 2 & (m=3-2\sqrt{2}) \\ 1 & (3-2\sqrt{2}<m<3+2\sqrt{2}) \\ 2 & (m=3+2\sqrt{2}) \\ 3 & (m>3+2\sqrt{2}) \end{cases}$$

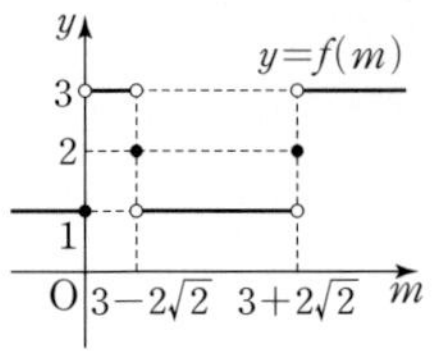

따라서 함수 $f(m)$은 $m=0$, $m=3-2\sqrt{2}$, $m=3+2\sqrt{2}$에서 불연속이다.

조건 (가)에 의하여 $x \to 1$일 때 (분모)$\to 0$이고 극한값이 존재하므로 (분자)$\to 0$이어야 한다.

즉, $\lim\limits_{x \to 1} \{g(x)-g(3)\}=0$이므로

$g(1)=g(3)$

이때 함수 $g(x)$는 최고차항의 계수가 1인 이차함수이므로 포물선 $y=g(x)$의 축은 직선 $x=2$이다.

따라서 $g(x)=(x-2)^2+k$ (k는 상수)로 놓을 수 있다.

한편, 함수 $f(g(x))$는 $g(x)=0$, $g(x)=3-2\sqrt{2}$, $g(x)=3+2\sqrt{2}$인 x의 값에서 불연속이다.

조건 ㈏에 의하여 함수 $f(g(x))$의 불
연속인 점이 3개이려면 오른쪽 그림과
같이 함수 $g(x)$의 최솟값이 $3-2\sqrt{2}$이
어야 하므로
$k=3-2\sqrt{2}$
따라서 $g(x)=(x-2)^2+3-2\sqrt{2}$이므로
$g(0)-g(1)=(7-2\sqrt{2})-(4-2\sqrt{2})=3$

답 3

11 전략 함수 $f(x)$가 $x=a$에서 불연속이고, 함수 $g(x)$가 실수 전체의
집합에서 연속일 때, 합성함수 $(g \circ f)(x)$가 실수 전체의 집합에서 연속이 되
기 위해서는 합성함수 $(g \circ f)(x)$가 $x=a$에서 연속이어야 함을 이용한다.

풀이 점 $(-2, 0)$을 지나는 직선 $y=k(x+2)$와 함수
$y=|x^2+x-2|$의 그래프는 다음 그림과 같다.

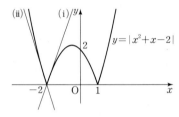

(i) 직선 $y=k(x+2)$와 함수 $y=-x^2-x+2$의 그래프가 접할 때
$k(x+2)=-x^2-x+2$, $x^2+(k+1)x+2(k-1)=0$
이 이차방정식의 판별식을 D_1이라 하면
$D_1=(k+1)^2-8(k-1)=0$
$k^2-6k+9=0$
$(k-3)^2=0$
$\therefore k=3$

(ii) 직선 $y=k(x+2)$와 함수 $y=x^2+x-2$의 그래프가 접할 때
$k(x+2)=x^2+x-2$, $x^2+(1-k)x-2(k+1)=0$
이 이차방정식의 판별식을 D_2라 하면
$D_2=(1-k)^2+8(k+1)=0$
$k^2+6k+9=0$
$(k+3)^2=0$
$\therefore k=-3$

(i), (ii)에 의하여 함수 $y=|x^2+x-2|$의 그래프와 직선
$y=k(x+2)$는 $k=-3$ 또는 $k=3$일 때 접한다.
따라서 함수 $y=|x^2+x-2|$의 그래프와 직선 $y=k(x+2)$의 교점
의 개수 $f(k)$는 k의 값에 따라 다음과 같다.
$$f(k)=\begin{cases} 2 & (k<-3) \\ 1 & (-3 \le k<0) \\ 2 & (k=0) \\ 3 & (0<k<3) \\ 2 & (k \ge 3) \end{cases}$$
즉, 함수 $f(k)$는 $k=-3$, $k=0$, $k=3$에서 불연속이다.
이때 합성함수 $(g \circ f)(x)=g(f(x))$가 실수 전체의 집합에서 연
속이려면 $x=-3$, $x=0$, $x=3$에서 연속이어야 한다.
함수 $g(f(x))$가 $x=-3$에서 연속이려면

$\lim\limits_{x \to -3-} g(f(x)) = \lim\limits_{x \to -3+} g(f(x)) = g(f(-3))$이어야 한다. 이때
$\lim\limits_{x \to -3-} g(f(x)) = g(2)$, $\lim\limits_{x \to -3+} g(f(x)) = g(1)$, $g(f(-3)) = g(1)$
이므로 $g(1)=g(2)$ ...... ㉠
함수 $g(f(x))$가 $x=0$에서 연속이려면
$\lim\limits_{x \to 0-} g(f(x)) = \lim\limits_{x \to 0+} g(f(x)) = g(f(0))$이어야 한다. 이때
$\lim\limits_{x \to 0-} g(f(x)) = g(1)$, $\lim\limits_{x \to 0+} g(f(x)) = g(3)$, $g(f(0)) = g(2)$
이므로 $g(1)=g(2)=g(3)$ ...... ㉡
함수 $g(f(x))$가 $x=3$에서 연속이려면
$\lim\limits_{x \to 3-} g(f(x)) = \lim\limits_{x \to 3+} g(f(x)) = g(f(3))$이어야 한다. 이때
$\lim\limits_{x \to 3-} g(f(x)) = g(3)$, $\lim\limits_{x \to 3+} g(f(x)) = g(2)$, $g(f(3)) = g(2)$
이므로 $g(2)=g(3)$ ...... ㉢
㉠, ㉡, ㉢에서 $g(1)=g(2)=g(3)$이므로 최고차항의 계수가 1인
삼차함수 $g(x)$는
$g(x)=(x-1)(x-2)(x-3)+a$ (a는 실수)
로 놓을 수 있다.
이때 $g(0)=-6+a=-5$이므로 $a=1$
$\therefore g(x)=(x-1)(x-2)(x-3)+1$
따라서 방정식 $g(x)=0$, 즉 $x^3-6x^2+11x-5=0$의 세 근의 곱은
삼차방정식의 근과 계수의 관계에 의하여 5이다.

답 ⑤

12 전략 조건을 만족시키는 함수 $y=f(|x|)$의 그래프의 개형을 생각한다.

풀이 $f(|x|)=\begin{cases} f(x) & (x \ge 0) \\ f(-x) & (x<0) \end{cases}$

(i) $a=0$일 때, $f(x)=c$이므로 조건 ㈎를 만족시키지 못한다.
(ii) $a>0$일 때, 함수 $y=f(x)$의 그래프는 b의 값에 따라 다음과 같
이 나누어 생각할 수 있다.
① $b>0$일 때
조건 ㈎, ㈏에 의하여
$c=-1$, $ab^2+c=b$
$\therefore b(ab-1)=1$
이때 a, b가 정수이므로 $a=2$, $b=1$
즉, $f(x)=2(x-1)^2-1$이므로
$f(-2)=17$

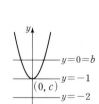

② $b=0$일 때
조건 ㈎에 의하여
$g(-2)=0$, $g(-1)=1$, $g(0)=2$
이때 함수 $g(t)$는 $t=-1$일 때만 불연속
이므로 조건 ㈏를 만족시키지 않는다.

$g(t)=\begin{cases} 0 & (t<-1) \\ 1 & (t=-1) \\ 2 & (t>-1) \end{cases}$

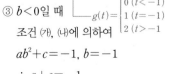

③ $b<0$일 때
조건 ㈎, ㈏에 의하여
$ab^2+c=-1$, $b=-1$
$\therefore a+c=-1$
즉, $f(x)=a(x+1)^2+c$이므로
$f(-2)=a+c=-1$

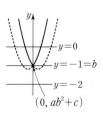

(iii) $a<0$일 때, 함수 $y=f(x)$의 그래프는 b의 값에 따라 다음과 같이 나누어 생각할 수 있다.

① $b>0$일 때

조건 (가), (나)에 의하여

$c=b$, $ab^2+c=-1$

$\therefore b(ab+1)=-1$

이때 a, b가 정수이므로

$a=-2$, $b=c=1$

즉, $f(x)=-2(x-1)^2+1$이므로 $f(-2)=-17$

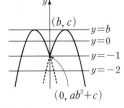

② $b=0$ 또는 $b<0$일 때, 조건 (가)를 만족시키지 않는다.

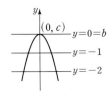
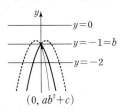

(i), (ii), (iii)에 의하여 $f(-2)$의 값은 17 또는 -1 또는 -17이다. 따라서 $f(-2)$의 최댓값은 17이다.　　답 ③

13 전략 함수 $f(x)$가 실수 전체의 집합에서 연속이 되도록 하는 실수 k의 개수는 함수 $y=|x^2+t|$의 그래프와 직선 $y=a$의 교점의 개수와 같음을 이용한다.

풀이 함수 $f(x)$가 실수 전체의 집합에서 연속이려면 함수 $y=|x^2+t|$의 그래프와 직선 $y=a$의 교점이 존재해야 하고 교점의 x좌표가 k이어야 한다.

따라서 실수 k의 개수는 함수 $y=|x^2+t|$의 그래프와 직선 $y=a$의 교점의 개수와 같다.

(i) $a<0$일 때

함수 $y=|x^2+t|$의 그래프와 직선 $y=a$의 교점이 존재하지 않으므로 $g(t)=0$

따라서 $g(-3)>g(-2)>g(-1)$을 만족시키지 않는다.

(ii) $a=0$일 때

함수 $y=|x^2+t|$의 그래프와 직선 $y=a$, 즉 x축의 교점은 t의 값에 따라 다음과 같다.

① $t>0$　　　② $t=0$　　　③ $t<0$

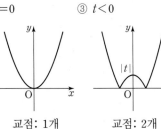

교점: 없다.　　교점: 1개　　교점: 2개

$\therefore g(t)=\begin{cases} 0 & (t>0) \\ 1 & (t=0) \\ 2 & (t<0) \end{cases}$

따라서 $g(-3)>g(-2)>g(-1)$을 만족시키지 않는다.

(iii) $a>0$일 때

함수 $y=|x^2+t|$의 그래프와 직선 $y=a$의 교점은 t의 값에 따라 다음과 같다.

① $t>a$　　② $t=a$　　③ $-a<t<a$

교점: 없다.　　교점: 1개　　　교점: 2개

④ $t=-a$　　⑤ $t<-a$

교점: 3개　　교점: 4개

$\therefore g(t)=\begin{cases} 0 & (t>a) \\ 1 & (t=a) \\ 2 & (-a<t<a) \\ 3 & (t=-a) \\ 4 & (t<-a) \end{cases}$

이때 $g(-3)>g(-2)>g(-1)$을 만족시키려면 $g(-2)=3$이어야 한다.

$\therefore a=2$

(i), (ii), (iii)에 의하여 $a=2$, $g(2)=1$이므로

$a+g(2)=2+1=3$　　답 3

14 전략 함수 $h(t)=h_1(t)+h_2(t)$가 $t=a$에서 불연속이면 $h_1(t)$ 또는 $h_2(t)$가 $t=a$에서 불연속임을 이용한다.

풀이 함수

$f(x)=\sin\dfrac{3}{2}x+1$ $(0\le x\le 2\pi)$의 그래프가 오른쪽 그림과 같으므로 직선 $y=t$와의 교점의 개수 $h_1(t)$는 t의 값에 따라 다음과 같다.

$\therefore h_1(t)=\begin{cases} 0 & (t<0) \\ 1 & (t=0) \\ 2 & (0<t<1) \\ 4 & (1\le t<2) \\ 2 & (t=2) \\ 0 & (t>2) \end{cases}$

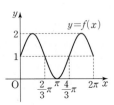

또, 이차함수 $y=g(x)$의 그래프가 직선 $y=p$에 접한다고 하면 함수 $y=g(x)$의 그래프와 직선 $y=t$의 교점의 개수 $h_2(t)$는

함수 $g(x)$의 최고차항의 계수가 양수일 때, $h_2(t)=\begin{cases} 0 & (t<p) \\ 1 & (t=p) \\ 2 & (t>p) \end{cases}$

함수 $g(x)$의 최고차항의 계수가 음수일 때, $h_2(t)=\begin{cases} 2 & (t<p) \\ 1 & (t=p) \\ 0 & (t>p) \end{cases}$

따라서 함수 $h_1(t)$는 $t=0$, $t=1$, $t=2$에서 불연속이고, 함수 $h_2(t)$는 $t=p$에서 불연속이다.

이때 $p \neq 0$, $p \neq 1$, $p \neq 2$이면 함수 $h(t) = h_1(t) + h_2(t)$는
$t = 0$, $t = 1$, $t = 2$, $t = p$에서 극한값이 존재하지 않으므로 조건 ㈎를 만족시키지 않는다.

따라서 $p = 0$ 또는 $p = 1$ 또는 $p = 2$이어야 한다.

(i) $p = 0$일 때

① 함수 $g(x)$의 최고차항의 계수가 양수일 때
$$\lim_{t \to 0-} h(t) = \lim_{t \to 0-} \{h_1(t) + h_2(t)\} = 0 + 0 = 0,$$
$$\lim_{t \to 0+} h(t) = \lim_{t \to 0+} \{h_1(t) + h_2(t)\} = 2 + 2 = 4$$

즉, $\lim_{t \to 0} h(t)$의 값이 존재하지 않으므로 조건 ㈎를 만족시키지 않는다.

또, $t = 1$, $t = 2$일 때에도 극한값이 존재하지 않으므로 조건 ㈎를 만족시키지 않는다.

② 함수 $g(x)$의 최고차항의 계수가 음수일 때
$$\lim_{t \to 0-} h(t) = \lim_{t \to 0-} \{h_1(t) + h_2(t)\} = 0 + 2 = 2,$$
$$\lim_{t \to 0+} h(t) = \lim_{t \to 0+} \{h_1(t) + h_2(t)\} = 2 + 0 = 2,$$
$$h(0) = h_1(0) + h_2(0) = 1 + 1 = 2$$
$$\therefore \lim_{t \to 0} h(t) = h(0)$$

즉, 함수 $h(t)$는 $t = 0$에서 연속이므로 조건 ㈎를 만족시키지 않는다.

또, $t = 1$, $t = 2$일 때는 극한값이 존재하지 않으므로 조건 ㈎를 만족시키지 않는다.

(ii) $p = 1$일 때

① 함수 $g(x)$의 최고차항의 계수가 양수일 때
$$\lim_{t \to 1-} h(t) = \lim_{t \to 1-} \{h_1(t) + h_2(t)\} = 2 + 0 = 2,$$
$$\lim_{t \to 1+} h(t) = \lim_{t \to 1+} \{h_1(t) + h_2(t)\} = 4 + 2 = 6$$

즉, $\lim_{t \to 1} h(t)$의 값이 존재하지 않으므로 조건 ㈎를 만족시키지 않는다.

또, $t = 0$, $t = 2$일 때에도 극한값이 존재하지 않으므로 조건 ㈎를 만족시키지 않는다.

② 함수 $g(x)$의 최고차항의 계수가 음수일 때
$$\lim_{t \to 1-} h(t) = \lim_{t \to 1-} \{h_1(t) + h_2(t)\} = 2 + 2 = 4,$$
$$\lim_{t \to 1+} h(t) = \lim_{t \to 1+} \{h_1(t) + h_2(t)\} = 4 + 0 = 4,$$
$$h(1) = h_1(1) + h_2(1) = 4 + 1 = 5$$

즉, $\lim_{t \to 1} h(t)$의 값은 존재하지만 함수 $h(t)$는 $t = 1$에서 불연속이므로 조건 ㈎를 만족시킨다.

또, $t = 0$, $t = 2$일 때는 극한값이 존재하지 않으므로 조건 ㈎를 만족시키지 않는다.

(iii) $p = 2$일 때

① 함수 $g(x)$의 최고차항의 계수가 양수일 때
$$\lim_{t \to 2-} h(t) = \lim_{t \to 2-} \{h_1(t) + h_2(t)\} = 4 + 0 = 4,$$
$$\lim_{t \to 2+} h(t) = \lim_{t \to 2+} \{h_1(t) + h_2(t)\} = 0 + 2 = 2$$

즉, $\lim_{t \to 2} h(t)$의 값이 존재하지 않으므로 조건 ㈎를 만족시키지 않는다.

또, $t = 0$, $t = 1$일 때에도 극한값이 존재하지 않으므로 조건 ㈎를 만족시키지 않는다.

② 함수 $g(x)$의 최고차항의 계수가 음수일 때
$$\lim_{t \to 2-} h(t) = \lim_{t \to 2-} \{h_1(t) + h_2(t)\} = 4 + 2 = 6,$$
$$\lim_{t \to 2+} h(t) = \lim_{t \to 2+} \{h_1(t) + h_2(t)\} = 0 + 0 = 0$$

즉, $\lim_{t \to 2} h(t)$의 값이 존재하지 않으므로 조건 ㈎를 만족시키지 않는다.

또, $t = 0$, $t = 1$일 때에도 극한값이 존재하지 않으므로 조건 ㈎를 만족시키지 않는다.

(i), (ii), (iii)에 의하여 $k = 1$

또, 함수 $g(x)$의 최고차항의 계수는 음수이고 함수 $y = g(x)$의 그래프가 직선 $y = 1$에 접하므로
$g(x) = a(x - b)^2 + 1 \, (a < 0)$로 놓으면 조건 ㈏에 의하여
$$\lim_{x \to k} \frac{g(x) - g(k)}{x - k} = \lim_{x \to 1} \frac{g(x) - g(1)}{x - 1}$$
$$= \lim_{x \to 1} \frac{a(x-b)^2 - a(1-b)^2}{x - 1}$$
$$= \lim_{x \to 1} \frac{a(x - 2b + 1)(x - 1)}{x - 1}$$
$$= \lim_{x \to 1} a(x - 2b + 1)$$
$$= -2a(b - 1) = 4$$

$\therefore a(b - 1) = -2$

이때 a, $b \, (a < 0)$가 정수이므로
$a = -1$, $b - 1 = 2$ 또는 $a = -2$, $b - 1 = 1$
$\therefore a = -1$, $b = 3$ 또는 $a = -2$, $b = 2$
$a = -1$, $b = 3$일 때, $g(x) = -(x-3)^2 + 1$이므로
$g(k) = g(1) = -3$
$a = -2$, $b = 2$일 때, $g(x) = -2(x-2)^2 + 1$이므로
$g(k) = g(1) = -1$
따라서 모든 $g(k)$의 값의 곱은
$-3 \times (-1) = 3$ 　　답 ③

15 전략 조건 $f(x+2) = f(x) + \dfrac{3}{4}$을 만족시키는 함수 $y = f(x)$의 그래프는 x축의 방향으로 2만큼, y축의 방향으로 $\dfrac{3}{4}$만큼 평행이동한 그래프를 연속으로 그려야 함을 이용한다.

풀이 조건 ㈎에 의하여 $0 \leq x < 2$ 일 때, 함수 $y = f(x)$의 그래프는 오른쪽 그림과 같다.

(i) 직선 $y = \dfrac{1}{2}x - t$와 곡선
$y = \left(x - \dfrac{1}{2}\right)^2$이 접할 때
$$\left(x - \frac{1}{2}\right)^2 = \frac{1}{2}x - t, \quad x^2 - \frac{3}{2}x + \frac{1}{4} + t = 0$$
이 이차방정식의 판별식을 D라 하면
$$D = \frac{9}{4} - 4\left(\frac{1}{4} + t\right) = 0$$
$$\frac{5}{4} - 4t = 0, \quad 4t = \frac{5}{4} \qquad \therefore t = \frac{5}{16}$$

(ii) 직선 $y=\dfrac{1}{2}x-t$가 점 $\left(0, \dfrac{1}{4}\right)$을 지날 때

$$\dfrac{1}{4}=-t \qquad \therefore t=-\dfrac{1}{4}$$

(i), (ii)에 의하여 $0\le x<2$에서 직선 $y=\dfrac{1}{2}x-t$와 함수 $y=f(x)$의 그래프는 $t=-\dfrac{1}{4}$, $t=\dfrac{5}{16}$일 때 한 점에서 만나고 $-\dfrac{1}{4}<t<\dfrac{5}{16}$일 때 두 점에서 만난다.

조건 ㈏에 의하여 $2\le x<4$일 때 함수 $y=f(x)$의 그래프는 $0\le x<2$일 때의 함수 $y=f(x)$의 그래프를 x축의 방향으로 2만큼, y축의 방향으로 $\dfrac{3}{4}$만큼 평행이동한 그래프이다.

이때 직선 $y=\dfrac{1}{2}x-t$도 동일하게 평행이동하므로

$$y-\dfrac{3}{4}=\dfrac{1}{2}(x-2)-t, \; y=\dfrac{1}{2}x-t-\dfrac{1}{4}$$

즉, 직선 $y=\dfrac{1}{2}x-t$는 y축의 방향으로 $-\dfrac{1}{4}$만큼 평행이동한다.

따라서 $2\le x<4$에서 직선 $y=\dfrac{1}{2}x-t$와 함수 $y=f(x)$의 그래프는 $t=0$, $t=\dfrac{9}{16}$일 때 한 점에서 만나고 $0<t<\dfrac{9}{16}$일 때 두 점에서 만난다.

같은 방법으로 $4\le x<6$에서 직선 $y=\dfrac{1}{2}x-t$와 함수 $y=f(x)$의 그래프는 $t=\dfrac{1}{4}$, $t=\dfrac{13}{16}$일 때 한 점에서 만나고 $\dfrac{1}{4}<t<\dfrac{13}{16}$일 때 두 점에서 만난다.

즉, 자연수 n에 대하여 $2(n-1)\le x<2n$에서 직선 $y=\dfrac{1}{2}x-t$와 함수 $y=f(x)$의 그래프는 $t=\dfrac{1}{4}n-\dfrac{1}{2}$, $t=\dfrac{1}{4}n+\dfrac{1}{16}$일 때 한 점에서 만나고 $\dfrac{1}{4}n-\dfrac{1}{2}<t<\dfrac{1}{4}n+\dfrac{1}{16}$일 때 두 점에서 만난다.

따라서 함수 $g(t)$는 구간 $\left[\dfrac{1}{4}n-\dfrac{1}{2}, \dfrac{1}{4}n+\dfrac{1}{16}\right]$의 양 끝 점에서 불연속이다.

함수 $g(t)$가 $t=a$에서 불연속일 때, 실수 a의 값을 작은 것부터 차례대로 나열하면

$$-\dfrac{1}{4}, \; 0, \; \dfrac{1}{4}, \; \dfrac{5}{16}, \; \dfrac{1}{2}, \; \dfrac{9}{16}, \; \dfrac{3}{4}, \; \dfrac{13}{16}, \; \cdots$$

따라서 이 수열 $\{a_n\}$은 $a_1=-\dfrac{1}{4}$, $a_2=0$을 제외하고 a_3, a_4, a_5, $\cdots$ 에서 홀수항과 짝수항은 각각 공차가 $\dfrac{1}{4}$인 등차수열이므로

$$a_1=-\dfrac{1}{4}, \; a_2=0, \; a_{2n+1}=\dfrac{1}{4}n \; (n\ge 1), \; a_{2n+2}=\dfrac{1}{4}n+\dfrac{1}{16} \; (n\ge 1)$$

$$\therefore \sum_{n=1}^{32} a_n = a_1+a_2+\sum_{n=1}^{15} a_{2n+1}+\sum_{n=1}^{15} a_{2n+2}$$

$$=-\dfrac{1}{4}+0+\sum_{n=1}^{15}\dfrac{1}{4}n+\sum_{n=1}^{15}\left(\dfrac{1}{4}n+\dfrac{1}{16}\right)$$

$$=-\dfrac{1}{4}+\sum_{n=1}^{15}\left(\dfrac{1}{2}n+\dfrac{1}{16}\right)$$

$$=-\dfrac{1}{4}+\dfrac{1}{2}\times\dfrac{15\times 16}{2}+\dfrac{1}{16}\times 15=\dfrac{971}{16}$$

$$\therefore 16\sum_{n=1}^{32} a_n = 16\times\dfrac{971}{16}=971$$

답 ③

참고 함수 $g(t)$는 다음과 같다.

$t<-\dfrac{1}{4}$일 때, $g(t)=0$

$t=-\dfrac{1}{4}$일 때, $g(t)=1$

$-\dfrac{1}{4}<t<0$일 때, $g(t)=2$

$t=0$일 때, $g(t)=3$

$0<t<\dfrac{1}{4}$일 때, $g(t)=4$

$t=\dfrac{1}{4}$일 때, $g(t)=5$

$\dfrac{1}{4}<t<\dfrac{5}{16}$일 때, $g(t)=6$

$t=\dfrac{5}{16}$일 때, $g(t)=5$

$\dfrac{5}{16}<t<\dfrac{1}{2}$일 때, $g(t)=4$

$t=\dfrac{1}{2}$일 때, $g(t)=5$

$\dfrac{1}{2}<t<\dfrac{9}{16}$일 때, $g(t)=6$

16 전략 주어진 조건으로부터 함수 $f(x)$를 결정하고, 사잇값의 정리를 이용한다.

풀이 $\lim\limits_{x\to 1}\dfrac{f(x)}{x-1}=1$, $\lim\limits_{x\to 2}\dfrac{f(x)}{x-2}=2$, $\lim\limits_{x\to 3}\dfrac{f(x)}{x-3}=3$에서 각각 $x\to 1$, $x\to 2$, $x\to 3$일 때 (분모)$\to 0$이고 극한값이 존재하므로 (분자)$\to 0$이어야 한다.

즉, $\lim\limits_{x\to 1}f(x)=0$, $\lim\limits_{x\to 2}f(x)=0$, $\lim\limits_{x\to 3}f(x)=0$이므로

$$f(1)=0, \; f(2)=0, \; f(3)=0$$

이때

$f(x)=(x-1)(x-2)(x-3)g(x)$ ($g(x)$는 다항함수)

로 놓으면

$$\lim_{x\to 1}\dfrac{f(x)}{x-1}=\lim_{x\to 1}(x-2)(x-3)g(x)=2g(1)=1$$

$$\therefore g(1)=\dfrac{1}{2}$$

$$\lim_{x\to 2}\dfrac{f(x)}{x-2}=\lim_{x\to 2}(x-1)(x-3)g(x)=-g(2)=2$$

$$\therefore g(2)=-1$$

$$\lim_{x\to 3}\dfrac{f(x)}{x-3}=\lim_{x\to 3}(x-1)(x-2)g(x)=2g(3)=3$$

$$\therefore g(3)=\dfrac{3}{2}$$

다항함수 $g(x)$는 실수 전체의 집합에서 연속이고, $g(1)>0$, $g(2)<0$, $g(3)>0$이므로 사잇값의 정리에 의하여 방정식 $g(x)=0$은 두 열린구간 $(1, 2)$와 $(2, 3)$에서 각각 적어도 하나의 실근을 갖는다.

따라서 방정식 $f(x)=0$도 두 열린구간 $(1, 2)$와 $(2, 3)$에서 각각 적어도 하나의 실근을 갖는다.

또, $f(2)=0$이므로 $x=2$는 방정식 $f(x)=0$의 근이다.

따라서 방정식 $f(x)=0$은 열린구간 $(1, 3)$에서 적어도 3개의 실근을 갖는다.

$$\therefore n=3$$

답 ③

17 전략 사잇값의 정리를 이용하여 a의 값의 범위를 구하고, 조건 ㈏를 만족시키는 a의 값이 하나만 존재하도록 하는 b의 값의 범위를 구한다.

풀이 $f(x)=x^2-4x+a=(x-2)^2+a-4$

함수 $f(x)$는 닫힌구간 $[0, 1]$에서 연속이고 $x<2$에서 감소하며, 조건 ㈎에서 방정식 $f(x)=0$은 열린구간 $(0, 1)$에서 적어도 하나의 실근을 가지므로 사잇값의 정리에 의하여

$f(0)f(1)=a(a-3)<0$

$\therefore 0<a<3$

조건 ㈏에 의하여 $\lim\limits_{x \to a-} g(x)=\lim\limits_{x \to a+} g(x)=g(a)$를 만족시키는 실수 a가 하나만 존재해야 한다.

이때

$\lim\limits_{x \to a-} g(x)=\lim\limits_{x \to a-} f(x+2)=f(a+2)$

$\lim\limits_{x \to a+} g(x)=\lim\limits_{x \to a+} (3x+b)=3a+b$

$g(a)=3a+b$

이므로

$f(a+2)=3a+b,\ a^2+a-4=3a+b$

$\therefore a^2-2a-4-b=0$

즉, $0<a<3$에서 $a^2-2a-4-b=0$을 만족시키는 실수 a가 하나만 존재한다.

이차방정식 $a^2-2a-4-b=0$의 판별식을 D라 하면

$\dfrac{D}{4}=1+(4+b)=5+b$

(i) $\dfrac{D}{4}=0$일 때, $b=-5$

이때 $a^2-2a-4-b=a^2-2a+1=(a-1)^2=0$을 만족시키는 실수 a의 값은 1이고 이는 $0<a<3$을 만족시킨다.

(ii) $\dfrac{D}{4}>0$일 때, $b>-5$

$h(a)=a^2-2a-4-b$로 놓고 $0<a<3$에서 $h(a)=0$을 만족시키는 실수 a가 하나만 존재하려면

$h(0)=-4-b\leq0,\ h(3)=-1-b>0$

$\therefore -4\leq b<-1$

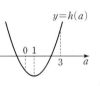

(i), (ii)에 의하여 $b=-5$ 또는 $-4\leq b<-1$

따라서 정수 b는 $-5, -4, -3, -2$의 4개이다.

답 4

18 전략 가장 간단한 함수 $f(x)$의 그래프를 그리고, 사잇값의 정리를 이용한다.

풀이 조건 ㈎에 의하여

$f(1)-f(2)=-1,\ f(2)-f(3)=4,\ f(3)-f(4)=-9,$
$f(4)-f(5)=16,\ f(5)-f(6)=-25$이므로

$f(2)=f(1)+1$
$f(3)=f(2)-4=f(1)-3$
$f(4)=f(3)+9=f(1)+6$
$f(5)=f(4)-16=f(1)-10$
$f(6)=f(5)+25=f(1)+15$

$\therefore f(5)<f(3)<f(1)<f(2)<f(4)<f(6)$

이때 오른쪽 그림과 같이 열린구간 $(1, 6)$에서 가장 간단한 함수 $f(x)$의 그래프에서 사잇값의 정리에 의하여 직선 $y=0$의 위치에 따라 방정식 $f(x)=0$의 실근의 개수의 최솟값을 정할 수 있다.

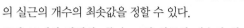

조건 ㈏에서 방정식 $f(x)=0$의 실근의 개수의 최솟값이 3이 되기 위해서는 $f(3)=0$ 또는 $f(2)<0<f(4)$를 만족시켜야 한다.

$f(3)=f(1)-3=0$일 때, $f(1)=3$

$f(2)<0<f(4)$일 때,

$f(1)+1<0<f(1)+6$이므로 $-6<f(1)<-1$

따라서 $f(1)=3$ 또는 $-6<f(1)<-1$이므로 $f(1)$의 값 중 정수인 것은 $-5, -4, -3, -2, 3$의 5개이다.

답 ②

참고 (i) $f(5)>0$일 때, $f(x)=0$의 실근의 개수의 최솟값은 0이다.

(ii) $f(5)=0$일 때, $f(x)=0$의 실근의 개수의 최솟값은 1이다.

(iii) $f(5)<0<f(3)$일 때, 열린구간 $(4, 5), (5, 6)$에서 각각 적어도 하나의 실근이 존재한다. 따라서 $f(x)=0$의 실근의 개수의 최솟값은 2이다.

(iv) $f(3)=0$일 때, $x=3$과 열린구간 $(4, 5), (5, 6)$에서 각각 적어도 하나의 실근이 존재한다. 따라서 $f(x)=0$의 실근의 개수의 최솟값은 3이다.

(v) $f(3)<0<f(1)$일 때, 열린구간 $(2, 3), (3, 4), (4, 5), (5, 6)$에서 각각 적어도 하나의 실근이 존재한다. 따라서 $f(x)=0$의 실근의 개수의 최솟값은 4이다.

(vi) $f(1)=0$일 때, $x=1$과 열린구간 $(2, 3), (3, 4), (4, 5), (5, 6)$에서 각각 적어도 하나의 실근이 존재한다. 따라서 $f(x)=0$의 실근의 개수의 최솟값은 5이다.

(vii) $f(1)<0<f(2)$일 때, 열린구간 $(1, 2), (2, 3), (3, 4), (4, 5), (5, 6)$에서 각각 적어도 하나의 실근이 존재한다. 따라서 $f(x)=0$의 실근의 개수의 최솟값은 5이다.

(viii) $f(2)=0$일 때, $x=2$와 열린구간 $(3, 4), (4, 5), (5, 6)$에서 각각 적어도 하나의 실근이 존재한다. 따라서 $f(x)=0$의 실근의 개수의 최솟값은 4이다.

(ix) $f(2)<0<f(4)$일 때, 열린구간 $(3, 4), (4, 5), (5, 6)$에서 각각 적어도 하나의 실근이 존재한다. 따라서 $f(x)=0$의 실근의 개수의 최솟값은 3이다.

(x) $f(4)=0$일 때, $x=4$와 열린구간 $(5, 6)$에서 적어도 하나의 실근이 존재한다. 따라서 $f(x)=0$의 실근의 개수의 최솟값은 2이다.

(xi) $f(4)<0<f(6)$일 때, 열린구간 $(5, 6)$에서 적어도 하나의 실근이 존재한다. 따라서 $f(x)=0$의 실근의 개수의 최솟값은 1이다.

(xii) $f(6)=0$일 때, $f(x)=0$의 실근의 개수의 최솟값은 1이다.

(xiii) $f(6)<0$일 때, $f(x)$의 실근의 개수의 최솟값은 0이다.

19 전략 함수 $\dfrac{g(x)}{f(x)}$가 $x=0$에서 연속이 되도록 하는 사차식 $g(x)$를 구한다.

풀이 함수 $\dfrac{g(x)}{f(x)}$가 실수 전체의 집합에서 연속이려면 함수 $\dfrac{g(x)}{f(x)}$가 $x=0$에서 연속이어야 하므로

$\lim\limits_{x \to 0} \dfrac{g(x)}{f(x)}=g(0)$

이때 $\lim_{x \to 0} \dfrac{g(x)}{f(x)} = \lim_{x \to 0} \dfrac{g(x)}{x} = g(0)$에서 $x \to 0$일 때 (분모)$\to 0$

이고 극한값이 존재하므로 (분자)$\to 0$이어야 한다.

즉, $\lim_{x \to 0} g(x) = 0$이므로 $g(0) = 0$

따라서 사차식 $g(x)$를 $g(x) = xg_1(x)$ ($g_1(x)$는 삼차식)로 놓으면

$\lim_{x \to 0} \dfrac{g(x)}{x} = \lim_{x \to 0} g_1(x) = g_1(0) = 0$이므로

$g_1(0) = 0$

따라서 $g(x) = x^2 g_2(x)$ ($g_2(x)$는 이차식), 즉

$g(x) = x^2(ax^2 + bx + c)$ (a, b, c는 상수, $a \neq 0$)로 놓을 수 있다.

조건 ㈏에 의하여 함수 $\dfrac{x^n}{g(x)}$이 실수 전체의 집합에서 연속이려면

$g(0) = 0$이므로 $x = 0$에서 함수 $\dfrac{x^n}{g(x)}$의 극한값이 존재해야 한다.

즉, $\lim_{x \to 0} \dfrac{x^n}{g(x)} = \lim_{x \to 0} \dfrac{x^{n-2}}{ax^2 + bx + c}$의 값이 존재해야 한다.

이때 자연수 n의 최솟값이 2이므로 $c \neq 0$

$x \neq 0$인 실수 전체의 집합에서 함수 $\dfrac{x^n}{g(x)}$이 연속이려면 이차방정식 $ax^2 + bx + c = 0$을 만족시키는 실수 x가 존재하지 않아야 하므로 이 이차방정식의 판별식을 D라 하면

$D = b^2 - 4ac < 0$

조건 ㈎에 의하여 a는 자연수, b, c는 음이 아닌 정수이다.

따라서 $g(1) = a + b + c = 3$, $b^2 - 4ac < 0$, $c \neq 0$을 만족시키는 a, b, c의 순서쌍 (a, b, c)는

$(2, 0, 1)$, $(1, 0, 2)$, $(1, 1, 1)$

(a, b, c)가 $(2, 0, 1)$일 때, $g(x) = x^2(2x^2 + 1)$이므로

$g(2) = 36$

(a, b, c)가 $(1, 0, 2)$일 때, $g(x) = x^2(x^2 + 2)$이므로

$g(2) = 24$

(a, b, c)가 $(1, 1, 1)$일 때, $g(x) = x^2(x^2 + x + 1)$이므로

$g(2) = 28$

따라서 $g(2)$의 최댓값은 36, 최솟값은 24이므로 최댓값과 최솟값의 합은 $36 + 24 = 60$　　　답 ①

20 전략 실수 k에 대하여 방정식 $g(x) = k$의 실근의 개수는 $k > 4$일 때 2개, $k = 4$일 때 3개, $0 < k < 4$일 때 4개, $k = 0$일 때 2개, $k < 0$일 때 0개임을 이용한다.

풀이 함수 $f(x)$는 $x = b$에서 연속이므로

$\lim_{x \to b-} f(x) = \lim_{x \to b+} f(x) = f(b)$에서 $-b + a = b - 3$

$\therefore a = 2b - 3$　……㉠

또, 함수 $y = g(x)$의 그래프가 오른쪽 그림과 같으므로 실수 k에 대하여 방정식 $g(x) = k$의 서로 다른 실근은

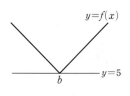

$k > 4$일 때 2개, $k = 4$일 때 3개,

$0 < k < 4$일 때 4개, $k = 0$일 때 2개,

$k < 0$일 때 0개이다.

조건 ㈎에 의하여 방정식 $f(g(x)) = 5$의 서로 다른 실근은 4개이므

로 $g(x) = k$라 할 때, $f(k) = 5$를 만족시키는 실수 k의 값은 다음과 같이 세 가지로 생각해야 한다.

(i) $0 < k < 4$인 k가 1개 존재할 때

$f(k) = 5$인 k가 1개 존재해야 하므로 $k = b$이어야 한다.

이때 $f(b) = b - 3 = 5$이므로 $b = 8$

따라서 $k = b = 8$이므로 $0 < k < 4$를 만족시키지 않는다.

(ii) $k > 4$인 k가 2개 존재할 때

$f(k) = 5$를 만족시키는 k의 값을 k_1, k_2 $(4 < k_1 < b < k_2)$라 하자.

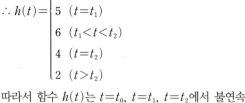

$f(b) = t_0$이라 하면 $h(t_0) = 2$

$t < t_0$이면 $h(t) = 0$

$f(4) = t_1$이라 하면 $h(t_1) = 3 + 2 = 5$

$t_0 < t < t_1$이면 $h(t) = 2 + 2 = 4$

$f(0) = t_2$라 하면 $h(t_2) = 2 + 2 = 4$

$t_1 < t < t_2$이면 $h(t) = 4 + 2 = 6$

$t > t_2$이면 $h(t) = 2$

$$\therefore h(t) = \begin{cases} 0 & (t < t_0) \\ 2 & (t = t_0) \\ 4 & (t_0 < t < t_1) \\ 5 & (t = t_1) \\ 6 & (t_1 < t < t_2) \\ 4 & (t = t_2) \\ 2 & (t > t_2) \end{cases}$$

따라서 함수 $h(t)$는 $t = t_0$, $t = t_1$, $t = t_2$에서 불연속이므로 조건 ㈏를 만족시키지 않는다.

(iii) $k = 0$ 또는 $k > 4$인 k가 1개 존재할 때

$b > 0$이므로 $f(0) = a = 5$

$a = 5$를 ㉠에 대입하면

$5 = 2b - 3$　$\therefore b = 4$

$$\therefore f(x) = \begin{cases} -x + 5 & (x < 4) \\ x - 3 & (x \geq 4) \end{cases}$$

$f(4) = 1$이므로 $h(1) = 3$

$t < 1$이면 $h(t) = 0$

$1 < t < 5$이면 $h(t) = 4 + 2 = 6$

$f(0) = 5$이므로 $h(5) = 2 + 2 = 4$

$t > 5$이면 $h(t) = 2$

$$\therefore h(t) = \begin{cases} 0 & (t < 1) \\ 3 & (t = 1) \\ 6 & (1 < t < 5) \\ 4 & (t = 5) \\ 2 & (t > 5) \end{cases}$$

따라서 함수 $h(t)$는 $t = 1$, $t = 5$에서 불연속이므로 조건 ㈏를 만족시킨다.

(i), (ii), (iii)에 의하여 $a = 5$, $b = 4$이고 $\lim_{t \to 5-} h(t) = 6$이므로

$a + b + \lim_{t \to 5-} h(t) = 5 + 4 + 6 = 15$　　答 ⑤

21 [전략] 직선 $y=x+t$와 곡선 $y=\sqrt{x-3}$ $(x\geq3)$이 만나는 점의 개수를 $g_1(t)$, 직선 $y=x+t$와 곡선 $y=x^2+k$ $(x<3)$가 만나는 점의 개수를 $g_2(t)$라 하면 $g(t)=g_1(t)+g_2(t)$임을 이용한다.

[풀이] ㄱ. $k=0$일 때, $f(x)=\begin{cases} x^2 & (x<3) \\ \sqrt{x-3} & (x\geq3) \end{cases}$

직선 $y=x+t$와 함수 $y=f(x)$의 그래프는 다음 그림과 같다.

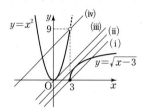

(i) 직선 $y=x+t$가 점 $(3, 0)$을 지날 때, $t=-3$

(ii) 직선 $y=x+t$와 곡선 $y=\sqrt{x-3}$ $(x\geq3)$이 접할 때,

$x+t=\sqrt{x-3}$, $x^2+(2t-1)x+t^2+3=0$

이 이차방정식의 판별식을 D_1이라 하면

$D_1=(2t-1)^2-4(t^2+3)=0$, $-4t-11=0$

$\therefore t=-\dfrac{11}{4}$

(iii) 직선 $y=x+t$와 곡선 $y=x^2$ $(x<3)$이 접할 때,

$x+t=x^2$, $x^2-x-t=0$

이 이차방정식의 판별식을 D_2라 하면

$D_2=1+4t=0$ $\quad \therefore t=-\dfrac{1}{4}$

(iv) 직선 $y=x+t$가 점 $(3, 9)$를 지날 때, $t=6$

따라서 함수 $y=f(x)$의 그래프와 직선 $y=x+t$의 교점의 개수 $g(t)$는 t의 값에 따라 다음과 같다.

$g(t)=\begin{cases} 1 & (t<-3) \\ 2 & \left(-3\leq t<-\dfrac{11}{4}\right) \\ 1 & \left(t=-\dfrac{11}{4}\right) \\ 0 & \left(-\dfrac{11}{4}<t<-\dfrac{1}{4}\right) \\ 1 & \left(t=-\dfrac{1}{4}\right) \\ 2 & \left(-\dfrac{1}{4}<t<6\right) \\ 1 & (t\geq6) \end{cases}$

즉, $k=0$일 때 함수 $g(t)$는 $t=-3$, $t=-\dfrac{11}{4}$, $t=-\dfrac{1}{4}$, $t=6$에서 불연속이므로 $h(0)=4$ (참)

ㄴ. 직선 $y=x+t$와 곡선 $y=\sqrt{x-3}$ $(x\geq3)$의 교점의 개수를 $g_1(t)$라 하면 ㄱ에서

$g_1(t)=\begin{cases} 1 & (t<-3) \\ 2 & \left(-3\leq t<-\dfrac{11}{4}\right) \\ 1 & \left(t=-\dfrac{11}{4}\right) \\ 0 & \left(t>-\dfrac{11}{4}\right) \end{cases}$

한편, 직선 $y=x+t$와 곡선 $y=x^2+k$ $(x<3)$의 교점의 개수를 $g_2(t)$라 하자.

(v) 직선 $y=x+t$와 곡선 $y=x^2+k$가 접할 때,

$x+t=x^2+k$

$\therefore x^2-x+k-t=0$

이 이차방정식의 판별식을 D_3이라 하면

$D_3=1-4(k-t)=0$

$\therefore t=k-\dfrac{1}{4}$

(vi) 직선 $y=x+t$가 점 $(3, 9+k)$를 지날 때,

$9+k=3+t$

$\therefore t=k+6$

(v), (vi)에 의하여

$g_2(t)=\begin{cases} 0 & \left(t<k-\dfrac{1}{4}\right) \\ 1 & \left(t=k-\dfrac{1}{4}\right) \\ 2 & \left(k-\dfrac{1}{4}<t<k+6\right) \\ 1 & (t\geq k+6) \end{cases}$

따라서 함수 $g(t)$는 $t=-3$, $t=-\dfrac{11}{4}$, $t=k-\dfrac{1}{4}$, $t=k+6$에서 불연속일 수 있다.

이때 $h(k)=2$, 즉 불연속인 점의 개수가 2이기 위해서는

$k-\dfrac{1}{4}=-3$ 또는 $k-\dfrac{1}{4}=-\dfrac{11}{4}$ 또는 $k+6=-3$ 또는 $k+6=-\dfrac{11}{4}$

이어야 한다.

① $k-\dfrac{1}{4}=-3$, 즉 $k=-\dfrac{11}{4}$일 때

$g(t)=\begin{cases} 1 & (t<-3) \\ 3 & (t=-3) \\ 4 & \left(-3<t<-\dfrac{11}{4}\right) \\ 3 & \left(t=-\dfrac{11}{4}\right) \\ 2 & \left(-\dfrac{11}{4}<t<\dfrac{13}{4}\right) \\ 1 & \left(t\geq\dfrac{13}{4}\right) \end{cases}$

즉, 함수 $g(t)$는 $t=-3$, $t=-\dfrac{11}{4}$, $t=\dfrac{13}{4}$에서 불연속이므로

$h(k)=3$

② $k-\dfrac{1}{4}=-\dfrac{11}{4}$, 즉 $k=-\dfrac{5}{2}$일 때

$g(t)=\begin{cases} 1 & (t<-3) \\ 2 & \left(-3\leq t<\dfrac{7}{2}\right) \\ 1 & \left(t\geq\dfrac{7}{2}\right) \end{cases}$

즉, 함수 $g(t)$는 $t=-3$, $t=\dfrac{7}{2}$에서 불연속이므로

$h(k)=2$

③ $k+6=-3$, 즉 $k=-9$일 때

$$g(t)=\begin{cases} 1 & \left(t<-\dfrac{37}{4}\right) \\ 2 & \left(t=-\dfrac{37}{4}\right) \\ 3 & \left(-\dfrac{37}{4}<t<-\dfrac{11}{4}\right) \\ 2 & \left(t=-\dfrac{11}{4}\right) \\ 1 & \left(t>-\dfrac{11}{4}\right) \end{cases}$$

즉, 함수 $g(t)$는 $t=-\dfrac{37}{4}$, $t=-\dfrac{11}{4}$에서 불연속이므로

$h(k)=2$

④ $k+6=-\dfrac{11}{4}$, 즉 $k=-\dfrac{35}{4}$일 때

$$g(t)=\begin{cases} 1 & (t<-9) \\ 2 & (t=-9) \\ 3 & (-9<t<-3) \\ 4 & \left(-3\le t<-\dfrac{11}{4}\right) \\ 2 & \left(t=-\dfrac{11}{4}\right) \\ 1 & \left(t>-\dfrac{11}{4}\right) \end{cases}$$

즉, 함수 $g(t)$는 $t=-9$, $t=-3$, $t=-\dfrac{11}{4}$에서 불연속이므로

$h(k)=3$

①~④에 의하여 $h(k)=2$가 되도록 하는 k의 값은 $-\dfrac{5}{2}$, -9이

므로 그 곱은

$-\dfrac{5}{2}\times(-9)=\dfrac{45}{2}$ (참)

ㄷ. ㄴ에 의하여 $h(k)=3$이 되도록 하는 k의 값은 $-\dfrac{11}{4}$, $-\dfrac{35}{4}$이

므로 그 합은

$-\dfrac{11}{4}+\left(-\dfrac{35}{4}\right)=-\dfrac{23}{2}$ (거짓)

따라서 옳은 것은 ㄱ, ㄴ이다.　　　　　　　　　　　**답** ②

22 **전략** 함수 $f(x)$가 $x=a$에서 불연속일 때, 합성함수 $f(f(x))$의 연속성은 $f(b)=a$를 만족시키는 $x=b$와 $x=a$에서의 연속성을 확인해야 함을 이용한다.

풀이 함수 $y=f(x)$의 그래프의 개형은 다음 그림과 같다.

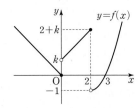

이때 함수 $f(x)$는 k의 값에 따라 $x=0$ 또는 $x=2$에서 불연속일 수 있다.

먼저 함수 $f(f(x))$가 $x=0$, $x=2$에서 연속이 되는 k의 값을 구해 보자.

(i) $x=0$에서 연속일 때

$f(f(0))=f(0)=0$이고

$\displaystyle\lim_{x\to 0-}f(f(x))=\lim_{t\to 0+}f(t)=k$

$\therefore k=0$

즉, $k=0$일 때, 함수 $f(f(x))$는 $x=0$에서 연속이다.

(ii) $x=2$에서 연속일 때

$f(f(2))=f(2+k)$이고

$\displaystyle\lim_{x\to 2+}f(f(x))=\lim_{t\to -1+}f(t)=1$

이때 $f(2+k)=1$을 만족시키는 k의 값을 구하면

$2+k\le 0$일 때, $-(2+k)=1$　　$\therefore k=-3$

$0<2+k\le 2$일 때, $(2+k)+k=1$　　$\therefore k=-\dfrac{1}{2}$

$2+k>2$일 때, $(2+k)^2-4(2+k)+3=1$,

$k^2=2$　　$\therefore k=\sqrt{2}\ (\because k>0)$

즉, $k=-3$, $k=-\dfrac{1}{2}$, $k=\sqrt{2}$일 때, 함수 $f(f(x))$는 $x=2$에서 연속이다.

이제 k의 값에 따라 $g(k)$의 값을 구해 보자.

(iii) $k=0$일 때 (함수 $f(x)$가 $x=2$에서만 불연속일 때)

함수 $f(x)$는 다음 그림과 같이 $x=2$에서 불연속이므로 함수 $f(f(x))$는 $x=2$와 $f(x)=2$인 x의 값, 즉 $x=-2$, $x=2$, $x=2+\sqrt{3}$에서의 연속성을 확인해야 한다.

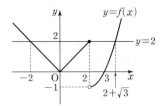

㉠ $x=-2$일 때

$\displaystyle\lim_{x\to -2-}f(f(x))=\lim_{t\to 2+}f(t)=-1$,

$\displaystyle\lim_{x\to -2+}f(f(x))=\lim_{t\to 2-}f(t)=2$

이므로 함수 $f(f(x))$는 $x=-2$에서 불연속이다.

㉡ $x=2$일 때

$\displaystyle\lim_{x\to 2-}f(f(x))=\lim_{t\to 2-}f(t)=2$,

$\displaystyle\lim_{x\to 2+}f(f(x))=\lim_{t\to -1+}f(t)=1$

이므로 함수 $f(f(x))$는 $x=2$에서 불연속이다.

㉢ $x=2+\sqrt{3}$일 때

$\displaystyle\lim_{x\to (2+\sqrt{3})-}f(f(x))=\lim_{t\to 2-}f(t)=2$,

$\displaystyle\lim_{x\to (2+\sqrt{3})+}f(f(x))=\lim_{t\to 2+}f(t)=-1$

이므로 함수 $f(f(x))$는 $x=2+\sqrt{3}$에서 불연속이다.

따라서 함수 $f(f(x))$는 $x=-2$, $x=2$, $x=2+\sqrt{3}$에서 불연속이므로

$g(0)=3$

(iv) $k=-3$일 때 (함수 $f(x)$가 $x=0$에서만 불연속일 때)

함수 $f(x)$는 다음 그림과 같이 $x=0$에서 불연속이므로 함수 $f(f(x))$는 $x=0$과 $f(x)=0$인 x의 값, 즉 $x=0$, $x=3$에서의

연속성을 확인해야 한다.

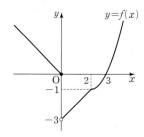

$\bigcirc$ $x=0$일 때

$$\lim_{x \to 0-} f(f(x)) = \lim_{t \to 0+} f(t) = -3,$$

$$\lim_{x \to 0+} f(f(x)) = \lim_{t \to -3+} f(t) = 3$$

이므로 함수 $f(f(x))$는 $x=0$에서 불연속이다.

$\bigcirc$ $x=3$일 때

$$\lim_{x \to 3-} f(f(x)) = \lim_{t \to 0-} f(t) = 0,$$

$$\lim_{x \to 3+} f(f(x)) = \lim_{t \to 0+} f(t) = -3$$

이므로 함수 $f(f(x))$는 $x=3$에서 불연속이다.

따라서 함수 $f(f(x))$는 $x=0$, $x=3$에서 불연속이므로

$$g(-3)=2$$

(v) 실수 k가 $k \neq 0$, $k \neq -3$일 때, (함수 $f(x)$가 $x=0$, $x=2$에서 불연속일 때)

함수 $f(x)$는 $x=0$, $x=2$에서 불연속이므로 함수 $f(f(x))$는 $x=0$, $x=2$와 $f(x)=0$, $f(x)=2$인 x의 값에서의 연속성을 확인해야 한다.

$\bigcirc$ $k \geq 2$일 때

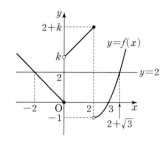

$f(x)=0$에서 $x=0$ 또는 $x=3$

$f(x)=2$에서 $x=-2$ 또는 $x=2+\sqrt{3}$

즉, 함수 $f(f(x))$는 $x=0$, $x=2$, $x=3$, $x=-2$, $x=2+\sqrt{3}$에서 불연속이므로

$$g(k)=5$$

$\bigcirc$ $0<k<2$일 때

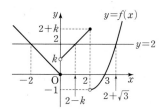

$f(x)=0$에서 $x=0$ 또는 $x=3$

$f(x)=2$에서 $x=-2$ 또는 $x=2-k$ 또는 $x=2+\sqrt{3}$

즉, 함수 $f(f(x))$는 $x=0$, $x=2$, $x=3$, $x=-2$, $x=2-k$, $x=2+\sqrt{3}$에서 불연속이므로

$$g(k)=6$$

단, $k=\sqrt{2}$일 때 함수 $f(f(x))$는 $x=2$에서 연속이므로

$$g(\sqrt{2})=5$$

$\bigcirc$ $-2 \leq k < 0$일 때

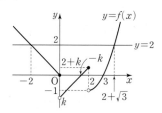

$f(x)=0$에서 $x=0$ 또는 $x=-k$ 또는 $x=3$

$f(x)=2$에서 $x=-2$ 또는 $x=2+\sqrt{3}$

즉, 함수 $f(f(x))$는 $x=0$, $x=2$, $x=-k$, $x=3$, $x=-2$, $x=2+\sqrt{3}$에서 불연속이므로

$$g(k)=6$$

단, $k=-\dfrac{1}{2}$일 때 함수 $f(f(x))$는 $x=2$에서 연속이므로

$$g\left(-\dfrac{1}{2}\right)=5$$

$\bigcirc$ $k<-3$ 또는 $-3<k<-2$일 때

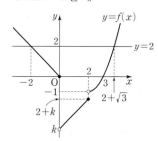

$f(x)=0$에서 $x=0$ 또는 $x=3$

$f(x)=2$에서 $x=-2$ 또는 $x=2+\sqrt{3}$

즉, 함수 $f(f(x))$는 $x=0$, $x=2$, $x=3$, $x=-2$, $x=2+\sqrt{3}$에서 불연속이므로

$$g(k)=5$$

(iii), (iv), (v)에 의하여 함수 $y=g(k)$의 그래프는 다음 그림과 같다.

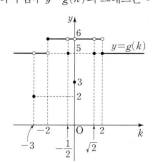

ㄱ. $\displaystyle\lim_{k \to 0} g(k)=6$ (참)

ㄴ. 함수 $g(k)$의 불연속인 점의 개수는 6이다. (거짓)

ㄷ. $g(\alpha)+g(\beta)=5$를 만족시키는 경우는

$g(\alpha)=2$, $g(\beta)=3$ 또는 $g(\alpha)=3$, $g(\beta)=2$이므로

$\alpha=-3$, $\beta=0$ 또는 $\alpha=0$, $\beta=-3$

$\therefore \alpha+\beta=-3$ (참)

따라서 옳은 것은 ㄱ, ㄷ이다. 　답 ③

Ⅱ 미분

미분계수와 도함수

01 ③	02 ④	03 ①	04 4	05 ⑤
06 ②, ④	07 8	08 ③	09 0	10 ⑤
11 19	12 18	13 ④	14 ①	

01 $\dfrac{f(n+1)-f(n)}{(n+1)-n}=n$이므로

$f(n+1)-f(n)=n$

따라서 함수 $y=f(x)$의 구간 $[1, 10]$에서의 평균변화율은

$\dfrac{f(10)-f(1)}{10-1}$

$=\dfrac{\{f(10)-f(9)\}+\{f(9)-f(8)\}+\cdots+\{f(2)-f(1)\}}{9}$

$=\dfrac{9+8+\cdots+1}{9}$

$=\dfrac{1}{9}\times\dfrac{9\times10}{2}=5$ 답 ③

> **개념 연계** | 수학 Ⅰ | **자연수의 거듭제곱의 합**
>
> (1) $\displaystyle\sum_{k=1}^{n}k=1+2+3+\cdots+n=\dfrac{n(n+1)}{2}$
>
> (2) $\displaystyle\sum_{k=1}^{n}k^2=1^2+2^2+3^2+\cdots+n^2=\dfrac{n(n+1)(2n+1)}{6}$
>
> (3) $\displaystyle\sum_{k=1}^{n}k^3=1^3+2^3+3^3+\cdots+n^3=\left\{\dfrac{n(n+1)}{2}\right\}^2$

02 $\dfrac{1}{n}=h$로 놓으면 $n\to\infty$일 때 $h\to0$이므로

$\displaystyle\lim_{n\to\infty}n\left\{f\left(\dfrac{2n+3}{n}\right)-f\left(\dfrac{2n-1}{n}\right)\right\}$

$=\displaystyle\lim_{n\to\infty}n\left\{f\left(2+\dfrac{3}{n}\right)-f\left(2-\dfrac{1}{n}\right)\right\}$

$=\displaystyle\lim_{h\to0}\dfrac{f(2+3h)-f(2-h)}{h}$

$=\displaystyle\lim_{h\to0}\dfrac{f(2+3h)-f(2)-\{f(2-h)-f(2)\}}{h}$

$=\displaystyle\lim_{h\to0}\dfrac{f(2+3h)-f(2)}{3h}\times3+\lim_{h\to0}\dfrac{f(2-h)-f(2)}{-h}$

$=3f'(2)+f'(2)$

$=4f'(2)=4\times3=12$ 답 ④

03 $\displaystyle\lim_{x\to-3}\dfrac{f(x)-f(-3)}{x^2-9}$

$=\displaystyle\lim_{x\to-3}\left\{\dfrac{f(x)-f(-3)}{x-(-3)}\times\dfrac{1}{x-3}\right\}$

$=-\dfrac{1}{6}f'(-3)$

$=-\dfrac{1}{6}\displaystyle\lim_{h\to0}\dfrac{f(-3+h)-f(-3)}{h}$

$=-\dfrac{1}{6}\displaystyle\lim_{h\to0}\dfrac{-f(3-h)+f(3)}{h}$

$=-\dfrac{1}{6}\displaystyle\lim_{h\to0}\dfrac{f(3-h)-f(3)}{-h}$

$=-\dfrac{1}{6}f'(3)=-\dfrac{1}{6}\times12=-2$ 답 ①

04 $f(-2)=0$, $f'(-2)=2$이므로

$\displaystyle\lim_{x\to-2}\dfrac{\{f(x)\}^2+2f(x)}{x+2}$

$=\displaystyle\lim_{x\to-2}\dfrac{f(x)\{f(x)+2\}}{x+2}$

$=\displaystyle\lim_{x\to-2}\dfrac{f(x)-f(-2)}{x-(-2)}\times\lim_{x\to-2}\{f(x)+2\}$

$=f'(-2)\{f(-2)+2\}$

$=2\times2=4$ 답 4

05 ㄱ. 원점과 점 $(a, f(a))$를 지나는 직선의 기울기가 원점과

점 $(b, f(b))$를 지나는 직선의 기울기보다 크므로

$\dfrac{f(a)}{a}>\dfrac{f(b)}{b}$ (참)

ㄴ. 두 점 $(a, f(a))$, $(b, f(b))$를 지나는 직선의 기울기는 1보다

작으므로

$\dfrac{f(b)-f(a)}{b-a}<1$

이때 $0<a<b$에서 $b-a>0$이므로

$f(b)-f(a)<b-a$ (참)

ㄷ. $a\le x\le b$에서 함수 $y=f(x)$의 그래프는 위로 볼록하므로

$f\left(\dfrac{a+b}{2}\right)>\dfrac{f(a)+f(b)}{2}$ (참)

따라서 ㄱ, ㄴ, ㄷ 모두 옳다.   답 ⑤

> **참고** $a<b$일 때, $a\le x\le b$에서
>
> ① 곡선 $y=f(x)$가 위로 볼록하면 $f\left(\dfrac{a+b}{2}\right)>\dfrac{f(a)+f(b)}{2}$
>
> ② 곡선 $y=f(x)$가 아래로 볼록하면 $f\left(\dfrac{a+b}{2}\right)<\dfrac{f(a)+f(b)}{2}$

06 ① $f(1)$이 정의되어 있지 않으므로 $f(x)$는 $x=1$에서 불연속

이고 미분가능하지 않다.

② $f(x)=\sqrt{(x-1)^2}=|x-1|$

$\displaystyle\lim_{x\to1}f(x)=f(1)=0$이므로 $f(x)$는 $x=1$에서 연속이다.

$\displaystyle\lim_{h\to0+}\dfrac{f(1+h)-f(1)}{h}=\lim_{h\to0+}\dfrac{|h|-0}{h}=\lim_{h\to0+}\dfrac{h}{h}=1$

$\displaystyle\lim_{h\to0-}\dfrac{f(1+h)-f(1)}{h}=\lim_{h\to0-}\dfrac{|h|-0}{h}=\lim_{h\to0-}\dfrac{-h}{h}=-1$

이므로 $f'(1)$의 값이 존재하지 않는다.

따라서 $f(x)$는 $x=1$에서 미분가능하지 않다.

③ $\lim\limits_{x \to 1+} f(x) = \lim\limits_{x \to 1+} x[x-1] = 0$

$\lim\limits_{x \to 1-} f(x) = \lim\limits_{x \to 1-} x[x-1] = -1$

이므로 $f(x)$는 $x=1$에서 불연속이고 미분가능하지 않다.

④ $\lim\limits_{x \to 1} f(x) = f(1) = 0$이므로 $f(x)$는 $x=1$에서 연속이다.

$$\lim\limits_{h \to 0+} \frac{f(1+h)-f(1)}{h} = \lim\limits_{h \to 0+} \frac{|h(1+h)|}{h}$$
$$= \lim\limits_{h \to 0+} \frac{h(1+h)}{h}$$
$$= \lim\limits_{h \to 0+} (1+h) = 1$$

$$\lim\limits_{h \to 0-} \frac{f(1+h)-f(1)}{h} = \lim\limits_{h \to 0-} \frac{|h(1+h)|}{h}$$
$$= \lim\limits_{h \to 0-} \frac{-h(1+h)}{h}$$
$$= \lim\limits_{h \to 0-} \{-(1+h)\} = -1$$

이므로 $f'(1)$의 값이 존재하지 않는다.

따라서 $f(x)$는 $x=1$에서 미분가능하지 않다.

⑤ $\lim\limits_{x \to 1} f(x) = f(1) = 0$이므로 $f(x)$는 $x=1$에서 연속이다.

$$\lim\limits_{h \to 0+} \frac{f(1+h)-f(1)}{h} = \lim\limits_{h \to 0+} \frac{h|h|}{h} = \lim\limits_{h \to 0+} \frac{h^2}{h}$$
$$= \lim\limits_{h \to 0+} h = 0$$

$$\lim\limits_{h \to 0-} \frac{f(1+h)-f(1)}{h} = \lim\limits_{h \to 0-} \frac{h|h|}{h} = \lim\limits_{h \to 0-} \frac{-h^2}{h}$$
$$= \lim\limits_{h \to 0-} (-h) = 0$$

이므로 $f(x)$는 $x=1$에서 미분가능하다.

따라서 $x=1$에서 연속이지만 미분가능하지 않은 함수는 ②, ④이다.

탭 ②, ④

07 함수 $f(x) = \begin{cases} 2x^2 - 2px + 2q & (2 \le x < 3) \\ x^2 - px + q & (1 \le x < 2) \end{cases}$ 가 $x=2$에서 미분

가능하므로 $x=2$에서 연속이다.

즉, $\lim\limits_{x \to 2+} f(x) = \lim\limits_{x \to 2-} f(x) = f(2)$에서

$8 - 4p + 2q = 4 - 2p + q$

$\therefore q = 2p - 4$ ...... ㉠

또, $f'(2)$가 존재하므로

$$\lim\limits_{x \to 2+} \frac{f(x)-f(2)}{x-2} = \lim\limits_{x \to 2+} \frac{(2x^2-2px+2q)-(8-4p+2q)}{x-2}$$
$$= \lim\limits_{x \to 2+} \frac{2x^2-2px+4p-8}{x-2}$$
$$= \lim\limits_{x \to 2+} \frac{2(x-2)(x-p+2)}{x-2}$$
$$= \lim\limits_{x \to 2+} 2(x-p+2) = 8-2p$$

$$\lim\limits_{x \to 2-} \frac{f(x)-f(2)}{x-2} = \lim\limits_{x \to 2-} \frac{(x^2-px+q)-(8-4p+2q)}{x-2}$$
$$= \lim\limits_{x \to 2-} \frac{x^2-px+4p-q-8}{x-2}$$
$$= \lim\limits_{x \to 2-} \frac{x^2-px+2p-4}{x-2} \ (\because ㉠)$$
$$= \lim\limits_{x \to 2-} \frac{(x-2)(x-p+2)}{x-2}$$
$$= \lim\limits_{x \to 2-} (x-p+2) = 4-p$$

에서 $8 - 2p = 4 - p$

$\therefore p = 4$

$p=4$를 ㉠에 대입하면 $q=4$

$\therefore p+q = 4+4 = 8$

탭 8

✎ 다른풀이 $f(x) = \begin{cases} 2x^2 - 2px + 2q & (2 \le x < 3) \\ x^2 - px + q & (1 \le x < 2) \end{cases}$ 이므로

$g(x) = 2x^2 - 2px + 2q$, $h(x) = x^2 - px + q$라 하면

$g'(x) = 4x - 2p$, $h'(x) = 2x - p$

함수 $f(x)$가 $x=2$에서 연속이므로 $g(2) = h(2)$

$8 - 4p + 2q = 4 - 2p + q$ $\therefore 2p - q = 4$ ...... ㉠

함수 $f(x)$가 $x=2$에서 미분가능하므로 $g'(2) = h'(2)$

$8 - 2p = 4 - p$ $\therefore p = 4$

$p=4$를 ㉠에 대입하면 $q=4$

$\therefore p+q = 4+4 = 8$

08 주어진 식에 $x=0$, $y=0$을 대입하면

$f(0) = 4f(0)f(0)$

이때 $f(0) > 0$이므로 $f(0) = \dfrac{1}{4}$

$$\therefore f'(x) = \lim\limits_{h \to 0} \frac{f(x+h)-f(x)}{h}$$
$$= \lim\limits_{h \to 0} \frac{4f(x)f(h)-f(x)}{h}$$
$$= 4f(x) \lim\limits_{h \to 0} \frac{f(h) - \frac{1}{4}}{h}$$
$$= 4f(x) \lim\limits_{h \to 0} \frac{f(h) - f(0)}{h}$$
$$= 4f(x)f'(0)$$
$$= 4f(x) \times 5$$
$$= 20f(x)$$

이때 $f(x) \ne 0$이므로

$\dfrac{f'(x)}{f(x)} = 20$

탭 ③

☀ 빠른풀이 $\dfrac{f'(x)}{f(x)} = \dfrac{f'(0)}{f(0)} = \dfrac{5}{\frac{1}{4}} = 20$

09 주어진 식에 $x=0$, $y=0$을 대입하면

$f(0) = f(0) + f(0)$

$\therefore f(0) = 0$

$f'(1) = 6$이므로

$$f'(1) = \lim\limits_{h \to 0} \frac{f(1+h)-f(1)}{h}$$
$$= \lim\limits_{h \to 0} \frac{f(1)+f(h)-6h-f(1)}{h}$$
$$= \lim\limits_{h \to 0} \frac{f(h)-6h}{h}$$
$$= \lim\limits_{h \to 0} \frac{f(h)}{h} - 6 = 6$$

$\therefore \lim\limits_{h \to 0} \dfrac{f(h)}{h} = 12$

$$\therefore f'(x)=\lim_{h\to 0}\frac{f(x+h)-f(x)}{h}$$
$$=\lim_{h\to 0}\frac{f(x)+f(h)-6xh-f(x)}{h}$$
$$=\lim_{h\to 0}\frac{f(h)-6xh}{h}$$
$$=\lim_{h\to 0}\frac{f(h)}{h}-6x=12-6x$$
$$\therefore f'(2)=12-12=0 \qquad \text{탑 } 0$$

10 $f(x)=\sum\limits_{k=1}^{10}k^2x^k=x+2^2x^2+3^2x^3+\cdots+10^2x^{10}$
이므로
$$f'(x)=1+2^3x+3^3x^2+\cdots+10^3x^9$$
$$\therefore f'(1)=1^3+2^3+3^3+\cdots+10^3$$
$$=\sum_{k=1}^{10}k^3=\left(\frac{10\times 11}{2}\right)^2$$
$$=55^2=3025 \qquad \text{탑 } ⑤$$

11 $\lim\limits_{x\to 4}\dfrac{f(x)+1}{x-4}=3$에서 $x\to 4$일 때 극한값이 존재하고
(분모)$\to 0$이므로 (분자)$\to 0$이어야 한다.
즉, $\lim\limits_{x\to 4}\{f(x)+1\}=0$이므로 $f(4)=-1$
$$\therefore \lim_{x\to 4}\frac{f(x)+1}{x-4}=\lim_{x\to 4}\frac{f(x)-f(4)}{x-4}=f'(4)=3$$
또, $\lim\limits_{x\to 4}\dfrac{g(x)-7}{x-4}=2$에서 $x\to 4$일 때 극한값이 존재하고
(분모)$\to 0$이므로 (분자)$\to 0$이어야 한다.
즉, $\lim\limits_{x\to 4}\{g(x)-7\}=0$이므로 $g(4)=7$
$$\therefore \lim_{x\to 4}\frac{g(x)-7}{x-4}=\lim_{x\to 4}\frac{g(x)-g(4)}{x-4}=g'(4)=2$$
$h'(x)=f'(x)g(x)+f(x)g'(x)$이므로
$$h'(4)=f'(4)g(4)+f(4)g'(4)$$
$$=3\times 7+(-1)\times 2=19 \qquad \text{탑 } 19$$

12 조건 ㈎에 의하여
$$f(x)-x^3=2x^2+ax+b\ (a,\ b\text{는 상수})$$
로 놓을 수 있다. 즉,
$$f(x)=x^3+2x^2+ax+b$$
$$\therefore f'(x)=3x^2+4x+a$$
조건 ㈏에서 $x\to 1$일 때 극한값이 존재하고 (분모)$\to 0$이므로
(분자)$\to 0$이어야 한다.
즉, $\lim\limits_{x\to 1}\{f(x+1)-3\}=0$이므로 $f(2)=3$
$$8+8+2a+b=3 \qquad \therefore 2a+b=-13 \qquad \cdots\cdots ㉠$$
$$\lim_{x\to 1}\frac{f(x+1)-3}{x^2-1}=\lim_{x\to 1}\frac{f(x+1)-f(2)}{(x+1)(x-1)}$$
$$=\lim_{x\to 1}\frac{f(x+1)-f(2)}{x-1}\times\lim_{x\to 1}\frac{1}{x+1}$$
$$=\frac{1}{2}f'(2)(*)$$

즉, $\dfrac{1}{2}f'(2)=5$
$$\therefore f'(2)=10$$
$$12+8+a=10 \qquad \therefore a=-10$$
$a=-10$을 ㉠에 대입하면 $-20+b=-13 \qquad \therefore b=7$
따라서 $f(x)=x^3+2x^2-10x+7$이므로
$$f(-1)=-1+2+10+7=18 \qquad \text{탑 } 18$$

참고 (*)에서 $x+1=t$로 놓으면 $x=t-1$이고 $x\to 1$일 때 $t\to 2$이므로
$$\lim_{x\to 1}\frac{f(x+1)-f(2)}{x-1}=\lim_{t\to 2}\frac{f(t)-f(2)}{t-2}=f'(2)$$

13 $\lim\limits_{x\to -2}\dfrac{x^n-x^3+4x-16}{x+2}=k$에서 $x\to -2$일 때 극한값이 존재
하고 (분모)$\to 0$이므로 (분자)$\to 0$이어야 한다.
즉, $\lim\limits_{x\to -2}(x^n-x^3+4x-16)=0$이므로
$$(-2)^n+8-8-16=0,\ (-2)^n=16$$
$$\therefore n=4$$
$f(x)=x^4-x^3+4x$라 하면 $f(-2)=16$이므로
$$\lim_{x\to -2}\frac{x^4-x^3+4x-16}{x+2}=\lim_{x\to -2}\frac{f(x)-f(-2)}{x-(-2)}=f'(-2)$$
이때 $f'(x)=4x^3-3x^2+4$이므로
$$f'(-2)=-32-12+4=-40 \qquad \therefore k=-40$$
$$\therefore n-k=4-(-40)=44 \qquad \text{탑 } ④$$

다른풀이 $n=4$이므로 k의 값은 다음과 같이 구할 수도 있다.
$$k=\lim_{x\to -2}\frac{x^4-x^3+4x-16}{x+2}=\lim_{x\to -2}\frac{(x+2)(x-2)(x^2-x+4)}{x+2}$$
$$=\lim_{x\to -2}(x-2)(x^2-x+4)=(-2-2)(4+2+4)=-40$$

14 다항함수 $f(x)$의 최고차항을 $ax^n\ (a\neq 0)$이라 하면 $f'(x)$의
최고차항은 anx^{n-1}이다.
$f(x)-xf'(x)+3x^4-2x^2+4=0$에서
$$f(x)-xf'(x)=-3x^4+2x^2-4 \qquad \cdots\cdots ㉠$$
좌변의 최고차항은 $ax^n-anx^n=a(1-n)x^n$이므로
$$a(1-n)=-3,\ n=4$$
$$-3a=-3 \qquad \therefore a=1$$
즉, 함수 $f(x)$의 최고차항은 x^4이다.
$$f(x)=x^4+bx^3+cx^2+dx+e\ (b,\ c,\ d,\ e\text{는 상수}) \qquad \cdots\cdots ㉡$$
로 놓으면
$$f'(x)=4x^3+3bx^2+2cx+d \qquad \cdots\cdots ㉢$$
㉡, ㉢을 ㉠에 대입하면
$$x^4+bx^3+cx^2+dx+e-x(4x^3+3bx^2+2cx+d)$$
$$=-3x^4+2x^2-4$$
$$-2bx^3-(c+2)x^2+e+4=0$$
위의 식이 x에 대한 항등식이므로 $-2b=0,\ c+2=0,\ e+4=0$
$$\therefore b=0,\ c=-2,\ e=-4$$
$f(x)=x^4-2x^2+dx-4$에서 $f(1)=0$이므로
$$1-2+d-4=0 \qquad \therefore d=5$$
따라서 $f(x)=x^4-2x^2+5x-4$이므로
$$f(2)=16-8+10-4=14 \qquad \text{탑 } ①$$

B Step 1등급을 위한 고난도 기출 VS 변형 유형

본문 31~33쪽

1 ③	1-1 ③, ⑤	2 ①	2-1 ①	3 ④
3-1 4	4 ③	4-1 ④	5 ⑤	5-1 8
6 ②	6-1 301	7 ③	7-1 ④	8 13
8-1 ①	9 ②	9-1 ④		

1 **전략** 평균변화율은 두 점을 지나는 직선의 기울기이고, 미분계수는 그 점에서의 접선의 기울기임을 이용한다.

풀이 ㄱ. 오른쪽 그림에서

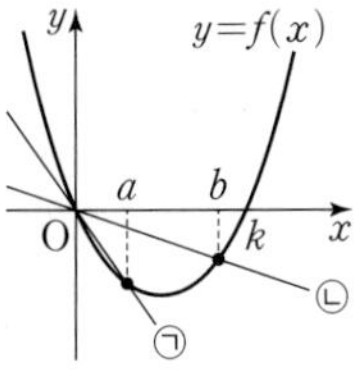

$\dfrac{f(a)}{a}=\dfrac{f(a)-0}{a-0}$은 두 점 $(0,\ 0)$, $(a,\ f(a))$를 지나는 직선 ㉠의 기울기이고, $\dfrac{f(b)}{b}=\dfrac{f(b)-0}{b-0}$은 두 점 $(0,\ 0)$, $(b,\ f(b))$를 지나는 직선 ㉡의 기울기이다.

$\therefore \dfrac{f(a)}{a}<\dfrac{f(b)}{b}$ (참)

ㄴ. 오른쪽 그림에서 $f'(a)$는 함수 $y=f(x)$의 그래프 위의 점 $(a,\ f(a))$에서의 접선 ㉢의 기울기이고, $\dfrac{f(b)-f(a)}{b-a}$는 두 점 $(a,\ f(a))$, $(b,\ f(b))$를 지나는 직선 ㉣의 기울기이다.

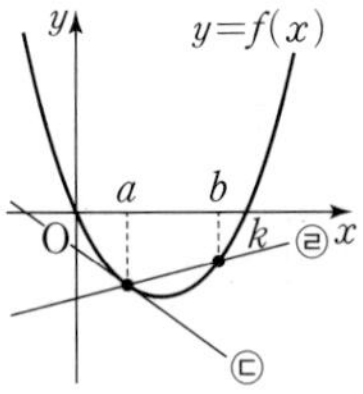

$\therefore f'(a)<\dfrac{f(b)-f(a)}{b-a}$ (거짓)

ㄷ. $0<a<b<k$인 모든 a, b에 대하여 $f'(0)<\dfrac{f(b)-f(a)}{b-a}$

이때 함수 $y=f(x)$의 그래프가 직선 $y=\;2x$와 원점에서 접하므로 $f'(0)=-2$

즉, $-2<\dfrac{f(b)-f(a)}{b-a}$이고 $b-a>0$이므로

$-2(b-a)<f(b)-f(a)$

$\therefore 2a-2b<f(b)-f(a)$ (참)

따라서 옳은 것은 ㄱ, ㄷ이다. **답** ③

1-1 **전략** 평균변화율은 두 점을 지나는 직선의 기울기이고, 미분계수는 그 점에서의 접선의 기울기임을 이용한다.

풀이 $a+b=8$, $1<a<b$이므로

$b=8-a$를 부등식에 대입하면 $1<a<8-a$

$\therefore 1<a<4$

또, $a=8-b$를 부등식에 대입하면 $1<8-b<b$

$\therefore 4<b<7$

즉, $1<a<4$, $4<b<7$임을 알 수 있다.

① $1<a<4$이므로 $f(a)<0$, $4<b<7$이므로 $f(b)>0$

$\therefore f(a)<f(b)$ (참)

② $1<a<4$, $4<b<7$이므로 $x=a$에서의 접선의 기울기 $f'(a)$는 $x=b$에서의 접선의 기울기 $f'(b)$보다 작다.

$\therefore f'(a)<f'(b)$ (참)

③ $a+b=8$에서 $b=8-a$이므로

$$\begin{aligned}\frac{f(b)-f(a)}{b-a}&=\frac{f(8-a)-f(a)}{(8-a)-a}\\&=\frac{(7-a)(4-a)-(a-1)(a-4)}{8-2a}\\&=\frac{(4-a)\{(7-a)+(a-1)\}}{2(4-a)}\\&=\frac{6}{2}=3\end{aligned}$$

이때 $f'(4)=\lim\limits_{x\to4}\dfrac{f(x)-f(4)}{x-4}$

$=\lim\limits_{x\to4}\dfrac{(x-1)(x-4)}{x-4}$

$=\lim\limits_{x\to4}(x-1)=3$

$\therefore \dfrac{f(b)-f(a)}{b-a}=f'(4)$ (거짓)

④ 두 점 $\mathrm{P}(a,\ f(a))$, $\mathrm{Q}(b,\ f(b))$에 대하여

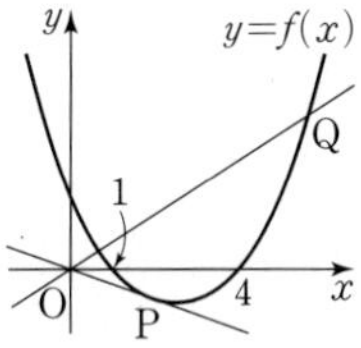

$\dfrac{f(b)}{b}=\dfrac{f(b)-0}{b-0}$는 원점 O와 점 Q를 지나는 직선의 기울기이고,

$\dfrac{f(a)}{a}=\dfrac{f(a)-0}{a-0}$는 원점 O와 점 P를 지나는 직선의 기울기이므로

$\dfrac{f(b)}{b}>\dfrac{f(a)}{a}$ (참)

⑤ ③에 의하여

$\dfrac{f(b)-f(a)}{b-a}=3>1$

이때 $b-a>0$이므로

$f(b)-f(a)>b-a$ (거짓)

따라서 옳지 않은 것은 ③, ⑤이다. **답** ③, ⑤

2 **전략** 그래프의 대칭성을 이용하여 $f'(-2)$의 값을 구한 후, 미분계수의 정의를 이용할 수 있도록 식을 변형하여 극한값을 구한다.

풀이 함수 $y=f(x)$의 그래프가 y축에 대하여 대칭이므로

$f(-x)=f(x)$

$\therefore f'(-a)=\lim\limits_{x\to-a}\dfrac{f(x)-f(-a)}{x-(-a)}=\lim\limits_{x\to-a}\dfrac{f(x)-f(a)}{x+a}$

이때 $x=-t$로 놓으면 $x\to-a$일 때, $t\to a$이므로

$f'(-a)=\lim\limits_{t\to a}\dfrac{f(t)-f(a)}{-t+a}=-\lim\limits_{t\to a}\dfrac{f(t)-f(a)}{t-a}=-f'(a)$

$\therefore f'(-2)=-f'(2)=3$

$\therefore \lim\limits_{x\to-2}\dfrac{f(x^2)-f(4)}{f(x)-f(-2)}$

$=\lim\limits_{x\to-2}\left\{\dfrac{f(x^2)-f(4)}{x^2-4}\times\dfrac{x-(-2)}{f(x)-f(-2)}\times\dfrac{x^2-4}{x-(-2)}\right\}$

$=\lim\limits_{x^2\to4}\dfrac{f(x^2)-f(4)}{x^2-4}\times\lim\limits_{x\to-2}\dfrac{1}{\dfrac{f(x)-f(-2)}{x-(-2)}}\times\lim\limits_{x\to-2}(x-2)$

$=f'(4)\times\dfrac{1}{f'(-2)}\times(-4)$

$=6\times\dfrac{1}{3}\times(-4)=-8$ **답** ①

2-1 **전략** 함수의 그래프의 대칭성을 이용하여 $h(x)$를 변형한 후, 주어진 극한값을 이용하여 $h'(3)$의 값을 구한다.

풀이 함수 $y=f(x)$의 그래프가 y축에 대하여 대칭이므로

$f(-x)=f(x)$

$\therefore \lim\limits_{x \to 4} \dfrac{f(1-x)-3}{x-4} = \lim\limits_{x \to 4} \dfrac{f(x-1)-3}{x-4} = 3$

$x \to 4$일 때 극한값이 존재하고 (분모)$\to 0$이므로 (분자)$\to 0$이어야 한다.

즉, $\lim\limits_{x \to 4} \{f(x-1)-3\}=0$이므로 $f(3)=3$

$\lim\limits_{x \to 4} \dfrac{f(x-1)-3}{x-4}=3$에서 $x-1=t$로 놓으면 $x \to 4$일 때, $t \to 3$이므로

$\lim\limits_{t \to 3} \dfrac{f(t)-f(3)}{t-3}=f'(3)=3$

한편, 함수 $y=g(x)$의 그래프는 원점에 대하여 대칭이므로

$g(-x)=-g(x)$

$\therefore \lim\limits_{x \to 3} \dfrac{3-x}{g(-x)} = \lim\limits_{x \to 3} \dfrac{3-x}{-g(x)} = \lim\limits_{x \to 3} \dfrac{x-3}{g(x)} = 12$

$x \to 3$일 때 0이 아닌 극한값이 존재하고 (분자)$\to 0$이므로 (분모)$\to 0$이어야 한다.

즉, $\lim\limits_{x \to 3} g(x)=0$이므로 $g(3)=0$

$\therefore \lim\limits_{x \to 3} \dfrac{x-3}{g(x)} = \lim\limits_{x \to 3} \dfrac{x-3}{g(x)-g(3)} = \dfrac{1}{g'(3)}=12$

$\therefore g'(3)=\dfrac{1}{12}$

$h(x)=f(-x)g(-x)=f(x)\{-g(x)\}=-f(x)g(x)$이므로

$h'(x)=-\{f'(x)g(x)+f(x)g'(x)\}$

$\therefore h'(3)=-\{f'(3)g(3)+f(3)g'(3)\}$

$\qquad = -\left(3 \times 0 + 3 \times \dfrac{1}{12}\right) = -\dfrac{1}{4}$ **답** ①

3 **전략** 먼저 함수 $f(x)$의 차수를 정한 후, 함수의 극한의 성질을 이용하여 $f(x)$의 식을 완성한다.

풀이 조건 (개)에서 두 함수 $\{f(x)\}^2-f(x^2)$, $x^3f(x)$의 차수가 같아야 하므로 $f(x)$의 차수를 n이라 하면 $\{f(x)\}^2-f(x^2)$의 차수는 $2n$, $x^3f(x)$의 차수는 $n+3$이다.

따라서 $2n=n+3$이므로

$n=3$

즉, $f(x)$가 삼차함수이므로

$f(x)=ax^3+bx^2+cx+d$ (a, b, c, d는 상수, $a \neq 0$, $a \neq 1$)

로 놓으면 $f'(x)=3ax^2+2bx+c$

이때 조건 (내)에서 $x \to 0$일 때 극한값이 존재하고 (분모)$\to 0$이므로 (분자)$\to 0$이어야 한다.

즉, $\lim\limits_{x \to 0} f'(x)=0$이므로

$\lim\limits_{x \to 0}(3ax^2+2bx+c)=c=0$

$\therefore \lim\limits_{x \to 0} \dfrac{f'(x)}{x} = \lim\limits_{x \to 0} \dfrac{3ax^2+2bx}{x}$

$\qquad = \lim\limits_{x \to 0}(3ax+2b)=2b=4$

$\therefore b=2$

$f(x)=ax^3+2x^2+d$이므로 조건 (개)에서

$\lim\limits_{x \to \infty} \dfrac{\{f(x)\}^2-f(x^2)}{x^3f(x)} = \lim\limits_{x \to \infty} \dfrac{(ax^3+2x^2+d)^2-(ax^6+2x^4+d)}{x^3(ax^3+2x^2+d)}$

$\qquad = \underline{\dfrac{a^2-a}{a}} = a-1=1$ ← 최고차항의 계수의 비

$\therefore a=2$

따라서 $f'(x)=6x^2+4x$이므로

$f'(1)=6+4=10$ **답** ④

3-1 **전략** 조건 (개)에서 함수 $f(x)$의 차수를 정한 후, 조건 (내)를 만족시키는 $f(x)$를 구한다.

풀이 조건 (개)에서 두 함수 $3x^2-1$, $f(x)$의 차수가 같아야 하므로 $f(x)$는 이차함수이다.

$f(x)=ax^2+bx+c$ (a, b, c는 상수, $a \neq 0$)

로 놓으면 조건 (개)에서

$\lim\limits_{x \to \infty} \dfrac{3x^2-1}{f(x)} = \dfrac{3}{a}=6$ $\therefore a=\dfrac{1}{2}$

즉, $f(x)=\dfrac{1}{2}x^2+bx+c$이므로

$f'(x)=x+b$

조건 (내)에 의하여 $f(x)=0$ 또는 $f'(x)=1$의 실근이 1과 2뿐이므로 일차방정식 $f'(x)=1$의 실근이 1인 경우와 2인 경우로 나누어 생각하자.

(i) $f'(x)=1$의 근이 $x=1$인 경우

$f'(1)=1$이므로 $1+b=1$ $\therefore b=0$

$\therefore f(x)=\dfrac{1}{2}x^2+c$

이때 방정식 $f(x)=0$은 $x=2$를 근으로 가져야 하므로

$2+c=0$ $\therefore c=-2$

$\therefore f(x)=\dfrac{1}{2}x^2-2=\dfrac{1}{2}(x+2)(x-2)$

방정식 $f(x)=0$의 해는 $x=-2$ 또는 $x=2$가 되어 조건 (내)를 만족시키지 않는다.

(ii) $f'(x)=1$의 근이 $x=2$인 경우

$f'(2)=1$이므로 $2+b=1$ $\therefore b=-1$

$\therefore f(x)=\dfrac{1}{2}x^2-x+c$

방정식 $f(x)=0$은 $x=1$을 근으로 가져야 하므로

$$\frac{1}{2}-1+c=0 \qquad \therefore c=\frac{1}{2}$$

$$\therefore f(x)=\frac{1}{2}x^2-x+\frac{1}{2}=\frac{1}{2}(x-1)^2$$

방정식 $f(x)=0$의 해는 $x=1$ (중근)이 되어 조건 (나)를 만족시킨다.

(i), (ii)에 의하여 $f(x)=\frac{1}{2}x^2-x+\frac{1}{2}$, $f'(x)=x-1$

따라서 $f(3)=\frac{9}{2}-3+\frac{1}{2}=2$, $f'(3)=3-1=2$이므로

$f(3)+f'(3)=2+2=4$ 　　　　　　　　　　　　　　　 **답** 4

---

4 **전략** 주어진 함수의 그래프를 이용하여 $y=f(-x)$의 그래프를 그린 후 보기의 참, 거짓을 판별한다.

풀이 함수 $y=f(-x)$의 그래프는 함수 $y=f(x)$의 그래프를 y축에 대하여 대칭이동한 것이므로 오른쪽 그림과 같다.

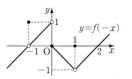

ㄱ. $\lim\limits_{x\to1}f(x)=0$, $\lim\limits_{x\to1}f(-x)=-1$

　　$\therefore \lim\limits_{x\to1}f(x)f(-x)=0\times(-1)=0$ (참)

ㄴ. $f(-1)f(1)=0\times1=0$

　　$\lim\limits_{x\to-1}f(x)=-1$, $\lim\limits_{x\to-1}f(-x)=0$이므로

　　$\lim\limits_{x\to-1}f(x)f(-x)=(-1)\times0=0$

　　따라서 $\lim\limits_{x\to-1}f(x)f(-x)=f(-1)f(1)$이므로 함수

　　$y=f(x)f(-x)$는 $x=-1$에서 연속이다. (참)

ㄷ. $f(x)=\begin{cases} x & (-1<x\le0) \\ -x+1 & (0<x<1) \end{cases}$,

　　$f(-x)=\begin{cases} x+1 & (-1<x<0) \\ -x & (0\le x<1) \end{cases}$

　　$\therefore f(x)f(-x)=\begin{cases} x^2+x & (-1<x<0) \\ 0 & (x=0) \\ x^2-x & (0<x<1) \end{cases}$

　　$g(x)=f(x)f(-x)$라 하면

　　$\lim\limits_{x\to0-}\dfrac{g(x)-g(0)}{x}=\lim\limits_{x\to0-}\dfrac{x^2+x}{x}=\lim\limits_{x\to0-}(x+1)=1$

　　$\lim\limits_{x\to0+}\dfrac{g(x)-g(0)}{x}=\lim\limits_{x\to0+}\dfrac{x^2-x}{x}=\lim\limits_{x\to0+}(x-1)=-1$

　　이므로 함수 $y=g(x)$, 즉 $y=f(x)f(-x)$는 $x=0$에서 미분가능하지 않다. (거짓)

따라서 옳은 것은 ㄱ, ㄴ이다. 　　　　　　　　　　 **답** ③

개념 연계 **수학상** **도형의 대칭이동**

방정식 $f(x, y)=0$이 나타내는 도형을 대칭이동한 도형의 방정식

(1) x축 대칭 ⇨ y 대신 $-y$를 대입한다. ⇨ $f(x, -y)=0$

(2) y축 대칭 ⇨ x 대신 $-x$를 대입한다. ⇨ $f(-x, y)=0$

(3) 원점 대칭 ⇨ x 대신 $-x$, y 대신 $-y$를 대입한다.

　　　　　　⇨ $f(-x, -y)=0$

(4) 직선 $y=x$ 대칭 ⇨ x 대신 y, y 대신 x를 대입한다. ⇨ $f(y, x)=0$

4-1 **전략** 미분계수 $f'(a)$가 존재하면 함수 $f(x)$는 $x=a$에서 미분가능함을 이용하여 보기의 참, 거짓을 판별한다.

풀이 ㄱ. $x<-1$일 때 $f(x)=3x+6$이므로 $\lim\limits_{x\to-1-}f'(x)=3$

　　$\therefore \lim\limits_{x\to-1-}f(f'(x))=f(3)>3$

　　$-1\le x<0$일 때 $f(x)=-x+1$이므로 $\lim\limits_{x\to-1+}f'(x)=-1$

　　$\therefore \lim\limits_{x\to-1+}f(f'(x))=f(-1)=2$

　　따라서 $\lim\limits_{x\to-1-}f(f'(x))\ne\lim\limits_{x\to-1+}f(f'(x))$이므로 함수

　　$y=f(f'(x))$의 극한값이 존재하지 않는다. (거짓)

ㄴ. $g(x)=x+f(x)$라 하면 $g(0)=f(0)=0$이므로

　　$g'(0)=\lim\limits_{x\to0}\dfrac{g(x)-g(0)}{x-0}=\lim\limits_{x\to0}\dfrac{x+f(x)}{x}$

　　이때 $\lim\limits_{x\to0}x=0$, $\lim\limits_{x\to0}\{x+f(x)\}=\lim\limits_{x\to0}f(x)=1\ne0$이므로

　　$g'(0)$의 값은 존재하지 않는다.

　　따라서 함수 $y=x+f(x)$는 $x=0$에서 미분가능하지 않다. (참)

ㄷ. $h(x)=x^2f(-x)$라 하면 $h(0)=0$이므로

　　$h'(0)=\lim\limits_{x\to0}\dfrac{h(x)-h(0)}{x-0}=\lim\limits_{x\to0}\dfrac{x^2f(-x)}{x}=\lim\limits_{x\to0}xf(-x)$

　　　　$=0\times1=0$

　　따라서 함수 $y=h(x)$, 즉 $y=x^2f(-x)$는 $x=0$에서 미분가능하다. (참)

따라서 옳은 것은 ㄴ, ㄷ이다. 　　　　　　　　 **답** ④

다른풀이 ㄴ. $g(x)=x+f(x)$라 하면 $g(0)=f(0)=0$

　　$\lim\limits_{x\to0}g(x)=\lim\limits_{x\to0}\{x+f(x)\}=0+1=1$

　　즉, $g(0)\ne\lim\limits_{x\to0}g(x)$이므로 함수 $g(x)$는 $x=0$에서 불연속이다.

---

5 **전략** 함수 $f(x)$가 $x=b$에서 미분가능하면 $x=b$에서 연속이고, $x=b$에서의 미분계수 $f'(b)$의 값이 존재함을 이용한다.

풀이 $3x^2-12=0$에서 $x^2=4$ 　　$\therefore x=\pm2$

(i) $b\le-2$일 때

　　$f(x)=\begin{cases} 3x^2-12 & (x<b) \\ 6x+a & (x\ge b) \end{cases}$이므로 $f'(x)=\begin{cases} 6x & (x<b) \\ 6 & (x>b) \end{cases}$

　　이때 $b\le-2$이므로 $\lim\limits_{x\to b-}f'(x)\ne\lim\limits_{x\to b+}f'(x)$

　　따라서 함수 $f(x)$는 $x=b$에서 미분가능하지 않다.

(ii) $-2<b\le2$일 때

　　$f(x)=\begin{cases} 3x^2-12 & (x<-2) \\ -3x^2+12 & (-2\le x<b) \\ 6x+a & (x\ge b) \end{cases}$이므로

　　$f'(x)=\begin{cases} 6x & (x<-2) \\ -6x & (-2<x<b) \\ 6 & (x>b) \end{cases}$

　　함수 $f(x)$는 $x=b$에서 미분가능하므로

　　$\lim\limits_{x\to b-}f'(x)=\lim\limits_{x\to b+}f'(x)$

　　$\lim\limits_{x\to b-}f'(x)=-6b$, $\lim\limits_{x\to b+}f'(x)=6$이므로 $-6b=6$

　　$\therefore b=-1$

　　또, 함수 $f(x)$는 $x=b$에서 연속이므로

$$\lim_{x \to b-} f(x) = \lim_{x \to -1-} (-3x^2+12)=9,$$

$$f(b)=\lim_{x \to b+} f(x)=\lim_{x \to -1+} (6x+a)=-6+a$$

즉, $-6+a=9$이므로 $a=15$

(iii) $b>2$일 때

$$f(x)=\begin{cases} 3x^2-12 & (x<-2,\ 2 \le x<b) \\ -3x^2+12 & (-2 \le x<2) \\ 6x+a & (x \ge b) \end{cases}$$ 이므로

$$f'(x)=\begin{cases} 6x & (x<-2,\ 2<x<b) \\ -6x & (-2<x<2) \\ 6 & (x>b) \end{cases}$$

이때 $b>2$이므로 $\lim_{x \to b-} f'(x) \ne \lim_{x \to b+} f'(x)$

따라서 함수 $f(x)$는 $x=b$에서 미분가능하지 않다.

(i), (ii), (iii)에 의하여 $a=15$, $b=-1$이므로

$a+b=15+(-1)=14$　　　　　　　　　**답** ⑤

1등급 노트　다항함수의 미분가능성

두 다항함수 $p(x)$, $q(x)$에 대하여 함수 $f(x)$가

$$f(x)=\begin{cases} p(x) & (x<a) \\ q(x) & (x \ge a) \end{cases}$$ 일 때 $f'(x)=\begin{cases} p'(x) & (x<a) \\ q'(x) & (x>a) \end{cases}$ 이다.

또, 함수 $f(x)$가 $x=a$에서 미분가능하면

$$f'(a)=\lim_{x \to a-} p'(x)=\lim_{x \to a+} q'(x)$$

5-1　전략 함수 $f(x)$가 $x=-3$에서 미분가능해야 함을 이용한다.

풀이 $x \ge -3$일 때, 함수 $y=f(x)$의 그래프는 오른쪽 그림과 같으므로 $f(x)$는 $x=1$, $x=3$에서 미분가능하지 않다. 이때 함수 $f(x)$가 미분가능하지 않은 x의 값이 2개이므로 $x=-3$에서 미분가능해야 한다.

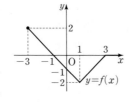

$$f(x)=\begin{cases} x^2+ax+b & (x<-3) \\ -x-1 & (-3 \le x<1) \end{cases}$$ 이므로

$$f'(x)=\begin{cases} 2x+a & (x<-3) \\ -1 & (-3<x<1) \end{cases}$$

함수 $f(x)$가 $x=-3$에서 미분가능해야 하므로 $x=-3$에서 연속이고, $f'(-3)$이 존재해야 한다.

$x=-3$에서 연속이려면 $\lim_{x \to -3-} f(x)=\lim_{x \to -3+} f(x)=f(-3)$이므로

$9-3a+b=2$　　$\cdots\cdots$ ㉠

$f'(3)$이 존재하려면 $\lim_{x \to -3-} f'(x)=\lim_{x \to -3+} f'(x)$이므로

$-6+a=-1$

$\therefore a=5$

$a=5$를 ㉠에 대입하면 $9-15+b=2$

$\therefore b=8$

따라서 $x<-3$일 때 $f(x)=x^2+5x+8$

$\therefore f(-5)=25-25+8=8$　　　　　　**답** 8

1등급 노트　함수의 그래프에서 미분가능하지 않은 경우

함수의 그래프에서 미분가능하지 않은 경우는 다음과 같다.

(1) 불연속인 점

(2) 연속이지만 꺾인 점

⇨ (절댓값 기호 안의 식)$=0$으로 하는 x의 값에서 미분가능하지 않을 수 있다.

(3) 연속이지만 뾰족한 점 (첨점)

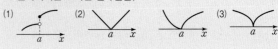

6　전략 $f(x)f'(x)=4x+6$임을 이용하여 함수 $f(x)$의 차수를 정한다.

풀이 함수 $f(x)$가 n차 다항함수이면 $f'(x)$는 $(n-1)$차이므로 $f(x)f'(x)$는 $(2n-1)$차 다항함수이다.

$f(x)f'(x)=4x+6$에서 우변이 일차함수이므로

$2n-1=1$, $2n=2$

$\therefore n=1$

즉, $f(x)$가 일차함수이므로

$f(x)=ax+b$ (a, b는 상수, $a \ne 0$)

로 놓을 수 있다.

이때 $f'(x)=a$이므로

$a(ax+b)=4x+6$

$\therefore a^2=4$, $ab=6$

$\therefore a=2$, $b=3$ 또는 $a=-2$, $b=-3$

즉, $f(x)=2x+3$ 또는 $f(x)=-2x-3$

$f(x)=2x+3$일 때, $f(1)f(2)=5 \times 7=35$

$f(x)=-2x-3$일 때, $f(1)f(2)=(-5) \times (-7)=35$

$\therefore f(1)f(2)=35$　　　　　　　　　**답** ②

6-1　전략 다항함수 $h(x)$에 대하여 $h(k)=0$, $h'(k)=0$이면 함수 $h(x)$는 $(x-k)^2$을 인수로 가짐을 이용한다.

풀이 $f(x)=x^4+ax^3+bx^2+cx+d$, $g(x)=x^3+px^2+qx$ (a, b, c, d, p, q는 상수)로 놓으면

$f'(x)=4x^3+3ax^2+2bx+c$, $g'(x)=3x^2+2px+q$

조건 ㈎에 의하여 $\underline{f'(-x)=-f'(x)}$이므로 $a=c=0$
　　　　　　　　　　└ 기함수

$\therefore f(x)=x^4+bx^2+d$

이때 $h(x)=f(x)-g(x)-1$이라 하면

$h'(x)=f'(x)-g'(x)$

조건 ㈏에 의하여 실수 k에 대하여

$h(k)=f(k)-g(k)-1=0$,

$h'(k)=f'(k)-g'(k)=0$,

$h(-k)=f(-k)-g(-k)-1=0$,

$h(k+2)=f(k+2)-g(k+2)-1=0$

이므로

$h(x)=(x-k)^2(x+k)(x-k-2)$

$x^4-x^3+(b-p)x^2-qx+d-1$
$=(x-k)^2(x+k)(x-k-2)$
$=x^4-2(k+1)x^3+2kx^2+2k^2(k+1)x-k^3(k+2)$

이므로 $k=-\dfrac{1}{2}$, $b-p=-1$, $-q=\dfrac{1}{4}$, $d-1=\dfrac{3}{16}$

$\therefore f'(x)-g'(x)=(4x^3+2bx)-(3x^2+2px+q)$
$\qquad\qquad\qquad=4x^3-3x^2+2(b-p)x-q$
$\qquad\qquad\qquad=4x^3-3x^2-2x+\dfrac{1}{4}$

$\therefore 4\{f'(3)-g'(3)\}=4\times\left(108-27-6+\dfrac{1}{4}\right)$
$\qquad\qquad\qquad\qquad=4\times\dfrac{301}{4}=301$ **답 301**

---

7 **전략** 곱의 미분법을 이용하여 $h(x)=f(x)g(x)$를 미분한다.

풀이 조건 ㈎에 의하여 $f(x)=f'(x)g(x)$

이때 $f(x)$가 최고차항의 계수가 1인 삼차함수이므로 $f'(x)$는 최고차항의 계수가 3인 이차함수이다.

따라서 $g(x)$는 최고차항의 계수가 $\dfrac{1}{3}$인 일차함수이므로

$g(x)=\dfrac{1}{3}x+k$ (k는 상수)

로 놓을 수 있다.

$\therefore g'(x)=\dfrac{1}{3}$

조건 ㈏에 의하여 $f(-1)=9$

$\therefore h'(x)=f'(x)g(x)+f(x)g'(x)$
$\qquad\quad=f(x)+f(x)g'(x)$
$\qquad\quad=f(x)\{1+g'(x)\}$
$\qquad\quad=f(x)\left(1+\dfrac{1}{3}\right)$
$\qquad\quad=\dfrac{4}{3}f(x)$

$\therefore h'(-1)=\dfrac{4}{3}f(-1)=\dfrac{4}{3}\times9=12$ **답 ③**

7-1 **전략** 조건 ㈏를 이용하여 함수 $f(x)$의 식을 세우고 곱의 미분법을 이용하여 $f(x)$를 구한다.

풀이 함수 $f(x)$는 최고차항의 계수가 1인 사차함수이고, 조건 ㈏에 의하여 함수 $y=f(x)$의 그래프는 y축에 대하여 대칭이므로

$f(x)=x^4+ax^2+b$ (a, b는 상수)

로 놓을 수 있다.

이때 조건 ㈎에서 $f(x)+1$을 $(x-1)^2$으로 나누었을 때의 몫을 $Q(x)$라 하면

$f(x)+1=(x-1)^2Q(x)$

$\therefore x^4+ax^2+b+1=(x-1)^2Q(x)$ ······ ㉠

㉠의 양변을 x에 대하여 미분하면

$4x^3+2ax=2(x-1)Q(x)+(x-1)^2Q'(x)$ ······ ㉡

㉠, ㉡에 $x=1$을 대입하면

$a+b+2=0$, $4+2a=0$

$\therefore a=-2$, $b=0$

따라서 $f(x)=x^4-2x^2$이므로

$f(2)=16-8=8$ **답 ④**

---

8 **전략** 직선 $x=k$에 대하여 대칭인 함수 $g(x)$가 $x=k$에서 미분가능할 조건을 이용한다.

풀이 삼차함수 $f(x)=x^3-x^2-9x+1$은 실수 전체의 집합에서 미분가능하고 함수 $y=g(x)$의 그래프는 직선 $x=k$에 대하여 대칭이므로 함수 $g(x)$가 실수 전체의 집합에서 미분가능하려면 $x=k$에서 미분가능해야 한다.

$\displaystyle\lim_{x\to k-}\dfrac{g(x)-g(k)}{x-k}$
$\displaystyle=\lim_{x\to k-}\dfrac{f(2k-x)-f(k)}{x-k}$
$\displaystyle=\lim_{x\to k-}\dfrac{(2k-x)^3-(2k-x)^2-9(2k-x)+1-(k^3-k^2-9k+1)}{x-k}$
$\displaystyle=\lim_{x\to k-}\dfrac{(k-x)\{(2k-x)^2+k(2k-x)+k^2-(3k-x)-9\}}{x-k}$ (*)
$=-3k^2+2k+9$

또,

$\displaystyle\lim_{x\to k+}\dfrac{g(x)-g(k)}{x-k}$
$\displaystyle=\lim_{x\to k+}\dfrac{f(x)-f(k)}{x-k}$
$\displaystyle=\lim_{x\to k+}\dfrac{(x^3-x^2-9x+1)-(k^3-k^2-9k+1)}{x-k}$
$\displaystyle=\lim_{x\to k+}\dfrac{(x-k)\{x^2+kx+k^2-(x+k)-9\}}{x-k}$
$=3k^2-2k-9$

이때 $\displaystyle\lim_{x\to k-}\dfrac{g(x)-g(k)}{x-k}=\lim_{x\to k+}\dfrac{g(x)-g(k)}{x-k}$이어야 하므로

$-3k^2+2k+9=3k^2-2k-9$

$\therefore 3k^2-2k-9=0$

따라서 조건을 만족시키는 실수 k는 이 이차방정식의 실근이므로 이차방정식의 근과 계수의 관계에 의하여 구하는 모든 실수 k의 값의 합은 $\dfrac{2}{3}$이다.

즉, $p=3$, $q=2$이므로

$p^2+q^2=3^2+2^2=13$ **답 13**

참고 풀이의 (*)에서

$f(2k-x)-f(k)$
$=\{(2k-x)^3-(2k-x)^2-9(2k-x)+1\}-(k^3-k^2-9k+1)$
$=\{(2k-x)^3-k^3\}-\{(2k-x)^2-k^2\}-9\{(2k-x)-k\}$
$=(2k-x-k)\{(2k-x)^2+k(2k-x)+k^2\}$
$\qquad\qquad\qquad-(2k-x-k)(2k-x+k)-9(k-x)$
$=(k-x)\{(2k-x)^2+k(2k-x)+k^2-(3k-x)-9\}$

빠른풀이 함수 $y=g(x)$의 그래프는 직선 $x=k$에 대하여 대칭이므로 함수 $g(x)$가 실수 전체의 집합에서 미분가능하기 위해서는 $f'(k)=0$이어야 한다.

이때 $f(x)=x^3-x^2-9x+1$에서

$f'(x)=3x^2-2x-9$

$$\therefore f'(k)=3k^2-2k-9=0$$

따라서 구하는 모든 실수 k의 값의 합은 $\dfrac{2}{3}$이다.

1등급 노트 대칭인 함수와 미분가능 조건

(1) 다항함수 $y=f(2k-x)$의 그래프는 함수 $y=f(x)$의 그래프와 직선 $x=k$에 대하여 대칭이다.

(2) 함수 $g(x)=\begin{cases} f(x) & (x<k) \\ f(2k-x) & (x\ge k) \end{cases}$가 실수 전체의 집합에서 미분가능하기 위해서는 $f'(k)=0$이어야 한다.

8-1 **전략** 주기함수 $g(x)$가 미분가능할 조건을 이용한다.

풀이 조건 ㈏에 의하여 함수 $y=g(x)$는 주기가 4이다.

함수 $f(x)$, $g(x)$가 실수 전체의 집합에서 미분가능하므로 함수 $g(x)$는 $x=2$에서 미분가능하다.

$$g(x)=\begin{cases} f(x) & (-2\le x<2) \\ f(x-4) & (2\le x<6) \end{cases}$$

이때 $f(x)=x^3+ax^2+bx+c$ (a, b, c는 상수)라 하자.

(i) 함수 $g(x)$는 $x=2$에서 연속이므로

$$\lim_{x\to 2-}g(x)=\lim_{x\to 2+}g(x)=g(2)$$

즉, $\lim\limits_{x\to 2-}f(x)=\lim\limits_{x\to 2+}f(x-4)$이므로

$$f(2)=f(-2)$$
$$8+4a+2b+c=-8+4a-2b+c$$
$$4b=-16 \qquad \therefore b=-4$$

(ii) 함수 $g(x)$는 $x=2$에서의 미분계수 $g'(2)$가 존재하므로

$$\lim_{x\to 2-}\frac{g(x)-g(2)}{x-2}=\lim_{x\to 2+}\frac{g(x)-g(2)}{x-2}$$

즉, $\lim\limits_{x\to 2-}\dfrac{f(x)-f(-2)}{x-2}=\lim\limits_{x\to 2+}\dfrac{f(x-4)-f(-2)}{x-2}$

$$\therefore \lim_{x\to 2-}\frac{f(x)-f(2)}{x-2}=\lim_{t\to -2+}\frac{f(t)-f(-2)}{t+2}$$

이때 $f(x)$는 실수 전체의 집합에서 미분가능하므로

$$f'(2)=f'(-2)$$

$f'(x)=3x^2+2ax-4$이므로

$$12+4a-4=12-4a-4$$
$$8a=0 \qquad \therefore a=0$$

(i), (ii)에 의하여 $f(x)=x^3-4x+c$

$$\begin{aligned} \therefore g(8)-g(7)&=g(0)-g(-1) \\ &=f(0)-f(-1) \\ &=c-(3+c)=-3 \end{aligned}$$

답 ①

1등급 노트 주기함수의 미분가능 조건

실수 전체의 집합에서 미분가능한 다항함수 $f(x)$에 대하여 $g(x)=f(x)$, $a\le x<b$이고 모든 실수 x에 대하여 $g(x)=g(x+b-a)$일 때 함수 $g(x)$가 실수 전체의 집합에서 미분가능하기 위해서는

$$f(a)=f(b),\ f'(a)=f'(b)$$

를 만족시켜야 한다.

9 **전략** 미분계수의 정의를 이용하여 $f'(0)$과 $f'(2)$ 사이의 관계를 확인한다.

풀이 조건 ㈎의 식에 $x=0$, $y=0$을 대입하면

$$f(0)=f(0)+f(0)-1$$
$$\therefore f(0)=1$$

조건 ㈏에서 $x\to 2$일 때 극한값이 존재하고 (분모)$\to 0$이므로 (분자)$\to 0$이어야 한다.

즉, $\lim\limits_{x\to 2}f(x)=0$이므로 $f(2)=0$

$$\therefore \lim_{x\to 2}\frac{f(x)}{x-2}=\lim_{x\to 2}\frac{f(x)-f(2)}{x-2}=f'(2)=3$$

미분계수의 정의에 의하여

$$\begin{aligned} f'(2)&=\lim_{h\to 0}\frac{f(2+h)-f(2)}{h} \\ &=\lim_{h\to 0}\frac{f(2)+f(h)+8h-1-f(2)}{h} \\ &=\lim_{h\to 0}\frac{f(h)-1+8h}{h} \\ &=\lim_{h\to 0}\left\{\frac{f(h)-1}{h}+8\right\} \\ &=\lim_{h\to 0}\left\{\frac{f(h)-f(0)}{h}+8\right\} \\ &=f'(0)+8 \end{aligned}$$

따라서 $f'(0)+8=3$이므로 $f'(0)=-5$

$$\therefore \frac{1}{5}f'(0)=\frac{1}{5}\times(-5)=-1$$

답 ②

9-1 **전략** 미분계수의 정의와 함수의 극한의 성질을 이용한다.

풀이 조건 ㈎의 식에 $x=0$, $y=0$을 대입하면

$$f(0)=f(0)+f(0)-2$$
$$\therefore f(0)=2$$

조건 ㈏에 의하여

$$\lim_{x\to 0}\frac{f(x)-f(0)}{x}=3$$에서 $f'(0)=3$

또, $\lim\limits_{x\to 1}\dfrac{g(x-1)-4}{x-1}=3$에서 $x-1=t$로 놓으면 $x\to 1$일 때 $t\to 0$이므로

$$\lim_{t\to 0}\frac{g(t)-4}{t}=3$$

$t\to 0$일 때 극한값이 존재하고 (분모)$\to 0$이므로 (분자)$\to 0$이어야 한다.

즉, $\lim\limits_{t\to 0}\{g(t)-4\}=0$이므로 $g(0)=4$

$$\begin{aligned} \therefore \lim_{t\to 0}\frac{g(t)-4}{t}&=\lim_{t\to 0}\frac{g(t)-g(0)}{t} \\ &=g'(0)=3 \end{aligned}$$

$h(x)=f(x)g(x)$라 하면 $h'(x)=f'(x)g(x)+f(x)g'(x)$이므로

$$\begin{aligned} \lim_{x\to 0}\frac{f(x)g(x)-4f(0)}{x}&=\lim_{x\to 0}\frac{f(x)g(x)-f(0)g(0)}{x} \\ &=\lim_{x\to 0}\frac{h(x)-h(0)}{x}=h'(0) \\ &=f'(0)g(0)+f(0)g'(0) \\ &=3\times 4+2\times 3=18 \end{aligned}$$

답 ④

01 ②	**02** 1	**03** ③	**04** ④	**05** 5
06 ①	**07** ②	**08** ①	**09** ③	**10** ④
11 0	**12** 8	**13** 9	**14** ⑤	**15** 9
16 ③	**17** 45	**18** 1		

1등급 뛰어넘기

19 0	**20** 54	**21** 16	**22** 3

01 전략 평균변화율의 정의를 이용하여 보기의 참, 거짓을 판별한다.

풀이 $m = \dfrac{f(b)-f(a)}{b-a} = \dfrac{(b^2+2b-1)-(a^2+2a-1)}{b-a}$

$\quad = \dfrac{b^2-a^2+2(b-a)}{b-a} = \dfrac{(b-a)(b+a+2)}{b-a}$

$\quad = b+a+2 \quad \cdots\cdots \text{㉠}$

ㄱ. ㉠에 의하여 $m=0$이면 $b+a+2=0$

$\quad \therefore b=-a-2$

$\quad \therefore ab=a(-a-2)=-a(a+2)$

따라서 $-2 \le a \le 0$일 때 $ab \ge 0$이다. (거짓)

ㄴ. ㉠에 의하여 $m>1$이면 $b+a+2>1$

$\quad \therefore a+b>-1$ (참)

ㄷ. ㉠에 의하여 $a+b=2$이면 $m=a+b+2=4$

이때 $f'(x)=2x+2$이므로 $f'(2)=6$

$\quad \therefore f'(2) \ne m$ (거짓)

따라서 옳은 것은 ㄴ뿐이다.   답 ②

다른풀이 ㄱ. [반례] $a=-2$, $b=0$이면 $f(a)=f(b)=-1$이므로

$m = \dfrac{f(b)-f(a)}{b-a}=0$이지만 $ab=0$이다. (거짓)

02 전략 평균변화율과 미분계수의 정의를 이용하여 등식을 세운다.

풀이 x가 -2에서 3까지 변할 때의 함수 $f(x)$의 평균변화율은

$\dfrac{f(3)-f(-2)}{3-(-2)} = \dfrac{(9k+3k)-(4k-2k)}{5} = \dfrac{10k}{5}=2k$

$\displaystyle\lim_{x \to k} \dfrac{\{f(x)\}^2-\{f(k)\}^2}{(x-k)(x+5k)} = \lim_{x \to k} \left\{ \dfrac{f(x)-f(k)}{x-k} \times \dfrac{f(x)+f(k)}{x+5k} \right\}$

$\quad = f'(k) \times \dfrac{2f(k)}{6k}$

$\quad = \dfrac{f'(k)f(k)}{3k}$

이때 $f(x)=kx^2+kx$에서 $f'(x)=2kx+k$이므로

$f(k)=k^3+k^2$, $f'(k)=2k^2+k$

$\therefore \dfrac{f'(k)f(k)}{3k} = \dfrac{(2k^2+k)(k^3+k^2)}{3k} = \dfrac{(2k+1)(k^3+k^2)}{3}$

따라서 $\dfrac{(2k+1)(k^3+k^2)}{3}=2k$이므로

$(2k+1)(k^2+k)=6$, $2k^3+3k^2+k-6=0$

$(k-1)(2k^2+5k+6)=0$

$\therefore k=1 \;(\because 2k^2+5k+6>0)$ 답 1

03 전략 직선 AB의 기울기와 함수 $f(x)$의 $x=c$에서의 미분계수가 같음을 이용하여 보기의 참, 거짓을 판별한다.

풀이 ㄱ. 기울기가 3인 직선 AB와 평행한 접선의 기울기도 3이므로

$f'(c)=3$

$\therefore \displaystyle\lim_{x \to c} \dfrac{f(x)-f(c)}{x-c}=3$ (참)

ㄴ. 직선 AB의 기울기가 3이므로

$\dfrac{b^3-a^3}{b-a} = \dfrac{(b-a)(b^2+ab+a^2)}{b-a}$

$\quad = b^2+ab+a^2$

$\quad = (a+b)^2-ab=3$

$\therefore ab=(a+b)^2-3$

이때 $a+b=\dfrac{\sqrt{14}}{2}$이므로

$ab = \left(\dfrac{\sqrt{14}}{2} \right)^2-3 = \dfrac{7}{2}-3 = \dfrac{1}{2}$ (참)

ㄷ. $f'(c) = \displaystyle\lim_{x \to c} \dfrac{f(x)-f(c)}{x-c}$

$\quad = \displaystyle\lim_{x \to c} \dfrac{x^3-c^3}{x-c}$

$\quad = \displaystyle\lim_{x \to c} \dfrac{(x-c)(x^2+cx+c^2)}{x-c}$

$\quad = \displaystyle\lim_{x \to c} (x^2+cx+c^2)=3c^2$

이때 $f'(c)=3$이므로

$3c^2=3$, $c^2=1$

$\therefore c=1 \;(\because c>0)$

즉, $\dfrac{a+b}{2}=1$이므로 $a+b=2$

ㄴ에서 $a+b=\dfrac{\sqrt{14}}{2}$일 수도 있으므로 모든 a, b에 대하여

$a+b=2$인 것은 아니다. (거짓)

따라서 옳은 것은 ㄱ, ㄴ이다.   답 ③

04 전략 그래프가 원점에 대하여 대칭인 함수의 도함수의 그래프는 y축에 대하여 대칭임을 이용한다.

풀이 함수 $y=f(x)$의 그래프가 두 점 $(-1, 0)$, $(1, 0)$을 지나므로

$f(-1)=0$, $f(1)=0$

$\therefore \displaystyle\lim_{h \to 0} \dfrac{|f(-1+h^2)|+|f(1+h^2)|}{h^2}$

$\quad = \displaystyle\lim_{h \to 0} \dfrac{|f(-1+h^2)|+|f(1+h^2)|}{|h^2|}$

$\quad = \displaystyle\lim_{h \to 0} \left\{ \left| \dfrac{f(-1+h^2)-f(-1)}{h^2} \right| + \left| \dfrac{f(1+h^2)-f(1)}{h^2} \right| \right\}$

$\quad = |f'(-1)|+|f'(1)|=8 \quad \cdots\cdots \text{㉠}$

이때 함수 $y=f(x)$의 그래프가 원점에 대하여 대칭이므로 도함수 $y=f'(x)$의 그래프는 y축에 대하여 대칭이다.

즉, $f'(-1)=f'(1)$이므로 ㉠에서

$2|f'(-1)|=8$

$\therefore |f'(-1)|=4$ 답 ④

(1) 우함수의 도함수는 기함수이다.

증명 우함수 $f(x)$는 $f(x+h)=f(-x-h)$, $f(x)=f(-x)$가 성립한다.

$$\therefore f'(x)=\lim_{h\to 0}\frac{f(x+h)-f(x)}{h}=\lim_{h\to 0}\frac{f(-x-h)-f(-x)}{h}$$
$$=-\lim_{h\to 0}\frac{f(-x-h)-f(-x)}{-h}=-f'(-x)$$

(2) 기함수의 도함수는 우함수이다.

증명 기함수 $g(x)$는 $g(x+h)=-g(-x-h)$, $g(x)=-g(-x)$가 성립한다.

$$\therefore g'(x)=\lim_{h\to 0}\frac{g(x+h)-g(x)}{h}$$
$$=\lim_{h\to 0}\frac{-g(-x-h)+g(-x)}{h}$$
$$=\lim_{h\to 0}\frac{g(-x-h)-g(-x)}{-h}=g'(-x)$$

05 **전략** 미분계수의 정의를 이용하여 극한값을 구한다.

풀이 조건 (가)에 의하여

$g(-2)=2$, $g'(-2)=2$

조건 (나)에서 $g^{-1}(x)=k(x)$이므로 $g(2k(x)-g(x)+x)=x$에서

$2k(x)-g(x)+x=g^{-1}(x)$, $2k(x)-g(x)+x=k(x)$

$\therefore k(x)=g(x)-x$ ...... ㉠

㉠의 양변에 $x=-2$를 대입하면

$k(-2)=g(-2)+2=2+2=4$

㉠의 양변을 x에 대하여 미분하면

$k'(x)=g'(x)-1$

이므로 양변에 $x=-2$를 대입하면

$k'(-2)=g'(-2)-1=2-1=1$

$\therefore \lim_{h\to 0}\frac{f(-2+2h)-f(-2)-k(-2+h)+4}{h}$

$=\lim_{h\to 0}\frac{f(-2+2h)-f(-2)}{2h}\times 2-\lim_{h\to 0}\frac{k(-2+h)-k(-2)}{h}$

$=2f'(-2)-k'(-2)$

$=2f'(-2)-1$

따라서 $2f'(-2)-1=9$이므로 $2f'(-2)=10$

$\therefore f'(-2)=5$ **답** 5

06 **전략** 미분계수의 정의를 이용하여 보기의 참, 거짓을 판별한다.

풀이 ㄱ. $h\to 2$일 때 극한값이 존재하고 (분모)$\to 0$이므로 (분자)$\to 0$이어야 한다.

즉, $\lim_{h\to 2}\{f(h)-2\}=0$이므로 $f(2)=2$

$\therefore f'(2)=\lim_{x\to 2}\frac{f(x)-f(2)}{x-2}=\lim_{x\to 2}\frac{f(x)-2}{x-2}$

$=\lim_{h\to 2}\frac{f(h)-2}{h-2}=0$ (참)

ㄴ. [반례] $f(x)=\begin{cases}1 & (x<0)\\2 & (x\geq 0)\end{cases}$이면 함수 $f(x)$는 $x=0$에서 불연속

이므로 $f'(0)$의 값은 존재하지 않는다.

$x<0$일 때, $f(f(x))=f(1)=2$

$x\geq 0$일 때, $f(f(x))=f(2)=2$

이므로 $f(f(x))=2$

$\therefore \lim_{h\to 0}\frac{f(f(h))-f(f(0))}{h}=\lim_{h\to 0}\frac{2-2}{h}=0$

즉, $f'(0)$은 존재하지 않지만 $\lim_{h\to 0}\frac{f(f(h))-f(f(0))}{h}$의 값은 존재한다. (거짓)

ㄷ. [반례] $f(x)=|x|$이면

$\left|f\left(\frac{1}{h}\right)-f(0)\right|=\left|\frac{1}{h}\right|\leq\left|\frac{2}{h}\right|$

가 성립하지만 함수 $y=f(x)$는 $x=0$에

서 미분가능하지 않으므로 $f'(0)\leq 2$는 성립하지 않는다. (거짓)

따라서 옳은 것은 ㄱ뿐이다. **답** ①

07 **전략** 함수의 연속과 미분계수의 정의를 이용하여 보기의 참, 거짓을 판별한다.

풀이 $x\geq 0$일 때, $f(x)=\frac{x+1}{|x|+1}=\frac{x+1}{x+1}=1$

또, $x<0$일 때, $f(x)=\frac{x+1}{|x|+1}=\frac{x+1}{-x+1}$

ㄱ. $\lim_{x\to 0+}\frac{f(x)-f(0)}{x-0}=\lim_{x\to 0+}\frac{1-1}{x}=0$

$\lim_{x\to 0-}\frac{f(x)-f(0)}{x-0}=\lim_{x\to 0-}\frac{\frac{x+1}{-x+1}-1}{x}=\lim_{x\to 0-}\frac{\frac{2x}{-x+1}}{x}$

$=\lim_{x\to 0-}\frac{2}{-x+1}=2$

따라서 $\lim_{x\to 0+}\frac{f(x)-f(0)}{x-0}\neq\lim_{x\to 0-}\frac{f(x)-f(0)}{x-0}$이므로 함수 $f(x)$는 $x=0$에서 미분가능하지 않다. (거짓)

ㄴ. $g(x)=(x-1)f(x)$라 하면

(i) $\lim_{x\to 0+}g(x)=\lim_{x\to 0+}(x-1)f(x)=\lim_{x\to 0+}(x-1)=-1$

$\lim_{x\to 0-}g(x)=\lim_{x\to 0-}(x-1)f(x)=\lim_{x\to 0+}\left\{(x-1)\times\frac{x+1}{-x+1}\right\}$

$=\lim_{x\to 0-}\{-(x+1)\}=-1$

$\therefore \lim_{x\to 0}g(x)=-1$

또, $g(0)=(-1)\times f(0)=-1\times 1=-1$

따라서 $\lim_{x\to 0}g(x)=g(0)$이므로 함수 $g(x)$는 $x=0$에서 연속이다.

(ii) $\lim_{x\to 0+}\frac{g(x)-g(0)}{x-0}=\lim_{x\to 0+}\frac{(x-1)\times 1-(-1)}{x}=\lim_{x\to 0+}\frac{x}{x}=1$

$\lim_{x\to 0-}\frac{g(x)-g(0)}{x-0}=\lim_{x\to 0-}\frac{(x-1)\times\frac{x+1}{-x+1}-(-1)}{x}$

$=\lim_{x\to 0-}\frac{-x}{x}=-1$

따라서 $\lim_{x\to 0+}\frac{g(x)-g(0)}{x-0}\neq\lim_{x\to 0-}\frac{g(x)-g(0)}{x-0}$이므로 함수 $g(x)$는 $x=0$에서 미분가능하지 않다.

(i), (ii)에 의하여 함수 $(x-1)f(x)$는 $x=0$에서 연속이지만 미분가능하지 않다. (참)

ㄷ. $h(x) = x(x-1)f(x)$라 하면

$$\lim_{x \to 0+} \frac{h(x) - h(0)}{x - 0} = \lim_{x \to 0+} \frac{x(x-1) \times 1 - 0}{x}$$
$$= \lim_{x \to 0+} (x-1) = -1$$

$$\lim_{x \to 0-} \frac{h(x) - h(0)}{x - 0} = \lim_{x \to 0-} \frac{x(x-1) \times \frac{x+1}{-x+1} - 0}{x}$$
$$= \lim_{x \to 0-} \{-(x+1)\} = -1$$

따라서 $\lim_{x \to 0+} \dfrac{h(x) - h(0)}{x - 0} = \lim_{x \to 0-} \dfrac{h(x) - h(0)}{x - 0}$이므로 함수

$x(x-1)f(x)$는 $x=0$에서 미분가능하다. (거짓)

따라서 옳은 것은 ㄴ뿐이다. **답 ②**

참고 $\lim_{x \to 0} f(x) = f(0)$이므로 함수 $f(x)$는 $x=0$에서 연속이다.

ㄴ, ㄷ의 함수 $g(x) = (x-1)f(x)$와 $h(x) = x(x-1)f(x)$에서 $p(x) = x-1$, $q(x) = x(x-1)$이라 하면 두 함수 $p(x)$, $q(x)$는 $x=0$에서 연속이므로 연속함수의 성질에 의하여 함수 $g(x)$와 $h(x)$는 $x=0$에서 연속이다.

08 **전략** 함수의 연속과 미분계수의 정의를 이용하여 보기의 참, 거짓을 판별한다.

풀이 ㄱ. $\lim_{x \to -1} g(x) = g(-1)$에서

$$\lim_{x \to -1} \frac{f(x+1)}{x+1} = 0$$

$x \longrightarrow -1$일 때 극한값이 존재하고 (분모)$\longrightarrow$0이므로 (분자)$\longrightarrow$0이어야 한다.

$\therefore \lim_{x \to -1} f(x+1) = 0$

또, $f(0) = 0$이므로 $\lim_{x \to -1} f(x+1) = f(0)$

따라서 함수 $f(x+1)$은 $x=-1$에서 연속이다. (참)

ㄴ. [반례] $f(x) = x|x|$라 하면

$f(0) = 0$이고 $f(x+1) = (x+1)|x+1|$

$$\therefore g(x) = \begin{cases} \dfrac{f(x+1)}{x+1} & (x \neq -1) \\ 0 & (x = -1) \end{cases} = |x+1|$$

$$\lim_{x \to -1+} \frac{g(x) - g(-1)}{x+1} = \lim_{x \to -1+} \frac{x+1}{x+1} = 1$$

$$\lim_{x \to -1-} \frac{g(x) - g(-1)}{x+1} = \lim_{x \to -1-} \frac{-(x+1)}{x+1} = -1$$

따라서 $\lim_{x \to -1+} \dfrac{g(x) - g(-1)}{x+1} \neq \lim_{x \to -1-} \dfrac{g(x) - g(-1)}{x+1}$이므로 함수 $g(x)$는 $x=-1$에서 미분가능하지 않다. (거짓)

ㄷ. [반례] $f(x) = |x|$라 하면

$f(0) = 0$이고 $f(x+1) = |x+1|$

$h(x) = (x+1)g(x)$라 하면

$$h(x) = \begin{cases} f(x+1) & (x \neq -1) \\ 0 & (x = -1) \end{cases} = |x+1|$$

$$\lim_{x \to -1+} \frac{h(x) - h(-1)}{x+1} = \lim_{x \to -1+} \frac{x+1}{x+1} = 1$$

$$\lim_{x \to -1-} \frac{h(x) - h(-1)}{x+1} = \lim_{x \to -1-} \frac{-(x+1)}{x+1} = -1$$

따라서 $\lim_{x \to -1+} \dfrac{h(x) - h(-1)}{x+1} \neq \lim_{x \to -1-} \dfrac{h(x) - h(-1)}{x+1}$이므로 함수 $h(x)$는 $x=-1$에서 미분가능하지 않다. (거짓)

따라서 옳은 것은 ㄱ뿐이다. **답 ①**

참고 $y = |x+1|$의 그래프가 오른쪽 그림과 같으므로 뾰족점 $x=-1$에서 미분가능하지 않다.

09 **전략** 평균변화율의 정의와 그래프의 특징을 이용하여 미분가능성을 판단해 본다.

풀이 $f(x) = \begin{cases} -2x+4 & (x<1) \\ 2 & (1 \leq x < 3) \\ 2x-4 & (x \geq 3) \end{cases}$

ㄱ. $0 < t < 1$일 때, $f(t) = -2t+4$

$\therefore g(t) = \dfrac{f(t) - f(0)}{t - 0} = \dfrac{(-2t+4) - 4}{t} = -2$

따라서 $0 < t < 1$일 때, $g(t)$의 값은 -2로 일정하다. (참)

ㄴ. $t \geq 3$일 때, $f(t) = 2t-4$

$\therefore g(t) = \dfrac{f(t) - f(0)}{t - 0} = \dfrac{(2t-4) - 4}{t} = \dfrac{2t-8}{t}$

$\therefore \lim_{t \to \infty} g(t) = \lim_{t \to \infty} \dfrac{2t-8}{t} = 2$ (참)

ㄷ. $1 \leq t < 3$일 때, $f(t) = 2$이므로

$g(t) = \dfrac{f(t) - f(0)}{t - 0} = \dfrac{2-4}{t} = -\dfrac{2}{t}$

$$\therefore \lim_{t \to 1+} \frac{g(t) - g(1)}{t-1} = \lim_{t \to 1+} \frac{-\frac{2}{t} + 2}{t-1} = \lim_{t \to 1+} \frac{2(t-1)}{t(t-1)}$$
$$= \lim_{t \to 1+} \frac{2}{t} = 2$$

ㄱ에 의하여 $0 < t < 1$일 때 $g(t) = -2$

$$\therefore \lim_{t \to 1-} \frac{g(t) - g(1)}{t-1} = \lim_{t \to 1-} \frac{-2+2}{t-1} = 0$$

따라서 $\lim_{t \to 1+} \dfrac{g(t) - g(1)}{t-1} \neq \lim_{t \to 1-} \dfrac{g(t) - g(1)}{t-1}$이므로 $g(t)$는 $t=1$에서 미분가능하지 않다. (거짓)

따라서 옳은 것은 ㄱ, ㄴ이다. **답 ③**

참고 $g(t) = \begin{cases} -2 & (0 < t < 1) \\ -\dfrac{2}{t} & (1 \leq t < 3) \\ \dfrac{2t-8}{t} & (t \geq 3) \end{cases}$

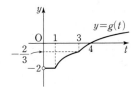

따라서 함수 $g(t)$는 $t > 0$에서 꺾인 점 $x=1$, $x=3$에서 미분가능하지 않다.

10 **전략** 세 함수 $y = g(x)$, $y = h(x)$, $y = i(x)$의 그래프를 각각 그린 후, 뾰족점에서 미분가능하지 않음을 이용하여 미분가능하지 않는 점을 찾는다.

풀이 함수 $g(x) = |f(x)|$의 그래프는 함수 $y = f(x)$의 그래프에서 $y \geq 0$인 부분은 그대로 두고, $y < 0$인 부분을 x축에 대하여 대칭 이동한 것과 같으므로 오른쪽 그림과 같다.

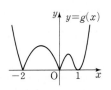

따라서 함수 $g(x)$는 $x=-2$, $x=0$에서 미분가능하지 않으므로
$a=2$

함수 $h(x)=|f(-x)|$의 그래프는 함수
$y=f(x)$의 그래프를 y축에 대하여 대칭이동
한 후 $y\geq0$인 부분은 그대로 두고, $y<0$인
부분을 x축에 대하여 대칭이동한 것과 같으
므로 오른쪽 그림과 같다.

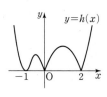

따라서 함수 $h(x)$는 $x=0$, $x=2$에서 미분가능하지 않으므로
$b=2$

함수 $i(x)=f(|x|)$의 그래프는 함수 $y=f(x)$
의 그래프에서 $x\geq0$인 부분만 남기고, $x<0$인
부분은 $x\geq0$인 부분을 y축에 대하여 대칭이동
한 것과 같으므로 오른쪽 그림과 같다.

따라서 함수 $i(x)$는 $x=0$에서 미분가능하지 않으므로
$c=1$
$\therefore a+2b+3c=2+2\times2+3\times1=9$ **답 ④**

개념 연계 **수학 하**   **절댓값 기호를 포함한 함수의 그래프**

(1) 함수 $y=|f(x)|$의 그래프

   $y=f(x)$의 그래프를 그린 후 $y\geq0$인 부분은 그대로 두고, $y<0$인
   부분을 x축에 대하여 대칭이동한다.

(2) 함수 $y=f(|x|)$의 그래프

   $y=f(x)$의 그래프를 그린 후 $x\geq0$인 부분만 남기고, $x<0$인 부분
   은 $x\geq0$인 부분을 y축에 대하여 대칭이동한다.

(3) 함수 $|y|=f(x)$의 그래프

   $y=f(x)$의 그래프를 그린 후 $y\geq0$인 부분만 남기고, $y<0$인 부분
   은 $y\geq0$인 부분을 x축에 대하여 대칭이동한다.

(4) 함수 $|y|=f(|x|)$의 그래프

   $y=f(x)$의 그래프를 그린 후 $x\geq0$, $y\geq0$인 부분만 남기고, 이 그래
   프를 x축, y축, 원점에 대하여 각각 대칭이동한다.

---

11 **전략** 이차함수 $g(x)$는 실수 전체의 집합에서 연속이므로 함수 $h(x)$
가 실수 전체의 집합에서 미분가능하면 $x=1$에서 미분가능함을 이용한다.

풀이 $g(x)$는 최고차항의 계수가 1인 이차함수이므로
$g(x)=x^2+ax+b$ (a, b는 상수)   …… ㉠
로 놓을 수 있다.

함수 $h(x)=f(x)g(x)$가 실수 전체의 집합에서 미분가능하므로
$x=1$에서 미분가능해야 한다.

함수 $h(x)=f(x)g(x)$가 $x=1$에서 연속이므로
$\lim\limits_{x\to1-}h(x)=\lim\limits_{x\to1+}h(x)=h(1)$
$\lim\limits_{x\to1-}h(x)=\lim\limits_{x\to1-}f(x)g(x)=2(1+a+b)=2+2a+2b$
$\lim\limits_{x\to1+}h(x)=\lim\limits_{x\to1+}f(x)g(x)=-(1+a+b)=-1-a-b$
$h(1)=f(1)g(1)=2(1+a+b)=2+2a+2b$
이므로 $2+2a+2b=-1-a-b$
$3a+3b=-3$
$\therefore b=-a-1$ …… ㉡

㉡을 ㉠에 대입하면
$g(x)=x^2+ax-a-1=(x-1)(x+a+1)$
이고, $h(1)=2+2a+2b=0$
또, 함수 $h(x)=f(x)g(x)$가 $x=1$에서 미분가능하므로
$\lim\limits_{x\to1-}\dfrac{h(x)-h(1)}{x-1}=\lim\limits_{x\to1+}\dfrac{h(x)-h(1)}{x-1}$

$\lim\limits_{x\to1-}\dfrac{h(x)-h(1)}{x-1}=\lim\limits_{x\to1-}\dfrac{f(x)g(x)}{x-1}$
$\qquad=\lim\limits_{x\to1-}\dfrac{f(x)(x-1)(x+a+1)}{x-1}$
$\qquad=\lim\limits_{x\to1-}f(x)(x+a+1)$
$\qquad=2(a+2)=2a+4$

$\lim\limits_{x\to1+}\dfrac{h(x)-h(1)}{x-1}=\lim\limits_{x\to1+}\dfrac{f(x)g(x)}{x-1}$
$\qquad=\lim\limits_{x\to1+}\dfrac{f(x)(x-1)(x+a+1)}{x-1}$
$\qquad=\lim\limits_{x\to1+}f(x)(x+a+1)$
$\qquad=-(a+2)=-a-2$
이므로 $2a+4=-a-2$, $3a=-6$
$\therefore a=-2$
$a=-2$를 ㉡에 대입하면 $b=1$
따라서 $g(x)=x^2-2x+1=(x-1)^2$이므로 함수 $g(x)$의 최솟값은
0이다.   **답 0**

---

12 **전략** 함수 $y=f(x)$의 그래프를 이용하여 함수 $g(x)$의 식을 구한 후,
미분가능하지 않는 점에서는 (좌미분계수)$\neq$(우미분계수)임을 이용한다.

풀이 주어진 그래프에서
$$f(x)=\begin{cases} x & (0\leq x<2) \\ -x+4 & (2\leq x<3) \\ 1 & (3\leq x<4) \\ 2x-7 & (4\leq x\leq5) \\ -2x+12 & (5<x<6) \\ 0 & (6\leq x\leq7) \end{cases}$$

$g(x)$는 원점과 점 $(x, f(x))$ 사이의 거리의 제곱이므로
$g(x)=x^2+\{f(x)\}^2$

$$=\begin{cases} 2x^2 & (0\leq x<2) \\ 2x^2-8x+16 & (2\leq x<3) \\ x^2+1 & (3\leq x<4) \\ 5x^2-28x+49 & (4\leq x\leq5) \\ 5x^2-48x+144 & (5<x<6) \\ x^2 & (6\leq x\leq7) \end{cases}$$

$$\therefore g'(x)=\begin{cases} 4x & (0<x<2) \\ 4x-8 & (2<x<3) \\ 2x & (3<x<4) \\ 10x-28 & (4<x<5) \\ 10x-48 & (5<x<6) \\ 2x & (6<x<7) \end{cases}$$

함수 $g'(x)$에서
$$\lim_{x \to 2-} g'(x) \ne \lim_{x \to 2+} g'(x),$$
$$\lim_{x \to 3-} g'(x) \ne \lim_{x \to 3+} g'(x),$$
$$\lim_{x \to 4-} g'(x) \ne \lim_{x \to 4+} g'(x),$$
$$\lim_{x \to 5-} g'(x) \ne \lim_{x \to 5+} g'(x),$$
$$\lim_{x \to 6-} g'(x) = \lim_{x \to 6+} g'(x)$$

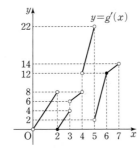

이므로 함수 $g(x)$는 $x=2$, $x=3$, $x=4$, $x=5$에서 미분가능하지 않다.

$\therefore m = 2+3+4+5 = 14$

$\therefore g\left(\dfrac{m}{7}\right) = g(2) = 2 \times 2^2 - 8 \times 2 + 16 = 8$ **답** 8

13 **전략** 집합 A의 원소는 함수 $|g(x)|$에 대하여 미분가능하지 않거나, 미분계수가 0인 점의 x좌표임을 이용한다.

풀이 두 조건 ㈎, ㈏에 의하여 함수 $y=f(x)$의 그래프는 오른쪽 그림과 같다.

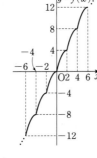

또, $0<x<2$일 때 $f'(x)=-2x+4$이므로
$0<f'(x)<4$
이고, $x=2n(n$은 정수)일 때 미분가능하지 않다.

이때 집합 A의 원소 a는 함수 $|g(x)|$에서 $x=a$에서 미분가능하지 않거나 $|g'(a)|=0$ 이어야 한다.

모든 x에 대하여 $0<f'(x)<4$이므로 $h(x)=|g(x)|$라 하면
$0<h'(x)<4$ 또는 $-4<h'(x)<0$
$\therefore |g'(x)| \ne 0$
따라서 집합 A는
$A = \{-6, -4, -2, 0, 2, 4, 6\} \cup \{x \,|\, g(x)=0\}$
이때 집합 A의 모든 원소의 합이 1이므로
$g(1) = f(1)+k = 0$ $\therefore k = -f(1) = -3$
$\therefore g(6) = f(6)-3 = f(4)+1$
$\qquad\quad = f(2)+5 = f(0)+9 = 9$ **답** 9

참고 함수 $y=g(x)$의 그래프는 $y=f(x)$의 그래프를 y축의 방향으로 k만큼 평행이동한 것이다. 이때 $y=|g(x)|$의 그래프는 $y=g(x)$의 그래프에서 $y \geq 0$인 부분은 그대로 두고 $y<0$인 부분은 x축에 대하여 대칭이동한 것이므로 집합 A의 모든 원소의 합이 1이 되려면 1이 집합 A의 원소가 되어야 한다. 즉, $x=1$에서 $y=|g(x)|$의 그래프가 꺾여야 하므로 $g(1)=0$이어야 한다.

14 **전략** $\lim_{x \to 0-} g'(x) = \lim_{x \to 0+} g'(x) = k$일 때 $g'(0)=k$임을 이용한다.

풀이 $f(x) = \begin{cases} x^3+x^2 & (x \ne 0) \\ 1 & (x=0) \end{cases}$ 이므로

$g(x) = |x|f(x) = \begin{cases} -x^4-x^3 & (x<0) \\ 0 & (x=0) \\ x^4+x^3 & (x>0) \end{cases}$

$\therefore g'(x) = \begin{cases} -4x^3-3x^2 & (x<0) \\ 4x^3+3x^2 & (x>0) \end{cases}$

이때 $\lim_{x \to 0-} g'(x) = \lim_{x \to 0+} g'(x) = 0$이므로 $g'(0)=0$

$\therefore g'(x) = \begin{cases} -4x^3-3x^2 & (x<0) \\ 4x^3+3x^2 & (x \geq 0) \end{cases}$

따라서 $g'(-2) = 32-12 = 20$, $g'(2) = 32+12 = 44$이므로
$g'(-2) + g'(0) + g'(2) = 20+0+44 = 64$ **답** ⑤

15 **전략** 도함수의 정의를 이용하여 $f'(x)$와 $f(x)$ 사이의 관계식을 구한다.

풀이 조건 ㈏의 등식의 양변에 $x=0$, $y=0$을 대입하면
$f(0) = f(0)f(0)$
조건 ㈎에 의하여 $f(0)>0$이므로
$f(0) = 1$

$\therefore f'(x) = \lim_{h \to 0} \dfrac{f(x+h)-f(x)}{h}$
$\qquad\quad = \lim_{h \to 0} \dfrac{f(x)f(h)-f(x)}{h}$
$\qquad\quad = \lim_{h \to 0} \dfrac{f(x)\{f(h)-1\}}{h}$
$\qquad\quad = f(x) \times \lim_{h \to 0} \dfrac{f(h)-f(0)}{h}$
$\qquad\quad = f(x)f'(0)$

$\therefore \dfrac{f'(x)}{f(x)} = f'(0) \,(\because f(x)>0)$

$\therefore a_n = \dfrac{f'(1)f'(2)f'(3)\cdots f'(n)}{f(1)f(2)f(3)\cdots f(n)}$
$\qquad = \dfrac{f'(1)}{f(1)} \times \dfrac{f'(2)}{f(2)} \times \dfrac{f'(3)}{f(3)} \times \cdots \times \dfrac{f'(n)}{f(n)}$
$\qquad = \{f'(0)\}^n$

이때
$\sum_{n=1}^{10} \log_3 a_n = \sum_{n=1}^{10} \log_3 \{f'(0)\}^n$
$\qquad\qquad = \sum_{n=1}^{10} n\log_3 f'(0)$
$\qquad\qquad = \log_3 f'(0) \sum_{n=1}^{10} n$
$\qquad\qquad = \log_3 f'(0) \times \dfrac{10 \times 11}{2}$
$\qquad\qquad = 55 \log_3 f'(0)$

따라서 $55 \log_3 f'(0) = 110$이므로 $\log_3 f'(0) = 2$
$\therefore f'(0) = 3^2 = 9$ **답** 9

16 **전략** 우함수의 도함수가 기함수임을 이용하여 함수 $f(x)$의 특징을 파악하고 곱의 미분법을 이용하여 보기의 참, 거짓을 판별한다.

풀이 함수 $f(x)$에 대하여 $f(-x)=f(x)$이므로 $f(x)$는 우함수이고, $f'(x)$는 기함수이다.

ㄱ. $f'(x)$가 기함수이므로
$\quad f'(0) = 0$
$\quad \therefore \lim_{h \to 0} \dfrac{f(2h)-f(0)}{h} = \lim_{h \to 0} \dfrac{f(2h)-f(0)}{2h} \times 2$
$\qquad\qquad\qquad\qquad = 2f'(0) = 0 \,(참)$

ㄴ. $g(x)=\{f(x)\}^2+2x$의 양변을 x에 대하여 미분하면

$g'(x)=2f(x)f'(x)+2$

$\therefore g'(0)=2f(0)f'(0)+2$

$\qquad =2f(0)\times 0+2=2$ (거짓)

ㄷ. $f'(x)$가 기함수이므로

$f'(-x)=-f'(x)$

$g'(x)=2f(x)f'(x)+2$이므로

$g'(-x)=2f(-x)f'(-x)+2$

$\qquad =2f(x)\times\{-f'(x)\}+2$

$\qquad =-2f(x)f'(x)+2$

$\therefore g'(-x)+g'(x)=-2f(x)f'(x)+2+2f(x)f'(x)+2$

$\qquad\qquad\qquad\quad =4$ (참)

따라서 옳은 것은 ㄱ, ㄷ이다. 　　　　　　　　　답 ③

17 전략 조건 ㈏를 이용하여 함수 $f(x)$의 식을 세우고 조건 ㈎를 만족시키는 $\lim\limits_{x\to k}g(x)$의 값을 구한다.

풀이 조건 ㈏에 의하여 다항함수 $h(x)$에 대하여

$f(x)=h(x)(x-1)(x-2)\times\cdots\times(x-n)\ (h(x)\neq 0)$

으로 놓을 수 있으므로

$f'(x)=h'(x)(x-1)(x-2)\times\cdots\times(x-n)$

$\qquad +h(x)(x-2)(x-3)\times\cdots\times(x-n)$

$\qquad +h(x)(x-1)(x-3)\times\cdots\times(x-n)$

$\qquad +\cdots+h(x)(x-1)(x-2)\times\cdots\times\{x-(n-1)\}$

조건 ㈎에 의하여

$\lim\limits_{x\to n}f'(x)g(x)=\lim\limits_{x\to n}\dfrac{f(x)}{x-n}=h(n)(n-1)(n-2)\times\cdots\times 1$

이때 $\lim\limits_{x\to n}f'(x)=h(n)(n-1)(n-2)\times\cdots\times 1$이므로

$a_n=\lim\limits_{x\to n}g(x)=\dfrac{\lim\limits_{x\to n}f'(x)g(x)}{\lim\limits_{x\to n}f'(x)}=1$

따라서 $b_n=\sum\limits_{k=2}^{n}a_k=\sum\limits_{k=2}^{n}1=n-1$이므로

$\sum\limits_{n=2}^{10}b_n=\sum\limits_{n=2}^{10}(n-1)=1+2+\cdots+9=45$ 　　答 45

18 전략 나머지정리와 인수정리를 이용하여 $f(-1),\ f'(-1),$ $g(-1),\ g'(-1)$의 값을 구한다.

풀이 조건 ㈎에서 $f(x)$를 $(x+1)^2$으로 나누었을 때의 몫을 $Q_1(x)$라 하면

$f(x)=(x+1)^2Q_1(x)+2x+1$ 　　　　……㉠

㉠의 양변에 $x=-1$을 대입하면

$f(-1)=-1$

㉠의 양변을 x에 대하여 미분하면

$f'(x)=2(x+1)Q_1(x)+(x+1)^2Q_1'(x)+2$

이 식의 양변에 $x=-1$을 대입하면

$f'(-1)=2$

조건 ㈏에서 $f(x)+xg(x)$를 $(x+1)^2$으로 나누었을 때의 몫을 $Q_2(x)$라 하면

$f(x)+xg(x)=(x+1)^2Q_2(x)$ 　　　　……㉡

㉡의 양변에 $x=-1$을 대입하면

$f(-1)-g(-1)=0$

$\therefore g(-1)=f(-1)=-1$

㉡의 양변을 x에 대하여 미분하면

$f'(x)+g(x)+xg'(x)=2(x+1)Q_2(x)+(x+1)^2Q_2'(x)$

이 식의 양변에 $x=-1$을 대입하면

$f'(-1)+g(-1)-g'(-1)=0$

$\therefore g'(-1)=f'(-1)+g(-1)=2+(-1)=1$

따라서 $g(x)$를 $(x+1)^2$으로 나누었을 때의 몫을 $Q_3(x)$, 나머지 $R(x)$를 $ax+b\ (a,\ b$는 상수$)$라 하면

$g(x)=(x+1)^2Q_3(x)+ax+b$ 　　　　……㉢

㉢의 양변에 $x=-1$을 대입하면

$g(-1)=-a+b=-1$

$\therefore a-b=1$

㉢의 양변을 x에 대하여 미분하면

$g'(x)=2(x+1)Q_3(x)+(x+1)^2Q_3'(x)+a$

이 식의 양변에 $x=-1$을 대입하면

$g'(-1)=a=1$

$a-b=1$이므로 $1-b=1$

$\therefore b=0$

따라서 $R(x)=x$이므로

$R(1)=1$ 　　　　　　　　　　　　　　　　答 1

19 전략 도함수의 정의를 이용하여 $f'(x)$를 구한다.

풀이 $f(x-y)=f(x)-f(y)+xy(x-y)$ 　　……㉠

㉠의 양변에 $x=0,\ y=0$을 대입하면

$f(0)=f(0)-f(0)$ 　　$\therefore f(0)=0$

㉠의 양변에 $x=0,\ y=x$를 대입하면

$f(-x)=f(0)-f(x)$ 　　$\therefore f(-x)=-f(x)$

$\therefore f'(x)=\lim\limits_{h\to 0}\dfrac{f(x+h)-f(x)}{h}$

$\qquad =\lim\limits_{h\to 0}\dfrac{f(x)-f(-h)-xh(x+h)-f(x)}{h}$

$\qquad =\lim\limits_{h\to 0}\dfrac{-f(-h)-xh(x+h)}{h}$

$\qquad =\lim\limits_{h\to 0}\left\{\dfrac{f(h)}{h}-x(x+h)\right\}$

$\qquad =\lim\limits_{h\to 0}\dfrac{f(h)-f(0)}{h}-x^2$

$\qquad =f'(0)-x^2$

따라서 방정식 $f'(x)=0$에서 $f'(0)-x^2=0$

$x^2=f'(0)$

$\therefore x=-\sqrt{f'(0)}$ 또는 $x=\sqrt{f'(0)}$

$\therefore a_1=-\sqrt{f'(0)},\ a_2=\sqrt{f'(0)}$

이때 $a_1=-a_2$이고 $f(-x)=-f(x)$이므로

$f(a_1)=f(-a_2)=-f(a_2)$

$\therefore f(a_1)+f(a_2)=0$ 　　　　　　　　　　答 0

20 전략 함수 $f(x)$가 실수 전체의 집합에서 미분가능하므로 함수 $g(x)$는 $x=k$에서 미분가능하면 실수 전체의 집합에서 미분가능하다.

풀이 함수 $g(x)$가 실수 전체의 집합에서 미분가능하므로 $x=k$에서 미분가능하다. 즉, $\lim\limits_{x \to k-} g'(x) = \lim\limits_{x \to k+} g'(x)$이므로

$$\lim_{x \to k-} f'(x) = \lim_{x \to k+} f'(x+a)$$

이때 함수 $f(x)$는 실수 전체의 집합에서 미분가능하므로

$$\lim_{x \to k-} f'(x) = f'(k), \quad \lim_{x \to k+} f'(x+a) = f'(k+a)$$

$$\therefore f'(k) = f'(k+a)$$

$f'(x) = x^2 - 6x$이므로 $f'(k) = f'(k+a)$에서

$$k^2 - 6k = (k+a)^2 - 6(k+a)$$

$$k^2 - 6k = k^2 + 2ak + a^2 - 6k - 6a$$

$$2ak + a^2 - 6a = 0, \quad 2k + a - 6 = 0 \ (\because a > 0)$$

$$\therefore 2k + a = 6$$

이때 a, k는 자연수이므로

$k=1$, $a=4$ 또는 $k=2$, $a=2$

(i) $k=1$, $a=4$일 때

$$g(x) = \begin{cases} f(x) & (x<1) \\ f(x+4)+b & (x \geq 1) \end{cases}$$

함수 $g(x)$는 $x=1$에서 연속이므로

$$\lim_{x \to 1-} g(x) = \lim_{x \to 1+} g(x) = g(1)$$

즉, $f(1) = f(5) + b$이므로

$$b = f(1) - f(5) = \left(\frac{1}{3} - 3\right) - \left(\frac{125}{3} - 75\right) = \frac{92}{3}$$

(ii) $k=2$, $a=2$일 때

$$g(x) = \begin{cases} f(x) & (x<2) \\ f(x+2)+b & (x \geq 2) \end{cases}$$

함수 $g(x)$는 $x=2$에서 연속이므로

$$\lim_{x \to 2-} g(x) = \lim_{x \to 2+} g(x) = g(2)$$

즉, $f(2) = f(4) + b$이므로

$$b = f(2) - f(4) = \left(\frac{8}{3} - 12\right) - \left(\frac{64}{3} - 48\right) = \frac{52}{3}$$

(i), (ii)에 의하여 $a+b$의 값은

$$4 + \frac{92}{3} = \frac{104}{3} \text{ 또는 } 2 + \frac{52}{3} = \frac{58}{3}$$

따라서 구하는 합은

$$\frac{104}{3} + \frac{58}{3} = \frac{162}{3} = 54 \qquad \text{답 } 54$$

---

21 전략 주어진 조건을 이용하여 세 함수 $f(x)$, $g(x)$, $h(x)$의 식을 세우고, 함수 $i(x)$에 대한 조건을 이용하여 세 함수의 식을 완성한다.

풀이 조건 ㈎에 의하여

$$f(x) = 2(x-a)^2 - 1 = 2x^2 - 4ax + 2a^2 - 1 \ (a\text{는 상수})$$

로 놓으면

$$f'(x) = 4x - 4a$$

조건 ㈏에서 $\dfrac{g(t) - g(0)}{t}$은 두 점 $(0, g(0))$, $(t, g(t))$를 지나는 직선의 기울기이고, $g'(t)$는 함수 $y=g(x)$의 그래프 위의 점

$(t, g(t))$에서의 접선의 기울기이다.

이때 집합 $\left\{ t \left| \dfrac{g(t) - g(0)}{t} = g'(t), \ 0 \leq t < 1 \right. \right\}$을 만족시키는 원소가 무수히 많으므로 함수 $g(t)$는 직선이다. 즉,

$$g(x) = 2x + b \ (b\text{는 상수})$$

로 놓으면

$$g'(x) = 2$$

또, 조건 ㈐에 의하여

$$h(x) = 2x^3 + cx^2 + dx + e \ (c, d, e\text{는 상수})$$

로 놓으면

$$h'(x) = 6x^2 + 2cx + d$$

함수 $i(x)$가 실수 전체의 집합에서 미분가능하므로 $x=0$, $x=1$에서 미분가능해야 한다.

(i) 함수 $i(x)$가 $x=0$에서 미분가능할 때

$x=0$에서 연속이므로 $\lim\limits_{x \to 0-} i(x) = \lim\limits_{x \to 0+} i(x) = i(0)$

즉, $f(0) = g(0)$이므로 $2a^2 - 1 = b$ $\qquad$ …… ㉠

$x=0$에서 미분가능하므로 $\lim\limits_{x \to 0-} i'(x) = \lim\limits_{x \to 0+} i'(x)$

즉, $f'(0) = g'(0)$이므로

$$-4a = 2 \qquad \therefore a = -\frac{1}{2}$$

$a = -\dfrac{1}{2}$을 ㉠에 대입하면 $\dfrac{1}{2} - 1 = b$ $\quad \therefore b = -\dfrac{1}{2}$

$$\therefore f(x) = 2x^2 + 2x - \frac{1}{2}, \quad g(x) = 2x - \frac{1}{2}$$

(ii) 함수 $i(x)$가 $x=1$에서 미분가능할 때

$x=1$에서 연속이므로 $\lim\limits_{x \to 1-} i(x) = \lim\limits_{x \to 1+} i(x) = i(1)$

즉, $g(1) = h(1)$이므로

$$\frac{3}{2} = 2 + c + d + e$$

$$\therefore c + d + e = -\frac{1}{2} \qquad \text{…… ㉡}$$

$x=1$에서 미분가능하므로 $\lim\limits_{x \to 1-} i'(x) = \lim\limits_{x \to 1+} i'(x)$

즉, $g'(1) = h'(1)$이므로

$$2 = 6 + 2c + d$$

$$\therefore 2c + d = -4 \qquad \text{…… ㉢}$$

한편, 함수 $i(x)$의 -1에서 2까지의 평균변화율이 $\dfrac{11}{3}$이므로

$$\frac{i(2) - i(-1)}{2 - (-1)} = \frac{h(2) - f(-1)}{3}$$

$$= \frac{16 + 4c + 2d + e - \left(-\dfrac{1}{2}\right)}{3} = \frac{11}{3}$$

$$\therefore 4c + 2d + e = -\frac{11}{2} \qquad \text{…… ㉣}$$

㉡, ㉢, ㉣을 연립하여 풀면 $c = -1$, $d = -2$, $e = \dfrac{5}{2}$

$$\therefore h(x) = 2x^3 - x^2 - 2x + \frac{5}{2}$$

따라서 $f'(x) = 4x + 2$, $h'(x) = 6x^2 - 2x - 2$이므로

$$i'(-1) + i'(2) = f'(-1) + h'(2)$$

$$= -2 + 18 = 16 \qquad \text{답 } 16$$

22 [전략] 주어진 조건을 이용하여 함수 $f(x)$의 식을 구한 후, $g(x)$가 주기가 2인 주기함수임을 이용하여 $g(100)$, $g(47)$의 값을 각각 구한다.

[풀이] 조건 ㈎에 의하여 함수 $y=g(x)$의 그래프는 직선 $x=1$에 대하여 대칭이다. 또, 조건 ㈐에 의하여 함수 $g(x)$는 $x=0$, $x=1$에서 미분가능하다.

함수 $g(x)$가 $x=1$에서 미분가능하므로

$$g'(1)=\lim_{x\to1-}\frac{g(x)-g(1)}{x-1}=\lim_{x\to1+}\frac{g(x)-g(1)}{x-1}$$

이때

$$\lim_{x\to1-}\frac{g(x)-g(1)}{x-1}=\lim_{x\to1-}\frac{f(x)-f(1)}{x-1}=f'(1)$$

$$\lim_{x\to1+}\frac{g(x)-g(1)}{x-1}=\lim_{x\to1+}\frac{f(2-x)-f(1)}{x-1}$$

$$=-\lim_{x\to1+}\frac{f(2-x)-f(1)}{(2-x)-1}$$

$$=-f'(1)$$

이므로 $f'(1)=-f'(1)$ $\therefore f'(1)=0$ ……㉠

또, 함수 $g(x)$가 $x=0$에서 미분가능하므로

$$g'(0)=\lim_{x\to0-}\frac{g(x)-g(0)}{x}=\lim_{x\to0+}\frac{g(x)-g(0)}{x}$$

$$\lim_{x\to0+}\frac{g(x)-g(0)}{x}=\lim_{x\to0+}\frac{f(x)-f(0)}{x}=f'(0)$$

$-1<x<0$일 때, $1<x+2<2$이고

$g(x)=g(x+2)=f(2-(x+2))=f(-x)$이므로

$$\lim_{x\to0-}\frac{g(x)-g(0)}{x}=\lim_{x\to0-}\frac{f(-x)-f(0)}{x}$$

$$=-\lim_{x\to0-}\frac{f(-x)-f(0)}{(-x)-0}$$

$$=-f'(0)$$

즉, $f'(0)=-f'(0)$이므로 $f'(0)=0$ ……㉡

$f(x)=x^3+ax^2+bx+c$ (a, b, c는 상수)로 놓으면

$f'(x)=3x^2+2ax+b$

㉠, ㉡에서 $f'(x)=3x(x-1)=3x^2-3x$이므로

$a=-\dfrac{3}{2}$, $b=0$

$\therefore f(x)=x^3-\dfrac{3}{2}x^2+c$

함수 $g(x)$는 주기가 2인 주기함수이므로

$$g(100)-g(47)=g(0)-g(1)=f(0)-f(1)$$

$$=c-\left(1-\frac{3}{2}+c\right)=\frac{1}{2}$$

따라서 $p=2$, $q=1$이므로

$p+q=2+1=3$ [답] 3

[참고] 함수 $y=g(x)$의 그래프는 다음 그림과 같다.

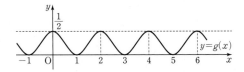

01 ⑤	02 ②	03 ①	04 ②	05 7
06 2	07 ③	08 ④	09 ③	10 9
11 ①	12 69	13 ④	14 ②	15 ⑤

01 함수 $y=f(x)$의 그래프 위의 점 $(2,-2)$에서의 접선의 기울기가 3이므로

$f(2)=-2$, $f'(2)=3$

점 $(2,k)$가 함수 $y=\{f(x)\}^2$의 그래프 위의 점이므로

$k=\{f(2)\}^2=(-2)^2=4$

$y=\{f(x)\}^2$에서 $y'=2f(x)f'(x)$이므로 점 $(2,4)$에서의 접선의 기울기는

$2f(2)f'(2)=2\times(-2)\times3=-12$

따라서 함수 $y=\{f(x)\}^2$의 그래프 위의 점 $(2,4)$에서의 접선의 방정식은

$y-4=-12(x-2)$ $\therefore y=-12x+28$

따라서 $a=-12$, $b=28$이므로

$a+b+k=-12+28+4=20$ [답] ⑤

02 $y=x^3+4x^2+3x=x(x+1)(x+3)$에서

$y'=3x^2+8x+3$

점 A를 지나는 원이 직선 l과 접하려면 오른쪽 그림과 같이 점 A가 접점이어야 한다.

점 A에서의 접선 l의 방정식은

$x=-1$일 때, $y'=3-8+3=-2$

이므로

$y=-2\{x-(-1)\}$ $\therefore y=-2x-2$

즉, $2x+y+2=0$

원 C의 중심의 좌표가 $(0,a)$이므로 원 C의 방정식은

$x^2+(y-a)^2=r^2$

이때 원 C가 점 A를 지나므로

$1+a^2=r^2$ ……㉠

또, 원 C의 중심 $(0,a)$로부터 직선 l까지의 거리가 r이므로

$\dfrac{|a+2|}{\sqrt{2^2+1^2}}=r$, $|a+2|=\sqrt{5}\,r$

$\therefore (a+2)^2=5r^2$ ……㉡

㉠, ㉡을 연립하여 풀면 $a=\dfrac{1}{2}$, $r=\dfrac{\sqrt{5}}{2}$ ($\because r>0$)

$\therefore 2a+4r^2=2\times\dfrac{1}{2}+4\times\left(\dfrac{\sqrt{5}}{2}\right)^2=6$ [답] ②

[다른풀이] 원 C의 중심을 $C(0,a)$라 하면 $\overline{AC}\perp l$이므로 직선 AC의 기울기는 $\dfrac{1}{2}$이다. 즉, 직선 AC의 방정식은 $y=\dfrac{1}{2}x+a$이고, 이

직선이 점 $A(-1, 0)$을 지나므로

$0 = -\dfrac{1}{2} + a$ $\therefore a = \dfrac{1}{2}$

즉, $C\left(0, \dfrac{1}{2}\right)$이므로

$r = \overline{AC} = \sqrt{\{0-(-1)\}^2 + \left(\dfrac{1}{2}-0\right)^2} = \dfrac{\sqrt{5}}{2}$

개념 연계 | 수학상 | **점과 직선 사이의 거리**
점 (x_1, y_1)과 직선 $ax+by+c=0$ 사이의 거리는
$$\dfrac{|ax_1+by_1+c|}{\sqrt{a^2+b^2}}$$

03 $f(x) = -x^2 - 4x + a$로 놓으면 $f'(x) = -2x - 4$

접점의 좌표를 $(t, -t^2-4t+a)$라 하면 이 점에서의 접선의 기울기는 $f'(t) = -2t - 4$

접선의 방정식은

$y - (-t^2-4t+a) = (-2t-4)(x-t)$

$\therefore y = (-2t-4)x + t^2 + a$

이 직선이 점 $(-1, 2)$를 지나므로

$2 = 2t + 4 + t^2 + a$

$\therefore t^2 + 2t + a + 2 = 0$ ...... ㉠

두 접점의 x좌표를 각각 t_1, t_2라 하면 t_1, t_2는 이차방정식 ㉠의 두 근이므로 근과 계수의 관계에 의하여

$t_1 + t_2 = -2$, $t_1 t_2 = a + 2$

이때 두 접선이 서로 수직이므로 $f'(t_1)f'(t_2) = -1$

$(-2t_1-4)(-2t_2-4) = -1$

$4t_1 t_2 + 8(t_1+t_2) + 16 = -1$

$4(a+2) + 8 \times (-2) + 16 = -1$

$4(a+2) = -1$, $4a = -9$ $\therefore a = -\dfrac{9}{4}$ **답** ①

04 접점 P의 좌표를 (a, a^3-2a)라 하면

$y' = 3x^2 - 2$이므로 점 P에서의 접선의 방정식은

$y = (3a^2-2)(x-a) + a^3 - 2a$

$\therefore y = (3a^2-2)x - 2a^3$

이 직선이 점 $(0, 2)$를 지나므로

$2 = -2a^3$, $a^3 = -1$ $\therefore a = -1$

즉, 접선의 방정식은 $y = x + 2$이고 $P(-1, 1)$이다.

접선과 곡선이 만나는 점의 x좌표는 방정식 $x^3 - 2x = x + 2$의 실근이므로

$x^3 - 3x - 2 = 0$, $(x+1)^2(x-2) = 0$

$\therefore x = -1$ 또는 $x = 2$

즉, 점 Q의 x좌표가 2이므로 $Q(2, 4)$

$\therefore \overline{PQ} = \sqrt{\{2-(-1)\}^2 + (4-1)^2} = 3\sqrt{2}$ **답** ②

05 $f'(x) = 3x^2 - 6x = 3(x-1)^2 - 3$이므로 $0 \le x \le 2$에서 $f'(x)$는 $x=1$일 때 최솟값 -3을 갖는다. 즉, 롤러코스터의 하강하는 부

분의 기울기가 가장 가파른 지점은 $x=1$일 때이고, $f(1)=2$, $f'(1)=-3$이므로 그때의 접선의 방정식은

$y - 2 = -3(x-1)$ $\therefore y = -3x + 5$

따라서 $g(x) = -3x + 5$이므로

$g(0) + g(1) = 5 + 2 = 7$ **답** 7

참고 $0 \le x \le 2$에서 $f'(x) \le 0$이므로 롤러코스터의 하강하는 부분의 기울기가 가장 가파른 지점은 $|f'(x)|$의 값이 가장 큰 지점, 즉 $f'(x)$의 값이 최소가 되는 지점이다.

06 $f(x) = 3x^3 - 6x - 1$, $g(x) = x^3 + 3$으로 놓으면

$f'(x) = 9x^2 - 6$, $g'(x) = 3x^2$

두 곡선이 $x=t$인 점에서 공통인 접선을 가진다고 하면

$f(t) = g(t)$, $f'(t) = g'(t)$

(i) $f(t) = g(t)$에서 $3t^3 - 6t - 1 = t^3 + 3$

$t^3 - 3t - 2 = 0$, $(t+1)^2(t-2) = 0$

$\therefore t = -1$ 또는 $t = 2$

(ii) $f'(t) = g'(t)$에서 $9t^2 - 6 = 3t^2$

$t^2 - 1 = 0$, $(t+1)(t-1) = 0$

$\therefore t = -1$ 또는 $t = 1$

(i), (ii)에 의하여 $t = -1$

따라서 접점의 좌표가 $(-1, 2)$이고 접선의 기울기가 $f'(-1) = 3$이므로 이 접선과 수직인 직선의 기울기는 $-\dfrac{1}{3}$이다.

즉, 점 $(-1, 2)$를 지나고 공통인 접선과 수직인 직선의 방정식은

$y - 2 = -\dfrac{1}{3}\{x-(-1)\}$ $\therefore y = -\dfrac{1}{3}x + \dfrac{5}{3}$

따라서 $p = -\dfrac{1}{3}$, $q = \dfrac{5}{3}$이므로

$q - p = \dfrac{5}{3} - \left(-\dfrac{1}{3}\right) = 2$ **답** 2

1등급 노트 **공통인 접선**
두 곡선 $y=f(x)$, $y=g(x)$가 $x=a$인 점에서 공통인 접선을 가지면
(1) $x=a$인 점에서 두 곡선이 만난다. ⇨ $f(a)=g(a)$
(2) $x=a$인 점에서 두 곡선의 접선의 기울기가 같다. ⇨ $f'(a)=g'(a)$

07 함수 $f(x)$는 닫힌구간 $[0, 6]$에서 연속이고 열린구간 $(0, 6)$에서 미분가능하며 $f(0) = f(6) = 3$이므로 롤의 정리에 의하여 $f'(c) = 0$을 만족시키는 c가 열린구간 $(0, 6)$에 적어도 하나 존재한다.

이때 $f'(x) = -4x + 12$이므로

$-4c + 12 = 0$, $4c = 12$

$\therefore c = 3$ **답** ③

08 함수 $f(x) = x^3 - 3x^2 - 4x + 2$는 닫힌구간 $[a, b]$에서 연속이고 열린구간 (a, b)에서 미분가능하므로 평균값 정리에 의하여

$\dfrac{f(b)-f(a)}{b-a} = f'(c)$

를 만족시키는 c가 열린구간 (a, b)에 적어도 하나 존재한다.
$f'(x)=3x^2-6x-4$에서 $f'(c)=3c^2-6c-4$이므로
$k=3c^2-6c-4=3(c-1)^2-7$
이때 $0<c<4$이므로 $-7\leq k<20$
따라서 정수 k는 -7, -6, -5, $\cdots$, 19의 27개이다.   답 ④

09 $f(x)=-x^3-ax^2+2x-3$에서
$f'(x)=-3x^2-2ax+2$
함수 $f(x)$의 그래프가 구간 $(-2, -1)$에서 증가하고, 구간 $(-\infty, -3)$에서 감소하려면 $-2<x<-1$에서 $f'(x)\geq0$, $x\leq-3$에서 $f'(x)\leq0$이어야 한다.
즉, 오른쪽 그림과 같이 $f'(-3)\leq0$, $f'(-2)\geq0$, $f'(-1)\geq0$이어야 한다.

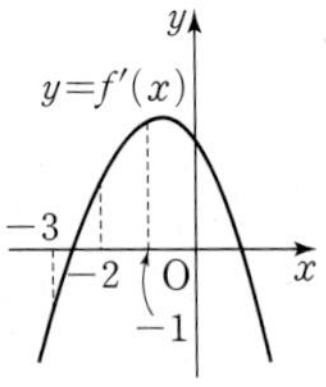

$f'(-3)=-27+6a+2\leq0$에서
$a\leq\dfrac{25}{6}$ …… ㉠
$f'(-2)=-12+4a+2\geq0$에서
$a\geq\dfrac{5}{2}$ …… ㉡
$f'(-1)=-3+2a+2\geq0$에서
$a\geq\dfrac{1}{2}$ …… ㉢
㉠, ㉡, ㉢의 공통 범위를 구하면
$\dfrac{5}{2}\leq a\leq\dfrac{25}{6}$
이므로 이를 만족시키는 정수 a는 3, 4이다.
따라서 모든 정수 a의 값의 합은
$3+4=7$ 답 ③

10 임의의 실수 k에 대하여 곡선 $y=x^3+2ax^2+24x-1$과 직선 $y=k$가 오직 한 점에서 만나려면 함수 $f(x)=x^3+2ax^2+24x-1$의 그래프가 실수 전체의 집합에서 항상 증가하거나 항상 감소해야 한다.
이때 함수 $f(x)$의 최고차항의 계수가 양수이므로 함수 $f(x)$는 실수 전체의 집합에서 항상 증가해야 한다. 즉, 실수 전체의 집합에서 $f'(x)\geq0$이어야 한다.
$f'(x)=3x^2+4ax+24$
이차방정식 $f'(x)=0$의 판별식을 D라 하면
$\dfrac{D}{4}=4a^2-72\leq0$, $a^2\leq18$
$\therefore -3\sqrt{2}\leq a\leq3\sqrt{2}$
따라서 정수 a는 -4, -3, -2, $\cdots$, 4의 9개이다.   답 9

> **개념 연계** **수학 상** **이차부등식이 항상 성립할 조건**
> 이차방정식 $ax^2+bx+c=0$의 판별식을 D라 할 때
> (1) 모든 실수 x에 대하여 이차부등식 $ax^2+bx+c\geq0$이 성립하려면
>   ⇨ $a>0$, $D\leq0$
> (2) 모든 실수 x에 대하여 이차부등식 $ax^2+bx+c\leq0$이 성립하려면
>   ⇨ $a<0$, $D\leq0$

11 $f(x)=2x^3-ax^2+3a$에서
$f'(x)=6x^2-2ax=2x(3x-a)$
$f'(x)=0$에서 $x=0$ 또는 $x=\dfrac{a}{3}$
즉, 함수 $f(x)$는 $x=0$, $x=\dfrac{a}{3}$에서 극값을 갖는다.
이때 함수 $y=f(x)$의 그래프가 x축에 접하므로
$f(0)=0$ 또는 $f\left(\dfrac{a}{3}\right)=0$
그런데 $f(0)=3a\neq0$이므로 $f\left(\dfrac{a}{3}\right)=0$
$\dfrac{2}{27}a^3-\dfrac{1}{9}a^3+3a=0$, $a^3-81a=0$
$a(a+9)(a-9)=0$
$\therefore a=-9$ 또는 $a=9$ $(\because a\neq0)$
따라서 모든 실수 a의 값의 곱은
$-9\times9=-81$ 답 ①

> **참고** 미분가능한 함수 $f(x)$가 $x=a$에서 극값 p를 가지면
> ⇨ $f(a)=p$, $f'(a)=0$

12 조건 ㈎에 의하여 $a=0$, $c=0$
$f(x)=3x^3-bx$에서
$f'(x)=9x^2-b=(3x+\sqrt{b})(3x-\sqrt{b})$
$f'(x)=0$에서 $x=-\dfrac{\sqrt{b}}{3}$ 또는 $x=\dfrac{\sqrt{b}}{3}$
$b>0$이므로 $f(x)$는 $x=-\dfrac{\sqrt{b}}{3}$에서 극댓값을 갖고, $x=\dfrac{\sqrt{b}}{3}$에서 극솟값을 갖는다.
$f\left(-\dfrac{\sqrt{b}}{3}\right)=-\dfrac{b\sqrt{b}}{9}+\dfrac{b\sqrt{b}}{3}=\dfrac{2b\sqrt{b}}{9}$,
$f\left(\dfrac{\sqrt{b}}{3}\right)=\dfrac{b\sqrt{b}}{9}-\dfrac{b\sqrt{b}}{3}=-\dfrac{2b\sqrt{b}}{9}$
극댓값과 극솟값의 차는 $\dfrac{32}{9}$이므로
$\dfrac{4b\sqrt{b}}{9}=\dfrac{32}{9}$, $b\sqrt{b}=8$
$b^{\frac{3}{2}}=8$
$\therefore b=8^{\frac{2}{3}}=(2^3)^{\frac{2}{3}}=2^2=4$
따라서 $f(x)=3x^3-4x$이므로
$f(3)=81-12=69$ 답 69

13 함수 $f(x)=ax^3+bx^2+cx+d$의 그래프에서 $x\to\infty$일 때 $f(x)\to\infty$이므로 $a>0$
또, 그래프가 y축의 음의 부분에서 만나므로
$f(0)=d<0$
$f'(x)=3ax^2+2bx+c$에서 방정식 $f'(x)=0$의 두 실근은 α, β이고, $\alpha<0$, $\beta>0$, $|\alpha|>|\beta|$이므로 이차방정식의 근과 계수의 관계에 의하여
$\alpha+\beta=-\dfrac{2b}{3a}<0$, $\alpha\beta=\dfrac{c}{3a}<0$

이때 $a>0$이므로 $b>0$, $c<0$

$$\therefore |a-d|-|c-b|-|c|-|d|$$
$$=(a-d)-\{-(c-b)\}-(-c)-(-d)$$
$$=a-d+c-b+c+d$$
$$=a-b+2c$$

답 ④

14 함수 $f(x)$가 $1<x<2$에서 극댓값, $x>2$에서 극솟값을 가지려면 이차방정식 $f'(x)=0$의 두 실근을 α, β $(\alpha<\beta)$라 할 때, $1<\alpha<2$, $\beta>2$ 이어야 한다.

즉, $y=f'(x)$의 그래프는 오른쪽 그림과 같이 $f'(1)>0$, $f'(2)<0$이어야 한다.

$f(x)=x^3+3(a-1)x^2-2(a-4)x+1$에서

$f'(x)=3x^2+6(a-1)x-2(a-4)$

$f'(1)=3+6(a-1)-2(a-4)>0$에서

$4a+5>0$ $\therefore a>-\dfrac{5}{4}$

$f'(2)=12+12(a-1)-2(a-4)<0$에서

$10a+8<0$

$\therefore a<-\dfrac{4}{5}$

$\therefore -\dfrac{5}{4}<a<-\dfrac{4}{5}$

답 ②

15 $f(x)=x^4-4(a+2)x^3+2(a^2-4)x^2$에서

$f'(x)=4x^3-12(a+2)x^2+4(a^2-4)x$
$\quad\quad=4x\{x^2-3(a+2)x+a^2-4\}$

사차함수 $f(x)$가 극댓값을 갖지 않으려면 방정식 $f'(x)=0$이 삼중근을 갖거나 한 실근과 두 허근을 갖거나 한 실근과 중근을 가져야 한다.

(i) 이차방정식 $x^2-3(a+2)x+a^2-4=0$이 $x=0$을 중근으로 가질 때

즉, $-3(a+2)=0$, $a^2-4=0$이므로 $a=-2$

(ii) 이차방정식 $x^2-3(a+2)x+a^2-4=0$이 허근 또는 0이 아닌 중근을 가질 때

이차방정식 $x^2-3(a+2)x+a^2-4=0$의 판별식을 D라 하면

$D=9(a+2)^2-4(a^2-4)\le 0$

$5a^2+36a+52\le 0$, $(5a+26)(a+2)\le 0$

$\therefore -\dfrac{26}{5}\le a<-2 \ (\because\ a\ne -2)$

└─ $a=-2$이면 $f'(x)=0$이 삼중근을 갖는다.

(iii) 이차방정식 $x^2-3(a+2)x+a^2-4=0$이 $x=0$과 0이 아닌 다른 한 실근을 가질 때

$a^2-4=0$ $\therefore a=2 \ (\because\ a\ne -2)$

(i), (ii), (iii)에 의하여 $-\dfrac{26}{5}\le a\le -2$ 또는 $a=2$

따라서 정수 a는 -5, -4, -3, -2, 2이므로 그 곱은

$(-5)\times(-4)\times(-3)\times(-2)\times 2=240$

답 ⑤

1등급 노트 사차함수 $f(x)=ax^4+bx^3+cx^2+dx+e\ (a>0)$의 그래프의 개형 추론

서로 다른 세 실근 α, β, γ	한 실근 α와 중근 β	삼중근 α	한 실근 α와 두 허근
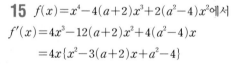			

B Step 1등급을 위한 **고난도 기출** Vs **변형 유형**   본문 41~44쪽

1 ⑤	**1-1** ①	**2** ③	**2-1** 215	**3** ④	**3-1** 1
4 ④	**4-1** ②	**5** ①	**5-1** 4	**6** ①	**6-1** ②
7 9	**7-1** ⑤	**8** ②	**8-1** ⑤	**9** ④	**9-1** 12
10 ①	**10-1** 18	**11** ③	**11-1** 128	**12** 12	**12-1** 120

1 **전략** 직선 BC의 기울기와 $\overline{\mathrm{AD}}:\overline{\mathrm{DB}}=3:1$임을 이용하여 직선 AC의 기울기를 구한다.

풀이 $f(x)=-x^3+4x^2-3x$에서 $f'(x)=-3x^2+8x-3$

점 $B(3, 0)$에서의 접선의 기울기는

$f'(3)=-27+24-3=-6$

이때 $\overline{\mathrm{DB}}=k(k>0)$라 하면

$-\dfrac{\overline{\mathrm{CD}}}{k}=-6$이므로 $\overline{\mathrm{CD}}=6k$

또, $\overline{\mathrm{AD}}:\overline{\mathrm{DB}}=3:1$이므로 $\overline{\mathrm{AD}}=3k$

따라서 직선 AC의 기울기는

$\dfrac{\overline{\mathrm{CD}}}{\overline{\mathrm{AD}}}=\dfrac{6k}{3k}=2$

즉, $f'(a)=2$이므로

$-3a^2+8a-3=2$, $3a^2-8a+5=0$

이때 이 이차방정식의 판별식을 D라 하면

$\dfrac{D}{4}=(-4)^2-15=1>0$

따라서 이 이차방정식은 서로 다른 두 실근을 가지므로 이차방정식의 근과 계수의 관계에 의하여 a의 값들의 곱은 $\dfrac{5}{3}$이다.

답 ⑤

1-1 **전략** 교점의 x좌표가 α, β, γ임을 이용하여 $f(x)-k=2(x-\alpha)(x-\beta)(x-\gamma)$로 놓는다.

풀이 함수 $y=f(x)$의 그래프와 직선 $y=k$의 세 교점 A, B, C의 x좌표가 각각 α, β, γ이므로 방정식 $f(x)=k$, 즉 $f(x)-k=0$의 세 실근이 α, β, γ이다. 이때 $f(x)$의 최고차항의 계수가 2이므로

$f(x)-k=2(x-\alpha)(x-\beta)(x-\gamma)$

이 식의 양변을 x에 대하여 미분하면

$f'(x)=2(x-\beta)(x-\gamma)+2(x-\alpha)(x-\gamma)+2(x-\alpha)(x-\beta)$

따라서 점 C에서의 접선의 기울기는

$f'(\gamma)=2(\gamma-\alpha)(\gamma-\beta)$

이때 $\overline{AB}=4$, $\overline{BC}=2$에서 $\overline{AC}=6$이므로

$\gamma-\alpha=6$, $\gamma-\beta=2$

$\therefore f'(\gamma)=2\times6\times2=24$ 답 ①

2 [전략] 서로 수직인 두 직선의 기울기의 곱이 -1임을 이용한다.

[풀이] $f'(x)=2x$이므로 점 $P(t, t^2-1)$에서의 접선의 기울기는

$f'(t)=2t$

따라서 접선 l의 방정식은

$y-(t^2-1)=2t(x-t)$

$\therefore y=2tx-t^2-1$

$x=0$일 때, $y=-t^2-1$이므로 $Q(0, -t^2-1)$

점 $P(t, t^2-1)$을 지나고 접선 l과 서로 수직인 직선의 기울기는

$-\dfrac{1}{2t}$이므로 이 직선의 방정식은

$y-(t^2-1)=-\dfrac{1}{2t}(x-t)$

$\therefore y=-\dfrac{1}{2t}x+t^2-\dfrac{1}{2}$

$x=0$일 때, $y=t^2-\dfrac{1}{2}$이므로 $R\left(0, t^2-\dfrac{1}{2}\right)$

$\therefore \overline{QR}=t^2-\dfrac{1}{2}-(-t^2-1)=2t^2+\dfrac{1}{2}$

$\therefore \lim_{t\to1}\overline{QR}=\lim_{t\to1}\left(2t^2+\dfrac{1}{2}\right)=2+\dfrac{1}{2}=\dfrac{5}{2}$ 답 ③

2-1 [전략] 서로 수직인 두 직선의 기울기의 곱이 -1임을 이용한다.

[풀이] $f(x)=x^3-ax$에서 $f'(x)=3x^2-a$

점 $P(t, f(t))$에서의 접선의 기울기는 $f'(t)=3t^2-a$이므로 이 접선과 서로 수직이고 점 $P(t, f(t))$를 지나는 직선의 방정식은

$y-(t^3-at)=-\dfrac{1}{3t^2-a}(x-t)$

$g(t)$는 $y=0$일 때의 x의 값이므로

$g(t)=(3t^2-a)(t^3-at)+t$

$\lim_{t\to1}\dfrac{g(2t)-20}{t-1}=p$에서 $t\to1$일 때 (분모)$\to0$이고 극한값이 존재하므로 (분자)$\to0$이다.

따라서 $\lim_{t\to1}\{g(2t)-20\}=0$이므로

$g(2)-20=0$ $\therefore g(2)=20$

이때 $g(2)=(12-a)(8-2a)+2=20$이므로

$2a^2-32a+78=0$, $a^2-16a+39=0$, $(a-3)(a-13)=0$

$\therefore a=3 \ (\because 0<a<10)$

$\therefore \lim_{t\to1}\dfrac{g(2t)-20}{t-1}=\lim_{t\to1}\dfrac{g(2t)-g(2)}{t-1}$

$=\lim_{t\to1}\dfrac{g(2t)-g(2)}{2t-2}\times2$

$=2g'(2)$

$g(t)=(3t^2-3)(t^3-3t)+t=3t^5-12t^3+10t$에서

$g'(t)=15t^4-36t^2+10$

이므로

$g'(2)=240-144+10=106$

$\therefore p=2g'(2)=2\times106=212$

$\therefore a+p=3+212=215$ 답 215

3 [전략] 두 함수의 그래프가 서로 다른 두 점에서 만나도록 그래프를 그려 본다.

[풀이] $f(x)=6x^3-x$에서 $f'(x)=18x^2-1$

두 함수 $y=f(x)$, $y=g(x)$의 그래프가 서로 다른 두 점에서 만나려면 그래프는 다음과 같아야 한다.

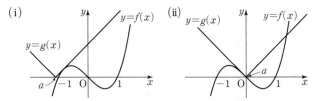

(i) 두 함수의 그래프가 $x>a$에서 접할 때

$x>a$에서 $g(x)=x-a$이므로 접점의 x좌표를 $t \ (t<0)$라 하면

$f'(t)=18t^2-1=1$

$18t^2=2$, $t^2=\dfrac{1}{9}$

$\therefore t=-\dfrac{1}{3} \ (\because t<0)$

이때 $g\left(-\dfrac{1}{3}\right)=f\left(-\dfrac{1}{3}\right)$이므로

$-\dfrac{1}{3}-a=6\times\left(-\dfrac{1}{3}\right)^3-\left(-\dfrac{1}{3}\right)$, $-\dfrac{1}{3}-a=\dfrac{1}{9}$

$\therefore a=-\dfrac{4}{9}$

(ii) 두 함수의 그래프가 $x\le a$에서 접할 때

$x\le a$에서 $g(x)=-x+a$이므로 접점의 x좌표를 s라 하면

$f'(s)=18s^2-1=-1$

$18s^2=0$ $\therefore s=0$

따라서 접점의 좌표는 $(0, 0)$이므로 $a=0$

(i), (ii)에 의하여 구하는 모든 실수 a의 값의 합은

$-\dfrac{4}{9}+0=-\dfrac{4}{9}$ 답 ④

3-1 [전략] 두 함수의 그래프가 서로 다른 두 점에서 만나도록 그래프를 그려 본다.

[풀이] 두 함수 $y=f(x)$, $y=g(x)$의 그래프가 서로 다른 두 점에서 만나려면 그래프는 오른쪽과 같아야 한다.

즉, 두 함수 $f(x)=x^3-ax$,

$g(x)=2x-2$의 그래프가 접해야 한다.

그 접점의 x좌표를 $t \ (t>0)$라 하면

$f'(t)=g'(t)$, $f(t)=g(t)$

$f'(x)=3x^2-a$, $g'(x)=2$이므로

$3t^2-a=2$, $t^3-at=2t-2$

두 식을 연립하여 풀면 $t=1$, $a=1$ 답 1

[참고] 두 함수 $y=f(x)$, $y=g(x)$의 그래프가 $x=t$에서 접한다.

$\Rightarrow f'(t)=g'(t)$, $f(t)=g(t)$

4 전략 기울기가 같은 접선을 이용하여 삼각형의 넓이의 최댓값을 구한다.

풀이 (사각형 AQCP의 넓이)
= (삼각형 ACP의 넓이) + (삼각형 AQC의 넓이)

이때

(직선 AC의 기울기) = $\dfrac{4-(-6)}{4-(-1)}=2$

이므로 사각형 AQCP의 넓이가 최대가 되려면 접선의 기울기가 2가 되는 접점을 각각 P와 Q로 정하면 된다.

$y'=3x^2-10x+4$에서 $3x^2-10x+4=2$

따라서 이차방정식 $3x^2-10x+2=0$의 두 근이 두 점 P, Q의 x좌표 이므로 두 점 P, Q의 x좌표의 곱은 근과 계수의 관계에 의하여

$\dfrac{2}{3}$

답 ④

4-1 전략 기울기가 같은 접선을 이용하여 삼각형의 넓이의 최댓값을 구한다.

풀이 (직선 AB의 기울기) = $\dfrac{0-(-3)}{3-0}=1$

직선 AB의 기울기가 1이므로 삼각형 ABP의 넓이가 최대가 되려면 접선의 기울기가 1이 되는 접점을 P로 정하면 된다.

$f'(x)=2x-2$에서 $2x-2=1$의 근이 점 P의 x좌표이다.

$\therefore x=\dfrac{3}{2}$

$f\left(\dfrac{3}{2}\right)=\left(\dfrac{3}{2}\right)^2-2\times\dfrac{3}{2}-3=-\dfrac{15}{4}$

즉, $P\left(\dfrac{3}{2},\ -\dfrac{15}{4}\right)$

직선 AB의 방정식은 $y=x-3$

즉, $x-y-3=0$

점 $P\left(\dfrac{3}{2},\ -\dfrac{15}{4}\right)$와 직선 $x-y-3=0$ 사이의 거리는

$\dfrac{\left|\dfrac{3}{2}-\left(-\dfrac{15}{4}\right)-3\right|}{\sqrt{1^2+(-1)^2}}=\dfrac{\dfrac{9}{4}}{\sqrt{2}}=\dfrac{9\sqrt{2}}{8}$

따라서 △ABP의 넓이의 최댓값은

$\dfrac{1}{2}\times\overline{AB}\times$ (점 P와 직선 $x-y-3=0$ 사이의 거리)

$=\dfrac{1}{2}\times\sqrt{(0-3)^2+(-3-0)^2}\times\dfrac{9\sqrt{2}}{8}=\dfrac{27}{8}$

답 ②

5 전략 평균값 정리를 이용하여 문제를 해결한다.

풀이 함수 $f(x)$는 모든 실수 x에 대하여 닫힌구간 $[x-1,\ x+3]$ 에서 연속이고, 열린구간 $(x-1,\ x+3)$에서 미분가능하다.

따라서 평균값 정리에 의하여

$\dfrac{f(x+3)-f(x-1)}{(x+3)-(x-1)}=f'(c)$

인 c가 $x-1$과 $x+3$ 사이에 적어도 하나 존재한다.

$x\to\infty$일 때 $c\to\infty$이므로

$\lim\limits_{x\to\infty}\{f(x+3)-f(x-1)\}=4\lim\limits_{x\to\infty}\dfrac{f(x+3)-f(x-1)}{(x+3)-(x-1)}$

$=4\lim\limits_{c\to\infty}f'(c)$

$=4\times2=8$

답 ①

5-1 전략 평균값 정리를 이용하여 문제를 해결한다.

풀이 $x=0$이면 함수 $f(x)$는 닫힌구간 $[0,\ 1]$에서 연속이고 열린 구간 $(0,\ 1)$에서 미분가능하므로 평균값 정리에 의하여

$\dfrac{f(1)-f(0)}{1-0}=f'(c)$

인 c가 0과 1 사이에 존재한다.

즉, $f(1)-f(0)=f'(c)$이므로 조건 ㈎에 의하여

$|f(1)-f(0)|\leq4$

$-4\leq f(1)-f(0)\leq4$

이때 조건 ㈏에 의하여 $f(0)=2$이므로

$-4\leq f(1)-2\leq4$

$\therefore -2\leq f(1)\leq6$

따라서 $f(1)$의 최댓값은 6, 최솟값은 -2이므로 최댓값과 최솟값의 합은

$6+(-2)=4$

답 4

6 전략 역함수가 존재할 조건은 $f'(x)\geq0$(또는 $f'(x)\leq0$)임을 이용한다.

풀이 함수 $f(x)$의 역함수가 존재하려면 함수 $f(x)$는 일대일대응 이어야 하므로 실수 전체의 집합에서 증가 또는 감소해야 한다.

이때 주어진 함수 $f(x)$의 최고차항의 계수가 양수이므로 $f(x)$는 증 가함수이어야 한다.

$\therefore f'(x)\geq0$

$f'(x)=3x^2+6(a-2)x-3(b^2-1)$이므로 방정식 $f'(x)=0$의 판 별식을 D라 하면

$\dfrac{D}{4}=9(a-2)^2+9(b^2-1)\leq0$

$\therefore (a-2)^2+b^2\leq1$

즉, 점 $(a,\ b)$는 중심이 점 $(2,\ 0)$이고 반지름의 길이가 1인 원과 그 내부에 있다.

이때 $a+b=k$로 놓으면 점 $(a,\ b)$에 대하여 원의 중심 $(2,\ 0)$에서 직선 $a+b=k$, 즉 $a+b-k=0$까지의 거리는 반지름의 길이 1보다 작거나 같다.

즉, $\dfrac{|2-k|}{\sqrt{1^2+1^2}}\leq1$

$|2-k|\leq\sqrt{2},\ -\sqrt{2}\leq2-k\leq\sqrt{2}$

$\therefore 2-\sqrt{2}\leq k\leq2+\sqrt{2}$

따라서 $a+b=k$의 최댓값 $M=2+\sqrt{2}$, 최솟값 $m=2-\sqrt{2}$이므로 $M+m=(2+\sqrt{2})+(2-\sqrt{2})=4$

답 ①

1등급 노트 역함수가 존재하기 위한 조건

삼차함수 $f(x)=ax^3+bx^2+cx+d\ (a>0,\ a,\ b,\ c,\ d$는 상수)의 역 함수가 존재하기 위한 필요충분조건은 다음과 같다.
(1) 함수 $f(x)$는 일대일대응이다.
(2) 임의의 실수 $x_1,\ x_2$에 대하여 $x_1\neq x_2$이면 $f(x_1)\neq f(x_2)$이다.
(3) 실수 전체의 집합에서 $f(x)$는 증가한다.
(4) 모든 실수 x에 대하여 $f'(x)\geq0$이다.

6-1 **전략** 역함수가 존재할 조건은 $f'(x)\ge0$(또는 $f'(x)\le0$)임을 이용한다.

풀이 실수 전체의 집합에서 연속인 함수 $f(x)$의 역함수가 존재하려면 함수 $f(x)$는 일대일대응이어야 하고, 증가 또는 감소해야 한다.

(i) 함수 $f(x)$가 실수 전체의 집합에서 연속이어야 하므로

$$\lim_{x\to(k-1)^-}f(x)=\lim_{x\to(k-1)^+}f(x)=f(k-1)$$

$$\therefore -\frac{1}{3}(k-1)^3+k(k-1)^2-(k-1)^3=-(k-1)^2-6(k-1)$$

$k-1=A$라 하면

$$-\frac{1}{3}A^3+kA^2-A^3=-A^2-6A,\quad 4A^3-3(k+1)A^2-18A=0$$

$$A\{4A^2-3(k+1)A-18\}=0,\quad (k-1)(k^2-8k-11)=0$$

$$\therefore k=1 \text{ 또는 } k=4\pm3\sqrt{3}$$

(ii) 함수 $f(x)$는 $x<k-1$에서 최고차항의 계수가 음수이므로 $f(x)$는 감소함수이어야 한다.

$$\therefore f'(x)\le0$$

① $x<k-1$일 때

$$f'(x)=-x^2+2kx-(k-1)^2$$
$$=-(x-k)^2+2k-1$$

에서 $f'(k-1)=2k-2$이므로

$$2k-2\le0 \qquad \therefore k\le1$$

② $x\ge k-1$일 때

$$f'(x)=-2x-6$$에서
$$f'(k-1)=-2(k-1)-6\le0,\quad -2k-4\le0$$
$$\therefore k\ge-2$$

①, ②에 의하여 $-2\le k\le1$

(i), (ii)에 의하여 $k=1$ 또는 $k=4-3\sqrt{3}$

따라서 모든 상수 k의 값의 합은

$$1+(4-3\sqrt{3})=5-3\sqrt{3}$$

답 ②

7 **전략** 세 개의 접선이 존재하기 위한 점의 위치를 찾는다.

풀이 $f'(x)=3x^2+6x=3x(x+2)$

$f'(x)=0$에서 $x=-2$ 또는 $x=0$

x	$\cdots$	-2	$\cdots$	0	$\cdots$
$f'(x)$	$+$	0	$-$	0	$+$
$f(x)$	$\nearrow$	4	$\searrow$	0	$\nearrow$

따라서 함수 $y=f(x)$의 그래프는 오른쪽 그림과 같다. 이때 함수 $y=f(x)$의 그래프가 점 $(-4, -16)$을 지나므로 점 $(-4, a)$를 지나는 접선은

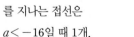

$a<-16$일 때 1개,

$a=-16$일 때 2개, $a>-16$일 때 3개

이다.

즉, 조건 ㈎에 의하여 $a>-16$이다.

또, 조건 ㈏를 만족시키기 위해서는 $0<a<4$이어야 한다.

따라서 정수 a의 최댓값 $M=3$이므로

$$M^2=3^2=9$$

답 9

7-1 **전략** 세 개의 접선이 존재할 조건을 구한다.

풀이 점 $(1, k)$에서 곡선 $y=x^3-3x$에 그은 접선의 접점의 좌표를 (a, a^3-3a)라 하면 이 점에서의 접선의 방정식은

$$y=(3a^2-3)(x-a)+a^3-3a$$

$$\therefore y=(3a^2-3)x-2a^3$$

이 직선이 점 $(1, k)$를 지나므로

$$k=-2a^3+3a^2-3$$

$f(a)=-2a^3+3a^2-3$으로 놓으면

$$f'(a)=-6a^2+6a=-6a(a-1)$$

$f'(a)=0$에서 $a=0$ 또는 $a=1$

a	$\cdots$	0	$\cdots$	1	$\cdots$
$f'(a)$	$-$	0	$+$	0	$-$
$f(a)$	$\searrow$	-3	$\nearrow$	-2	$\searrow$

따라서 $y=f(a)$의 그래프는 오른쪽 그림과 같다. 이때 $f(a)=k$의 서로 다른 실근이 3개이어야 하므로 실수 k의 값의 범위는

$$-3<k<-2$$

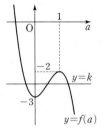

답 ⑤

8 **전략** 주어진 그래프를 이용하여 함수 $f(x)g(x)$의 그래프를 추론한다.

풀이 삼차함수 $y=f(x)$의 그래프가 세 점 $(a, 0)$, $(c, 0)$, $(e, 0)$을 지나고 오른쪽 위를 향하므로

$$f(x)=k(x-a)(x-c)(x-e)\ (k>0)$$

로 놓을 수 있다.

또, 일차함수 $y=g(x)$의 그래프가 점 $(c, 0)$을 지나고 기울기가 양수이므로

$$g(x)=m(x-c)\ (m>0)$$

로 놓을 수 있다.

$h(x)=f(x)g(x)$로 놓으면

$$h(x)=km(x-a)(x-c)^2(x-e)\ (km>0)$$

이므로 $h(a)=0$, $h(c)=0$, $h(e)=0$이고, 함수 $y=h(x)$의 그래프는 $x=c$에서 x축에 접한다.

이때 함수 $h(x)$가 $x=p$와 $x=q$에서 극소이고 $km>0$이므로 함수 $y=h(x)$의 그래프의 개형은 오른쪽 그림과 같다.

$h(x)=f(x)g(x)$에서

$$h'(x)=f'(x)g(x)+f(x)g'(x) \qquad \cdots\cdots\ \text{㉠}$$

㉠의 양변에 $x=b$를 대입하면

$$h'(b)=f'(b)g(b)+f(b)g'(b)$$

이때 주어진 그래프에서 $f'(b)=0$, $f(b)>0$이고, $g'(b)=m>0$이므로

$$h'(b)=mf(b)>0 \qquad \cdots\cdots\ \text{㉡}$$

㉠의 양변에 $x=d$를 대입하면

$$h'(d)=f'(d)g(d)+f(d)g'(d)$$

이때 주어진 그래프에서 $f'(d)=0$, $f(d)<0$이고, $g'(d)=m>0$
이므로

$h'(d)=mf(d)<0$ $\qquad$ ······ ㉢

$a<b<c<d<e$이면서 ㉡, ㉢을 만
족시키는 b, d를 $y=h(x)$의 그래프
에 나타내면 오른쪽 그림과 같다.
따라서 $a<p<b$, $d<q<e$이다.

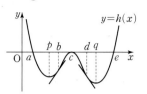

답 ②

빠른풀이 $y'=f'(x)g(x)+f(x)g'(x)$이므로 그래프를 이용하여
x의 값의 범위에 따라 y'의 값의 부호를 확인하면 다음 표와 같다.

x	$f'(x)g(x)$	$f(x)g'(x)$	y'
$x<a$	−		−
$x=a$	−	0	−
$a<x<b$	−	+	
$x=b$	0	+	+
$b<x<c$	+	+	+
$x=c$	0	0	0
$c<x<d$	−	−	−
$x=d$	0	−	
$d<x<e$	+		
$x=e$	+	0	+
$x>e$	+	+	+

함수 $f(x)g(x)$는 $x=c$에서 극대이고, $a<x<b$와 $d<x<e$에서
극소이다.
따라서 $p<q$이므로 $a<p<b$이고 $d<q<e$이다.

8-1 **전략** 도함수의 그래프를 이용하여 함수의 그래프를 추론한다.

풀이 ㄱ. 삼차함수 $y=f'(x)$의 그래프는 원점에 대하여 대칭이므
로 $f'(x)$는 홀수 차수의 항으로만 이루어져 있다. 따라서 사차
함수 $y=f(x)$는 짝수 차수의 항 또는 상수항으로만 이루어져 있
으므로 사차함수 $y=f(x)$의 그래프는 y축에 대하여 대칭이다.
즉, 모든 실수 x에 대하여 $f(x)=f(-x)$이다. (참)

ㄴ.
x	$\cdots$	-1	$\cdots$	0	$\cdots$	1	$\cdots$
$f'(x)$	−	0	+	0	−	0	+
$f(x)$	↘	극소	↗	극대	↘	극소	↗

$f(0)<0$이면 함수 $y=f(x)$의 그래프는
오른쪽 그림과 같으므로 $f(1)<0$이다.
(참)

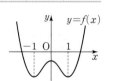

ㄷ. $g(x)=x^2f(x)$로 놓으면
$g'(x)=2xf(x)+x^2f'(x)$이므로 $g'(0)=0$
이때 $f(0)=0$이면 함수 $y=f(x)$의 그래
프는 오른쪽 그림과 같으므로
$x<0$일 때 0의 근방에서
$xf(x)>0$, $x^2f'(x)>0$이고,
$x>0$일 때 0의 근방에서 $xf(x)<0$, $x^2f'(x)<0$이다.
따라서 $f(0)=0$이면 함수 $x^2f(x)$가 $x=0$에서 극댓값을 갖는다.
(참)

따라서 ㄱ, ㄴ, ㄷ 모두 옳다.

답 ⑤

9 **전략** 함수의 그래프의 대칭성을 이용하여 극댓값과 극솟값을 구한다.

풀이 삼차함수 $f(x)$가 $x=a$일 때 극댓값 $f(a)$를 갖고, $x=b$일 때
극솟값 $f(b)$를 갖는다고 하자.
조건 ㈎에 의하여
$f(a)-f(b)=6$ $\qquad$ ······ ㉠
조건 ㈏에 의하여
$\dfrac{a+b}{2}=6$, $\dfrac{f(a)+f(b)}{2}=2$
$\therefore a+b=12$, $f(a)+f(b)=4$ $\qquad$ ······ ㉡
㉠, ㉡을 연립하여 풀면
$f(a)=5$, $f(b)=-1$
조건 ㈐에 의하여 점 $(8, -1)$은 극소가 되는 점이므로 $b=8$
$\therefore a=4$
즉, 삼차함수 $f(x)$는 $x=4$일 때 극대, $x=8$일 때 극소이므로
$f'(4)=0$, $f'(8)=0$
즉, 이차방정식 $f'(x)=0$의 두 근은 4, 8이므로 두 근의 곱은
$4\times8=32$

답 ④

참고 함수 $f(x)$가 $x=a$에서 극값을 가지면 $f'(a)=0$이다.

주의 그 역은 성립하지 않는다.
예를 들어 함수 $f(x)=x^3$은 $f'(x)=3x^2$이므로 $f'(0)=0$
그러나 함수 $f(x)$는 $x=0$에서 극값을 갖지 않는다.

9-1 **전략** 함수의 그래프의 대칭성을 이용하여 $\alpha+\beta$, $\alpha\beta$의 값을 구한다.

풀이 함수 $y=f(x)$의 최고차항이 x^4이므로 $f'(x)$의 최고차항은
$4x^3$이다.
따라서 조건 ㈏에 의하여
$f'(x)=4(x-\alpha)(x-1)(x-\beta)$
이때 조건 ㈎에 의하여
$-8(-1-\alpha)(-1-\beta)=8$, $1+\alpha+\beta+\alpha\beta=-1$
$\therefore \alpha+\beta+\alpha\beta=-2$ $\qquad$ ······ ㉠
조건 ㈐에 의하여 $\dfrac{\alpha+\beta}{2}=1$이므로
$\alpha+\beta=2$ $\qquad$ ······ ㉡
㉡을 ㉠에 대입하면
$2+\alpha\beta=-2$ $\therefore \alpha\beta=-4$
$\therefore \alpha^2+\beta^2=(\alpha+\beta)^2-2\alpha\beta$
$\qquad =2^2-2\times(-4)=12$

답 12

10 **전략** 함수 $h(x)$의 식을 추론하고, 극대, 극소를 구한다.

풀이 $y=f(x)$는 일차함수이고 $y=g(x)$는 최고차항의 계수가 1인
사차함수이므로 $h(x)=g(x)-f(x)$는 최고차항의 계수가 1인 사
차함수이다.
또, $y=f(x)$와 $y=g(x)$의 그래프가 $x=-2$, $x=1$에서 접하므로
$h(x)=g(x)-f(x)=(x+2)^2(x-1)^2$
$h'(x)=2(x+2)(x-1)^2+2(x+2)^2(x-1)$
$\qquad =2(x+2)(x-1)(2x+1)$
$h'(x)=0$에서 $x=-2$ 또는 $x=-\dfrac{1}{2}$ 또는 $x=1$

x	$\cdots$	-2	$\cdots$	$-\dfrac{1}{2}$	$\cdots$	1	$\cdots$
$h'(x)$	$-$	0	$+$	0	$-$	0	$+$
$h(x)$	$\searrow$	극소	$\nearrow$	극대	$\searrow$	극소	$\nearrow$

따라서 $h(x)$는 $x=-\dfrac{1}{2}$에서 극대이고, 극댓값은

$$h\left(-\dfrac{1}{2}\right)=\left(\dfrac{3}{2}\right)^2\times\left(-\dfrac{3}{2}\right)^2=\dfrac{81}{16}$$ 답 ①

참고 $h(x)=f(x)-g(x)$일 때, 두 함수 $y=f(x)$, $y=g(x)$의 그래프가 $x=a$에서 접하면 $h(x)$는 $(x-a)^2$을 인수로 갖는다.

10-1 전략 함수 $h(x)$의 증감표를 만들고 함수 $y=h(x)$의 그래프를 그려 함수의 식을 추론한다.

풀이 $h'(x)=f'(x)-g'(x)$이므로 주어진 그래프에 의하여 함수 $h(x)$의 증가와 감소를 표로 나타내면 다음과 같다.

x	$\cdots$	-2	$\cdots$	0	$\cdots$	2	$\cdots$
$h'(x)$	$-$	0	$+$	0	$-$	0	$+$
$h(x)$	$\searrow$	극소	$\nearrow$	극대	$\searrow$	극소	$\nearrow$

또, 두 함수 $y=f'(x)$, $y=g'(x)$의 그래프가 원점에 대하여 대칭이므로 함수 $y=h'(x)$의 그래프도 원점에 대하여 대칭이다.

따라서 함수 $y=h(x)$의 그래프는 y축에 대하여 대칭이므로 오른쪽과 같이 그릴 수 있다.

또, 점 $(-2, h(-2))$에서의 접선은 y절편이 2이고, $h'(-2)=0$이므로 접선의 방정식은

$y=2$

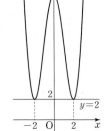

$\therefore h(-2)=h(2)=2$

이때 사차함수 $f(x)$의 최고차항의 계수가 1이므로

$$h(x)=(x+2)^2(x-2)^2+2$$

따라서 함수 $h(x)$는 $x=0$에서 극대이고, 극댓값은

$$h(0)=2^2\times(-2)^2+2=18$$ 답 18

11 전략 절댓값을 포함한 함수가 미분가능하기 위한 조건을 이용하여 함수 $y=g(x)$의 그래프의 개형을 추측하고, 함수의 식을 구한다.

풀이 $g(1)=g'(1)$이고 $x=1$에서 극솟값을 가지므로

$g(1)=g'(1)=0$

따라서 조건 ㈎, ㈏를 모두 만족시키는 함수 $y=g(x)$의 그래프는 오른쪽 그림과 같다.

즉, 최고차항의 계수가 1인 사차함수 $f(x)$는 다음과 같다.

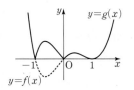

$f(x)=x(x+1)(x-1)^2$

따라서 $g(x)=|x(x+1)(x-1)^2|$이므로

$g(2)=2\times3\times1=6$ 답 ③

참고 절댓값을 포함한 함수의 미분가능성

실수 전체의 집합에서 미분가능한 함수 $f(x)$에 대하여 함수 $g(x)=|f(x)|$일 때, 실수 a에 대하여

(1) 함수 $g(x)=|f(x)|$가 $x=a$에서 미분가능하기 위한 조건

  ① $f(a)\neq0$일 때, $f(a)>0$이거나 $f(a)<0$인 경우

  ② $f(a)=0$일 때, $f'(a)=0$인 경우

  ⇨ 꺾어 올린 그래프가 뾰족점이 없이 부드럽게 이어져야 한다.

(2) 함수 $g(x)=|f(x)|$가 $x=a$에서 미분가능하지 않은 경우

  $f(a)=0$일 때, $f'(a)\neq0$인 경우 ⇨ $x=a$에서 함수 $g(x)$는 꺾인 점이다.

11-1 전략 절댓값을 포함한 함수가 미분가능하기 위한 조건을 이용하여 함수 $y=g(x)$의 그래프의 개형을 추측하고, 함수의 식을 구한다.

풀이 조건을 모두 만족시키는 함수 $y=g(x)$의 그래프는 오른쪽 그림과 같다.

즉, $f(x)=(x-a)^3(x-2)$로 놓으면

$f'(x)=3(x-a)^2(x-2)+(x-a)^3$

$\quad\ =(x-a)^2(4x-6-a)$

조건 ㈏에 의하여 $f'(1)=0$이므로

$(1-a)^2(-2-a)=0$

$\therefore a=-2$ $(\because a<1)$

따라서 $f(x)=(x+2)^3(x-2)$이므로

$g(-1)-g(3)=|f(-1)|+f(3)$

$\qquad\qquad\qquad\ =|-3|+5^3=128$ 답 128

참고 사차함수 $y=f(x)$의 그래프의 개형

①

②

③ 서로 다른 실근 3개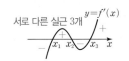

④ 서로 다른 실근 2개

⑤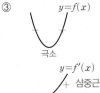

⑥

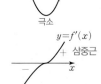

12 전략 함수 $y=f(x)-f(1)$의 그래프의 개형을 추측하고, 함수의 식을 구한다.

풀이 조건 ㈎에서 함수 $f(x)$가 $x=2$에서 극값을 가지므로

$f'(2)=0$

조건 ㈏에서 $g(x)=f(x)-f(1)$로 놓으면 $f(x)$가 사차함수이므로 $g(x)$도 사차함수이고, $x=2$에서 극값을 갖는다.

함수 $g(x)$가 극값을 3개 가질 때, $g(x)$의 최고차항의 계수가 양수인 경우를 예로 들면 다음 그림과 같이 $|g(x)|$의 미분가능하지 않은 점이 2개 이상 존재하거나 존재하지 않는다.

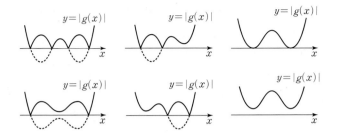

따라서 함수 $g(x)$는 $x=2$에서만 극값을 가져야 한다.

한편, 함수 $|g(x)|$가 미분가능하지 않은 점은 $g(x)=0$인 점이므로 조건 ㈏에서 $g(a)=0\ (a>2)$

그런데 $g(1)=f(1)-f(1)=0$이므로 함수 $|g(x)|$가 $x=a\ (a>2)$에서만 미분가능하지 않으려면 $x=1$에서는 미분가능해야 한다.

따라서 조건 ㈎, ㈏를 만족시키는 함수 $y=g(x)$의 그래프의 개형은 다음 그림과 같다.

(ⅰ) 함수 $g(x)$의 최고차항의 계수가 양수인 경우

(ⅱ) 함수 $g(x)$의 최고차항의 계수가 음수인 경우

즉, 주어진 조건을 만족시키려면 함수 $g(x)$는 $(x-1)^3$을 인수로 가져야 하므로 $g'(x)$는 $(x-1)^2$을 인수로 갖는다. 또, $g'(2)=0$이므로 함수 $g'(x)$는 $x-2$도 인수로 갖는다.

따라서 $g'(x)=k(x-1)^2(x-2)\ (k$는 0이 아닌 상수$)$라 하면 $g(x)=f(x)-f(1)$에서 $g'(x)=f'(x)$이므로

$f'(x)=k(x-1)^2(x-2)$

$\therefore \dfrac{f'(5)}{f'(3)}=\dfrac{k(5-1)^2\times(5-2)}{k(3-1)^2\times(3-2)}=12$　**답** 12

참고 $g(x)=|f(x)-t|$의 그래프의 개형은 다음과 같다.

①

②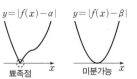

12-1 **전략** 함수 $y=f(x)$의 그래프의 개형을 추측하고, 함수의 식을 구한다.

풀이 조건을 모두 만족시키는 함수 $y=f(x)$의 그래프는 오른쪽 그림과 같다. 따라서

$f(x)=x^3+ax^2+bx+c$

　　　(a,b,c는 상수)

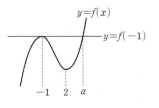

로 놓으면

$f'(x)=3x^2+2ax+b$에서

$f'(-1)=3-2a+b=0,\ f'(2)=12+4a+b=0$

두 식을 연립하여 풀면 $a=-\dfrac{3}{2},\ b=-6$

$\therefore f(x)=x^3-\dfrac{3}{2}x^2-6x+c$

또, $f(-1)=f(a)$이므로

$-1-\dfrac{3}{2}+6+c=a^3-\dfrac{3}{2}a^2-6a+c$

$2a^3-3a^2-12a-7=0$

$(a+1)^2(2a-7)=0$　$\therefore a=\dfrac{7}{2}\ (\because a>2)$

따라서 $f'(x)=3x^2-3x-6$이므로

$f'(2a)=f'(7)=147-21-6=120$　**답** 120

다른풀이 조건 ㈎에서 함수 $f(x)$가 $x=2$에서 극값을 가지므로

$f'(2)=0$

조건 ㈏에서 $g(x)=f(x)-f(-1)$로 놓으면 $f(x)$가 최고차항의 계수가 1인 삼차함수이므로 $g(x)$도 최고차항의 계수가 1인 삼차함수이고, $x=2$에서 극값을 갖는다.

한편, 함수 $|g(x)|$가 미분가능하지 않은 점은 $g(x)=0$인 점이므로 조건 ㈏에서 $g(a)=0\ (a>2)$

그런데 $g(-1)=f(-1)-f(-1)=0$이므로 함수 $|g(x)|$가 $x=a\ (a>2)$에서만 미분가능하지 않으려면 $x=-1$에서 미분가능해야 한다.

따라서 조건 ㈎, ㈏를 만족시키는 함수 $g(x)$의 그래프의 개형은 다음 그림과 같다.

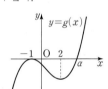 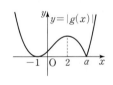

즉, $g(x)=(x+1)^2(x-a)$로 놓으면

$g'(x)=2(x+1)(x-a)+(x+1)^2$

　　　$=(x+1)(3x-2a+1)$

$g'(2)=0$이므로

$3(7-2a)=0$　$\therefore a=\dfrac{7}{2}$

따라서 $f'(x)=g'(x)=3(x+1)(x-2)$이므로

$f'(2a)=f'(7)=3\times8\times5=120$

참고 삼차함수 $y=f(x)$의 그래프의 개형

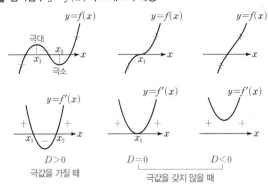

01 ②	**02** 6	**03** ④	**04** ③	**05** ②
06 ③	**07** 34	**08** 1	**09** ①	**10** ⑤
11 296	**12** ③	**13** ②	**14** 32	**15** 13
16 160	**17** ④	**18** ③		

1등급 뛰어넘기

19 ④	**20** ⑤	**21** ②	**22** 14

01 전략 $f'(x)$가 최소일 때의 접선의 방정식을 구한다.

풀이 $f(x)=x^3-6x^2+7x-1$에서

$f'(x)=3x^2-12x+7=3(x-2)^2-5$

이므로 접선의 기울기 $f'(x)$는 $x=2$일 때, 최솟값 -5를 갖는다.

즉, $f'(2)=-5$, $f(2)=-3$이므로

$g(x)=-5(x-2)+f(2)$, $g(x)=-5(x-2)-3$

$\therefore g(x)=-5x+7$

이때 두 함수 $y=f(x)$, $y=g(x)$의 그래프의 교점의 개수는 방정식 $f(x)=g(x)$, 즉 $x^3-6x^2+7x-1=-5x+7$의 서로 다른 실근의 개수이므로

$x^3-6x^2+12x-8=0$, $(x-2)^3=0$ $\therefore x=2$

따라서 방정식 $f(x)=g(x)$의 서로 다른 실근의 개수는 1이므로

$a=1$

$\therefore g(1)=-5+7=2$ 답 ②

02 전략 조건을 만족시키는 접선의 기울기를 구한다.

풀이 $f'(x)=3x^2-12$에서

$m_1=3t^2-12$, $m_2=3s^2-12$

함수 $y=f(x)$의 그래프 위의 점 $P(t, t^3-12t)$에서의 접선의 방정식은 $y-(t^3-12t)=(3t^2-12)(x-t)$

$\therefore y=(3t^2-12)x-2t^3$ ...... ㉠

직선 ㉠이 점 $Q(s, s^3-12s)$를 지나므로

$s^3-12s=(3t^2-12)s-2t^3$

$s^3-3t^2s+2t^3=0$, $(s-t)^2(s+2t)=0$

$\therefore s=-2t$ ($\because s\neq t$)

$\therefore m_1m_2=(3t^2-12)(3s^2-12)=9(t^2-4)(s^2-4)$

$\qquad =9(t^2-4)(4t^2-4)=36(t^2-4)(t^2-1)$

이때 $m_1m_2=-72$이므로

$36(t^2-4)(t^2-1)=-72$, $(t^2-4)(t^2-1)=-2$

$t^4-5t^2+6=0$, $(t^2-2)(t^2-3)=0$

$\therefore t=-\sqrt{3}$ 또는 $t=-\sqrt{2}$ 또는 $t=\sqrt{2}$ 또는 $t=\sqrt{3}$

따라서 모든 t의 값의 곱은

$(-\sqrt{3})\times(-\sqrt{2})\times\sqrt{2}\times\sqrt{3}=6$ 답 6

다른풀이 함수 $f(x)=x^3-12x$의 그래프 위의 점 P에서의 접선의 방정식을 $y=m_1x+b$로 놓으면 방정식 $x^3-12x=m_1x+b$는 중근 t와 다른 한 근 s를 갖는다.

따라서 근과 계수의 관계에 의하여 $t+t+s=0$ $\therefore s=-2t$

03 전략 접선의 방정식을 이용하여 서로 다른 교점이 3개 존재할 때의 접점의 x좌표를 구한다.

풀이 사차함수 $f(x)=x(x-1)(x-2)(x+1)$의 그래프는 오른쪽 그림과 같다.

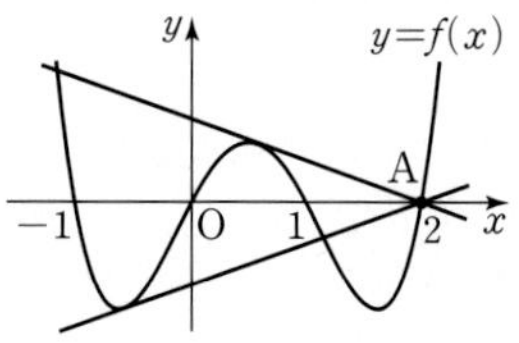

점 A$(2, 0)$을 지나는 접선의 접점의 좌표를 $(t, f(t))$ $(t\neq2)$라 하면

$f(x)=x^4-2x^3-x^2+2x$에서

$f'(x)=4x^3-6x^2-2x+2$

이므로 접선의 방정식은

$y-(t^4-2t^3-t^2+2t)=(4t^3-6t^2-2t+2)(x-t)$

$\therefore y=(4t^3-6t^2-2t+2)x-3t^4+4t^3+t^2$

이 직선이 점 A$(2, 0)$을 지나므로

$0=2(4t^3-6t^2-2t+2)-3t^4+4t^3+t^2$

$3t^4-12t^3+11t^2+4t-4=0$, $(t-2)^2(3t^2-1)=0$

$\therefore t=-\dfrac{1}{\sqrt{3}}$ 또는 $t=\dfrac{1}{\sqrt{3}}$ ($\because t\neq2$)

따라서 두 접선의 기울기는 각각

$f'\left(-\dfrac{1}{\sqrt{3}}\right)=\dfrac{2\sqrt{3}}{9}$, $f'\left(\dfrac{1}{\sqrt{3}}\right)=-\dfrac{2\sqrt{3}}{9}$

이므로 점 A$(2, 0)$를 지나는 직선이 함수 $y=f(x)$의 그래프와 점 A가 아닌 서로 다른 세 점에서 만나기 위한 기울기 m의 값의 범위는

$-\dfrac{2\sqrt{3}}{9}<m<\dfrac{2\sqrt{3}}{9}$ 답 ④

04 전략 두 접선에 동시에 접하는 원의 넓이가 일정하다는 것은 두 접선이 서로 평행하다는 것, 즉 두 접선의 기울기가 같다는 것임을 이용한다.

풀이 $f(x)=x^3$이라 하면 $f'(x)=3x^2$

점 A의 좌표를 (t, t^3)으로 놓으면 접선 l의 방정식은

$y=3t^2(x-t)+t^3$, $y=3t^2x-2t^3$

$\therefore 3t^2x-y-2t^3=0$

두 접선 l, m에 동시에 접하는 원의 넓이가 $\dfrac{2}{5}\pi$로 일정하므로 두 접선은 서로 평행하다.

즉, 두 접선 l, m의 기울기는 같다.

또한, 곡선 $y=x^3$은 원점에 대하여 대칭이므로 원의 반지름의 길이는 원점에서 접선 l까지의 거리와 같다.

원의 반지름의 길이를 r이라 하면

$\pi r^2=\dfrac{2}{5}\pi$ $\therefore r=\dfrac{\sqrt{10}}{5}$ ($\because r>0$)

즉, $\dfrac{|-2t^3|}{\sqrt{9t^4+1}}=\dfrac{\sqrt{10}}{5}$이므로 양변을 제곱하여 정리하면

$10t^6-9t^4-1=0$

이때 $t^2=s$ ($s\geq0$)로 놓으면

$10s^3-9s^2-1=0$, $(s-1)(10s^2+s+1)=0$

$\therefore t^2=s=1$ ($\because 10s^2+s+1>0$)

즉, 두 접선 l, m의 기울기는 $f'(t)=3t^2=3\times1=3$으로 같다.

따라서 두 접선 l, m의 기울기의 합은

$3+3=6$ 답 ③

05 〔전략〕 직선 AB와 기울기가 같은 접선의 방정식을 이용한다.

〔풀이〕 $f(x)=x^3-x^2$에서 $f'(x)=3x^2-2x$

(직선 AB의 기울기)$=\dfrac{1-0}{0-(-1)}=1$

곡선 $y=f(x)$에 접하고 기울기가 1인 직선의 접점의 x좌표는

$f'(x)=1$에서 $3x^2-2x=1$

$3x^2-2x-1=0$, $(3x+1)(x-1)=0$

$\therefore x=-\dfrac{1}{3}$ 또는 $x=1$

따라서 함수 $y=f(x)$의 그래프 위의 기울기가 1인 접선의 접점의 좌표는 $\left(-\dfrac{1}{3},\ -\dfrac{4}{27}\right)$, $(1,\ 0)$이므로 접선의 방정식은 각각

$y=x+\dfrac{5}{27}$, $y=x-1$이다.

즉, 정의역 $\left\{x\,\middle|\,-1<x<\dfrac{3}{2}\right\}$에서 함수

$f(x)=x^3-x^2$의 그래프와 두 직선

$y=x+\dfrac{5}{27}$, $y=x-1$은 오른쪽 그림과

같다.

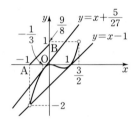

따라서 삼각형 ABP의 넓이가 최소일

때는 점 P의 x좌표가 $-\dfrac{1}{3}$이고, 삼각형 ABP의 넓이가 최대일 때

는 점 P의 x좌표가 1이므로

$\alpha=-\dfrac{1}{3}$, $\beta=1$

$\therefore \alpha\beta=-\dfrac{1}{3}\times 1=-\dfrac{1}{3}$ 〔답〕②

06 〔전략〕 함수 $f(x)$가 증가할 조건은 $f'(x)\geq 0$임을 이용한다.

〔풀이〕 함수 $f(x)$가 실수 전체의 집합에서 증가하려면 $f'(x)\geq 0$이어야 한다.

$f'(x)=x^2+2ax+(1-b^2)\geq 0$

$(x+a)^2-a^2-b^2+1\geq 0$

$\therefore -a^2-b^2+1\geq 0$

$\therefore a^2+b^2\leq 1$

즉, 점 $(a,\ b)$는 중심이 원점이고 반지름이 1인 원과 그 내부에 존재한다.

이때 $(a-2)^2+(b-1)^2$은 두 점 $(a,\ b)$, $(2,\ 1)$ 사이의 거리의 제곱이고 원 $a^2+b^2=1$의 중심 $(0,\ 0)$과 점 $(2,\ 1)$ 사이의 거리는 $\sqrt{2^2+1^2}=\sqrt{5}$ 이므로 최댓값 $M=(\sqrt{5}+1)^2=6+2\sqrt{5}$, 최솟값 $m=(\sqrt{5}-1)^2=6-2\sqrt{5}$이다.

$\therefore M-m=(6+2\sqrt{5})-(6-2\sqrt{5})=4\sqrt{5}$ 〔답〕③

07 〔전략〕 실수 전체의 집합에서 삼차함수 $f(x)$가 항상 $f'(x)\geq 0$이어야 함을 이용한다.

〔풀이〕 모든 실수 k에 대하여 곡선 $y=x^3-ax^2+bx-1$과 직선 $y=k$가 오직 한 점에서 만나려면 함수 $y=x^3-ax^2+bx-1$이 실수 전체의 집합에서 항상 증가하거나 항상 감소해야 한다.

이때 x^3의 계수가 양수이므로 함수 $y=x^3-ax^2+bx-1$이 실수 전체의 집합에서 증가해야 한다.

즉, 실수 전체의 집합에서 $y'=3x^2-2ax+b\geq 0$이어야 하므로 이차방정식 $3x^2-2ax+b=0$의 판별식을 D라 하면

$\dfrac{D}{4}=(-a)^2-3b\leq 0$

$\therefore a^2\leq 3b$

이를 만족시키는 10 이하의 자연수 a, b는 다음과 같다.

a	1	2	3	4	5	6~10
b	1~10	2~10	3~10	6~10	9, 10	(없음)

따라서 순서쌍 $(a,\ b)$의 개수는

$10+9+8+5+2=34$ 〔답〕34

> **1등급 노트** 삼차함수가 증가 또는 감소할 조건
>
> 실수 전체의 집합에서 삼차함수 $f(x)$가 항상 증가하거나 항상 감소한다. ⇨ 이차방정식 $f'(x)=0$이 중근 또는 허근을 갖는다.

08 〔전략〕 함수의 극대, 극소의 정의를 이용한다.

〔풀이〕 $f(x)=x^4-8a^2x^2$에서

$f'(x)=4x^3-16a^2x$

$=4x(x+2a)(x-2a)$

$f'(x)=0$에서 $x=-2a$ 또는 $x=0$ 또는 $x=2a$

x	⋯	$-2a$	⋯	0	⋯	$2a$	⋯
$f'(x)$	−	0	+	0	−	0	+
$f(x)$	↘	극소	↗	극대	↘	극소	↗

이때 조건 ㈎를 만족시키는 점은 극대인 점이고, 조건 ㈏를 만족시키는 점은 극소인 점이므로 세 점 P, Q, R를 P$(-2a,\ f(-2a))$, Q$(0,\ 0)$, R$(2a,\ f(2a))$로 놓을 수 있다.

또, 삼각형 PQR가 직각삼각형이므로 두 직선 PQ, QR가 서로 수직이어야 한다.

즉, $\dfrac{f(-2a)}{-2a}\times\dfrac{f(2a)}{2a}=-1$이므로 $\dfrac{-16a^4}{-2a}\times\dfrac{-16a^4}{2a}=-1$

$64a^6=1$, $a^6=\dfrac{1}{2^6}$

$\therefore a=\dfrac{1}{2}\ (\because a>0)$

따라서 P$(-1,\ -1)$, Q$(0,\ 0)$, R$(1,\ -1)$이므로 삼각형 PQR의 넓이는

$\dfrac{1}{2}\times 2\times 1=1$ 〔답〕1

09 〔전략〕 함수 $g(x)$의 증감표를 이용하여 극값을 모두 구한다.

〔풀이〕 $f(x)=x^3-\dfrac{9}{2}x^2+6x$에서

$f'(x)=3x^2-9x+6=3(x-1)(x-2)$

$f'(x)=0$에서 $x=1$ 또는 $x=2$

x	⋯	1	⋯	2	⋯
$f'(x)$	+	0	−	0	+
$f(x)$	↗	$\dfrac{5}{2}$	↘	2	↗

따라서 함수 $y=f(x)$의 그래프는 오른쪽 그림과 같다.

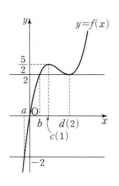

$g(x)=\{f(x)\}^3-12f(x)$에서
$g'(x)=3\{f(x)\}^2f'(x)-12f'(x)(*)$
$\qquad=3f'(x)\{f(x)+2\}\{f(x)-2\}$
이므로 $g'(x)=0$에서
$f'(x)=0$ 또는 $f(x)=-2$ 또는 $f(x)=2$
이를 만족시키는 x의 값을 작은 수부터 차례대로 $a, b, c(=1), d(=2)$라 하면

x	$\cdots$	a	$\cdots$	b	$\cdots$	c	$\cdots$	d	$\cdots$
$g'(x)$	$+$	0	$-$	0	$+$	0	$-$	0	$+$
$g(x)$	↗	극대	↘	극소	↗	극대	↘	극소	↗

따라서 함수 $g(x)$는 $x=a$에서 극대이고, 극댓값은
$g(a)=\{f(a)\}^3-12f(a)=(-2)^3-12\times(-2)=16$
$x=b$에서 극소이고, 극솟값은
$g(b)=\{f(b)\}^3-12f(b)=2^3-12\times2=-16$
$x=c$에서 극대이고, 극댓값은
$g(c)=\{f(c)\}^3-12f(c)=\left(\dfrac{5}{2}\right)^3-12\times\dfrac{5}{2}=-\dfrac{115}{8}$
$x=d$에서 극소이고, 극솟값은
$g(d)=\{f(d)\}^3-12f(d)=2^3-12\times2=-16$
이므로 모든 극값의 합은
$16+(-16)+\left(-\dfrac{115}{8}\right)+(-16)=-\dfrac{243}{8}$　　답 ①

참고 $(*)$에서 $y=\{f(x)\}^3$일 때
$y'=\{f(x)f(x)f(x)\}'$
$\quad=f'(x)f(x)f(x)+f(x)f'(x)f(x)+f(x)f(x)f'(x)$
$\quad=3\{f(x)\}^2f'(x)$

10 **전략** 곱의 미분법을 이용하여 극대, 극소를 판정한다.

풀이 두 함수 $y=f(x)$, $y=g(x)$의 그래프가 $x=a$에서 모두 x축과 접하므로
$f(a)=g(a)=0$, $f'(a)=g'(a)=0$
또, $h(x)=f(x)g(x)$에서
$h'(x)=f'(x)g(x)+f(x)g'(x)$
ㄱ. $h(a)=f(a)g(a)=0$,
　　$h'(a)=f'(a)g(a)+f(a)g'(a)=0$
　　따라서 함수 $y=h(x)$의 그래프는 $x=a$에서 x축과 접한다. (참)
ㄴ. 두 함수 $y=f(x)$, $y=g(x)$가 모두 $x=a$에서 극대이면 증감표는 다음과 같다.

x	$f'(x)$	$f(x)$	$g'(x)$	$g(x)$	$h'(x)$
$\vdots$	$+$	$-$	$+$	$-$	$-$
a	0	0	0	0	0
$\vdots$	$-$	$-$	$-$	$-$	$+$

따라서 $h'(a)=0$이고, $x=a$의 좌우에서 $h'(x)$의 부호가 음에서 양으로 바뀌므로 함수 $y=h(x)$는 $x=a$에서 극소이다. (거짓)

ㄷ. 함수 $y=f(x)$가 $x=a$에서 극소이고, 함수 $y=g(x)$가 $x=a$에서 극대이면 증감표는 다음과 같다.

x	$f'(x)$	$f(x)$	$g'(x)$	$g(x)$	$h'(x)$
$\vdots$	$-$	$+$	$+$	$-$	$+$
a	0	0	0	0	0
$\vdots$	$+$	$+$	$-$	$-$	$-$

따라서 $h'(a)=0$이고, $x=a$의 좌우에서 $h'(x)$의 부호가 양에서 음으로 바뀌므로 함수 $y=h(x)$는 $x=a$에서 극대이다. (참)
따라서 옳은 것은 ㄱ, ㄷ이다.　　답 ⑤

11 **전략** 주어진 조건을 만족시키는 삼차함수 $h(x)$의 식을 구한다.

풀이 $f(x)=ax^3+bx^2+cx+d$ $(a\neq0$, a, b, c, d는 상수$)$로 놓으면 조건 ㈎에 의하여
$g(x)=f(-x)=-ax^3+bx^2-cx+d$
$\therefore h(x)=2f(x)-g(x)$
$\qquad=2(ax^3+bx^2+cx+d)-(-ax^3+bx^2-cx+d)$
$\qquad=3ax^3+bx^2+3cx+d$
조건 ㈏에 의하여
$h(-2)=2f(-2)-g(-2)=0$, $h(2)=2f(2)-g(2)=0$
이때 $h'(x)=2f'(x)-g'(x)$이므로
$h'(-2)=2f'(-2)-g'(-2)=0$
따라서 $h(x)=3a(x+2)^2(x-2)$로 놓을 수 있으므로
$h'(x)=6a(x+2)(x-2)+3a(x+2)^2$
$\qquad=3a(x+2)(3x-2)$
$h'(x)=0$에서 $x=-2$ 또는 $x=\dfrac{2}{3}$

x	$\cdots$	-2	$\cdots$	$\dfrac{2}{3}$	$\cdots$
$h'(x)$		0		0	
$h(x)$		0		$-\dfrac{256}{9}a$	

이때 $h(x)$의 극댓값이 256이므로 $-\dfrac{256}{9}a=256$
$\therefore a=-9$
즉, 함수 $h(x)=-27(x+2)^2(x-2)$는 $x=-2$에서 극솟값 0을 갖고, $x=\dfrac{2}{3}$에서 극댓값 256을 갖는다.
$\therefore p=-2$, $q=\dfrac{2}{3}$
또, $h(x)=-27(x+2)^2(x-2)$
$\qquad=-27x^3-54x^2+108x+216$
이므로 $b=-54$, $c=36$, $d=216$
따라서
$f(x)=-9x^3-54x^2+36x+216$, $g(x)=9x^3-54x^2-36x+216$
이므로
$3g(q)+f(2p)=3g\left(\dfrac{2}{3}\right)+f(-4)$
$\qquad=3\times\dfrac{512}{3}-216=296$　　답 296

12 전략 조건을 만족시키는 사차함수 $f(x)$의 식을 구한다.

풀이 조건 (가), (나)에 의하여 $f(x)=(x-a)^2(x-b)^2$이므로

$f'(x)=2(x-a)(x-b)^2+2(x-a)^2(x-b)$
$\qquad =2(x-a)(x-b)(2x-a-b)$

$f'(x)=0$에서 $x=a$ 또는 $x=\dfrac{a+b}{2}$ 또는 $x=b$

x	$\cdots$	a	$\cdots$	$\dfrac{a+b}{2}$	$\cdots$	b	$\cdots$
$f'(x)$	$-$	0	$+$	0	$-$	0	$+$
$f(x)$	$\searrow$	극소	$\nearrow$	극대	$\searrow$	극소	$\nearrow$

따라서 사차함수 $f(x)$는 $x=\dfrac{a+b}{2}$에서 극대이므로

$k=\dfrac{a+b}{2}$ 　　　　　　　　　　　　　　답 ③

13 전략 그래프의 대칭성과 극한값의 성질을 이용하여 사차함수 $f(x)$의 식을 구한다.

풀이 조건 (가)에 의하여 모든 실수 x에 대하여 $f'(-x)=-f'(x)$이므로 함수 $y=f'(x)$의 그래프는 원점에 대하여 대칭이다.

따라서 사차함수 $f(x)$의 그래프는 y축에 대하여 대칭이므로

$f(x)=ax^4+bx^2+c$ (a, b, c는 상수, $a>0$)

로 놓을 수 있다.

$\therefore f'(x)=4ax^3+2bx$

조건 (나)에 의하여 $\displaystyle\lim_{h\to 0}\dfrac{f(-1+h)}{h}=0$에서 $h\to 0$일 때 극한값이 존재하고 (분모)$\to 0$이므로 (분자)$\to 0$이어야 한다.

$\therefore \displaystyle\lim_{h\to 0}f(-1+h)=f(-1)=0$

$\therefore a+b+c=0$ 　　　$\cdots\cdots$ ㉠

즉, $\displaystyle\lim_{h\to 0}\dfrac{f(-1+h)}{h}=\lim_{h\to 0}\dfrac{f(-1+h)-f(-1)}{h}=f'(-1)$

이므로 $f'(-1)=0$

$\therefore -4a-2b=0$ 　　　$\cdots\cdots$ ㉡

㉠, ㉡에 의하여 $b=-2a$, $c=a$

$\therefore f(x)=ax^4-2ax^2+a$, $f'(x)=4ax^3-4ax=4ax(x+1)(x-1)$

$f'(x)=0$에서 $x=-1$ 또는 $x=0$ 또는 $x=1$

x	$\cdots$	-1	$\cdots$	0	$\cdots$	1	$\cdots$
$f'(x)$	$-$	0	$+$	0	$-$	0	$+$
$f(x)$	$\searrow$	0	$\nearrow$	a	$\searrow$	0	$\nearrow$

즉, 함수 $f(x)$는 $x=-1$에서 극솟값 0을, $x=0$에서 극댓값 a를, $x=1$에서 극솟값 0을 갖는다.

조건 (다)에 의하여
$a=2$

따라서 $f(x)=2x^4-4x^2+2$, $f'(x)=8x^3-8x$이므로
$f(2)+f'(2)=18+48=66$ 　　　　　　　답 ②

14 전략 미분계수의 정의와 도함수의 그래프의 성질을 이용한다.

풀이 조건 (가)에 $x=1$을 대입하면
$f(1)+f(1)=2$, $2f(1)=2$ $\quad\therefore f(1)=1$ 　$\cdots\cdots$ ㉠

$x=0$을 대입하면 $f(0)+f(2)=2$

$x=2+h$를 대입하면 $f(2+h)+f(-h)=2$

즉, $f(2)=2-f(0)$, $f(2+h)=2-f(-h)$

$\therefore f'(2)=\displaystyle\lim_{h\to 0}\dfrac{f(2+h)-f(2)}{h}$
$\qquad\quad =\displaystyle\lim_{h\to 0}\dfrac{\{2-f(-h)\}-\{2-f(0)\}}{h}$
$\qquad\quad =\displaystyle\lim_{h\to 0}\dfrac{f(-h)-f(0)}{-h}=f'(0)$

즉, $f'(2)=f'(0)$이므로 이차항의 계수가 3인 이차함수 $y=f'(x)$의 그래프의 축은 직선 $x=1$이다.

따라서 $f'(x)=3(x-1)^2+k$ (k는 상수)로 놓을 수 있다.

조건 (나)에 의하여 $f'(-1)=0$이므로

$12+k=0$ $\quad\therefore k=-12$

$\therefore f'(x)=3(x-1)^2-12=3x^2-6x-9$

이때 $f(x)=x^3+ax^2+bx+c$ (a, b, c는 상수)로 놓으면

㉠에 의하여

$1+a+b+c=1$ $\quad\therefore a+b+c=0$

$f'(x)=3x^2+2ax+b$에서 $2a=-6$, $b=-9$

$\therefore a=-3$, $b=-9$, $c=12$

$\therefore f(x)=x^3-3x^2-9x+12$

$f'(x)=0$에서 $3(x+1)(x-3)=0$ $\quad\therefore x=-1$ 또는 $x=3$

x	$\cdots$	-1	$\cdots$	3	$\cdots$
$f'(x)$	$+$	0	$-$	0	$+$
$f(x)$	$\nearrow$	17	$\searrow$	-15	$\nearrow$

따라서 함수 $f(x)$는 $x=-1$에서 극댓값 17을 갖고, $x=3$에서 극솟값 -15를 가지므로 극댓값과 극솟값의 차는

$17-(-15)=32$ 　　　　　　　　　　답 32

참고 조건 (가)에 의하여 함수 $f(x)$는 점 $(1, 1)$에 대하여 대칭이므로

$f(x)=x^3-3x^2+ax+b$ (a, b는 상수)

로 놓고 생각할 수도 있다.

15 전략 사차함수 $y=f(x)$의 그래프의 개형을 추측하고, 함수의 식을 구한다.

풀이 조건 (가)에서 $f'(1)\times f'(2)<0$이고 $f'(x)$는 연속함수이므로 사잇값의 정리에 의하여 $f'(c)=0$인 c가 1과 2 사이에 존재하여 함수 $f(x)$는 $x=c$에서 극값을 갖는다.

조건 (나)에 의하여 $f(x)$는 $x=3$에서 극값을 갖는다.

또, $f'(x)=4x^3+3ax^2+2bx$에서 $f'(0)=0$이므로 함수 $f(x)$는 $x=0$에서 극값을 갖는다.

이때 함수 $f(x)$의 최고차항의 계수는 1이고, $y=f(x)$의 그래프의 y절편은 -3이므로 이를 모두 만족시키는 함수 $y=f(x)$의 그래프의 개형은 오른쪽 그림과 같다.

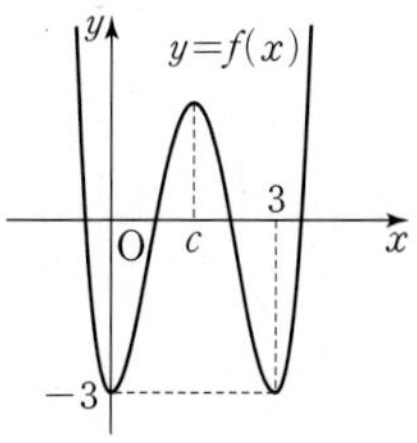

즉, 함수 $f(x)$는 $x=c$에서 극대이고, $x=3$에서 극솟값 -3을 가지므로

$f'(3)=0$, $f(3)=-3$

$f(3)=81+27a+9b-3=-3$ $\therefore 3a+b=-9$ …… ㉠

$f'(3)=108+27a+6b=0$ $\therefore 9a+2b=-36$ …… ㉡

㉠, ㉡을 연립하여 풀면 $a=-6$, $b=9$

따라서 $f(x)=x^4-6x^3+9x^2-3$이므로

$f(4)=256-384+144-3=13$ **답** 13

16 **전략** 절댓값을 포함한 함수가 미분가능한 조건을 이용하여 함수 $y=|g(x)|$의 그래프의 개형을 추측하고, 함수의 식을 구한다.

풀이 $g(x)=f(x)-f(-1)$에서 $g(-1)=0$, $g'(x)=f'(x)$

조건 ㈎에 의하여 $g'\left(\dfrac{1}{2}\right)=f'\left(\dfrac{1}{2}\right)=0$

조건 ㈏에 의하여 함수 $|g(x)|$는 $x=-1$에서 미분가능하므로

$g'(-1)=f'(-1)=0$

따라서 조건을 모두 만족시키는 함수
$y=g(x)$와 $y=|g(x)|$의 그래프는 오른쪽 그림과 같다.

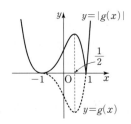

이때 함수 $f(x)$가 최고차항의 계수가 1인 사차함수이므로 $g(x)$도 최고차항의 계수가 1인 사차함수이다.

$\therefore g(x)=(x+1)^3(x-1)$

$g'(x)=3(x+1)^2(x-1)+(x+1)^3=2(x+1)^2(2x-1)$

$\therefore g'(3)+f'(-1)=2\times 4^2\times 5+0=160$ **답** 160

17 **전략** 함수 $y=|f(x)-k|$가 $x=a$에서 미분가능하기 위한 조건을 이용한다.

풀이 $y=x^3-3x$로 놓으면

$y'=3x^2-3=3(x+1)(x-1)$

$y'=0$에서 $x=-1$ 또는 $x=1$

x	$\cdots$	-1	$\cdots$	1	$\cdots$
y'	$+$	0	$-$	0	$+$
y	↗	2	↘	-2	↗

따라서 함수 $y=f(x)=|x^3-3x|$의 그래프는 오른쪽 그림과 같다.

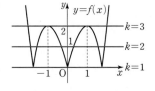

이때 함수 $g(x)=|f(x)-k+1|$의 그래프는 k의 값에 따라 다음과 같다.

(i) $k=1$일 때, $g(x)=|f(x)|=f(x)$이므로 $a_1=3$

(ii) $k=2$일 때
$g(x)=|f(x)-1|$이므로 그래프는 오른쪽 그림과 같다.

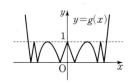

$\therefore a_2=9$

(iii) $k\geq 3$일 때
$g(x)=|f(x)-k+1|$의 그래프는 오른쪽 그림과 같다.

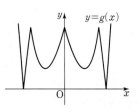

$\therefore a_k=5$

(i), (ii), (iii)에 의하여

$$\sum_{k=1}^{6}a_k=a_1+a_2+a_3+a_4+a_5+a_6$$
$$=3+9+5\times 4=32$$ **답** ④

18 **전략** 절댓값을 포함한 함수가 미분가능한 조건을 이용하여 함수 $g(k)$의 식을 구한다.

풀이 조건 ㈎에 의하여 $f(x)$는 x^2을 인수로 가지므로

$f(x)=x^2(x^2+ax+b)=x^4+ax^3+bx^2$ (a, b는 상수)

로 놓을 수 있다.

$\therefore f'(x)=4x^3+3ax^2+2bx$ …… ㉠

또, 조건 ㈏에 의하여 $f'(x)$는 $(x-2)^2$을 인수로 가지므로

$f'(x)=4x(x-2)^2=4x^3-16x^2+16x$ …… ㉡

㉠, ㉡에 의하여 $3a=-16$, $2b=16$이므로

$a=-\dfrac{16}{3}$, $b=8$

$\therefore f(x)=x^4-\dfrac{16}{3}x^3+8x^2$

$f'(x)=0$에서 $x=0$ 또는 $x=2$

x	$\cdots$	0	$\cdots$	2	$\cdots$
$f'(x)$	$-$	0	$+$	0	$+$
$f(x)$	↘	0	↗	$\dfrac{16}{3}$	↗

따라서 함수 $y=f(x)$의 그래프는 오른쪽 그림과 같으므로 함수 $y=|f(x)+k|$의 그래프는 k의 값에 따라 다음과 같다.

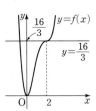

(i) $k\geq 0$일 때

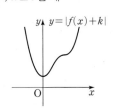

(ii) $-\dfrac{16}{3}<k<0$일 때

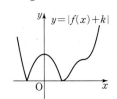

(iii) $k=-\dfrac{16}{3}$일 때

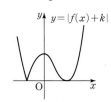

(iv) $k<-\dfrac{16}{3}$일 때

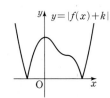

(i)~(iv)에 의하여 함수 $|f(x)+k|$가 미분가능하지 않은 점의 개수 $g(k)$와 그 그래프는 다음과 같다.

$$g(k)=\begin{cases} 0 & (k\geq 0) \\ 2 & \left(-\dfrac{16}{3}<k<0\right) \\ 1 & \left(k=-\dfrac{16}{3}\right) \\ 2 & \left(k<-\dfrac{16}{3}\right) \end{cases}$$

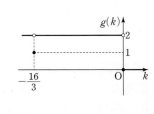

따라서 함수 $g(k)$의 불연속인 점은 $k=-\dfrac{16}{3}$, $k=0$일 때의 2개이다.

답 ③

19 전략 조건 (다)를 이용하여 x_n, x_{n+1} 사이의 관계식을 구한다.

풀이 $y=x^3$에서 $y'=3x^2$이므로 점 $\mathrm{P}_{n+1}(x_{n+1},\ x_{n+1}{}^3)$에서의 접선의 방정식은

$y-x_{n+1}{}^3=3x_{n+1}{}^2(x-x_{n+1})$

$\therefore y=3x_{n+1}{}^2 x-2x_{n+1}{}^3$ ...... ㉠

조건 (다)에 의하여 직선 ㉠이 점 $\mathrm{P}_n(x_n,\ x_n{}^3)$을 지나므로

$x_n{}^3=3x_{n+1}{}^2 x_n-2x_{n+1}{}^3$

$1=3\left(\dfrac{x_{n+1}}{x_n}\right)^2-2\left(\dfrac{x_{n+1}}{x_n}\right)^3$ ($\because$ 조건 (가))

$\dfrac{x_{n+1}}{x_n}=t$로 놓으면

$2t^3-3t^2+1=0$, $(t-1)^2(2t+1)=0$

$\therefore t=\dfrac{x_{n+1}}{x_n}=-\dfrac{1}{2}$ ($\because$ 조건 (나))

즉, $x_{n+1}=-\dfrac{1}{2}x_n$이므로 수열 $\{x_n\}$은 공비가 $-\dfrac{1}{2}$인 등비수열이다.

$\therefore x_n=x_1\left(-\dfrac{1}{2}\right)^{n-1}$

따라서 $\displaystyle\sum_{k=1}^{6}x_k=\dfrac{x_1\left\{1-\left(-\dfrac{1}{2}\right)^6\right\}}{1-\left(-\dfrac{1}{2}\right)}=\dfrac{21}{32}x_1$이므로

$\dfrac{21}{32}x_1=\dfrac{21}{16}$ $\therefore x_1=2$

$\therefore x_9=2\times\left(-\dfrac{1}{2}\right)^8=\dfrac{1}{2^7}=\dfrac{1}{128}$

답 ④

개념 연계 | 수학 I | **등비수열**

첫째항이 a, 공비가 r $(r\neq0)$인 등비수열 $\{a_n\}$에 대하여

(1) 등비수열의 일반항 a_n은 $a_n=ar^{n-1}$

(2) 등비수열의 첫째항부터 제n항까지의 합을 S_n이라 하면

① $r\neq1$일 때, $S_n=\dfrac{a(1-r^n)}{1-r}=\dfrac{a(r^n-1)}{r-1}$

② $r=1$일 때, $S_n=na$

---

20 전략 평균값 정리와 사잇값의 정리를 이용한다.

풀이 ㄱ. $g(x)=\{f(x)\}^2$에서 $g'(x)=2f(x)f'(x)$

따라서 조건 (가)에 의하여

$g'(0)=2f(0)f'(0)=2f'(0)$ (참)

ㄴ. 조건 (다)에서 $\dfrac{f(x_2)-f(x_1)}{x_2-x_1}\geq1$이므로 평균값 정리에 의하여

$\dfrac{f(x_2)-f(x_1)}{x_2-x_1}=f'(c)$를 만족시키는 c가 열린구간 $(x_1,\ x_2)$에 적어도 하나 존재한다.

이때 $1<x_1<x_2$인 모든 실수 x_1, x_2에 대하여 성립하므로 $x\geq1$에서 $f'(x)\geq1$이다.

따라서 조건 (나), (다)에 의하여 $x<0$일 때 $f'(x)<0$이고, $x\geq1$일 때 $f'(x)\geq1$이므로 사잇값의 정리에 의하여 $0\leq x<1$에서 $f'(c)=0$을 만족시키는 $x=c$가 존재한다.

$\therefore g'(c)=2f(c)f'(c)=0$ (참)

ㄷ. ㄴ에서 $0\leq x<1$에서 $f'(c)=0$을 만족시키는 $x=c$가 존재하므로 $f(x)$는 $x=c$일 때 극소이다.

$f'(c)=0$, $f(x)\geq f(c)$

이때 $f(x)\geq1$이고, $f(0)=1$이므로 $c=0$

x	$\cdots$	$c=0$	$\cdots$
$f'(x)$	$-$	0	$+$
$f(x)$	$\searrow$ $(+)$	1	$\nearrow$ $(+)$
$g'(x)$	$-$	0	$+$

따라서 $g'(0)=2f'(0)=0$이고 $x=0$의 좌우에서 $g'(x)$의 부호가 음에서 양으로 바뀌므로 $g(x)$는 $x=0$에서 극솟값을 갖는다.

(참)

따라서 ㄱ, ㄴ, ㄷ 모두 옳다.

답 ⑤

21 전략 곡선과 직선이 서로 다른 세 점에서 만날 조건을 찾고, 극댓값과 극솟값을 구한다.

풀이 오른쪽 그림과 같이 곡선 $y=x(x-1)(x-2)$와 직선 $y=tx$가 서로 다른 세 점 O, P, Q에서 만나기 위한 t의 값은 점 O에서 그은 접선 (i)의

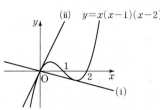

기울기보다 커야 하고, 접점이 O인 접선 (ii)의 기울기보다 작아야 한다.

(i) 점 O에서 그은 접선 $y=tx$의 기울기

$x(x-1)(x-2)=tx$에서 $x(x^2-3x+2-t)=0$

이 방정식은 $x=0$ 이외의 중근을 가져야 하므로 이차방정식 $x^2-3x+2-t=0$의 판별식을 D라 하면

$D=(-3)^2-4(2-t)=0$, $4t+1=0$

$\therefore t=-\dfrac{1}{4}$

(ii) 접점이 O인 접선 $y=tx$의 기울기

$y'=(x-1)(x-2)+x(x-2)+x(x-1)$이므로

$x=0$일 때 $y'=2$

$\therefore t=2$

(i), (ii)에 의하여 곡선 $y=x(x-1)(x-2)$와 직선 $y=tx$가 서로 다른 세 점 O, P, Q에서 만나기 위해서는 $-\dfrac{1}{4}<t<2$이어야 한다.

즉, $-\dfrac{1}{4}<t<2$일 때, 방정식 $x(x-1)(x-2)=tx$는 서로 다른 세 실근을 갖는다.

$x(x^2-3x+2-t)=0$에서 이차방정식 $x^2-3x+2-t=0$의 두 근을 $x=\alpha$, $x=\beta$ $(\alpha>0,\ \beta>0)$라 하면 이차방정식의 근과 계수의 관계에 의하여

$\alpha\beta=2-t$

$P(\alpha, t\alpha)$, $Q(\beta, t\beta)$라 하면

$g(t) = \overline{OP} \times \overline{OQ} = \sqrt{\alpha^2(1+t^2)}\sqrt{\beta^2(1+t^2)}$

$\quad = \alpha\beta(1+t^2) = (2-t)(1+t^2)$

$\quad = -t^3 + 2t^2 - t + 2$

$\therefore g'(t) = -3t^2 + 4t - 1 = -(3t-1)(t-1)$

$g'(t) = 0$에서 $t = \dfrac{1}{3}$ 또는 $t = 1$

t	$-\dfrac{1}{4}$	$\cdots$	$\dfrac{1}{3}$	$\cdots$	1	$\cdots$	2
$g'(t)$		$-$	0	$+$	0	$-$	
$g(t)$		$\searrow$	$\dfrac{50}{27}$	$\nearrow$	2	$\searrow$	

따라서 함수 $g(t)$는 $t = \dfrac{1}{3}$에서 극솟값 $\dfrac{50}{27}$을 갖고, $t=1$에서 극댓값 2를 가지므로 극댓값과 극솟값의 차는

$2 - \dfrac{50}{27} = \dfrac{4}{27}$ 　　　　답 ②

22 전략 절댓값을 포함한 함수의 극대, 극소의 조건으로 $y = ||f(x)| - 3|$ 그래프의 개형을 추론한다.

풀이 조건 (가)에 의하여 최고차항의 계수가 양수인 삼차함수 $f(x)$는 $x = -1$에서 극대이고, $x = 2$에서 극소이다.

또, 조건 (나)에 의하여 함수 $y = ||f(x)| - 3|$의 그래프의 개형은 다음 그림과 같다.

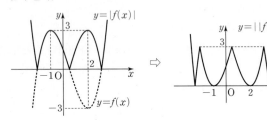

즉, 함수 $f(x)$는 $x=-1$에서 극댓값 3을 갖고, $x=2$에서 극솟값 -3을 가지므로

$f(-1) = 3$, $f'(-1) = 0$, $f(2) = -3$, $f'(2) = 0$

$f(x) = ax^3 + bx^2 + cx + d$ $(a>0$, a, b, c, d는 상수$)$로 놓으면

$f'(x) = 3ax^2 + 2bx + c$ 　　　$\cdots\cdots$ ㉠

이때 $f'(-1) = 0$, $f'(2) = 0$이므로

$f'(x) = 3a(x+1)(x-2) = 3ax^2 - 3ax - 6a$ 　　$\cdots\cdots$ ㉡

㉠, ㉡에 의하여 $2b = -3a$, $c = -6a$ 　　$\therefore b = -\dfrac{3}{2}a$, $c = -6a$

$\therefore f(x) = ax^3 - \dfrac{3}{2}ax^2 - 6ax + d$

또, $f(-1) = 3$, $f(2) = -3$이므로

$\dfrac{7}{2}a + d = 3$, $-10a + d = -3$ 　　$\therefore a = \dfrac{4}{9}$, $d = \dfrac{13}{9}$

따라서 $f(x) = \dfrac{4}{9}x^3 - \dfrac{2}{3}x^2 - \dfrac{8}{3}x + \dfrac{13}{9}$이므로

$f(-2) = -\dfrac{32}{9} - \dfrac{8}{3} + \dfrac{16}{3} + \dfrac{13}{9} = \dfrac{5}{9}$

즉, $p=9$, $q=5$이므로

$p+q = 9+5 = 14$ 　　　　답 14

Step A 1등급을 위한 고난도 빈출 & 핵심 문제 　　　　본문 50~51쪽

01 ④	02 28	03 ②	04 ③	05 9
06 ④	07 1	08 ③	09 15	10 ①
11 ⑤	12 ①	13 ①	14 ③	15 24

01 $t = x^2 + 2x + 3$으로 놓으면

$t = (x+1)^2 + 2$이므로

$-2 \leq x \leq 1$에서 $2 \leq t \leq 6$

$g(t) = t^3 - 6t^2 + 4$로 놓으면

$g'(t) = 3t^2 - 12t = 3t(t-4)$

$g'(t) = 0$에서 $t = 4$ $(\because 2 \leq t \leq 6)$

t	2	$\cdots$	4	$\cdots$	6
$g'(t)$		$-$	0	$+$	
$g(t)$	-12	$\searrow$	-28	$\nearrow$	4

따라서 함수 $g(t)$는 $t=6$일 때 최댓값 4, $t=4$일 때 최솟값 -28을 가지므로 함수 $f(x)$의 최댓값과 최솟값의 차는

$4 - (-28) = 32$ 　　　　답 ④

02 $f(x) = x^3 + ax^2 + bx + c$ $(a, b, c$는 상수$)$라 하면

$f'(x) = 3x^2 + 2ax + b$

조건 (가)에서 함수 $f(x)$가 $x = -3$, $x = 1$에서 극값을 가지므로

$f'(-3) = 0$, $f'(1) = 0$

$27 - 6a + b = 0$, $3 + 2a + b = 0$

위의 두 식을 연립하여 풀면 $a = 3$, $b = -9$

$\therefore f(x) = x^3 + 3x^2 - 9x + c$

x	-4	$\cdots$	-3	$\cdots$	1	$\cdots$	3
$f'(x)$		$+$	0	$-$	0	$+$	
$f(x)$	$c+20$	$\nearrow$	$c+27$	$\searrow$	$c-5$	$\nearrow$	$c+27$

즉, 함수 $f(x)$는 $x=-3$ 또는 $x=3$일 때 최댓값 $c+27$, $x=1$일 때 최솟값 $c-5$를 갖는다.

조건 (나)에서 함수 $f(x)$의 최솟값이 -4이므로

$c - 5 = -4$ 　　$\therefore c = 1$

따라서 함수 $f(x)$의 최댓값은

$c + 27 = 1 + 27 = 28$ 　　　　답 28

03 원의 중심의 좌표를 $C(3, 0)$, 점 P의 좌표를 (t, t^2)이라 하면 원의 반지름의 길이가 1이므로

$\overline{PQ} \geq \overline{PC} - 1$

$\quad = \sqrt{(t-3)^2 + t^4} - 1$

$\quad = \sqrt{t^4 + t^2 - 6t + 9} - 1$

$f(t) = t^4 + t^2 - 6t + 9$로 놓으면

$f'(t) = 4t^3 + 2t - 6 = 2(t-1)(2t^2 + 2t + 3)$

$f'(t)=0$에서 $t=1$ $(\because 2t^2+2t+3>0)$

t	$\cdots$	1	$\cdots$
$f'(t)$	$-$	0	$+$
$f(t)$	$\searrow$	5	$\nearrow$

따라서 $f(t)$의 최솟값은 $f(1)=5$이므로 $\overline{PQ}$의 길이의 최솟값은 $\sqrt{5}-1$

답 ②

1등급 노트 극값이 하나뿐일 때의 함수의 최대와 최소

연속함수 $f(x)$의 극값이 오직 하나 존재할 때, 다음이 성립한다.

(1) 하나뿐인 극값이 극댓값이면 (극댓값)=(최댓값)

(2) 하나뿐인 극값이 극솟값이면 (극솟값)=(최솟값)

04 오른쪽 그림과 같이 잘라 낼 사각형의 긴 변의 길이를 x cm라 하면 상자의 밑면인 정삼각형의 한 변의 길이는 $(24-2x)$ cm이다.

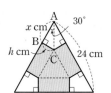

이때 $x>0$, $24-2x>0$이어야 하므로

$0<x<12$

또, 삼각기둥의 높이를 h cm라 하면 직각삼각형 ABC에서

$h=x\tan 30°=\dfrac{\sqrt{3}}{3}x$

따라서 삼각기둥의 부피를 $V(x)$ cm³라 하면

$V(x)=\dfrac{1}{2}\times(24-2x)^2\times\sin 60°\times h$

$=\dfrac{\sqrt{3}}{4}(24-2x)^2\times\dfrac{\sqrt{3}}{3}x$

$=x(12-x)^2$

$=x^3-24x^2+144x$

$V'(x)=3x^2-48x+144=3(x-4)(x-12)$

$V'(x)=0$에서 $x=4$ $(\because 0<x<12)$

x	(0)	$\cdots$	4	$\cdots$	(12)
$V'(x)$		$+$	0	$-$	
$V(x)$		$\nearrow$	256	$\searrow$	

따라서 부피 $V(x)$는 $x=4$일 때 최댓값 256을 가지므로 구하는 상자의 부피의 최댓값은 256 cm³이다.

답 ③

05 함수 $f(x)$가 모든 실수 x에 대하여 $f(-x)=-f(x)$를 만족시키므로 함수 $y=f(x)$의 그래프는 원점에 대하여 대칭이다.

방정식 $f(x)+16=0$이 서로 다른 두 실근을 가지므로 함수 $y=f(x)$의 그래프와 직선 $y=-16$은 오른쪽 그림과 같이 서로 다른 두 점에서 만나야 한다. 즉, 함수 $f(x)$의 극솟값은 -16이어야 한다.

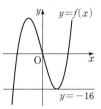

$f(x)=x^3-kx$ $(k>0)$라 하면

$f'(x)=3x^2-k$

$f'(x)=0$에서 $x=-\dfrac{\sqrt{3k}}{3}$ 또는 $x=\dfrac{\sqrt{3k}}{3}$

함수 $f(x)$는 $x=\dfrac{\sqrt{3k}}{3}$에서 극솟값 -16을 가지므로

$f\left(\dfrac{\sqrt{3k}}{3}\right)=\left(\dfrac{\sqrt{3k}}{3}\right)^3-k\times\dfrac{\sqrt{3k}}{3}=-16$

$\dfrac{2k\sqrt{3k}}{9}=16$, $k\sqrt{3k}=72$

$k^3=2^6\times 3^3=12^3$

$\therefore k=12$

따라서 $f(x)=x^3-12x$이므로

$f(-3)=-27+36=9$

답 9

1등급 노트 대칭인 다항함수

다항함수 $f(x)$가 모든 실수 x에 대하여

(1) $f(-x)=f(x)$를 만족시키면 $y=f(x)$의 그래프는 y축에 대하여 대칭이고, $f(x)$는 짝수 차수의 항 또는 상수항으로만 이루어져 있다.

(2) $f(-x)=-f(x)$를 만족시키면 $y=f(x)$의 그래프는 원점에 대하여 대칭이고, $f(x)$는 홀수 차수의 항으로만 이루어져 있다.

06 $x^4+4x^3-3x=2x^2+9x+k$에서

$x^4+4x^3-2x^2-12x=k$

위의 방정식이 한 개의 양의 근과 서로 다른 세 개의 음의 근을 가지려면 곡선 $y=x^4+4x^3-2x^2-12x$와 직선 $y=k$의 교점의 x좌표가 한 개는 양수이고, 다른 세 개는 음수이어야 한다.

$f(x)=x^4+4x^3-2x^2-12x$로 놓으면

$f'(x)=4x^3+12x^2-4x-12$

$\qquad=4(x+3)(x+1)(x-1)$

$f'(x)=0$에서 $x=-3$ 또는 $x=-1$ 또는 $x=1$

x	$\cdots$	-3	$\cdots$	-1	$\cdots$	1	$\cdots$
$f'(x)$	$-$	0	$+$	0	$-$	0	$+$
$f(x)$	$\searrow$	-9	$\nearrow$	7	$\searrow$	-9	$\nearrow$

따라서 함수 $y=f(x)$의 그래프는 오른쪽 그림과 같으므로 곡선 $y=f(x)$와 직선 $y=k$의 교점의 x좌표가 한 개는 양수이고, 다른 세 개는 음수이려면

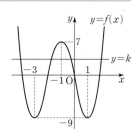

$0<k<7$

이어야 한다.

즉, $a=0$, $b=7$이므로

$a+b=0+7=7$

답 ④

07 $f(x)=x^3-6ax+8a$에서

$f'(x)=3x^2-6a=3(x^2-2a)$

함수 $f(x)$가 극값을 가지려면 방정식 $f'(x)=0$이 서로 다른 두 실근을 가져야 하므로 $a>0$

이때 $f'(x)=0$에서

$x=-\sqrt{2a}$ 또는 $x=\sqrt{2a}$

삼차방정식 $f(x)=0$이 오직 한 개의 실근을 가지려면

$f(-\sqrt{2a})f(\sqrt{2a})>0$이어야 하므로

$(4a\sqrt{2a}+8a)(-4a\sqrt{2a}+8a)>0$

이때 $a>0$이므로 $(\sqrt{2a}+2)(\sqrt{2a}-2)<0$

$-2<\sqrt{2a}<2$, $0<2a<4$ $(\because a>0)$

$\therefore 0<a<2$

따라서 정수 a의 값은 1이다.　　　　　　　　　답 1

참고 삼차함수 $f(x)$가 극값을 가지면서 삼차방정식 $f(x)=0$이 오직 한 개의 실근을 가지려면 한 실근과 두 허근을 가져야 한다.

따라서 함수 $f(x)$의 최고차항의 계수가 양수일 때, 함수 $y=f(x)$의 그래프는 다음 그림과 같이 두 가지 경우가 있다.

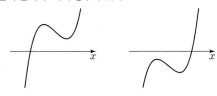

08 $y=x^3-1$에서 $y'=3x^2$

점 $(1, k)$에서 곡선 $y=x^3-1$에 그은 접선의 접점의 좌표를 (t, t^3-1)이라 하면 접선의 방정식은

$y-(t^3-1)=3t^2(x-t)$

$\therefore y=3t^2x-2t^3-1$

이 직선이 점 $(1, k)$를 지나므로

$k=3t^2-2t^3-1$

$\therefore 2t^3-3t^2+k+1=0$　　　…… ㉠

점 $(1, k)$에서 주어진 곡선에 서로 다른 세 개의 접선을 그을 수 있으려면 t에 대한 삼차방정식 ㉠이 서로 다른 세 실근을 가져야 한다.

$f(t)=2t^3-3t^2+k+1$로 놓으면

$f'(t)=6t^2-6t=6t(t-1)$

$f'(t)=0$에서 $t=0$ 또는 $t=1$

삼차방정식 $f(t)=0$이 서로 다른 세 실근을 가지려면

$f(0)f(1)<0$이어야 하므로

$(k+1)k<0$

$\therefore -1<k<0$　　　　　　　　　답 ③

다른풀이 $y=x^3-1$에서 $y'=3x^2$

점 $(1, k)$에서 곡선 $y=x^3-1$에 그은 접선의 접점의 좌표를 (t, t^3-1)이라 하면 접선의 방정식은

$y-(t^3-1)=3t^2(x-t)$　　$\therefore y=3t^2x-2t^3-1$

이 직선이 점 $(1, k)$를 지나므로

$k=3t^2-2t^3-1$

점 $(1, k)$에서 주어진 곡선에 서로 다른 세 개의 접선을 그을 수 있으려면 곡선 $y=-2t^3+3t^2-1$과 직선 $y=k$가 서로 다른 세 점에서 만나야 한다.

$f(t)=-2t^3+3t^2-1$로 놓으면

$f'(t)=-6t^2+6t=-6t(t-1)$

$f'(t)=0$에서 $t=0$ 또는 $t=1$

t	$\cdots$	0	$\cdots$	1	$\cdots$
$f'(t)$	$-$	0	$+$	0	$-$
$f(t)$	↘	-1	↗	0	↘

따라서 함수 $y=f(t)$의 그래프는 오른쪽 그림과 같으므로 곡선 $y=f(t)$와 직선 $y=k$가 서로 다른 세 점에서 만나려면 $-1<k<0$이어야 한다.

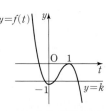

1등급 노트 삼차방정식의 근의 판별

삼차함수 $f(x)$가 극값을 가질 때, 삼차방정식 $f(x)=0$의 근은

(1) (극댓값)×(극솟값)<0 ⟺ 서로 다른 세 실근

(2) (극댓값)×(극솟값)$=0$ ⟺ 한 실근과 중근(서로 다른 두 실근)

(3) (극댓값)×(극솟값)>0 ⟺ 한 실근과 두 허근

09 $f(x)=x^3-6x^2+9x+k$로 놓으면

$f'(x)=3x^2-12x+9=3(x-1)(x-3)$

$f'(x)=0$에서 $x=3$ $(\because 2\le x\le 4)$

x	2	$\cdots$	3	$\cdots$	4
$f'(x)$		$-$	0	$+$	
$f(x)$	$k+2$	↘	k	↗	$k+4$

$2\le x\le 4$에서 함수 $f(x)$의 최댓값은 $k+4$, 최솟값은 k이므로

$-3\le f(x)\le 10$이 항상 성립하려면

$k\ge -3$, $k+4\le 10$

이어야 한다.

$\therefore -3\le k\le 6$

따라서 조건을 만족시키는 모든 정수 k의 값의 합은

$(-3)+(-2)+(-1)+0+1+2+3+4+5+6=15$　　답 15

10 임의의 실수 x_1, x_2에 대하여 $f(x_1)\le g(x_2)$가 성립하려면

$(f(x)$의 최댓값$)\le (g(x)$의 최솟값$)$이어야 한다.

$f(x)=-2x^2+4x-a=-2(x-1)^2+2-a$

이므로 함수 $f(x)$의 최댓값은 $2-a$이다.

$g(x)=x^4+4x^2+12x$에서

$g'(x)=4x^3+8x+12=4(x+1)(x^2-x+3)$

$g'(x)=0$에서 $x=-1$ $(\because x^2-x+3>0)$

x	$\cdots$	-1	$\cdots$
$g'(x)$	$-$	0	$+$
$g(x)$	↘	-7	↗

즉, 함수 $g(x)$의 최솟값은 -7이므로

$2-a\le -7$ $\therefore a\ge 9$

따라서 실수 a의 최솟값은 9이다.　　　　　　答 ①

1등급 노트 부등식의 이해

임의의 실수 x_1, x_2에 대하여 $f(x_1)>g(x_2)$가 성립한다.

⟺ $(f(x)$의 최솟값$)>(g(x)$의 최댓값$)$

참고 오른쪽 그림과 같이 모든 실수 x에 대하여 $f(x)>g(x)$가 항상 성립한다고 임의의 실수 x_1, x_2에 대하여 $f(x_1)>g(x_2)$가 항상 성립하는 것은 아니다. 즉, 두 조건은 서로 다른 의미이다.

11 점 P의 시각 t에서의 속도를 v라 하면

$$v=\frac{dx}{dt}=3t^2+2at+b$$

$t=2$일 때, 점 P는 운동 방향을 바꾸므로 $v=0$

$12+4a+b=0$ $\quad\therefore 4a+b=-12$ $\quad\cdots\cdots$ ㉠

$t=2$일 때, 점 P의 위치는 10이므로 $x=10$

$8+4a+2b-10=10$ $\quad\therefore 2a+b=6$ $\quad\cdots\cdots$ ㉡

㉠, ㉡을 연립하여 풀면 $a=-9$, $b=24$

$\therefore v=3t^2-18t+24=3(t-2)(t-4)$

$v=0$에서 $t=2$ 또는 $t=4$

즉, 점 P가 $t=2$ 이외에서 운동 방향을 바꾸는 시각은 $t=4$이다.

점 P의 시각 t에서의 가속도를 a라 하면

$$a=\frac{dv}{dt}=6t-18$$

따라서 $t=4$일 때 점 P의 가속도는

$6\times4-18=6$ $\qquad\qquad$ 🄓 ⑤

12 ㄱ. 두 점 P, Q는 $t=2$, $t=4$, $t=8$일 때 모두 세 번 만난다.

$\qquad\qquad\qquad\qquad\qquad\qquad\qquad\qquad$ (참)

ㄴ. $f'(6)>0$, $g'(6)=0$이므로 $t=6$일 때 점 P의 속도가 점 Q의 속도보다 빠르다. (거짓)

ㄷ. $f'(4)>0$, $f'(8)>0$이므로 점 P는 $t=4$일 때와 $t=8$일 때 운동 방향을 바꾸지 않는다. (거짓)

따라서 옳은 것은 ㄱ뿐이다. $\qquad\qquad$ 🄓 ①

13 오른쪽 그림과 같이 공이 경사면과 처음으로 충돌하는 순간의 공의 중심의 높이를 x m라 하면 직각삼각형 OAB에서

$$x=\frac{0.5}{\sin 30°}=1$$

이때 $h(t)=1$이 되는 순간의 t의 값은

$21-5t^2=1$, $t^2=4$ $\quad\therefore t=2\ (\because t>0)$

공을 자유낙하시킬 때, t초 후의 공의 속도를 $v(t)$라 하면

$$v(t)=h'(t)=-10t$$

따라서 2초 후에 공은 경사면과 처음으로 충돌하고, 그때의 공의 속도는

$v(2)=-20$ (m/초) $\qquad\qquad$ 🄓 ①

14 두 점 P, Q가 출발한 지 t초 후 $\overline{PB}=20-t$, $\overline{BQ}=20+2t$이므로 삼각형 PBQ의 넓이 S는

$$S=\frac{1}{2}(20-t)(20+2t)\sin 60°$$

$$=\frac{\sqrt3}{2}(20-t)(10+t)$$

$$=-\frac{\sqrt3}{2}t^2+5\sqrt3 t+100\sqrt3$$

$\dfrac{dS}{dt}=-\sqrt3 t+5\sqrt3$이므로 두 점 P, Q가 출발한 지 3초 후 삼각형 PBQ의 넓이의 변화율은

$-3\sqrt3+5\sqrt3=2\sqrt3$ $\qquad\qquad$ 🄓 ③

15 t초 후의 수면의 반지름의 길이를 r cm, 수면의 높이를 h cm라 하면

$$h=1.5t=\frac{3}{2}t$$

오른쪽 그림에서

$6:9=r:h$

$$\therefore r=\frac{2}{3}h=\frac{2}{3}\times\frac{3}{2}t=t$$

물의 부피를 V cm³라 하면

$$V=\frac{1}{3}\pi r^2 h=\frac{1}{3}\pi\times t^2\times\frac{3}{2}t=\frac{1}{2}\pi t^3$$

$$\therefore \frac{dV}{dt}=\frac{3}{2}\pi t^2$$

수면의 높이가 6 cm가 되는 시각은

$\dfrac{3}{2}t=6$ $\quad\therefore t=4$

따라서 $t=4$일 때 물의 부피의 변화율은

$$\frac{3}{2}\pi\times4^2=24\pi\ (\text{cm}^3/\text{초})$$

$\therefore k=24$ $\qquad\qquad$ 🄓 24

본문 52~55쪽

Step B 1등급을 위한 **고난도 기출** Vs **변형 유형**

1 85	1-1 4	2 ⑤	2-1 ⑤	3 ②	3-1 ⑤
4 ①	4-1 ④	5 ⑤	5-1 ⑤	6 ⑤	6-1 ②
7 ④	7-1 18	8 ④	8-1 12	9 ②	9-1 ③
10 ③	10-1 ⑤	11 14	11-1 124	12 36	12-1 ①

1 전략 $f(x)=t$로 놓고 t의 값의 범위와 $f(t)$의 값의 범위를 구한다.

풀이 $f(x)=2x^3-3x^2+2$에서

$f'(x)=6x^2-6x=6x(x-1)$

$f'(x)=0$에서 $x=0$ 또는 $x=1$

x	-1	$\cdots$	0	$\cdots$	1
$f'(x)$		$+$	0	$-$	0
$f(x)$	-3	↗	2	↘	1

즉, 함수 $f(x)$는 $x=0$일 때 최댓값 2, $x=-1$일 때 최솟값 -3을 가지므로

$-1\le x\le1$에서 $-3\le f(x)\le2$

$f(x)=t$로 놓으면

$y=(f\circ f)(x)=f(f(x))$에서

$y=f(t)=2t^3-3t^2+2\ (-3\le t\le2)$

t	-3	$\cdots$	0	$\cdots$	1	$\cdots$	2
$f'(t)$		$+$	0	$-$	0	$+$	
$f(t)$	-79	↗	2	↘	1	↗	6

따라서 함수 $y=f(t)$는 $t=2$일 때 최댓값 6, $t=-3$일 때 최솟값 -79를 가지므로

$M=6$, $m=-79$

$\therefore M-m=6-(-79)=85$ $\qquad\qquad$ 🄓 85

1-1 전략 함수 $y=f(x)$의 그래프의 개형을 그리고, a의 값의 범위에 따른 $f(x)$의 값과 $(f \circ f)(x)$의 값의 범위를 구한다.

풀이 $f(x)=\dfrac{1}{3}x^3-x^2+\dfrac{2}{3}$에서

$f'(x)=x^2-2x=x(x-2)$

$f'(x)=0$에서 $x=0$ 또는 $x=2$

x	$\cdots$	0	$\cdots$	2	$\cdots$
$f'(x)$	+	0	−	0	+
$f(x)$	↗	$\dfrac{2}{3}$	↘	$-\dfrac{2}{3}$	↗

즉, 함수 $f(x)$는 $x=0$일 때 극댓값 $\dfrac{2}{3}$를 갖고, $x=2$일 때 극솟값 $-\dfrac{2}{3}$를 가지므로 함수 $y=f(x)$의 그래프는 다음 그림과 같다.

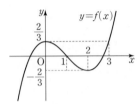

또, $f(x)=\dfrac{2}{3}$가 되는 x의 값은

$\dfrac{1}{3}x^3-x^2+\dfrac{2}{3}=\dfrac{2}{3}$, $\dfrac{1}{3}x^2(x-3)=0$

$\therefore x=0$ 또는 $x=3$

이때 $f(a)=b$로 놓으면

$0 \le x \le a$에서

(i) $0 \le a < 2$일 때

$\quad -\dfrac{2}{3} < b \le \dfrac{2}{3}$이고 $b \le f(x) \le \dfrac{2}{3}$

(ii) $2 \le a < 3$일 때

$\quad -\dfrac{2}{3} \le b < \dfrac{2}{3}$이고 $-\dfrac{2}{3} \le f(x) \le \dfrac{2}{3}$

(iii) $a \ge 3$일 때

$\quad b \ge \dfrac{2}{3}$이고 $-\dfrac{2}{3} \le f(x) \le b$

(i), (ii), (iii)에 의하여 $y=(f \circ f)(x)=f(f(x))$의 최댓값이 $\dfrac{110}{3}$이 될 수 있는 경우는 $a \ge 3$일 때이다.

$f(x)=t$로 놓으면

$a \ge 3$일 때, $-\dfrac{2}{3} \le t \le b$ (단, $b \ge \dfrac{2}{3}$)

이때 $\dfrac{2}{3} \le b \le 3$이면 함수 $f(t)$의 최댓값이 $\dfrac{110}{3}$이 될 수 없으므로

$b>3$이고 함수 $f(t)$의 최댓값은 $f(b)=\dfrac{110}{3}$이어야 한다.

$\dfrac{1}{3}b^3-b^2+\dfrac{2}{3}=\dfrac{110}{3}$, $b^3-3b^2-108=0$

$(b-6)(b^2+3b+18)=0$

$\therefore b=6 \ (\because b^2+3b+18>0)$

$f(a)=b=6$이므로

$\dfrac{1}{3}a^3-a^2+\dfrac{2}{3}=6$, $a^3-3a^2-16=0$

$(a-4)(a^2+a+4)=0$

$\therefore a=4 \ (\because a^2+a+4>0)$　　　　답 4

---

2 전략 원뿔에 내접하는 원기둥의 밑면인 원의 반지름의 길이를 r라 하고, 원기둥의 높이를 r에 대한 식으로 나타낸다.

풀이 오른쪽 그림과 같이 원뿔의 밑면의 지름을 AB, 높이를 OH라 하면 두 삼각형 OHB와 OH′D는 서로 닮은 도형이다.

내접하는 원기둥의 밑면의 반지름의 길이를 $r \ (0<r<2)$라 하면

$\overline{H'D}=2r$,

$\overline{OH'} : \overline{OH}=\overline{H'D} : \overline{HB}$이므로

$\overline{OH'} : 8=2r : 4$

$\therefore \overline{OH'}=4r$

$\therefore \overline{H'H}=8-4r$

두 원기둥의 부피의 합을 $V(r)$라 하면

$V(r)=2 \times \pi r^2(8-4r)=8\pi(-r^3+2r^2)$

$V'(r)=8\pi(-3r^2+4r)=-8\pi r(3r-4)$

$V'(r)=0$에서 $r=\dfrac{4}{3} \ (\because 0<r<2)$

r	(0)	$\cdots$	$\dfrac{4}{3}$	$\cdots$	(2)
$V'(r)$		+	0	−	
$V(r)$		↗	극대	↘	

$0<r<2$에서 함수 $V(r)$는 $r=\dfrac{4}{3}$일 때 극대이면서 최대이므로

$M=V\left(\dfrac{4}{3}\right)=8\pi \times \left\{-\left(\dfrac{4}{3}\right)^3+2 \times \left(\dfrac{4}{3}\right)^2\right\}=\dfrac{256}{27}\pi$

$\therefore 27M=27 \times \dfrac{256}{27}\pi=256\pi$　　　　답 ⑤

2-1 전략 구에 내접하는 원기둥의 밑면인 원의 반지름의 길이와 높이 사이의 관계를 이용한다.

풀이 오른쪽 그림과 같이 구에 내접하는 원기둥의 밑면인 원의 반지름의 길이를 $x \ (0<x<3)$, 원기둥의 높이를 $h \ (0<h<6)$라 하면

직각삼각형 OAB에서

$x^2=9-\left(\dfrac{h}{2}\right)^2=9-\dfrac{h^2}{4}$

원기둥의 부피를 V라 하면

$V=\pi x^2 \times h=\pi\left(9-\dfrac{h^2}{4}\right) \times h=\dfrac{\pi}{4}(-h^3+36h)$

$V'=\dfrac{\pi}{4}(-3h^2+36)=-\dfrac{3}{4}\pi(h+2\sqrt{3})(h-2\sqrt{3})$

$V'=0$에서 $h=2\sqrt{3} \ (\because 0<h<6)$

h	(0)	$\cdots$	$2\sqrt{3}$	$\cdots$	(6)
V'		+	0	−	
V		↗	극대	↘	

$0<h<6$에서 V는 $h=2\sqrt{3}$일 때 극대이면서 최대이므로 원기둥의 부피의 최댓값은

$\dfrac{\pi}{4}\{-(2\sqrt{3})^3+36 \times 2\sqrt{3}\}=12\sqrt{3}\pi$　　　　답 ⑤

3 전략 주어진 그림을 좌표평면 위에 나타낸 후 점 E를 꼭짓점으로 하고 두 점 A, D를 지나는 포물선의 식을 이용한다.

풀이 주어진 정사각형을 꼭짓점 B를 원점으로, 직선 BC를 x축, 직선 BA를 y축으로 하는 좌표평면 위에 나타내면 오른쪽 그림과 같다.

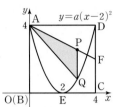

A$(0, 4)$, F$(4, 2)$이므로 직선 AF의 방정식은

$$y=-\frac{1}{2}x+4$$

점 E$(2, 0)$을 꼭짓점으로 하는 포물선 $y=a(x-2)^2 \, (a>0)$이 점 A$(0, 4)$를 지나므로

$$4=a\times(0-2)^2 \quad \therefore a=1$$

포물선 $y=(x-2)^2$과 직선 $y=-\frac{1}{2}x+4$가 만나는 점의 x의 좌표는

$(x-2)^2=-\frac{1}{2}x+4$에서

$$x^2-\frac{7}{2}x=0, \, x\left(x-\frac{7}{2}\right)=0$$

$$\therefore x=0 \text{ 또는 } x=\frac{7}{2}$$

점 P의 x좌표를 $t\left(0<t<\frac{7}{2}\right)$라 하면

$$P\left(t, -\frac{1}{2}t+4\right), Q(t, (t-2)^2)$$

이므로 삼각형 AQP의 넓이를 $S(t)$라 하면

$$S(t)=\frac{1}{2}\times t\times\left\{-\frac{1}{2}t+4-(t-2)^2\right\}$$

$$=-\frac{1}{4}(2t^3-7t^2)$$

$$S'(t)=-\frac{1}{4}(6t^2-14t)=-\frac{1}{2}t(3t-7)$$

$S'(t)=0$에서 $t=\frac{7}{3}\left(\because 0<t<\frac{7}{2}\right)$

t	(0)	$\cdots$	$\frac{7}{3}$	$\cdots$	$\left(\frac{7}{2}\right)$
$S'(t)$		$+$	0	$-$	
$S(t)$		↗	극대	↘	

따라서 $S(t)$는 $t=\frac{7}{3}$일 때 극대이면서 최대이므로 $S(t)$의 최댓값은

$$S\left(\frac{7}{3}\right)=-\frac{1}{4}\times\left\{2\times\left(\frac{7}{3}\right)^3-7\times\left(\frac{7}{3}\right)^2\right\}$$

$$=\frac{343}{108}$$

답 ②

3-1 전략 곡선 $y=-x^2+5x$와 직선 $y=-x+k$의 교점의 x좌표를 α, β로 놓고 이차방정식의 근과 계수의 관계를 이용하여 삼각형 POQ의 밑변의 길이를 구한다.

풀이 두 점 P, Q의 좌표를 각각 P$(\alpha, -\alpha+k)$, Q$(\beta, -\beta+k)$라 하자.

방정식 $-x^2+5x=-x+k$, 즉 $x^2-6x+k=0$의 두 근이 α, β이므로 이차방정식의 근과 계수의 관계에 의하여

$$\alpha+\beta=6, \, \alpha\beta=k$$

또, 방정식 $x^2-6x+k=0$이 서로 다른 두 실근을 가지므로 이 방정식의 판별식을 D라 하면

$$\frac{D}{4}=(-3)^2-k>0, \, 9-k>0$$

$$\therefore 0<k<9 \, (\because k>0)$$

이때

$$\overline{PQ}=\sqrt{(\beta-\alpha)^2+\{(-\beta+k)-(-\alpha+k)\}^2}$$

$$=\sqrt{2(\beta-\alpha)^2}$$

$$=\sqrt{2\{(\alpha+\beta)^2-4\alpha\beta\}}$$

$$=\sqrt{2(36-4k)}$$

$$=2\sqrt{2}\sqrt{9-k}$$

원점 O에서 직선 $y=-x+k$, 즉 $x+y-k=0$까지의 거리는

$$\frac{|-k|}{\sqrt{1^2+1^2}}=\frac{k}{\sqrt{2}}$$

따라서 삼각형 POQ의 넓이 S는

$$S=\frac{1}{2}\times\frac{k}{\sqrt{2}}\times2\sqrt{2}\sqrt{9-k}=k\sqrt{9-k}$$

$$\therefore S^2=k^2(9-k)$$

S^2이 최대일 때 넓이 S도 최대가 되므로 S^2을 함수 $f(k)$로 놓으면

$$f(k)=S^2=k^2(9-k)=-k^3+9k^2 \, (0<k<9)$$

$$f'(k)=-3k^2+18k=-3k(k-6)$$

$f'(k)=0$에서 $k=6 \, (\because 0<k<9)$

k	(0)	$\cdots$	6	$\cdots$	(9)
$f'(k)$		$+$	0	$-$	
$f(k)$		↗	극대	↘	

$0<k<9$에서 함수 $f(k)$는 $k=6$일 때 극대이면서 최대이므로 최댓값은

$$f(6)=6^2\times(9-6)=108$$

따라서 삼각형 POQ의 넓이 S는 $k=6$일 때 최댓값 $\sqrt{108}=6\sqrt{3}$을 가지므로

$$a=6, \, b=6\sqrt{3}$$

$$\therefore a+b^2=6+108=114$$

답 ⑤

4 전략 함수 $y=f(x)$의 그래프의 개형에 따라 최댓값 $g(t)$의 미분가능성을 판단한다.

풀이 $f'(x)=-12x^3+12(a-1)x^2+12ax$

$$=-12x(x+1)(x-a)$$

$f'(x)=0$에서 $x=-1$ 또는 $x=0$ 또는 $x=a$

x	$\cdots$	-1	$\cdots$	0	$\cdots$	a	$\cdots$
$f'(x)$	$+$	0	$-$	0	$+$	0	$-$
$f(x)$	↗	$2a+1$	↘	0	↗	a^4+2a^3	↘

$$f(a)-f(-1)=a^4+2a^3-2a-1$$

$$=(a+1)^3(a-1)$$

이므로

$a\geq1$일 때, $f(a)\geq f(-1)$

$0<a<1$일 때, $f(a)<f(-1)$

(i) $a \geq 1$일 때, 함수 $y=f(x)$의 그래프는 다음 그림과 같다.

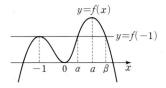

방정식 $f(x)=f(-1)$의 세 근을 -1, α, β $(-1<\alpha<\beta)$라 하면

$$g(t)=\begin{cases} f(t) & (t<-1) \\ f(-1) & (-1 \leq t \leq a) \\ f(t) & (a<t<a) \\ f(a) & (t \geq a) \end{cases}$$

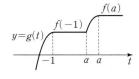

$$\therefore g'(t)=\begin{cases} -12t^3+12(a-1)t^2+12at & (t<-1) \\ 0 & (-1<t<a) \\ -12t^3+12(a-1)t^2+12at & (a<t<a) \\ 0 & (t>a) \end{cases}$$

이때

$\lim\limits_{t \to -1-} g'(t)=\lim\limits_{t \to -1+} g'(t)=0$, $\lim\limits_{t \to a-} g'(t)=\lim\limits_{t \to a+} g'(t)=0$

이므로 $g(t)$는 $t=-1$, $t=a$에서 미분가능하다.

함수 $g(t)$가 실수 전체의 집합에서 미분가능해야 하므로

$\lim\limits_{t \to a-} g'(t)=\lim\limits_{t \to a+} g'(t)$가 성립해야 한다. 즉,

$-12a^3+12(a-1)a^2+12aa=0$

$-12a\{a^2-(a-1)a-a\}=0$

$-12a(a+1)(a-a)=0$

$\therefore a=a$ $(\because 0<a \leq a,\ a \geq 1)$

따라서 $f(a)=f(a)$이고 $f(a)=f(-1)=2a+1$이므로

$f(a)=2a+1$

$a^4+2a^3=2a+1$

$a^4+2a^3-2a-1=0$, $(a+1)^3(a-1)=0$

$\therefore a=1$ $(\because a \geq 1)$

즉, $a=1$일 때 함수 $g(t)$가 실수 전체의 집합에서 미분가능하다.

(ii) $0<a<1$일 때, 함수 $y=f(x)$의 그래프는 다음 그림과 같다.

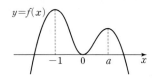

$$\therefore g(t)=\begin{cases} f(t) & (t<-1) \\ f(-1) & (t \geq -1) \end{cases}$$

$$\therefore g'(t)=\begin{cases} -12t^3+12(a-1)t^2+12at & (t<-1) \\ 0 & (t>-1) \end{cases}$$

이때 $\lim\limits_{t \to -1-} g'(t)=\lim\limits_{t \to -1+} g'(t)=0$이므로 함수 $g(t)$는 모든 실수의 집합에서 미분가능하다.

(i), (ii)에 의하여 함수 $g(t)$가 모든 실수의 집합에서 미분가능하도록 하는 a의 값의 범위는

$0<a \leq 1$

따라서 a의 최댓값은 1이다. 답 ①

4-1 전략 함수 $y=f(x)$의 그래프의 개형을 그린 후, a의 값의 범위에 따라 최솟값 $g(a)$를 구한다.

풀이 $f(x)=-x^2(x-6)=-x^3+6x^2$에서

$f'(x)=-3x^2+12x=-3x(x-4)$

$f'(x)=0$에서 $x=0$ 또는 $x=4$

x	$\cdots$	0	$\cdots$	4	$\cdots$
$f'(x)$	$-$	0	$+$	0	$-$
$f(x)$	$\searrow$	0	$\nearrow$	32	$\searrow$

즉, 함수 $f(x)$는 $x=0$에서 극솟값 0을 갖고, $x=4$에서 극댓값 32를 가지므로 $y=f(x)$의 그래프는 오른쪽 그림과 같다.

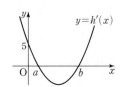

이때 닫힌구간 $[a, a+1]$에서 함수 $f(x)$의 최솟값 $g(a)$는

(i) $-3 \leq a < -1$일 때, $g(a)=f(a+1)$

이때 $-2 \leq a+1<0$이므로 $0<f(a+1) \leq 32$

$\therefore 0<g(a) \leq 32$

(ii) $-1 \leq a<0$일 때, $g(a)=f(0)=0$

(iii) $0 \leq a \leq 3$일 때, $g(a)=f(a)$

이때 $0 \leq f(a) \leq 27$이므로 $0 \leq g(a) \leq 27$

(i), (ii), (iii)에 의하여 $-3 \leq a \leq 3$에서 $g(a)$의 최댓값 $M=32$, 최솟값 $m=0$이므로

$M+m=32+0=32$ 답 ④

5 전략 도함수의 그래프를 이용하여 함수의 그래프를 추론한다.

풀이 $h(x)=f(x)-g(x)$에서

$h'(x)=f'(x)-g'(x)$이므로 함수 $y=h'(x)$의 그래프는 오른쪽 그림과 같다.

ㄱ. 함수 $y=h'(x)$의 그래프에서 $h'(a)=0$이고, $x=a$의 좌우에서 $h'(x)$의 부호가 양에서 음으로 바뀌므로 함수 $h(x)$는 $x=a$에서 극댓값을 갖는다. (참)

ㄴ. 함수 $h(x)$는 $x=a$에서 극댓값, $x=b$에서 극솟값을 가지므로 $h(b)=0$일 때, 함수 $y=h(x)$의 그래프는 오른쪽 그림과 같다.

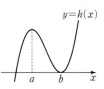

따라서 방정식 $h(x)=0$의 서로 다른 실근의 개수는 2이다. (참)

ㄷ. 함수 $h(x)$는 닫힌구간 $[\alpha, \beta]$에서 연속이고 열린구간 (α, β)에서 미분가능하므로 평균값 정리에 의하여

$$\frac{h(\beta)-h(\alpha)}{\beta-\alpha}=h'(\gamma)$$

를 만족시키는 γ가 열린구간 (α, β)에 적어도 하나 존재한다.

열린구간 $(0, b)$에 있는 모든 실수 x에 대하여 $h'(x)<5$이므로

$$\frac{h(\beta)-h(\alpha)}{\beta-\alpha}=h'(\gamma)<5$$

$\therefore h(\beta)-h(\alpha)<5(\beta-\alpha)$ (참)

따라서 ㄱ, ㄴ, ㄷ 모두 옳다. 답 ⑤

5-1 전략 도함수의 그래프를 이용하여 함수의 그래프를 추론한다.

풀이 $h(x)=f(x)-g(x)$에서 $h'(x)=f'(x)-g'(x)$

$h'(x)=0$에서 $x=a$ 또는 $x=b$ 또는 $x=c$

x	$\cdots$	a	$\cdots$	b	$\cdots$	c	$\cdots$
$h'(x)$	$-$	0	$+$	0	$-$	0	$+$
$h(x)$	$\searrow$	극소	$\nearrow$	극대	$\searrow$	극소	$\nearrow$

ㄱ. $h(b)=0$이면 함수 $y=h(x)$의 그래프는 오른쪽 그림과 같으므로 방정식 $h(x)=0$의 서로 다른 실근의 개수는 3이다. (참)

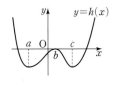

ㄴ. $h(a)+h(c)=0$이면 $h(a)$의 값에 따라 함수 $y=h(x)$의 그래프는 다음 그림과 같다.

(i) $h(a)>0$일 때

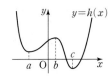

(ii) $h(a)<0$일 때

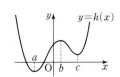

(iii) $h(a)=0$일 때

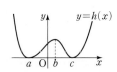

(i), (ii), (iii)에 의하여 방정식 $h(x)=0$의 서로 다른 실근의 개수는 2이다. (참)

ㄷ. $h(a)h(b)h(c)<0$이면 $h(a)$, $h(b)$, $h(c)$의 부호에 따라 함수 $y=h(x)$의 그래프는 다음 그림과 같다.

(iv) $h(a)>0$, $h(b)>0$, $h(c)<0$일 때

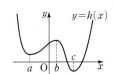

(v) $h(a)<0$, $h(b)>0$, $h(c)>0$일 때

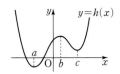

(vi) $h(a)<0$, $h(b)<0$, $h(c)<0$일 때

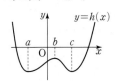

(iv), (v), (vi)에 의하여 방정식 $h(x)=0$의 서로 다른 실근의 개수는 2이다. (참)

따라서 ㄱ, ㄴ, ㄷ 모두 옳다. **답 ⑤**

6 전략 조건을 만족시키는 사차함수의 그래프의 개형을 추측한다.

풀이 사차방정식 $f(x)=0$의 서로 다른 두 근이 α, β이므로

$f(\alpha)=0$, $f(\beta)=0$

ㄱ. $f(x)$를 $(x-\alpha)^2$으로 나누었을 때의 몫을 $Q(x)$, 나머지를 $ax+b$ (a, b는 상수)로 놓으면

$f(x)=(x-\alpha)^2 Q(x)+ax+b$

양변을 x에 대하여 미분하면

$f'(x)=2(x-\alpha)Q(x)+(x-\alpha)^2 Q'(x)+a$

이때 $f(\alpha)=a\alpha+b=0$, $f'(\alpha)=a=0$이므로

$a=0$, $b=0$

따라서 $f(x)$를 $(x-\alpha)^2$으로 나누었을 때의 나머지는 0이다. 즉, $f(x)$는 $(x-\alpha)^2$으로 나누어떨어진다. (참)

ㄴ. $f'(\alpha)f'(\beta)=0$이면 $f'(\alpha)=0$ 또는 $f'(\beta)=0$

(i) $f'(\alpha)=0$일 때, ㄱ에 의하여

$f(x)=(x-\alpha)^2(x-\beta)(ax+b_1)$ (a, b_1은 상수, $a\neq0$)

따라서 방정식 $f(x)=0$은 서로 다른 세 근 $x=\alpha$(중근), $x=\beta$, $x=-\dfrac{b_1}{a}$을 갖는다.

(ii) $f'(\beta)=0$일 때, ㄱ에 의하여

$f(x)=(x-\alpha)(x-\beta)^2(ax+b_2)$ (a, b_2는 상수, $a\neq0$)

따라서 방정식 $f(x)=0$는 서로 다른 세 근 $x=\alpha$, $x=\beta$(중근), $x=-\dfrac{b_2}{a}$를 갖는다.

(i), (ii)에 의하여 방정식 $f(x)=0$은 허근을 갖지 않는다. (참)

ㄷ. $f'(\alpha)f'(\beta)>0$이면

$f'(\alpha)>0$, $f'(\beta)>0$ 또는 $f'(\alpha)<0$, $f'(\beta)<0$

따라서 함수 $f(x)$의 그래프의 개형은 다음과 같이 두 가지로 생각할 수 있다.

(i) $f'(\alpha)>0$, $f'(\beta)>0$
($x=\alpha$, $x=\beta$에서 증가)

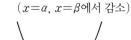

(ii) $f'(\alpha)<0$, $f'(\beta)<0$
($x=\alpha$, $x=\beta$에서 감소)

(i), (ii)에 의하여 방정식 $f(x)=0$은 서로 다른 네 실근을 갖는다. (참)

따라서 ㄱ, ㄴ, ㄷ 모두 옳다. **답 ⑤**

6-1 전략 주어진 조건으로 함수 $y=f(x)$의 그래프를 추론하고 곱의 미분법을 이용하여 방정식 $g'(x)=0$의 실근의 개수를 구한다.

풀이 조건 (내)에 의하여 사차함수 $xf(x)$는 최고차항의 계수가 양수이고 그 그래프가 $x=0$에서 x축에 접하므로 사차함수 $xf(x)$는 $x=0$에서 사중근 또는 이중근을 가진다.

(i) 사차함수 $xf(x)$가 $x=0$에서 사중근을 가질 때

$xf(x)=ax^4$ ($a>0$)으로 놓을 수 있으므로

$f(x)=ax^3$

이 함수 $f(x)$는 조건 (개), (대)를 만족시키지 않는다.

(ii) 사차함수 $xf(x)$가 $x=0$에서 이중근을 가질 때

$xf(x)=x^2h(x)$ ($h(x)$는 이차항의 계수가 양수인 이차식,
$h(0)\neq0$)로 놓을 수 있으므로
$f(x)=xh(x)$
이때 조건 ㈑에 의하여 방정식 $f(x)=0$의 서로 다른 두 실근을
0, α라 하면
$f(x)=ax(x-\alpha)^2$ ($a>0$)
으로 놓을 수 있으므로 $y=f(x)$의 그래프의 개형은 다음 그림과
같이 두 가지가 가능하다.

① $y=f(x)$

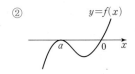
② $y=f(x)$

조건 ㈎에 의하여 $y=f(x)$의 그래프의 개형은 ②가 되어야 한다.
(i), (ii)에 의하여
$f(x)=ax(x-\alpha)^2$ ($a>0$, $a<0$)
으로 놓을 수 있다.
이때 $g(x)=\{f(x)\}^2\{f(x)+1\}$에서
$g'(x)=2f(x)f'(x)\{f(x)+1\}+\{f(x)\}^2f'(x)$
$\qquad=f(x)f'(x)\{3f(x)+2\}$
방정식 $g'(x)=0$에서
$f(x)=0$ 또는 $f'(x)=0$ 또는 $f(x)=-\dfrac{2}{3}$
함수 $y=f(x)$의 그래프가 오른쪽 그림과
같으므로

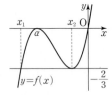

$f(x)=0$의 해는 $x=\alpha$ 또는 $x=0$
$f'(x)=0$의 해는 $x=\alpha$ 또는 $x=x_2$
$f(x)=-\dfrac{2}{3}$의 해는 $x=x_1$ 또는 $x=x_2$
따라서 방정식 $g'(x)=0$의 서로 다른 실근은 x_1, α, x_2, 0의 4개이
다.　　　　　　　　　　　　　　　　　　　　　　　　目 ②

---

7 **전략** 삼차함수의 그래프의 대칭성과 절댓값 기호가 포함된 방정식의
실근의 개수를 만족시키는 삼차함수의 그래프의 개형을 추측하고, 함수의 식
을 구한다.

풀이 최고차항의 계수가 1이고 모든 실수 x에 대하여
$f(-x)=-f(x)$를 만족시키는 삼차함수 $y=f(x)$의 그래프는 다음
그림과 같이 두 가지 경우가 있다.

(i)
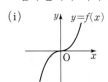
$y=f(x)$

(ii)
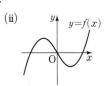
$y=f(x)$

위의 두 가지 중 방정식 $|f(x)|=2$의
서로 다른 실근의 개수가 4가 가능한
것은 (ii)이고, 함수 $y=|f(x)|$의 그래
프와 직선 $y=2$가 오른쪽 그림과 같이
서로 다른 네 점에서 만나야 하므로 함
수 $f(x)$는 극솟값 -2, 극댓값 2를 가져야 한다.

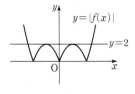
$y=|f(x)|$
$y=2$

$f(x)=x^3-bx$ ($b>0$)로 놓으면
$f'(x)=3x^2-b=(\sqrt{3}x+\sqrt{b})(\sqrt{3}x-\sqrt{b})$
$f'(x)=0$에서 $x=-\sqrt{\dfrac{b}{3}}$ 또는 $x=\sqrt{\dfrac{b}{3}}$
함수 $f(x)$는 $x=\sqrt{\dfrac{b}{3}}$에서 극솟값 -2를 가지므로
$f\left(\sqrt{\dfrac{b}{3}}\right)=-2$
$\left(\sqrt{\dfrac{b}{3}}\right)^3-b\times\sqrt{\dfrac{b}{3}}=-2$, $\dfrac{b\sqrt{b}}{3\sqrt{3}}-\dfrac{b\sqrt{b}}{\sqrt{3}}=-2$
$-\dfrac{2b\sqrt{b}}{3\sqrt{3}}=-2$, $b^3=3^3$　∴ $b=3$
따라서 $f(x)=x^3-3x$이므로
$f(3)=3^3-3\times3=18$　　　　　　　　　　　目 ④

개념 연계　**수학 하**　**절댓값 기호를 포함한 함수의 그래프**

(1) 함수 $y=|f(x)|$의 그래프
$y=f(x)$의 그래프를 그린 후 $y\geq0$인 부분은 그대로 두고, $y<0$인
부분을 x축에 대하여 대칭이동한다.
(2) 함수 $y=f(|x|)$의 그래프
$y=f(x)$의 그래프를 그린 후 $x\geq0$인 부분만 남기고, $x<0$인 부분
은 $x\geq0$인 부분을 y축에 대하여 대칭이동한다.
(3) 함수 $|y|=f(x)$의 그래프
$y=f(x)$의 그래프를 그린 후 $y\geq0$인 부분만 남기고, $y<0$인 부분
은 $y\geq0$인 부분을 x축에 대하여 대칭이동한다.
(4) 함수 $|y|=f(|x|)$의 그래프
$y=f(x)$의 그래프를 그린 후 $x\geq0$, $y\geq0$인 부분만 남기고, 이 그
래프를 x축, y축, 원점에 대해 각각 대칭이동한다.

7-1 **전략** 미분가능한 조건과 절댓값 기호가 포함된 방정식의 실근의 개수
를 만족시키는 삼차함수의 그래프의 개형을 추측한다.

풀이 함수 $f(|x|)$가 모든 실수 x에 대하여 미분가능하므로
$f'(0)=0$이어야 한다.
즉, 삼차함수 $y=f(x)$의 그래프는 다음 그림과 같이 세 가지 경우가
있다.

(i)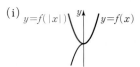
$y=f(|x|)$　$y=f(x)$

(ii)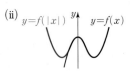
$y=f(|x|)$　$y=f(x)$

(iii)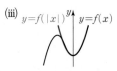
$y=f(|x|)$　$y=f(x)$

세 가지 중 방정식 $|f(|x|)|=2$가 서로 다른 다섯 개의 실근을 가
질 수 있는 것은 (ii)이고, 함수 $y=f(x)$와 $y=|f(|x|)|$의 그래프
가 다음 그림과 같아야 한다.

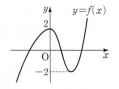
$y=f(x)$
2
-2

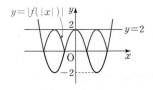
$y=|f(|x|)|$
2
$y=2$
-2

즉, 함수 $f(x)$는 $x=0$에서 극댓값 2를 갖고 $x>0$에서 극솟값 -2를 가져야 한다.

함수 $f(x)$는 최고차항의 계수가 1이고 $f(0)=2$이므로

$f(x)=x^3+ax^2+bx+2$ $(a, b$는 상수$)$

로 놓을 수 있다.

$f'(x)=3x^2+2ax+b$이고, $f'(0)=0$이므로

$b=0$

$\therefore f'(x)=3x^2+2ax=x(3x+2a)$

$f'(x)=0$에서

$x=0$ 또는 $x=-\dfrac{2}{3}a$

즉, 함수 $f(x)$는 $x=-\dfrac{2}{3}a$에서 극솟값 -2를 가지므로

$f\left(-\dfrac{2}{3}a\right)=\dfrac{4}{27}a^3+2=-2$, $a^3=-27$

$\therefore a=-3$

따라서 $f(x)=x^3-3x^2+2$이므로

$f(4)=64-48+2=18$ $\qquad$ 답 18

8 전략 함수 $f(x)$가 감소함수임을 이용한다.

풀이 $g(x)=-5x+4$로 놓으면

$f(-5x+4)=f(g(x))$,

$-\{f(x)\}^3+3\{f(x)\}^2-4f(x)+1=f(f(x))$

이므로 주어진 부등식은

$f(f(x))>f(g(x))$

이때

$f'(x)=-3x^2+6x-4=-3(x-1)^2-1$

에서 모든 실수 x에 대하여 $f'(x)<0$이므로 $f(x)$는 감소함수이다.

즉, $f(x)$가 감소함수이므로 부등식 $f(f(x))>f(g(x))$를 만족시키려면 $f(x)<g(x)$이어야 한다.

따라서 $-x^3+3x^2-4x+1<-5x+4$이어야 하므로

$x^3-3x^2-x+3>0$, $(x+1)(x-1)(x-3)>0$

$\therefore -1<x<1$ 또는 $x>3$

이때 $x<10$이므로 이를 만족시키는 정수 x의 값은 0, 4, 5, 6, 7, 8, 9로 7개이다. $\qquad$ 답 ④

8-1 전략 함수 $f(x)$가 증가함수임을 이용한다.

풀이 $g(x)=ax$로 놓으면

$f(ax)=f(g(x))$,

$\{f(x)\}^3-6\{f(x)\}^2+12f(x)+32=f(f(x))$

이므로 주어진 부등식은

$f(f(x))\le f(g(x))$

이때

$f'(x)=3x^2-12x+12=3(x-2)^2$

에서 모든 실수 x에 대하여 $f'(x)\ge0$이므로 $f(x)$는 증가함수이다.

즉, $f(x)$가 증가함수이므로 부등식 $f(f(x))\le f(g(x))$를 만족시키려면 $f(x)\le g(x)$이어야 한다.

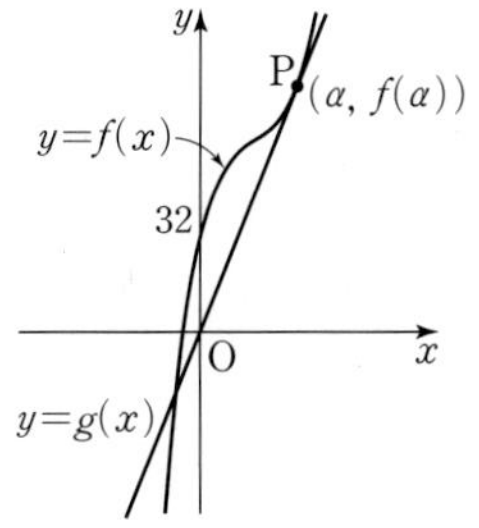

오른쪽 그림에서 함수 $y=f(x)$의 그래프와 함수 $y=g(x)$의 그래프가 접하는 점을 P라 하고 점 P의 좌표를 $(a, f(a))$라 하면 접선의 방정식은

$y-f(a)=f'(a)(x-a)$

$y-(a^3-6a^2+12a+32)$

$=(3a^2-12a+12)(x-a)$

$\therefore y=(3a^2-12a+12)x-2a^3+6a^2+32$

이 접선이 점 $(0, 0)$을 지나므로

$-2a^3+6a^2+32=0$, $a^3-3a^2-16=0$

$(a-4)(a^2+a+4)=0$

$\therefore a=4$ $(\because a^2+a+4>0)$

$f(x)\le g(x)$를 만족시키는 자연수 x가 존재하려면 함수 $g(x)=ax$의 기울기 a가 점 P를 지나는 접선의 기울기보다 크거나 같아야 하므로

$a\ge f'(4)=12$

따라서 a의 최솟값은 12이다. $\qquad$ 답 12

9 전략 $f(x)-g(x)$의 최솟값을 이용한다.

풀이 $h(x)=f(x)-g(x)=x^3+3x^2+a$로 놓으면

$h'(x)=3x^2+6x=3x(x+2)$

$1<x<3$에서 $h'(x)>0$이므로 함수 $h(x)$는 $1<x<3$에서 증가한다.

$\therefore h(x)>h(1)$

$1<x<3$일 때 $h(x)\ge0$이 항상 성립하려면 $h(1)\ge0$이어야 하므로

$a+4\ge0$

$\therefore a\ge-4$

따라서 실수 a의 최솟값은 -4이다. $\qquad$ 답 ②

1등급 노트 부등식이 항상 성립할 조건: 최대·최소의 활용

(1) 어떤 구간에서 부등식 $f(x)\le a$가 항상 성립하려면 그 구간에서
$\Rightarrow$ $(f(x)$의 최댓값$)\le a$

(2) 어떤 구간에서 부등식 $f(x)\ge a$가 항상 성립하려면 그 구간에서
$\Rightarrow$ $(f(x)$의 최솟값$)\ge a$

9-1 전략 $f(x)$의 최솟값과 $g(x)$의 최댓값을 비교한다.

풀이 임의의 실수 x_1, x_2에 대하여 부등식 $f(x_1)\ge g(x_2)$가 성립하려면

$(f(x)$의 최솟값$)\ge(g(x)$의 최댓값$)$

이어야 한다.

$f(x)=x^4-4x^3+20$에서

$f'(x)=4x^3-12x^2=4x^2(x-3)$

$f'(x)=0$에서 $x=0$ 또는 $x=3$

x	$\cdots$	0	$\cdots$	3	$\cdots$
$f'(x)$	$-$	0	$-$	0	$+$
$f(x)$	$\searrow$	20	$\searrow$	-7	$\nearrow$

즉, 함수 $f(x)$의 최솟값은 $f(3)=-7$이다.

또, $g(x)=-x^2+ax-23=-\left(x-\dfrac{a}{2}\right)^2+\dfrac{a^2}{4}-23$에서 함수 $g(x)$

의 최댓값은 $\dfrac{a^2}{4}-23$이므로 $\dfrac{a^2}{4}-23\le-7$

$a^2-64\le0$, $(a+8)(a-8)\le0$

$\therefore -8\le a\le8$

따라서 실수 a의 최솟값은 -8이다.   답 ③

---

10 전략 위치 함수의 그래프를 이용하여 속도 함수의 그래프의 개형을 추론한다.

풀이 점 P의 시각 t $(0<t<6)$에서의 속도를 $v(t)$라 하면 $v(t)$의 그래프의 개형은 오른쪽 그림과 같다.

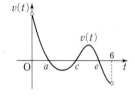

ㄱ. $0<t<6$일 때, $t=a$, $t=e$의 좌우에서 $v(t)$의 부호가 양$(+)$에서 음$(-)$으로 바뀌고, $t=c$의 좌우에서 $v(t)$의 부호가 음$(-)$에서 양$(+)$으로 바뀐다.

따라서 $0<t<6$에서 점 P는 운동 방향을 세 번 바꾼다. (참)

ㄴ. 출발 후 원점을 첫 번째로 다시 지나는 순간은 $t=b$일 때이고, $v(b)<0$이다. 따라서 출발 후 원점을 첫 번째로 다시 지날 때의 속도는 음수이다. (거짓)

ㄷ. 시각 t에서의 점 P의 가속도는 $v'(t)$이고 방향을 두 번째로 바꾸는 순간은 $t=c$일 때이다. $t=c$에서의 가속도 $v'(c)$는 $v(t)$의 그래프에서 $t=c$에서의 접선의 기울기와 같고 그 값은 양수이므로 $t=c$에서의 가속도는 양수이다. (참)

따라서 옳은 것은 ㄱ, ㄷ이다.   답 ③

10-1 전략 속도 함수와 가속도 함수를 각각 구한다.

풀이 시각 t에서의 점 P의 속도와 가속도를 각각 $v_P(t)$, $a_P(t)$라 하고, 점 Q의 속도와 가속도를 각각 $v_Q(t)$, $a_Q(t)$라 하면

$f(t)=-\dfrac{1}{4}t^4+\dfrac{4}{3}t^3-\dfrac{3}{2}t^2+3$에서

$v_P(t)=f'(t)=-t^3+4t^2-3t=-t(t-1)(t-3)$,

$a_P(t)=v_P'(t)=-3t^2+8t-3$

$g(t)=t^2-4t+3$에서

$v_Q(t)=g'(t)=2t-4$, $a_Q(t)=v_Q'(t)=2$

ㄱ. $a_P(1)=-3+8-3=2$, $a_Q(1)=2$

따라서 $t=1$일 때 두 점 P, Q의 가속도는 같다. (참)

ㄴ. $1<t<2$일 때, $v_P(t)=-t(t-1)(t-3)>0$, $v_Q(t)=2t-4<0$이므로 두 점 P, Q는 서로 반대 방향으로 움직인다. (참)

ㄷ. $h(t)=v_P(t)-v_Q(t)$로 놓으면 함수 $h(t)$는 구간 $[1,4]$에서 연속이고 $h(1)=v_P(1)-v_Q(1)=0-(-2)=2>0$

$h(4)=v_P(4)-v_Q(4)=-12-4=-16<0$

이므로 사잇값의 정리에 의하여 $h(c)=0$인 c가 열린구간 $(1,4)$에 적어도 하나 존재한다.

따라서 $t=c$ $(1<c<4)$일 때 $v_P(c)=v_Q(c)$이다. (참)

따라서 ㄱ, ㄴ, ㄷ 모두 옳다.   답 ⑤

---

11 전략 점 Q의 x좌표를 시각 t에 대한 함수로 나타낸다.

풀이 시각 t에서 점 R의 좌표가 $(t^3-2t,\ 0)$이고, $2\overline{OR}=\overline{OQ}$이므로 점 Q의 x좌표는 $2(t^3-2t)$이다.

x축 위의 점 Q의 시각 t에서의 위치는 점 Q의 x좌표이므로

$x=2(t^3-2t)=2t^3-4t$

시각 t에서의 점 Q의 속도를 $v(t)$라 하면

$v(t)=\dfrac{dx}{dt}=6t^2-4$

삼각형 OQP가 정삼각형이 되려면 $\angle\mathrm{POR}=\dfrac{\pi}{3}$이어야 하므로

$\tan\dfrac{\pi}{3}=\dfrac{(t^3-2t)^2}{t^3-2t}=t^3-2t=\sqrt{3}$

$t^3-2t-\sqrt{3}=0$, $(t-\sqrt{3})(t^2+\sqrt{3}t+1)=0$

$\therefore t=\sqrt{3}$ $(\because t^2+\sqrt{3}t+1>0)$

따라서 $t=\sqrt{3}$일 때 삼각형 OQP는 정삼각형이 되므로 그때의 점 Q의 속도는

$v(\sqrt{3})=6\times(\sqrt{3})^2-4=14$ 답 14

11-1 전략 점 R의 x좌표를 시각 t에 대한 함수로 나타낸다.

풀이 $f(x)=\dfrac{1}{2}x^2$으로 놓고, 시각 t에서 점 P의 x좌표가 t^2이므로 $\mathrm{P}(t^2,\ 0)$

접점 Q의 좌표를 $\left(a,\ \dfrac{1}{2}a^2\right)$이라 하면

$f'(x)=x$이므로 접선 l_1의 방정식은

$y-\dfrac{1}{2}a^2=a(x-a)$ $\therefore y=ax-\dfrac{1}{2}a^2$

접선 l_1이 점 $\mathrm{P}(t^2,\ 0)$을 지나므로

$0=at^2-\dfrac{1}{2}a^2$ $\therefore a=2t^2$ $(\because a\ne0)$

즉, $\mathrm{Q}(2t^2,\ 2t^4)$이므로 점 Q를 지나고 직선 l_1에 수직인 직선 l_2의 방정식은

$y-2t^4=-\dfrac{1}{2t^2}(x-2t^2)$ $\therefore y=-\dfrac{1}{2t^2}x+1+2t^4$

이 식에 $y=0$을 대입하면 $x=2t^2(1+2t^4)$이므로

$\mathrm{R}(2t^2(1+2t^4),\ 0)$

x축 위의 점 R의 시각 t에서의 위치는 점 R의 x좌표이므로

$x=2t^2(1+2t^4)=2t^2+4t^6$

시각 t에서의 점 R의 속도와 가속도를 각각 $v(t)$, $a(t)$라 하면

$v(t)=\dfrac{dx}{dt}=24t^5+4t$, $a(t)=v'(t)=120t^4+4$

따라서 $t=1$에서 점 R의 가속도는

$a(1)=120\times 1^4+4=124$　　　　　　　　　**답** 124

12 정삼각형의 한 변의 길이와 내접하는 원의 반지름의 길이 사이의 관계를 식으로 나타낸다.

풀이 t초 후 정삼각형의 한 변의 길이를 $f(t)$, 내접하는 원의 반지름의 길이를 $g(t)$라 하자.

오른쪽 그림에서

$\tan 30°=\dfrac{g(t)}{\dfrac{1}{2}f(t)}$

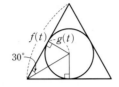

$\therefore g(t)=\dfrac{\sqrt{3}}{6}f(t)$

또, 정삼각형의 한 변의 길이 $f(t)$는 $12\sqrt{3}$에서 시작하여 매초 $3\sqrt{3}$씩 늘어나므로

$f(t)=12\sqrt{3}+3\sqrt{3}t$

$\therefore g(t)=\dfrac{\sqrt{3}}{6}(12\sqrt{3}+3\sqrt{3}t)=6+\dfrac{3}{2}t$

이때 t초 후의 내접하는 원의 넓이를 $S(t)$라 하면

$S(t)=\pi\{g(t)\}^2=\pi\left(6+\dfrac{3}{2}t\right)^2=\dfrac{9}{4}\pi(t+4)^2$

이므로 내접하는 원의 넓이의 변화율 $S'(t)$는

$S'(t)=\dfrac{9}{2}\pi(t+4)$

정삼각형의 한 변의 길이가 $24\sqrt{3}$이 되는 시각을 구하면

$f(t)=12\sqrt{3}+3\sqrt{3}t=24\sqrt{3}$

$3\sqrt{3}t=12\sqrt{3}$　　$\therefore t=4$

따라서 $t=4$일 때 정삼각형에 내접하는 원의 넓이의 변화율은

$S'(4)=\dfrac{9}{2}\pi\times 8=36\pi$

$\therefore a=36$　　　　　　　　　　　　　　　**답** 36

12-1 점 P가 $\overline{CD}$ 위에 있을 때 원 O의 넓이를 식으로 나타낸다.

풀이

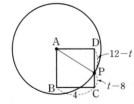

점 P가 출발한 지 10초가 되는 순간 점 P는 $\overline{CD}$ 위에 있으므로 점 P가 출발한 지 t $(8\le t\le 12)$초가 되는 순간에

$\overline{CP}=t-8$　　$\therefore \overline{DP}=4-(t-8)=12-t$

직각삼각형 ADP에서

$\overline{AP}=\sqrt{(12-t)^2+4^2}=\sqrt{t^2-24t+160}$

원 O의 넓이를 $S(t)$라 하면

$S(t)=\pi\overline{AP}^2=\pi(t^2-24t+160)$

이므로 원 O의 넓이의 변화율 $S'(t)$는

$S'(t)=2\pi(t-12)$

따라서 점 P가 출발한 지 10초가 되는 순간 원 O의 넓이의 변화율은

$S'(10)=2\pi\times(10-12)=-4\pi$　　　　　　　　**답** ①

---

01 ④	02 ①	03 9	04 ②	05 ④
06 ①	07 ②	08 ②	09 ③	10 ①
11 ②	12 ③	13 ⑤	14 ④	15 ⑤
16 33	17 ⑤	18 216		

1등급 뛰어넘기

| 19 900 | 20 72 | 21 28 | 22 52 |

01 **전략** $f(x)=t$로 놓고 t의 값의 범위와 $f(t)$의 값의 범위를 구한다.

풀이 $f'(x)=\dfrac{9}{4}x^2-\dfrac{9}{2}x=\dfrac{9}{4}x(x-2)$

$f'(x)=0$에서 $x=0$ 또는 $x=2$

x	$\cdots$	0	$\cdots$	2	$\cdots$
$f'(x)$	+	0	−	0	+
$f(x)$	↗	3	↘	0	↗

즉, 함수 $f(x)$는 $x=0$에서 극댓값 3, $x=2$에서 극솟값 0을 갖는다.

또, $f(x)=3$을 만족시키는 x의 값은

$\dfrac{3}{4}x^3-\dfrac{9}{4}x^2+3=3$, $x^2(x-3)=0$

$\therefore x=0$ 또는 $x=3$

따라서 $x\ge-2$에서 함수 $y=f(x)$의 그래프는 오른쪽 그림과 같다.

$f(a)=b$, $f(x)=t$로 놓으면

$y=(f\circ f)(x)-f(f(x))=f(t)$

$-2\le x\le a$에서

(ⅰ) $-2\le a<0$일 때

$-12\le b<3$이고 $-12\le t\le b$

이므로 $f(t)$의 최댓값이 3이 되려면 $0\le b<3$이어야 한다.

이때 $f(a)=0$을 만족시키는 a의 값은

$\dfrac{3}{4}a^3-\dfrac{9}{4}a^2+3=0$, $a^3-3a^2+4=0$

$(a+1)(a-2)^2=0$　　$\therefore a=-1$ ($\because -2\le a<0$)

$\therefore -1\le a<0$

(ⅱ) $0\le a\le 3$일 때

$0\le b\le 3$이고 $-12\le t\le 3$이므로 $f(t)$의 최댓값은 3이다.

(ⅲ) $a>3$일 때

$b>3$이고 $-12\le t\le b$이므로 $f(t)$의 최댓값은 $f(b)$이다.

이때 $f(b)>3$이므로 $f(t)$의 최댓값은 3이 될 수 없다.

(ⅰ), (ⅱ), (ⅲ)에 의하여 $(f\circ f)(x)$의 최댓값이 3이 되도록 하는 a의 값의 범위는

$-1\le a\le 3$

이므로 정수 a는 -1, 0, 1, 2, 3의 5개이다.　　　**답** ④

02 **전략** 함수 $y=f(x)$의 그래프의 개형에 따라 최솟값 $g(t)$의 미분가능성을 판단한다.

풀이 $x<0$일 때

$f(x)=x^2-2ax+3=(x-a)^2+3-a^2$

이때 $a<0$이므로 $x<0$일 때 $f(x)$는 $x=a$에서 최소이다.

$x>0$일 때

$f'(x)=x^2-(b+2)x+2b=(x-b)(x-2)$

$f'(x)=0$에서 $x=2$ $(\because x>0,\ b<0)$

x	(0)	$\cdots$	2	$\cdots$
$f'(x)$		$-$	0	$+$
$f(x)$		$\searrow$	극소	$\nearrow$

$x>0$일 때 $f(x)$는 $x=2$에서 극소이면서 최소이다.

따라서 함수 $y=f(x)$의 그래프의 개형은 다음 그림과 같다.

(i) $f(a)>f(2)$일 때   (ii) $f(a)\leq f(2)$일 때

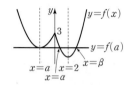 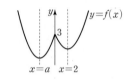

(i)의 경우, 방정식 $f(x)=f(a)$의 세 근을 $a,\ \alpha,\ \beta\ (a<\alpha<\beta)$라 하면 $g(t)$는 다음과 같다.

$$g(t)=\begin{cases} f(t) & (t<a) \\ f(a) & (a\leq t<\alpha) \\ f(t) & (\alpha\leq t<2) \\ f(2) & (t\geq2) \end{cases}$$

$$\therefore g'(t)=\begin{cases} 2t-2a & (t<a) \\ 0 & (a<t<\alpha) \\ (t-2)(t-b) & (\alpha<t<2) \\ 0 & (t>2) \end{cases}$$

이때 $\lim\limits_{t\to a-}g'(t)=0$,

$\lim\limits_{t\to a+}g'(t)=\lim\limits_{t\to a+}(t-2)(t-b)=(\alpha-2)(\alpha-\beta)\neq0$이므로

$g(t)$는 $t=\alpha$에서 미분가능하지 않다.

따라서 조건을 만족시키지 않는다.

(ii)의 경우, $g(t)$는 다음과 같다.

$$g(t)=\begin{cases} f(t) & (t<a) \\ f(a) & (t\geq a) \end{cases}$$

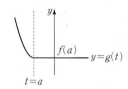

$$\therefore g'(t)=\begin{cases} 2t-2a & (t<a) \\ 0 & (t>a) \end{cases}$$

이때 $\lim\limits_{t\to a-}g'(t)=\lim\limits_{t\to a+}g'(t)=0$이므로 $g(t)$는 $t=a$에서 미분가능하다.

(i), (ii)에 의하여 $f(a)\leq f(2)$일 때 함수 $g(t)$는 실수 전체에서 미분가능하므로 $3-a^2\leq2b+\dfrac{5}{3}$

따라서 $a^2+2b\geq\dfrac{4}{3}$이므로 a^2+2b의 최솟값은 $\dfrac{4}{3}$이다. **답** ①

03 **전략** 점 B의 좌표를 $(t,\ t^2)$ $(t>0)$으로 놓고 세 점 A, C, D의 좌표를 t로 나타낸다.

풀이 점 B의 좌표를 $(t,\ t^2)$ $(t>0)$으로 놓으면 세 점 A, C, D의 좌

표는 각각

$A(-t,\ t^2),\ C(-t,\ -2t^2+k),\ D(t,\ -2t^2+k)$

이때 직사각형 ABDC의 넓이를 $S(t)$라 하면

$$\begin{aligned} S(t)&=\overline{AB}\times\overline{BD} \\ &=2t(-2t^2+k-t^2) \\ &=-6t^3+2kt \end{aligned}$$

$S'(t)=-18t^2+2k=-2(3t+\sqrt{k})(3t-\sqrt{k})$

$S'(t)=0$에서 $t=\dfrac{\sqrt{k}}{3}$ $(\because t>0)$

t	(0)	$\cdots$	$\dfrac{\sqrt{k}}{3}$	$\cdots$
$S'(t)$		$+$	0	$-$
$S(t)$		$\nearrow$	극대	$\searrow$

즉, $t>0$에서 $S(t)$는 $t=\dfrac{\sqrt{k}}{3}$일 때 극대이면서 최대이므로 직사각형 ABDC의 넓이 $S(t)$의 최댓값은

$$S\!\left(\dfrac{\sqrt{k}}{3}\right)=-6\left(\dfrac{\sqrt{k}}{3}\right)^3+2k\times\dfrac{\sqrt{k}}{3}=\dfrac{4}{9}k\sqrt{k}$$

$\dfrac{4}{9}k\sqrt{k}=12$이므로

$k\sqrt{k}=27,\ (\sqrt{k})^3=3^3,\ \sqrt{k}=3$

$\therefore k=9$ **답** 9

04 **전략** 반구에 내접하는 원기둥의 밑면인 원의 반지름의 길이와 높이 사이의 관계를 이용한다.

풀이 오른쪽 그림은 반구를 반구의 중심 O를 포함하여 수직으로 자른 단면이다.

피타고라스 정리에 의하여

$r^2=R^2-h^2$

원기둥의 부피를 V라 하면

$$\begin{aligned} V&=\pi r^2h=\pi(R^2-h^2)h \\ &=\pi(R^2h-h^3)\ (0<h<R) \end{aligned}$$

$V'=\pi(R^2-3h^2)=\pi(R+\sqrt{3}h)(R-\sqrt{3}h)$

$V'=0$에서 $h=\dfrac{\sqrt{3}}{3}R$ $(\because 0<h<R)$

h	(0)	$\cdots$	$\dfrac{\sqrt{3}}{3}R$	$\cdots$	(R)
V'		$+$	0	$-$	
V		$\nearrow$	극대	$\searrow$	

즉, $0<h<R$에서 원기둥의 부피 V는 $h=\dfrac{\sqrt{3}}{3}R$일 때 극대이면서 최대이다.

$h=\dfrac{\sqrt{3}}{3}R$일 때 $r=\sqrt{R^2-h^2}=\sqrt{R^2-\dfrac{R^2}{3}}=\dfrac{\sqrt{6}}{3}R$

따라서 원기둥의 부피가 최대일 때, $h=\dfrac{\sqrt{3}}{3}R,\ r=\dfrac{\sqrt{6}}{3}R$이므로

$\dfrac{h}{r}=\dfrac{\dfrac{\sqrt{3}}{3}R}{\dfrac{\sqrt{6}}{3}R}=\dfrac{1}{\sqrt{2}}=\dfrac{\sqrt{2}}{2}$ **답** ②

05 전략 두 원의 겹치는 부분의 넓이가 최대가 될 때는 두 원의 중심 사이의 거리가 최소일 때임을 이용한다.

풀이 원 O_A와 원 O_B가 겹치는 부분의 넓이가 최대가 될 때는 원 O_A의 중심 A(5, 0)과 원 O_B의 중심 B 사이의 거리가 제일 작을 때이다.

점 B의 좌표를 (t, t^2+1)이라 하면

$$\overline{AB}=\sqrt{(t-5)^2+(t^2+1)^2}=\sqrt{t^4+3t^2-10t+26}$$

이때 $f(t)=t^4+3t^2-10t+26$으로 놓으면

$$f'(t)=4t^3+6t-10$$
$$=2(t-1)(2t^2+2t+5)$$

$f'(t)=0$에서

$t=1$ ($\because 2t^2+2t+5>0$)

t	$\cdots$	1	$\cdots$
$f'(t)$	$-$	0	$+$
$f(t)$	↘	극소	↗

따라서 $f(t)$는 $t=1$일 때 극소이면서 최소이므로 원 O_A와 원 O_B가 겹치는 부분의 넓이가 최대가 될 때의 점 B의 x좌표는 1이다. 답 ④

다른풀이 원 O_A와 원 O_B가 겹치는 부분의 넓이가 최대가 될 때는 원 O_A의 중심 A(5, 0)과 원 O_B의 중심 점 B 사이의 거리가 제일 작을 때이다.

그 거리가 제일 작을 때는 점 B에서의 접선과 직선 AB가 서로 수직일 때이다.

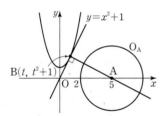

이때 $f(x)=x^2+1$로 놓고 점 B의 좌표를 (t, t^2+1)이라 하면 점 B에서의 접선의 기울기는 $f'(t)=2t$, 직선 AB의 기울기는 $\dfrac{t^2+1}{t-5}$이므로

$$\dfrac{t^2+1}{t-5}\times 2t=-1$$

$2t^3+3t-5=0$, $(t-1)(2t^2+2t+5)=0$

$\therefore t=1$ ($\because 2t^2+2t+5>0$)

따라서 원 O_A와 원 O_B가 겹치는 부분의 넓이가 최대가 될 때의 점 B의 x좌표는 1이다.

06 전략 세 근이 x, y, z인 삼차방정식을 이용한다.

풀이 $xyz=k$ (k는 상수)로 놓으면

$x+y+z=-6$, $xy+yz+zx=9$, $xyz=k$

이므로 x, y, z를 세 근으로 하고 최고차항의 계수가 1인 삼차방정식은

$t^3+6t^2+9t-k=0$ ...... ㉠

$f(t)=t^3+6t^2+9t$로 놓으면

$f'(t)=3t^2+12t+9=3(t^2+4t+3)=3(t+3)(t+1)$

$f'(t)=0$에서 $t=-3$ 또는 $t=-1$

t	$\cdots$	-3	$\cdots$	-1	$\cdots$
$f'(t)$	$+$	0	$-$	0	$+$
$f(t)$	↗	0	↘	-4	↗

즉, 함수 $f(t)$는 $t=-3$에서 극댓값 0, $t=-1$에서 극솟값 -4를 가지므로 $y=f(t)$의 그래프는 오른쪽 그림과 같다.

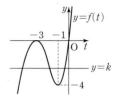

방정식 ㉠이 서로 다른 세 실근을 가지므로 함수 $y=t^3+6t^2+9t$의 그래프와 직선 $y=k$는 서로 다른 세 점에서 만나야 한다.

$\therefore -4<k<0$

따라서 정수 xyz의 최댓값은 -1, 최솟값은 -3이므로 그 합은

$-1+(-3)=-4$ 답 ①

07 전략 도함수의 그래프를 이용하여 함수의 그래프를 추론한다.

풀이 $h(x)=f(x)-g(x)$에서

$h(\alpha)=f(\alpha)-g(\alpha)=0$

$h'(x)=f'(x)-g'(x)$이므로 $h'(x)=0$에서

$h'(\alpha)=0$, $h'(\beta)=0$

또, $y=f'(x)$와 $y=g'(x)$의 그래프가 $x=\alpha$에서 접하므로

$h'(x)=a(x-\beta)(x-\alpha)^2$ $(a>0)$

으로 놓을 수 있다.

x	$\cdots$	β	$\cdots$	α	$\cdots$
$h'(x)$	$-$	0	$+$	0	$+$
$h(x)$	↘	극소	↗	0	↗

따라서 $y=h(x)$의 그래프는 다음 그림과 같다.

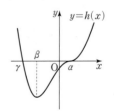

ㄱ. 함수 $h(x)$는 $x=\alpha$에서 극값을 갖지 않는다. (거짓)

ㄴ. 함수 $y=h(x)$의 그래프에서 방정식 $h(x)=0$의 해는

$x=\alpha$ 또는 $x=\gamma$

이때 $\gamma<\beta$이므로 $\alpha+\gamma<\alpha+\beta$

따라서 방정식 $h(x)=0$의 서로 다른 모든 실근의 합은 $\alpha+\beta$보다 작다. (참)

ㄷ. $h(\alpha)=0$이므로

$$\dfrac{h(\beta)}{\beta-\alpha}=\dfrac{h(\beta)-h(\alpha)}{\beta-\alpha}$$

즉, 이 값은 두 점 $(\alpha, 0)$, $(\beta, h(\beta))$를 지나는 직선의 기울기이므로 오른쪽 그림과 같이 $y=h(x)$의 그래프의 접선 중 기울기가 $\dfrac{h(\beta)}{\beta-\alpha}$인 것은 3개이다. (거짓)

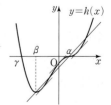

따라서 옳은 것은 ㄴ뿐이다. 답 ②

08 전략 삼차방정식이 오직 한 개의 실근을 가질 조건을 이용한다.

풀이 두 함수 $y=f(x)$, $y=g(x)$의 그래프가 오직 한 점에서 만나기 위해서는 방정식 $f(x)=g(x)$, 즉 $2x^3-\dfrac{1}{2}=-ax^2+\dfrac{1}{2}$이 오직 한 개의 실근을 가져야 한다.

$h(x)=f(x)-g(x)=2x^3+ax^2-1$로 놓으면 삼차방정식 $h(x)=0$이 오직 한 개의 실근을 가져야 한다.

$h'(x)=6x^2+2ax=2x(3x+a)$

$h'(x)=0$에서 $2x(3x+a)=0$

$\therefore x=0$ 또는 $x=-\dfrac{a}{3}$

즉, 삼차함수 $h(x)$는 $x=0$, $x=-\dfrac{a}{3}$에서 극값을 갖는다.

따라서 삼차방정식 $h(x)=0$이 오직 한 개의 실근을 가지려면

$h(0)h\left(-\dfrac{a}{3}\right)>0$이어야 하므로

$(-1)\times\left(\dfrac{1}{27}a^3-1\right)>0$, $\dfrac{1}{27}a^3<1$, $a^3<27$

$\therefore 0<a<3\ (\because a>0)$ 답 ②

09 전략 곱의 미분법에 의하여 함수 $g(x)$가 $g(x)=\{xf(x)\}'$임을 이용한다.

풀이 삼차방정식 $f(x)=0$이 서로 다른 세 개의 양의 실근을 가지므로 서로 다른 세 양수 α, β, γ에 대하여

$f(x)=a(x-\alpha)(x-\beta)(x-\gamma)\ (a>0)$

로 놓을 수 있다.

또, $g(x)=f(x)+xf'(x)=\{xf(x)\}'$이므로 $g(x)$는 함수 $xf(x)$의 도함수이다.

ㄱ. $a>0$이고, α, β, γ가 모두 양수이므로

$g(0)=f(0)=-a\alpha\beta\gamma<0$ (참)

ㄴ. $0<\alpha<\beta<\gamma$라 하면 $y=xf(x)$와 $y=g(x)$의 그래프의 개형은 다음 그림과 같다.

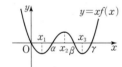 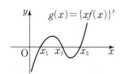

따라서 방정식 $g(x)=0$은 서로 다른 세 개의 양의 실근을 갖는다. (참)

ㄷ. ㄴ에서 방정식 $g(x)=0$의 세 실근 x_1, x_2, x_3은 각각 0과 α, α와 β, β와 γ 사이에 존재하므로 방정식 $f(x)=0$과 $g(x)=0$의 공통근이 존재하지 않는다. (거짓)

따라서 옳은 것은 ㄱ, ㄴ이다. 답 ③

10 전략 그래프의 개형에 따라 절댓값 기호를 포함한 방정식의 실근의 개수에 대한 함수를 추측해 본다.

풀이 $f(x)=x^3-\dfrac{9}{2}ax^2+6a^2x+b$에서

$f'(x)=3x^2-9ax+6a^2=3(x-a)(x-2a)$

$f'(x)=0$에서 $x=a$ 또는 $x=2a$

x	$\cdots$	a	$\cdots$	$2a$	$\cdots$
$f'(x)$	+	0	−	0	+
$f(x)$	↗	$\dfrac{5}{2}a^3+b$	↘	$2a^3+b$	↗

함수 $f(x)$는 $x=a$에서 극대이고, $x=2a$에서 극소이므로 함수 $y=f(x)$의 그래프의 개형은 오른쪽 그림과 같다.

이때 함수 $g(t)$가 $t=0$, $t=2$에서만 불연속이기 위해서는 $y=|f(x)|$의 그래프가 다음과 같아야 한다.

(i) 함수 $f(x)$의 극댓값 $f(a)=2$,
극솟값 $f(2a)=-2$일 때

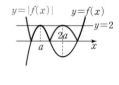

$\dfrac{5}{2}a^3+b=2$, $2a^3+b=-2$이므로

$a=2$, $b=-18$

(ii) 함수 $f(x)$의 극댓값 $f(a)=0$,
극솟값 $f(2a)=-2$일 때

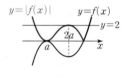

$\dfrac{5}{2}a^3+b=0$, $2a^3+b=-2$이므로

$a^3=4$, $b=-10$

(iii) 함수 $f(x)$의 극댓값 $f(a)=2$,
극솟값 $f(2a)=0$일 때

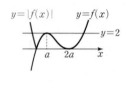

$\dfrac{5}{2}a^3+b=2$, $2a^3+b=0$이므로

$a^3=4$, $b=-8$

(i), (ii), (iii)에 의하여 $a=2$, $b=-18$ ($\because a$는 양의 정수)

따라서 $f(x)=x^3-9x^2+24x-18$이므로

$f(1)=1-9+24-18=-2$ 답 ①

참고 $g(t)$는 $y=|f(x)|$의 그래프와 직선 $y=t$의 교점의 개수이므로 위의 (i), (ii), (iii)의 경우 함수 $g(t)$는 다음과 같다.

$$\text{(i) } g(t)=\begin{cases} 0 & (t<0) \\ 3 & (t=0) \\ 6 & (0<t<2) \\ 4 & (t=2) \\ 2 & (t>2) \end{cases} \qquad \text{(ii), (iii) } g(t)=\begin{cases} 0 & (t<0) \\ 2 & (t=0) \\ 4 & (0<t<2) \\ 3 & (t=2) \\ 2 & (t>2) \end{cases}$$

따라서 함수 $g(t)$는 $t=0$, $t=2$에서만 불연속이다.

11 전략 사차함수 $f(x)$의 그래프의 개형을 추측한다.

풀이 ㄱ. 방정식 $f'(x)=0$의 서로 다른 두 실근을 $x=a$, $x=b$라 하면 함수 $y=f(x)$의 그래프의 개형은 다음과 같이 두 가지 경우가 있다. (단, $a<b$)

(i) $x=a$가 중근일 때   (ii) $x=b$가 중근일 때

이때 (i)의 경우, 함수 $f(x)$의 최솟값은 $f(b)$이고 그 값은 0이 될 수 없다. (거짓)

ㄴ. 함수 $|f(x)|$가 두 점에서 미분가능하지 않으려면 함수 $y=f(x)$의 그래프의 개형은 다음과 같이 세 가지 경우가 가능하다.

(iii)   (iv)   (v)

이때 (iii)의 경우, 함수 $f(x)$는 $x=a$에서 극댓값을 갖는다.

(거짓)

ㄷ. 함수 $|f(x)|$가 오직 한 점에서 미분가능하지 않으려면 함수 $y=f(x)$의 그래프의 개형은 다음 그림과 같으므로 $f(x)=(x-a)^3(x-b)$로 놓을 수 있다.

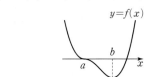

$f'(x)=(x-a)^2(4x-a-3b)$에서
$f'(a+2)=20$이므로
$2^2\times(3a+8-3b)=20,\ 3a+8-3b=5$
$\therefore b=a+1$
따라서 $f(x)=(x-a)^3(x-a-1)$이므로
$f(a+3)=3^3\times 2=54$ (참)

따라서 옳은 것은 ㄷ뿐이다.   **답** ②

12 **전략** 좌변의 함수의 최솟값을 구한다.

풀이 $f(x)=x^{2n+1}-(2n+1)x+n(n-4)$로 놓으면
$$f'(x)=(2n+1)x^{2n}-(2n+1)$$
$$=(2n+1)(x^{2n}-1)$$
$$=(2n+1)(x^n+1)(x^n-1)$$
$f'(x)=0$에서 $x=1$ ($\because x\geq 0$)

x	0	$\cdots$	1	$\cdots$
$f'(x)$		$-$	0	$+$
$f(x)$		$\searrow$	극소	$\nearrow$

$x\geq 0$에서 함수 $f(x)$는 $x=1$일 때 극소이면서 최소이므로 $x\geq 0$인 모든 실수 x에 대하여 부등식 $f(x)\geq 0$이 성립하려면 $f(1)\geq 0$이어야 한다.
이때 $f(1)=1-(2n+1)+n(n-4)=n^2-6n$이므로
$n^2-6n\geq 0,\ n(n-6)\geq 0$
$\therefore n\geq 6$ ($\because n$은 자연수)
따라서 자연수 n의 최솟값은 6이다.   **답** ③

13 **전략** a의 값의 범위에 따른 함수 $f(x)$의 최솟값을 이용한다.

풀이 $f(x)=x^3-3(a+1)x^2+3a(a+2)x-2(a+2)^2$으로 놓으면
$$f'(x)=3x^2-6(a+1)x+3a(a+2)$$
$$=3(x-a)\{x-(a+2)\}$$
$f'(x)=0$에서 $x=a$ 또는 $x=a+2$

x	$\cdots$	a	$\cdots$	$a+2$	$\cdots$
$f'(x)$	$+$	0	$-$	0	$+$
$f(x)$	$\nearrow$	극대	$\searrow$	극소	$\nearrow$

또,
$$f(a+2)=(a+2)^3-3(a+1)(a+2)^2+3a(a+2)^2-2(a+2)^2$$
$$=(a+2)^2\{a+2-3(a+1)+3a-2\}$$
$$=(a+2)^2(a-3)$$
이므로
$f(x)=f(a+2)$인 x의 값은
$x^3-3(a+1)x^2+3a(a+2)x-2(a+2)^2=(a+2)^2(a-3)$
$x^3-3(a+1)x^2+3a(a+2)x-(a+2)^2(a-1)=0$
$\{x-(a-1)\}\{x-(a+2)\}^2=0$
$\therefore x=a-1$ 또는 $x=a+2$
따라서 함수 $y=f(x)$의 그래프의 개형은 다음과 같다.

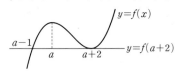

이때 a의 값의 범위에 따라 $x\geq 2$에서 부등식 $f(x)\geq 0$이 성립할 조건을 구할 수 있다.

(i) $a+2\leq 2$, 즉 $a\leq 0$일 때
$x\geq 2$에서 함수 $f(x)$의 최솟값은 $f(2)$이므로 부등식 $f(x)\geq 0$이 성립하기 위해서는 $f(2)\geq 0$이어야 한다.
즉, $f(2)=4a^2-8a-12=4(a+1)(a-3)\geq 0$
이어야 하므로
$a\leq -1$ ($\because a\leq 0$)

(ii) $a-1<2<a+2$, 즉 $0<a<3$일 때
$x\geq 2$에서 함수 $f(x)$의 최솟값은 $f(a+2)$이므로 부등식 $f(x)\geq 0$이 성립하기 위해서는 $f(a+2)\geq 0$이어야 한다.
즉, $f(a+2)=(a+2)^2(a-3)\geq 0$
이어야 하므로
$a=-2$ 또는 $a\geq 3$
이때 $0<a<3$이므로 조건을 만족시키지 않는다.

(iii) $a-1\geq 2$, 즉 $a\geq 3$일 때
$x\geq 2$에서 함수 $f(x)$의 최솟값은 $f(2)$이므로 부등식 $f(x)\geq 0$이 성립하기 위해서는 $f(2)\geq 0$이어야 한다.
즉, $f(2)=4a^2-8a-12=4(a+1)(a-3)\geq 0$
이어야 하므로
$a\geq 3$ ($\because a\geq 3$)

(i), (ii), (iii)에 의하여 $x\geq 2$인 모든 실수 x에 대하여 부등식 $f(x)\geq 0$이 성립하도록 하는 상수 a의 값의 범위는
$a\leq -1$ 또는 $a\geq 3$ **답** ⑤

14 **전략** 곡선 밖의 점에서 그은 접선의 방정식을 이용한다.

풀이 $x>0$일 때, $f(x)=x^3-3x^2+27$
$f'(x)=3x^2-6x=3x(x-2)$
$f'(x)=0$에서 $x=2$ ($\because x>0$)

x	(0)	$\cdots$	2	$\cdots$
$f'(x)$		$-$	0	$+$
$f(x)$		$\searrow$	23	$\nearrow$

따라서 함수 $y=f(x)$의 그래프는 오른쪽 그림과 같다.

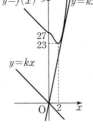

(ⅰ) $x \leq 0$일 때

부등식 $f(x) \geq kx$가 성립하려면 직선 $y=kx$의 기울기 k가 직선 $y=-2x+27$의 기울기인 -2보다 크거나 같아야 하므로 $k \geq -2$

(ⅱ) $x > 0$일 때

부등식 $f(x) \geq kx$가 성립하려면 직선 $y=kx$와 곡선 $y=x^3-3x^2+27$이 접하거나 만나지 않아야 한다.

직선 $y=kx$와 곡선 $y=x^3-3x^2+27$의 접점을 $A(t, t^3-3t^2+27)$이라 하면 점 A에서의 접선의 방정식은

$y-(t^3-3t^2+27)=(3t^2-6t)(x-t)$

$\therefore y=(3t^2-6t)x-2t^3+3t^2+27$

이 직선이 점 $(0, 0)$을 지나므로

$2t^3-3t^2-27=0$

$(t-3)(2t^2+3t+9)=0$

$\therefore t=3 \ (\because 2t^2+3t+9>0)$

따라서 접선의 방정식은 $y=9x$이므로 $k \leq 9$

(ⅰ), (ⅱ)에 의하여 $-2 \leq k \leq 9$이므로 실수 k의 최댓값 9와 최솟값 -2의 곱은

$9 \times (-2) = -18$ 답 ④

---

15 [전략] 모든 실수 x에 대하여 $g(x) \geq 0$이 성립하기 위한 사차함수 $g(x)$의 그래프의 개형을 추측한다.

[풀이] 조건 ㉮에서 $f(1)=f'(1)=0$이므로 사차함수 $f(x)$는

$f(x)=(x-1)^2(x^2+ax+b)$ (a, b는 실수)

로 놓을 수 있다.

$\therefore f'(x)=2(x-1)(x^2+ax+b)+(x-1)^2(2x+a)$
$\qquad = (x-1)\{2(x^2+ax+b)+(x-1)(2x+a)\}$
$\qquad = (x-1)\{4x^2+(3a-2)x+2b-a\}$

조건 ㉯에 의하여 모든 실수 x에 대하여

$x(x-1)\{4x^2+(3a-2)x+2b-a\} \geq (x-1)^2(x^2+ax+b)$

$\therefore (x-1)\{3x^3+(2a-1)x^2+bx+b\} \geq 0$

이때 $g(x)=(x-1)\{3x^3+(2a-1)x^2+bx+b\}$,

$h(x)=3x^3+(2a-1)x^2+bx+b$로 놓자.

모든 실수 x에 대하여 $g(x) \geq 0$이 성립하려면

$x < 1$일 때 $h(x) < 0$, $x > 1$일 때 $h(x) > 0$

이어야 하므로 $h(x)$는 $x-1$을 인수로 가져야 한다.

즉, $h(1)=3+(2a-1)+b+b=0$이므로 $b=-a-1$

$\therefore h(x)=3x^3+(2a-1)x^2-(a+1)x-(a+1)$
$\qquad = (x-1)\{3x^2+2(a+1)x+a+1\}$

$\therefore g(x)=(x-1)^2\{3x^2+2(a+1)x+a+1\}$

이때, $(x-1)^2 \geq 0$이므로 모든 실수 x에 대하여 $g(x) \geq 0$이려면

$3x^2+2(a+1)x+a+1 \geq 0$이어야 한다.

방정식 $3x^2+2(a+1)x+a+1=0$의 판별식을 D라 하면

$\dfrac{D}{4}=(a+1)^2-3(a+1) \leq 0$, $(a+1)(a-2) \leq 0$

$\therefore -1 \leq a \leq 2$ $\cdots\cdots$ ㉠

한편,

$f(x)=(x-1)^2(x^2+ax-a-1)$
$\quad = (x-1)^3(x+a+1)$

이므로 $f(2)=a+3$

㉠에서 $2 \leq a+3 \leq 5$이므로 $2 \leq f(2) \leq 5$

즉, $f(2)$의 최댓값은 5이고 최솟값은 2이므로 그 합은

$5+2=7$ 답 ⑤

---

16 [전략] 삼차함수의 그래프를 이용하여 방정식의 실근의 개수를 확인한다.

[풀이] 두 점 P, Q의 시각 t에서의 속도는 각각

$f'(t)=4t^3-24t^2+48t$, $g'(t)=6t^2+k$

두 점 P, Q의 속도가 같아지는 순간이 $t>0$에서 2회 존재하려면 방정식 $4t^3-24t^2+48t=6t^2+k$, 즉 $4t^3-30t^2+48t=k$가 양수인 서로 다른 두 실근을 가져야 한다.

$h(t)=4t^3-30t^2+48t$로 놓으면

$h'(t)=12t^2-60t+48=12(t-1)(t-4)$

$h'(t)=0$에서 $t=1$ 또는 $t=4$

t	(0)	$\cdots$	1	$\cdots$	4	$\cdots$
$h'(t)$		$+$	0	$-$	0	$+$
$h(t)$		$\nearrow$	22	$\searrow$	-32	$\nearrow$

즉, 함수 $h(t)$는 $t>0$에서 $t=1$일 때 극댓값 22, $t=4$일 때 극솟값 -32를 갖는다.

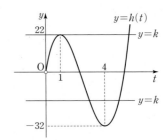

$h(t)=k$가 양수인 서로 다른 두 실근을 가지려면 $t>0$에서 곡선 $y=h(t)$와 직선 $y=k$가 서로 다른 두 점에서 만나야 하므로

$-32 < k \leq 0$ 또는 $k=22$

따라서 정수 k는 $22, 0, -1, -2, \cdots, -31$의 33개이다.   답 33

[참고] $t>0$이므로 $k=0$일 때 곡선 $y=h(t)$와 직선 $y=k$는 서로 다른 두 점에서 만난다.

---

17 [전략] 두 점 P, Q의 속도를 각각 구한다.

[풀이] 두 점 P, Q의 시각 t에서의 속도를 각각 $v_P(t)$, $v_Q(t)$라 하면

$v_P(t)=x_P'(t)=3t^2+4t+2$, $v_Q(t)=x_Q'(t)=4t+5$

ㄱ. $t>0$일 때,

$v_P(t)=3t^2+4t+2=3\left(t+\dfrac{2}{3}\right)^2+\dfrac{2}{3}>0$, $v_Q(t)=4t+5>0$

따라서 두 점 P, Q는 모두 운동 방향을 바꾸지 않고 처음 출발한 방향으로만 운동한다. (참)

ㄴ. $t>0$일 때, 방정식 $x_P(t)-x_Q(t)=0$의 서로 다른 실근의 개수가 두 점 P, Q가 출발 후 만나는 횟수이므로

$t^3+2t^2+2t=2t^2+5t$, $t^3-3t=0$

$t(t+\sqrt{3})(t-\sqrt{3})=0$

$\therefore t=\sqrt{3}$ ($\because t>0$)

따라서 두 점 P, Q는 출발 후 한 번 만난다. (참)

ㄷ. 두 점 P, Q 사이의 거리가 자연수가 된다는 것은 $|x_P(t)-x_Q(t)|$의 값이 자연수가 된다는 것이므로 그때의 시각 t의 횟수는 곡선 $y=|x_P(t)-x_Q(t)|$와 직선 $y=k$ (k는 자연수)의 교점의 개수이다.

$f(t)=x_P(t)-x_Q(t)=t^3-3t$로 놓으면

$f'(t)=3t^2-3=3(t+1)(t-1)$

$f'(t)=0$에서 $t=1$ ($\because 0<t<3$)

t	(0)	$\cdots$	1	$\cdots$	(3)
$f'(t)$		$-$	0	$+$	
$f(t)$		$\searrow$	-2	$\nearrow$	

또, $0<t<3$에서 곡선 $y=|f(t)|$의 그래프는 오른쪽 그림과 같다.

$0<t<3$일 때 곡선 $y=|f(t)|$와 직선 $y=k$의 교점은

$k=1$일 때 3개, $k=2$일 때 2개

$2<k<18$일 때 1개

이므로 교점의 개수는 $3+2+15=20$

따라서 두 점 P, Q 사이의 거리가 자연수가 되는 시각은 총 20번이다. (참)

따라서 ㄱ, ㄴ, ㄷ 모두 옳다.

답 ⑤

---

18 전략 구의 반지름의 길이와 정육면체의 한 모서리의 길이 사이의 관계를 이용한다.

풀이 구의 중심을 O라 하고, 중심 O를 지나면서 정육면체의 대각선을 포함하는 평면으로 자른 단면은 다음 그림과 같다.

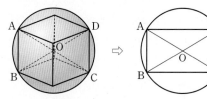

t초 후의 구의 반지름의 길이를 $r(t)$, 정육면체의 한 모서리의 길이를 $x(t)$라 하자.

$\overline{OA}=\overline{OB}=\overline{OC}=\overline{OD}=r(t)$, $\overline{AB}=\overline{CD}=x(t)$

$\overline{BC}$와 $\overline{DA}$는 정육면체의 한 면의 대각선이므로

$\overline{BC}=\overline{DA}=\sqrt{2}x(t)$

직각삼각형 ABC에서

$\{2r(t)\}^2=\{x(t)\}^2+\{\sqrt{2}x(t)\}^2$, $4\{r(t)\}^2=3\{x(t)\}^2$

$\therefore x(t)=\dfrac{2\sqrt{3}}{3}r(t)$ ($\because x(t)>0$)

또, 구의 반지름의 길이는 $2\sqrt{3}$에서 시작하여 매초 $\sqrt{3}$씩 늘어나므로

$r(t)=2\sqrt{3}+\sqrt{3}t=\sqrt{3}(2+t)$

$\therefore x(t)=\dfrac{2\sqrt{3}}{3}r(t)=\dfrac{2\sqrt{3}}{3}\times\sqrt{3}(t+2)=2(t+2)$

t초 후의 구 S의 부피는

$\dfrac{4}{3}\pi\{r(t)\}^3=\dfrac{4}{3}\pi\{\sqrt{3}(t+2)\}^3=4\sqrt{3}\pi(t+2)^3$

이므로 부피가 $108\sqrt{3}\pi$가 되는 시각은

$4\sqrt{3}\pi(t+2)^3=108\sqrt{3}\pi$, $(t+2)^3=27$

$t+2=3$ $\therefore t=1$

t초 후의 정육면체의 부피를 $V(t)$라 하면

$V(t)=\{x(t)\}^3=\{2(t+2)\}^3=8(t+2)^3$

이므로 부피의 변화율 $V'(t)$는

$V'(t)=24(t+2)^2$

따라서 구의 부피가 $108\sqrt{3}\pi$가 되는 순간의 구에 내접하는 정육면체의 부피의 변화율은

$V'(1)=24\times3^2=216$

답 216

✎다른풀이 정육면체의 대각선이 구의 지름이므로

$\sqrt{3}x(t)=2r(t)$ $\therefore x(t)=\dfrac{2\sqrt{3}}{3}r(t)$

---

19 전략 양수 t의 크기에 따라 최댓값 $g_t(x)$의 그래프의 개형을 추측한다.

풀이 $f'(x)=3x^2-2ax=x(3x-2a)$

$f'(x)=0$에서 $x=0$ 또는 $x=\dfrac{2}{3}a$

x	$\cdots$	0	$\cdots$	$\dfrac{2}{3}a$	$\cdots$
$f'(x)$	$+$	0	$-$	0	$+$
$f(x)$	$\nearrow$	극대	$\searrow$	극소	$\nearrow$

즉, 함수 $f(x)$는 $x=0$에서 극대, $x=\dfrac{2}{3}a$에서 극소이다.

또, $f(x)=f(0)$에서

$x^3-ax^2+10=10$, $x^3-ax^2=0$

$x^2(x-a)=0$

$\therefore x=0$ 또는 $x=a$

따라서 함수 $y=f(x)$의 그래프는 오른쪽 그림과 같다.

이때 함수 $g_t(x)$는 구간 $[x-t,\ x+t]$의 길이에 따라 다음과 같다.

(i) $2t<a$일 때

$$g_t(x)=\begin{cases} f(x+t) & (x+t<0) \\ f(0) & (x-t\leq0\leq x+t) \\ f(x-t) \text{ 또는 } f(x+t) & (x-t>0,\ x+t<a) \\ f(x+t) & (x+t\geq a) \end{cases}$$

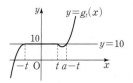

(ii) $2t \geq a$일 때

$$g_t(x) = \begin{cases} f(x+t) & (x+t<0) \\ f(0) & (0 \leq x+t \leq a) \\ f(x+t) & (x+t>a) \end{cases}$$

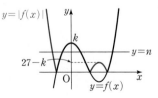

(i), (ii)에 의하여 함수 $g_t(x)$가 주어진 조건을 만족시키려면 $2t \geq a$이어야 한다.

즉, $t \geq \dfrac{a}{2}$이므로 양수 t의 최솟값은 $\dfrac{a}{2}=6$

$\therefore a=12$

따라서 $f(x)=x^3-12x^2+10$이므로

$\{f(2)\}^2=(2^3-12 \times 2^2+10)^2=(-30)^2=900$

답 900

20 **전략** 서로 다른 세 실근을 가질 조건과 절댓값 기호가 포함된 방정식의 실근의 개수를 만족시키는 삼차함수의 그래프의 개형을 추측한다.

풀이 $f'(x)=6x^2-18x=6x(x-3)$

$f'(x)=0$에서 $x=0$ 또는 $x=3$

x	$\cdots$	0	$\cdots$	3	$\cdots$
$f'(x)$	$+$	0	$-$	0	$+$
$f(x)$	↗	k	↘	$k-27$	↗

즉, 함수 $f(x)$는 $x=0$에서 극댓값 k, $x=3$에서 극솟값 $k-27$을 갖는다.

조건 ㈎에 의하여 삼차방정식 $f(x)=0$이 서로 다른 세 실근을 가지므로 (극댓값)$\times$(극솟값)<0이어야 한다.

즉, $k(k-27)<0$이므로

$0<k<27$

따라서 k의 값의 범위에 따라 $y=f(x)$와 $y=|f(x)|$의 그래프의 개형은 다음과 같다.

(i) $\dfrac{27}{2}<k<27$일 때

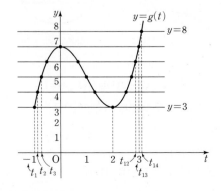

이때 $\sum\limits_{n=1}^{20} a_n$의 값은 k의 값에 따라 다음과 같다.

① $\dfrac{27}{2}<k \leq 19$일 때, $a_n = \begin{cases} 6 & (1 \leq n < 27-k) \\ 5 & (n=27-k) \\ 4 & (27-k<n<k) \\ 3 & (n=k) \\ 2 & (k<n \leq 20) \end{cases}$

$\therefore \sum\limits_{n=1}^{20} a_n = 6 \times (26-k)+5+4 \times (2k-28)+3+2 \times (20-k)$

$\qquad = 92$

② $k=20$일 때, $a_n = \begin{cases} 6 & (1 \leq n \leq 6) \\ 5 & (n=7) \\ 4 & (8 \leq n \leq 19) \\ 3 & (n=20) \end{cases}$

$\therefore \sum\limits_{n=1}^{20} a_n = 6 \times 6+5+4 \times 12+3 = 92$

③ $21 \leq k < 27$일 때, $a_n = \begin{cases} 6 & (1 \leq n < 27-k) \\ 5 & (n=27-k) \\ 4 & (27-k<n \leq 20) \end{cases}$

$\therefore \sum\limits_{n=1}^{20} a_n = 6 \times (26-k)+5+4 \times (k-7) = 133-2k$

①, ②, ③에 의하여 조건 ㈏를 만족시키기 위해서는 $21 \leq k < 27$이어야 하고 $133-2k=85$이어야 하므로

$2k=48$ $\quad \therefore k=24$

(ii) $0<k<\dfrac{27}{2}$일 때

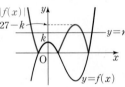

이 경우는 (i)의 경우에서 k 대신 $27-k$를 대입한 것과 같으므로 $27-k=24$, 즉 $k=3$일 때 조건 ㈏를 만족시킨다.

(i), (ii)에 의하여 모든 정수 k의 값의 곱은

$24 \times 3 = 72$

답 72

21 **전략** 방정식 $(g \circ f)(x)=k$의 해는 곡선 $y=(g \circ f)(x)$와 직선 $y=k$의 교점의 x좌표임을 이용한다.

풀이 $f(x)=x^2+2x=(x+1)^2-1$

이므로 함수 $f(x)$는 $x=-1$에서 최솟값 -1을 갖는다.

$\therefore f(x) \geq -1$

함수 $(g \circ f)(x)=g(f(x))$에서 $f(x)=t$로 놓으면 함수 $g(t)$는 $t \geq -1$에서 정의된다.

함수 $g(t)=t^3-3t^2+7$에서 $g'(t)=3t^2-6t=3t(t-2)$

$g'(t)=0$에서 $t=0$ 또는 $t=2$

t	-1	$\cdots$	0	$\cdots$	2	$\cdots$
$g'(t)$		$+$	0	$-$	0	$+$
$g(t)$	3	↗	7	↘	3	↗

함수 $g(t)$는 $t \geq -1$에서 $t=0$일 때 극댓값 7, $x=2$일 때 극솟값 3을 갖는다.

따라서 방정식 $g(t)=k$ $(k=3, 4, 5, 6, 7, 8)$의 해는 다음 그림과 같이 곡선 $y=g(t)$ $(t \geq -1)$와 6개의 직선 $y=3$, $y=4$, $\cdots$, $y=8$의 교점의 t좌표와 같다.

이때 교점의 t좌표를 작은 수부터 크기순으로 나열하면 t_1, t_2, t_3, $\cdots$, t_{14}이고, $t_1 = -1$, $t_{13} = 3$이 된다.

수열 $\{x_n\}$은
$f(x) = t_k$ $(1 \le k \le 14)$를 만족
시키는 x의 값이므로 오른쪽
그림과 같다.

이때 $f(x) = -1$을 만족시키
는 x의 값은 -1이고 $f(x) = 3$
을 만족시키는 x의 값은

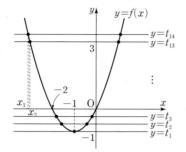

$x^2 + 2x = 3$에서 $x^2 + 2x - 3 = 0$
$(x+3)(x-1) = 0$ $\quad \therefore x = -3$ 또는 $x = 1$

또, $f(x) = t_k$ $(2 \le k \le 14)$를 만족시키는 x의 값은 2개이며, 그 값
은 직선 $x = -1$에 대하여 대칭이므로 이를 만족시키는 x의 값을 작
은 수부터 크기 순서대로 나열하면
$$x_1, \ x_2 = -3, \ x_3, \ \cdots, \ x_{14} = -1, \ x_{15}, \ \cdots, \ x_{26} = 1, \ x_{27}$$

이때 $\dfrac{x_k + x_{28-k}}{2} = -1$ $(1 \le k \le 13)$이므로

$x_k + x_{28-k} = -2$

따라서 $m = 27$이므로

$$a = \sum_{n=1}^{m} x_n = \sum_{n=1}^{27} x_n$$

$$= x_1 + x_2 + x_3 + \cdots + x_{14} + \cdots + x_{25} + x_{26} + x_{27}$$

$$= -2 \times 13 + (-1)$$

$$= -27$$

$b = x_{m-1} = x_{26} = 1$

$\therefore 2m + a + b = 2 \times 27 + (-27) + 1 = 28$

달 28

22 [전략] 조건을 만족시키는 삼차함수의 그래프의 개형을 추측한다.

[풀이] 조건 ㈎에 의하여 $f'(0) = 0$이므로 $y = f(x)$와 $y = f(|x|)$ 그
래프의 개형은 다음과 같이 세 가지 경우가 있다.

(i)
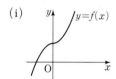 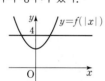

(ii)
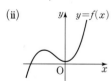

(iii)
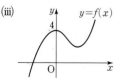 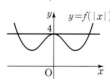

이때 조건 ㈏를 만족시키는 경우는 (iii)뿐이므로 함수 $f(x)$는
$f'(0) = 0$, $f(0) = 4$이고 $x = 0$에서 극댓값을 갖는다.

또, 조건 ㈐에 의하여 방정식 $\{f(x)\}^2 = a$, 즉 방정식
$f(x) = \sqrt{a}$ 또는 $f(x) = -\sqrt{a}$ $(a \ge 0)$가 서로 다른 네 실근을 갖도
록 하는 정수 a의 개수가 47이어야 한다.

함수 $f(x)$의 극솟값을 m이라 하면 $m < 4$

① $0 \le m < 4$일 때
방정식 $\{f(x)\}^2 = a$가 서로 다른
네 개의 실근을 가지려면
$m < \sqrt{a} < 4$
$\therefore m^2 < a < 16$

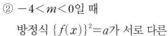
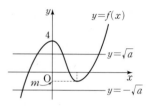

이때 $0 \le m < 4$이므로 이를 만족시키는 정수 a의 개수는 47이 될
수 없다.

② $-4 < m < 0$일 때
방정식 $\{f(x)\}^2 = a$가 서로 다른
네 개의 실근을 가지려면
$m < \sqrt{a} < 4$
$\therefore m^2 < a < 16$

이때 $-4 < m < 0$이므로 이를 만족시키는 정수 a의 개수는 47이
될 수 없다.

③ $m < -4$일 때
방정식 $\{f(x)\}^2 = a$가 서로 다른
네 개의 실근을 가지려면
$m < -\sqrt{a} < -4$
$\therefore 16 < a < m^2$

이때 정수 a의 개수가 47이 되려면
$m^2 - 16 - 1 = 47$, $m^2 = 64$
$\therefore m = -8$ $(\because m < -4)$

④ $m = -4$일 때
방정식 $\{f(x)\}^2 = a$가 서로 다른
네 개의 실근을 가지려면
$\sqrt{a} = 4$
$\therefore a = 16$

즉, 정수 a의 개수가 1이다.

①~④에 의하여 $m = -8$이므로 함수 $f(x)$의 극솟값은 -8이다.

삼차함수 $f(x) = 3x^3 + ax^2 + bx + c$ $(a, b, c$는 상수)로 놓으면
$f(0) = 4$, $f'(0) = 0$이고 $f(p) = -8$, $f'(p) = 0$을 만족시키는 양수
p가 존재한다.

즉, $f'(x) = 9x(x-p) = 9x^2 - 9px$로 놓을 수 있고
$f'(x) = 9x^2 + 2ax + b$이므로 $2a = -9p$, $b = 0$

$\therefore a = -\dfrac{9}{2}p$, $b = 0$

$\therefore f(x) = 3x^3 - \dfrac{9}{2}px^2 + c$

또, $f(0) = 4$, $f(p) = -8$이므로
$c = 4$, $-\dfrac{3}{2}p^3 + c = -8$

$\dfrac{3}{2}p^3 = 12$, $p^3 = 8$

$\therefore p = 2$

따라서 $f(x) = 3x^3 - 9x^2 + 4$이므로
$f(4) = 192 - 144 + 4 = 52$

달 52

Ⅲ 적분

06 부정적분과 정적분

01 ③	02 32	03 −12	04 ④	05 25
06 24	07 ①	08 ②		

01 ㄱ. $\dfrac{d}{dx}\{x^3+F(x)+C\}=3x^2+f(x)$이므로

　$\displaystyle\int\{3x^2+f(x)\}dx=x^3+F(x)+C$ (참)

ㄴ. $\dfrac{d}{dx}\{xF(x)+C\}=F(x)+xf(x)$이므로

　$\displaystyle\int xf(x)dx\neq xF(x)+C$ (거짓)

ㄷ. $\dfrac{d}{dx}[\{F(x)\}^2+C]=2F(x)f(x)$이므로

　$\displaystyle\int 2F(x)f(x)dx=\{F(x)\}^2+C$ (참)

따라서 옳은 것은 ㄱ, ㄷ이다.　　　　　　　답 ③

02 $f'(x)=\begin{cases} -3x^2 & (|x|>2) \\ 4x & (|x|<2) \end{cases}$ 이므로

$f(x)=\begin{cases} -x^3+C_1 & (x>2) \\ 2x^2+C_2 & (-2<x<2) \\ -x^3+C_3 & (x<-2) \end{cases}$ (단, C_1, C_2, C_3은 적분상수)

$y=f(x)$의 그래프가 점 $(-1, 10)$을 지나므로 $f(-1)=10$

$2+C_2=10$　∴ $C_2=8$

이때 $f(x)$는 $x=2$에서 연속이므로

$f(2)=\lim\limits_{x\to2-}(2x^2+8)=\lim\limits_{x\to2+}(-x^3+C_1)$

$8+8=-8+C_1$　∴ $C_1=24$

또, $f(x)$는 $x=-2$에서 연속이므로

$f(-2)=\lim\limits_{x\to-2-}(-x^3+C_3)=\lim\limits_{x\to-2+}(2x^2+8)$

$8+C_3=8+8$　∴ $C_3=8$

따라서 $f(x)=\begin{cases} -x^3+24 & (x\geq2) \\ 2x^2+8 & (-2\leq x<2) \\ -x^3+8 & (x<-2) \end{cases}$ 이므로

$f(-3)+f(3)=(27+8)+(-27+24)=32$　　답 32

03 함수 $f(x)$의 최고차항이 x^3이므로 $f'(x)$의 최고차항은 $3x^2$이다.

또, 함수 $f(x)$가 $x=-2$에서 극댓값 20을 가지므로

$f'(-2)=0, f(-2)=20$

이때 $f'(-x)=f'(x)$이므로

$f'(2)=f'(-2)=0$

∴ $f'(x)=3(x+2)(x-2)$

$f'(x)=0$에서 $x=-2$ 또는 $x=2$

x	$\cdots$	-2	$\cdots$	2	$\cdots$
$f'(x)$	$+$	0	$-$	0	$+$
$f(x)$	↗	극대	↘	극소	↗

즉, 함수 $f(x)$는 $x=-2$에서 극댓값 20을 갖고, $x=2$에서 극솟값을 갖는다.

$f(x)=\displaystyle\int f'(x)dx=\int 3(x+2)(x-2)dx$

$\quad=\displaystyle\int(3x^2-12)dx$

$\quad=x^3-12x+C$ (단, C는 적분상수)

$f(-2)=20$이므로

$-8+24+C=20$

∴ $C=4$

따라서 $f(x)=x^3-12x+4$이므로 극솟값은

$f(2)=8-24+4=-12$　　　　　　　답 -12

04 $|x^2-nx|=\begin{cases} x^2-nx & (x\geq n) \\ -x^2+nx & (0\leq x<n) \text{ 이므로} \\ x^2-nx & (x<0) \end{cases}$

$f(n)=\displaystyle\int_0^{2n}|x^2-nx|dx$

$\quad=\displaystyle\int_0^n(-x^2+nx)dx+\int_n^{2n}(x^2-nx)dx$

$\quad=\left[-\dfrac{1}{3}x^3+\dfrac{1}{2}nx^2\right]_0^n+\left[\dfrac{1}{3}x^3-\dfrac{1}{2}nx^2\right]_n^{2n}$

$\quad=\dfrac{1}{6}n^3+\dfrac{5}{6}n^3=n^3$

∴ $f(1)+f(2)+f(3)+\cdots+f(10)$

$\quad=\displaystyle\sum_{k=1}^{10}f(k)=\sum_{k=1}^{10}k^3$

$\quad=\left(\dfrac{10\times11}{2}\right)^2=3025$　　　　　답 ④

개념 연계 **수학Ⅰ** **자연수의 거듭제곱의 합**

(1) $\displaystyle\sum_{k=1}^{n}k=\dfrac{n(n+1)}{2}$

(2) $\displaystyle\sum_{k=1}^{n}k^2=\dfrac{n(n+1)(2n+1)}{6}$

(3) $\displaystyle\sum_{k=1}^{n}k^3=\left\{\dfrac{n(n+1)}{2}\right\}^2$

---

05 $f(x)=g(x)$에서

$x\displaystyle\int_0^1\dfrac{t^2}{t+1}dt-\int_0^1\dfrac{1}{s+1}ds=\int_0^1\dfrac{t^3}{t+1}dt+x\int_0^1\dfrac{1}{s+1}ds$

$x\left(\displaystyle\int_0^1\dfrac{t^2}{t+1}dt-\int_0^1\dfrac{1}{s+1}ds\right)=\int_0^1\dfrac{t^3}{t+1}dt+\int_0^1\dfrac{1}{s+1}ds$

$x\left(\displaystyle\int_0^1\dfrac{t^2}{t+1}dt-\int_0^1\dfrac{1}{t+1}dt\right)=\int_0^1\dfrac{t^3}{t+1}dt+\int_0^1\dfrac{1}{t+1}dt$

$$x\int_0^1 \frac{t^2-1}{t+1}dt = \int_0^1 \frac{t^3+1}{t+1}dt$$

$$x\int_0^1 \frac{(t+1)(t-1)}{t+1}dt = \int_0^1 \frac{(t+1)(t^2-t+1)}{t+1}dt$$

$$x\int_0^1 (t-1)dt = \int_0^1 (t^2-t+1)dt$$

$$x\left[\frac{1}{2}t^2-t\right]_0^1 = \left[\frac{1}{3}t^3-\frac{1}{2}t^2+t\right]_0^1$$

$$-\frac{1}{2}x = \frac{5}{6}$$

$$\therefore x = -\frac{5}{3}$$

따라서 $a = -\frac{5}{3}$이므로

$$9a^2 = 9\times\left(-\frac{5}{3}\right)^2 = 25 \qquad \text{답 } 25$$

06 $f(x) = 9x^2 - \int_0^2 (x-3)f(t)dt$

$$= 9x^2 - x\int_0^2 f(t)dt + 3\int_0^2 f(t)dt$$

$$\int_0^2 f(t)dt = a \ (a\text{는 상수}) \qquad \cdots\cdots \ \text{㉠}$$

로 놓으면

$$f(x) = 9x^2 - ax + 3a$$

이것을 ㉠에 대입하면

$$\int_0^2 (9t^2-at+3a)dt = a, \ \left[3t^3-\frac{a}{2}t^2+3at\right]_0^2 = a$$

$$24-2a+6a = a, \ 3a = -24 \qquad \therefore a = -8$$

즉, $f(x) = 9x^2+8x-24$이므로

$$f'(x) = 18x+8$$

$$\therefore f(-2)-f'(-2) = (36-16-24)-(-36+8) = 24 \qquad \text{답 } 24$$

07 $\int_{-1}^x (x-t)f(t)dt = x^4+ax^3+bx^2-1$의 양변에 $x=-1$을 대입하면 $0 = 1-a+b-1$

$$\therefore a-b = 0 \qquad\qquad \cdots\cdots \ \text{㉠}$$

$\int_{-1}^x (x-t)f(t)dt = x^4+ax^3+bx^2-1$에서

$$x\int_{-1}^x f(t)dt - \int_{-1}^x tf(t)dt = x^4+ax^3+bx^2-1$$

양변을 x에 대하여 미분하면

$$\int_{-1}^x f(t)dt + xf(x) - xf(x) = 4x^3+3ax^2+2bx$$

$$\therefore \int_{-1}^x f(t)dt = 4x^3+3ax^2+2bx \qquad \cdots\cdots \ \text{㉡}$$

㉡의 양변에 $x=-1$을 대입하면

$$0 = -4+3a-2b$$

$$\therefore 3a-2b = 4 \qquad\qquad \cdots\cdots \ \text{㉢}$$

㉠, ㉢을 연립하여 풀면 $a=4$, $b=4$

이때 ㉡의 양변을 x에 대하여 미분하면

$$f(x) = 12x^2+6ax+2b$$

$$= 12x^2+24x+8$$

$$\therefore f(-1) = 12-24+8 = -4 \qquad \text{답 } ①$$

08 $f(t) = k^2-t^2$이라 하고 $f(t)$의 한 부정적분을 $F(x)$라 하면

$$F'(t) = f(t)$$

$$\lim_{x\to 2}\frac{1}{x-2}\int_4^{x^2}(k^2-t^2)dt$$

$$= \lim_{x\to 2}\frac{1}{x-2}\int_4^{x^2}f(t)dt$$

$$= \lim_{x\to 2}\frac{F(x^2)-F(4)}{x-2}$$

$$= \lim_{x\to 2}\left\{\frac{F(x^2)-F(4)}{(x-2)(x+2)}\times(x+2)\right\}$$

$$= \lim_{x\to 2}\left\{\frac{F(x^2)-F(4)}{x^2-4}\times(x+2)\right\}$$

$$= 4F'(4) = 4f(4)$$

$$= 4(k^2-16)$$

$$\therefore \sum_{k=1}^9\left\{\lim_{x\to 2}\frac{1}{x-2}\int_4^{x^2}(k^2-t^2)dt\right\}$$

$$= \sum_{k=1}^9 4(k^2-16)$$

$$= 4\times\left(\frac{9\times10\times19}{6}-16\times9\right)$$

$$= 564 \qquad \text{답 } ②$$

1 ②	1-1 23	2 19	2-1 ②	3 ⑤	3-1 ①
4 64	4-1 ①	5 17	5-1 ④	6 ②	6-1 ②
7 8	7-1 5	8 2	8-1 14	9 ④	9-1 ④
10 2	10-1 ④	11 ③	11-1 ④	12 ⑤	12-1 ①

1 **전략** $f(x)$가 이차함수임을 이용하여 함수 $g(x)$의 차수를 정하고, 부정적분과 도함수의 관계를 이용하여 함수 $f(x)$, $g(x)$를 구한다.

풀이 $f(x)g(x) = -2x^4+8x^3$은 사차함수이고 $f(x)$는 이차함수이므로 $g(x)$는 이차함수이다.

$$g(x) = ax^2+bx+c \ (a\neq0, \ a, \ b, \ c\text{는 상수}) \qquad \cdots\cdots \ \text{㉠}$$

로 놓으면

$$g'(x) = 2ax+b$$

$g(x) = \int\{x^2+f(x)\}dx$의 양변을 x에 대하여 미분하면

$$g'(x) = x^2+f(x), \ 2ax+b = x^2+f(x)$$

$$\therefore f(x) = -x^2+2ax+b \qquad\qquad \cdots\cdots \ \text{㉡}$$

㉠, ㉡에서

$$(-x^2+2ax+b)(ax^2+bx+c) = -2x^4+8x^3$$

$$-ax^4+(2a^2-b)x^3+(3ab-c)x^2+(2ac+b^2)x+bc = -2x^4+8x^3$$

이 식은 x에 대한 항등식이므로

$$-a = -2, \ 2a^2-b = 8, \ 3ab-c = 0, \ 2ac+b^2 = 0, \ bc = 0$$

$$\therefore a = 2, \ b = 0, \ c = 0$$

따라서 $g(x) = 2x^2$이므로

$$g(1) = 2\times1^2 = 2 \qquad \text{답 } ②$$

다른풀이 1 $f(x)$가 이차함수이므로

$f(x)=ax^2+bx+c$ $(a\neq0,\ a,\ b,\ c$는 상수$)$로 놓으면

$g(x)=\int\{x^2+f(x)\}dx$

$\quad=\int(x^2+ax^2+bx+c)dx$

$\quad=\int\{(1+a)x^2+bx+c\}dx$

$\quad=\dfrac{1}{3}(1+a)x^3+\dfrac{b}{2}x^2+cx+C$ $($단, C는 적분상수$)$ $\ \cdots\cdots$ ㉠

한편,

$f(x)g(x)=(ax^2+bx+c)g(x)=-2x^4+8x^3$ $\ \cdots\cdots$ ㉡

이므로 $g(x)$는 이차함수이다.

즉, $\dfrac{1}{3}(1+a)=0$이므로 $a=-1$

㉠, ㉡에서

$(-x^2+bx+c)\left(\dfrac{b}{2}x^2+cx+C\right)=-2x^4+8x^3$

$-\dfrac{b}{2}x^4+\left(\dfrac{b^2}{2}-c\right)x^3+\left(-C+\dfrac{3}{2}bc\right)x^2+(bC+c^2)x+cC$

$\hspace{7cm}=-2x^4+8x^3$

$-\dfrac{b}{2}=-2,\ \dfrac{b^2}{2}-c=8,\ -C+\dfrac{3}{2}bc=0,\ bC+c^2=0,\ cC=0$

$\therefore b=4,\ c=0,\ C=0$

따라서 $g(x)=2x^2$이므로

$g(1)=2$

다른풀이 2 $g(x)$는 이차함수이므로 $g'(x)=x^2+f(x)$는 일차함수

이다.

따라서 $f(x)$의 이차항의 계수는 -1이므로

$f(x)g(x)=-2x^4+8x^3=-2x^3(x-4)$에서

$f(x)=-x^2,\ g(x)=2x(x-4)$

$\hspace{3cm}$ 또는 $f(x)=-x(x-4),\ g(x)=2x^2$

이때 $f(x)=-x^2$이면 $g'(x)=0$이 되어 조건을 만족시키지 않는다.

따라서 $f(x)=-x(x-4),\ g(x)=2x^2$이므로

$g(1)=2$

1-1 **전략** 주어진 식을 이용하여 두 함수 $f(x),\ g(x)$의 차수를 정하고, 부정적분과 도함수의 관계를 이용하여 함수 $f(x),\ g(x)$를 구한다.

풀이 $f(x)=\displaystyle\int x^2g(x)dx$의 양변을 x에 대하여 미분하면

$f'(x)=x^2g(x)$ $\quad\cdots\cdots$ ㉠

함수 $g(x)$의 차수를 n이라 하면 ㉠에 의하여 $f'(x)$의 차수는 $n+2$이므로 함수 $f(x)$의 차수는 $n+3$이다.

따라서 $f(x)g(x)$의 차수는 $(n+3)+n=2n+3$이므로 $f(x)g(x)$의 도함수의 차수는 $2n+2$이다.

즉, $2n+2=4$ $\quad\therefore n=1$

즉, $g(x)$는 일차함수이고, $f(x)$는 사차함수이다.

$g(x)=ax+b$ $(a>0,\ a,\ b$는 상수$)$로 놓으면 ㉠에 의하여

$f'(x)=x^2(ax+b)=ax^3+bx^2$

$\therefore f(x)=\dfrac{1}{4}ax^4+\dfrac{1}{3}bx^3+C$ $($단, C는 적분상수$)$

한편, $\dfrac{d}{dx}\{f(x)g(x)\}=5x^4+14x^3+9x^2$에서

$f'(x)g(x)+f(x)g'(x)=5x^4+14x^3+9x^2$

이때

$f'(x)g(x)+f(x)g'(x)$

$=(ax^3+bx^2)(ax+b)+\left(\dfrac{1}{4}ax^4+\dfrac{1}{3}bx^3+C\right)\times a$

$=\dfrac{5}{4}a^2x^4+\dfrac{7}{3}abx^3+b^2x^2+aC$

이므로

$\dfrac{5}{4}a^2x^4+\dfrac{7}{3}abx^3+b^2x^2+aC=5x^4+14x^3+9x^2$

이 식은 x에 대한 항등식이므로

$\dfrac{5}{4}a^2=5,\ \dfrac{7}{3}ab=14,\ b^2=9,\ aC=0$

$\therefore a=2,\ b=3,\ C=0\ (\because a>0)$

따라서 $f(x)=\dfrac{1}{2}x^4+x^3,\ g(x)=2x+3$이므로

$f(2)+g(2)=16+7=23$ $\qquad$ **답** 23

2 **전략** 부정적분과 미분의 관계를 이용하여 $h'(x)$를 구하고, 극대와 극소를 판정한다.

풀이 $f'(x)=(x^2-1)^2(x^{100}+x^{98}+1)$,

$g'(x)=(x^3+1)(x^{100}+x^{98}+1)$

이므로

$h'(x)=f'(x)-g'(x)$

$\quad=\{(x^2-1)^2-(x^3+1)\}(x^{100}+x^{98}+1)$

$\quad=(x^4-x^3-2x^2)(x^{100}+x^{98}+1)$

$\quad=x^2(x+1)(x-2)(x^{100}+x^{98}+1)$

이때 $x^{100}+x^{98}+1=x^{98}(x^2+1)+1>0$이므로

$h'(x)=0$에서 $x=-1$ 또는 $x=0$ 또는 $x=2$

x	$\cdots$	-1	$\cdots$	0	$\cdots$	2	$\cdots$
$h'(x)$	$+$	0	$-$	0	$-$	0	$+$
$h(x)$	↗	극대	↘		↘	극소	↗

즉, 함수 $h(x)$는 $x=-1$에서 극대, $x=2$에서 극소이므로

$a=-1,\ b=2$

$\therefore a+10b=-1+10\times2=19$ $\qquad$ **답** 19

2-1 **전략** 부정적분과 미분의 관계를 이용하여 $f(x)+g(x),\ f(x)g(x)$를 구한다.

풀이 $\displaystyle\int\{f(x)+g(x)\}dx=-\dfrac{1}{4}x^4-\dfrac{1}{3}x^3+4x+C_1$,

$\displaystyle\int f(x)g(x)dx=\dfrac{2}{5}x^5-\dfrac{1}{2}x^4-\dfrac{8}{3}x^3+4x^2+C_2$의 양변을 각각 x에 대하여 미분하면

$f(x)+g(x)=-x^3-x^2+4$ …… ㉠

$f(x)g(x)=2x^4-2x^3-8x^2+8x$

               $=2x(x+2)(x-1)(x-2)$ …… ㉡

㉠에 $x=0$을 대입하면 $f(0)+g(0)=4$

이때 $f(0)=4$이므로 $g(0)=0$

㉠, ㉡에서 두 함수 $f(x)$, $g(x)$의 합은 삼차함수이고, 곱은 사차함수이므로 $f(x)$와 $g(x)$ 중 하나는 삼차함수이고 다른 하나는 일차함수이다.

(ⅰ) $f(x)$가 삼차함수, $g(x)$가 일차함수일 때

    $f(0)=4$, $g(0)=0$이므로 ㉡에 의하여

    $f(x)=(x+2)(x-1)(x-2)$, $g(x)=2x$

    이는 ㉠을 만족시키지 못한다.

(ⅱ) $f(x)$가 일차함수, $g(x)$가 삼차함수일 때

    $f(0)=4$, $g(0)=0$이므로 ㉡에 의하여

    $f(x)=2(x+2)$, $g(x)=x(x-1)(x-2)$

       또는 $f(x)=-4(x-1)$, $g(x)=-\dfrac{1}{2}x(x+2)(x-2)$

          또는 $f(x)=-2(x-2)$, $g(x)=-x(x+2)(x-1)$

    이 중 ㉠을 만족시키는 것은

      $f(x)=-2(x-2)$, $g(x)=-x(x+2)(x-1)$

(ⅰ), (ⅱ)에 의하여

$f(x)=-2(x-2)=-2x+4$,

$g(x)=-x(x+2)(x-1)=-x^3-x^2+2x$

$h(x)=f(x)-g(x)$로 놓으면

$h(x)=f(x)-g(x)=(-2x+4)-(-x^3-x^2+2x)$

        $=x^3+x^2-4x+4$

$h'(x)=3x^2+2x-4$에서 방정식 $h'(x)=0$의 판별식을 D라 하면

$\dfrac{D}{4}=1^2-3\times(-4)=13>0$

이므로 방정식 $h'(x)=0$은 서로 다른 두 실근을 갖는다.

그런데 함수 $h(x)$는 $x=\alpha$에서 극대, $x=\beta$에서 극소이므로

$h'(\alpha)=0$, $h'(\beta)=0$

따라서 α, β는 이차방정식 $h'(x)=0$, 즉 $3x^2+2x-4=0$의 두 근이므로 근과 계수의 관계에 의하여

$\alpha+\beta=-\dfrac{2}{3}$ 답 ②

3 전략 부정적분을 이용하여 함수 $f(x)$를 구하고, 함수 $f(x)$가 실수 전체의 집합에서 연속임을 확인한다.

풀이 $x^2-1=0$에서 $x^2=1$ ∴ $x=\pm1$

즉, $f'(x)=x+|x^2-1|=\begin{cases} x^2+x-1 & (x\le-1 \text{ 또는 } x\ge1) \\ -x^2+x+1 & (-1<x<1) \end{cases}$

이므로

$f(x)=\begin{cases} \dfrac{1}{3}x^3+\dfrac{1}{2}x^2-x+C_1 & (x\le-1) \\[2mm] -\dfrac{1}{3}x^3+\dfrac{1}{2}x^2+x+C_2 & (-1<x<1) \\[2mm] \dfrac{1}{3}x^3+\dfrac{1}{2}x^2-x+C_3 & (x\ge1) \end{cases}$

(단, C_1, C_2, C_3은 적분상수)

이때 함수 $y=f(x)$의 그래프가 원점을 지나므로 $f(0)=0$에서

$C_2=0$

또, 함수 $f(x)$가 실수 전체의 집합에서 연속이므로 $x=-1$, $x=1$에서 연속이어야 한다.

즉, $\lim\limits_{x\to-1-}f(x)=\lim\limits_{x\to-1+}f(x)=f(-1)$에서 $\dfrac{7}{6}+C_1=-\dfrac{1}{6}$

∴ $C_1=-\dfrac{4}{3}$

$\lim\limits_{x\to1-}f(x)=\lim\limits_{x\to1+}f(x)=f(1)$에서 $\dfrac{7}{6}=-\dfrac{1}{6}+C_3$

∴ $C_3=\dfrac{4}{3}$

∴ $f(x)=\begin{cases} \dfrac{1}{3}x^3+\dfrac{1}{2}x^2-x-\dfrac{4}{3} & (x\le-1) \\[2mm] -\dfrac{1}{3}x^3+\dfrac{1}{2}x^2+x & (-1<x<1) \\[2mm] \dfrac{1}{3}x^3+\dfrac{1}{2}x^2-x+\dfrac{4}{3} & (x\ge1) \end{cases}$

∴ $f(-2)+f(2)=0+4=4$ 답 ⑤

주의 부정적분을 이용하여 함수 $f(x)$를 구할 때, $x\le-1$일 때와 $x\ge1$일 때의 적분상수를 각각 설정하여 $x=-1$, $x=1$에서의 연속성을 확인해야 함에 유의한다.

3-1 전략 부정적분을 이용하여 함수 $f(x)$를 구한다.

풀이 주어진 그래프에서

$f'(x)=\begin{cases} 4 & (x<-2) \\ 2x & (-2<x<2) \\ 4 & (x>2) \end{cases}$ 이므로

$f(x)=\begin{cases} 4x+C_1 & (x<-2) \\ x^2+C_2 & (-2<x<2) \\ 4x+C_3 & (x>2) \end{cases}$ (단, C_1, C_2, C_3은 적분상수)

이때 $f(x)$가 연속함수이므로 $x=-2$, $x=2$에서 연속이어야 한다.

즉, $\lim\limits_{x\to-2-}f(x)=\lim\limits_{x\to-2+}f(x)=f(-2)$에서

$-8+C_1=4+C_2$ ∴ $C_1-C_2=12$ …… ㉠

$\lim\limits_{x\to2-}f(x)=\lim\limits_{x\to2+}f(x)=f(2)$에서

$4+C_2=8+C_3$ ∴ $C_2-C_3=4$ …… ㉡

㉠+㉡을 하면 $C_1-C_3=16$ …… ㉢

∴ $f(-5)-f(4)=(-20+C_1)-(16+C_3)$

                  $=-36+(C_1-C_3)$

                  $=-36+16\ (\because ㉢)$

                  $=-20$ 답 ①

4 전략 주어진 함수의 그래프를 이용하여 함수 $f(x)$를 구하고, 부정적분과 주어진 조건을 이용하여 함수 $g(x)$를 구한다.

풀이 삼차함수 $f(x)$의 최고차항의 계수는 1이고 $f(0)=0$, $f(\alpha)=0$, $f'(\alpha)=0$이므로

$f(x)=x(x-\alpha)^2$

조건 ㈎에서 $g'(x)=f(x)+xf'(x)=\{xf(x)\}'$이므로

$$g(x)=xf(x)+C$$
$$=x^2(x-a)^2+C \text{ (단, } C\text{는 적분상수)} \quad \cdots\cdots \text{㉠}$$
$$\therefore g'(x)=2x(x-a)^2+2x^2(x-a)$$
$$=2x(x-a)(2x-a)$$

$g'(x)=0$에서 $x=0$ 또는 $x=a$ 또는 $x=\dfrac{a}{2}$

이때 a가 양수이므로 $0<\dfrac{a}{2}<a$

x	$\cdots$	0	$\cdots$	$\dfrac{a}{2}$	$\cdots$	a	$\cdots$
$g'(x)$	$-$	0	$+$	0	$-$	0	$+$
$g(x)$	$\searrow$	극소	$\nearrow$	극대	$\searrow$	극소	$\nearrow$

즉, 함수 $g(x)$는 $x=0$ 또는 $x=a$에서 극소이고 $x=\dfrac{a}{2}$에서 극대이다.

조건 ㈏에 의하여
$$g\left(\dfrac{a}{2}\right)=81,\ g(0)=g(a)=0$$

㉠에서 $g(0)=g(a)=C$, $g\left(\dfrac{a}{2}\right)=\left(\dfrac{a}{2}\right)^4+C$이므로

$C=0$, $a=6\ (\because a>0)$

따라서 $g(x)=x^2(x-6)^2$이므로

$$g\left(\dfrac{a}{3}\right)=g(2)=2^2\times(2-6)^2=64 \qquad \blacksquare\ 64$$

다른풀이 $f(x)=x(x-a)^2$이므로

$$f'(x)=(x-a)^2+2x(x-a)=(x-a)(3x-a)$$

이때 조건 ㈎에서
$$g'(x)=f(x)+xf'(x)$$
$$=x(x-a)^2+x(x-a)(3x-a)$$
$$=4x^3-6ax^2+2a^2x$$

$$\therefore g(x)=\int g'(x)dx$$
$$=\int(4x^3-6ax^2+2a^2x)dx$$
$$=x^4-2ax^3+a^2x^2+C \text{ (단, } C\text{는 적분상수)}$$

함수 $g(x)$는 $x=0$ 또는 $x=a$에서 극소이고 $x=\dfrac{a}{2}$에서 극대이므로

조건 ㈏에 의하여

$$C=0,\ \left(\dfrac{a}{2}\right)^4-2a\times\left(\dfrac{a}{2}\right)^3+a^2\times\left(\dfrac{a}{2}\right)^2=81$$

$$\therefore a=6\ (\because a>0)$$

따라서 $g(x)=x^4-12x^3+36x^2$이므로

$$g\left(\dfrac{a}{3}\right)=g(2)=64$$

4-1 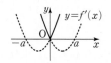 **전략** a의 값의 범위에 따라 두 함수 $f'(x)$와 $f(x)$의 그래프를 추론하여 함수 $f(x)$가 극댓값과 극솟값을 갖는 경우를 찾는다.

풀이 (i) $a>0$일 때

함수 $f'(x)$와 함수 $f(x)$의 그래프가 다음 그림과 같으므로 함수 $f(x)$는 극댓값과 극솟값을 갖지 않는다.

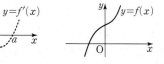

(ii) $a=0$일 때

$f'(x)=x^2$이므로 $f(x)=\dfrac{1}{3}x^3+C$ (단, C는 적분상수)

따라서 함수 $f(x)$는 극댓값과 극솟값을 갖지 않는다.

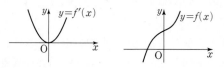

(iii) $a<0$일 때

함수 $f'(x)$와 함수 $f(x)$의 그래프가 다음 그림과 같으므로 함수 $f(x)$는 극댓값과 극솟값을 갖는다.

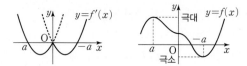

(i), (ii), (iii)에 의하여 $a<0$

$$f(x)=\begin{cases}\dfrac{1}{3}x^3-\dfrac{a}{2}x^2+C_1 & (x<0)\\[2mm]\dfrac{1}{3}x^3+\dfrac{a}{2}x^2+C_2 & (x\geq0)\end{cases} \text{ (단, } C_1, C_2\text{는 적분상수)}$$

함수 $f(x)$는 실수 전체의 집합에서 연속이므로 $x=0$에서도 연속이다.

즉, $\displaystyle\lim_{x\to0-}f(x)=\lim_{x\to0+}f(x)=f(0)$이므로

$$C_1=C_2$$

따라서 함수 $f(x)$의 극댓값은
$$f(a)=\dfrac{1}{3}a^3-\dfrac{1}{2}a^3+C_1$$
$$=-\dfrac{1}{6}a^3+C_1$$

이고 극솟값은
$$f(-a)=-\dfrac{1}{3}a^3+\dfrac{1}{2}a^3+C_2$$
$$=\dfrac{1}{6}a^3+C_2$$

이므로 극댓값과 극솟값의 차는
$$\left(-\dfrac{1}{6}a^3+C_1\right)-\left(\dfrac{1}{6}a^3+C_2\right)=-\dfrac{1}{3}a^3+C_1-C_2$$
$$=-\dfrac{1}{3}a^3\ (\because C_1=C_2)$$

즉, $-\dfrac{1}{3}a^3=27\sqrt{3}$, $a^3=-81\sqrt{3}=-3^{\frac{9}{2}}$

$$\therefore a=-3^{\frac{3}{2}}=-3\sqrt{3} \qquad \blacksquare\ ①$$

5 **전략** 함수 $y=f(x)$의 그래프를 이용하여 함수 $y=|f(x)|$의 그래프를 그리고, 이를 이용하여 함수 $g(t)$를 구한다.

풀이 삼차함수 $f(x)=x^3-3x-1$에서

$$f'(x)=3x^2-3=3(x+1)(x-1)$$

$f'(x)=0$에서 $x=-1$ 또는 $x=1$

x	$\cdots$	-1	$\cdots$	1	$\cdots$
$f'(x)$	$+$	0	$-$	0	$+$
$f(x)$	$\nearrow$	극대	$\searrow$	극소	$\nearrow$

이때 $f(-1)=1$, $f(1)=-3$이므로 함수 $y=f(x)$와 함수 $y=|f(x)|$의 그래프는 다음 그림과 같다.

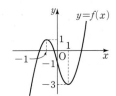 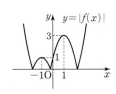

따라서 $-1 \le x \le t$에서 $|f(x)|$의 최댓값은

(ⅰ) $-1 \le t \le 0$일 때

$$|f(x)| \le |f(-1)| = 1$$

(ⅱ) $0 < t \le 1$일 때

$$|f(x)| \le |f(t)| = -t^3 + 3t + 1$$

(ⅰ), (ⅱ)에 의하여 $-1 \le x \le t$에서 함수 $g(t)$는

$$g(t) = \begin{cases} 1 & (-1 \le t \le 0) \\ -t^3 + 3t + 1 & (0 < t \le 1) \end{cases}$$

$$\therefore \int_{-1}^{1} g(t)\,dt = \int_{-1}^{0} 1\,dt + \int_{0}^{1}(-t^3 + 3t + 1)\,dt$$

$$= \Big[\,t\,\Big]_{-1}^{0} + \Big[-\frac{1}{4}t^4 + \frac{3}{2}t^2 + t\Big]_{0}^{1}$$

$$= 1 + \frac{9}{4} = \frac{13}{4}$$

따라서 $p = 4$, $q = 13$이므로

$p + q = 4 + 13 = 17$ **답** 17

참고 $-1 \le t \le 1$에서 함수 $y = g(t)$의 그래프는 오른쪽 그림과 같다.

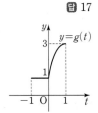

5-1 **전략** $\int_a^b f(x)\,dx = \int_a^c f(x)\,dx + \int_c^b f(x)\,dx$임을 이용하여 함수 $f(k)$를 구한다.

풀이 $x < k$일 때, $6 - |x-k| = 6 - \{-(x-k)\} = x + 6 - k$

$x \ge k$일 때, $6 - |x-k| = 6 - (x-k) = -x + 6 + k$

$$f(k) = \int_0^6 (6 - |x-k|)\,dx$$

$$= \int_0^k (x + 6 - k)\,dx + \int_k^6 (-x + 6 + k)\,dx$$

$$= \Big[\frac{1}{2}x^2 + (6-k)x\Big]_0^k + \Big[-\frac{1}{2}x^2 + (6+k)x\Big]_k^6$$

$$= \frac{1}{2}k^2 + 6k - k^2 + \Big\{(-18 + 36 + 6k) - \Big(-\frac{1}{2}k^2 + 6k + k^2\Big)\Big\}$$

$$= -k^2 + 6k + 18$$

$$= -(k-3)^2 + 27$$

따라서 함수 $f(k)$는 $k = 3$일 때 최댓값 27을 갖는다. **답** ④

다른풀이 오른쪽 그림에서

$$f(k) = \int_0^6 (6 - |x-k|)\,dx$$

는 함수 $y = 6 - |x-k|$의 그래프와 x축 및 두 직선 $x = 0$, $x = 6$으로 둘러싸인 부분의 넓이이므로 정사각형 OACE의 넓이에서 두 삼각형 BCD, EFD의 넓이를 뺀 것과 같다.

$$f(k) = \square\text{OACE} - (\triangle\text{BCD} + \triangle\text{EFD})$$

$$= 6^2 - \Big\{\frac{1}{2}k^2 + \frac{1}{2}(6-k)^2\Big\}$$

$$= -k^2 + 6k + 18$$

$$= -(k-3)^2 + 27$$

따라서 함수 $f(k)$는 $k = 3$일 때 최댓값 27을 갖는다.

6 **전략** 곡선 $y = f(x)$는 원점과 직선 $x = 3$에 대하여 대칭임을 이용하여 정적분의 식을 변형한다.

풀이 조건 ㈎에서 곡선 $y = f(x)$는 원점에 대하여 대칭이므로 임의의 실수 a에 대하여

$$\int_{-a}^{a} f(x)\,dx = 0$$

이때 조건 ㈐에서

$$\int_{-1}^{3} f(x)\,dx = \int_{-1}^{1} f(x)\,dx + \int_{1}^{3} f(x)\,dx = \int_{1}^{3} f(x)\,dx$$

이므로 $\int_{1}^{3} f(x)\,dx = 4$

또, $\int_{1}^{6} f(x)\,dx = 10$이므로

$$\int_{3}^{6} f(x)\,dx = \int_{1}^{6} f(x)\,dx - \int_{1}^{3} f(x)\,dx$$

$$= 10 - 4 = 6$$

조건 ㈏에 의하여

$$\int_{0}^{3} f(x)\,dx = \int_{3}^{6} f(x)\,dx = 6$$ **답** ②

6-1 **전략** 함수 $y = f(x)$의 그래프는 직선 $x = 4$ 및 y축에 대하여 대칭임을 이용하여 정적분의 식을 변형한다.

풀이 조건 ㈎에서 함수 $y = f(x)$의 그래프는 직선 $x = 4$에 대하여 대칭이므로 조건 ㈏에서

$$\int_{0}^{8} f(x)\,dx = 2\int_{4}^{8} f(x)\,dx$$

$$= 2 \times (-2) = -4$$

이고

$$\int_{8}^{9} f(x)\,dx = \int_{0}^{9} f(x)\,dx - \int_{0}^{8} f(x)\,dx$$

$$= 15 - (-4) = 19$$

$$\therefore \int_{-1}^{0} f(x)\,dx = \int_{8}^{9} f(x)\,dx = 19$$

또, 조건 ㈎에서 함수 $y = f(x)$의 그래프는 y축에 대하여 대칭이므로

$$\int_{0}^{1} f(x)\,dx = \int_{-1}^{0} f(x)\,dx = 19$$

$$\int_{1}^{2} f(x)\,dx = \int_{-1}^{2} f(x)\,dx - \int_{-1}^{1} f(x)\,dx$$

$$= \int_{-1}^{2} f(x)\,dx - 2\int_{0}^{1} f(x)\,dx$$

$$= 28 - 2 \times 19 = -10$$

$$\therefore \int_{-2}^{2} f(x)\,dx = 2\int_{0}^{2} f(x)\,dx$$

$$= 2\Big\{\int_{0}^{1} f(x)\,dx + \int_{1}^{2} f(x)\,dx\Big\}$$

$$= 2 \times \{19 + (-10)\} = 18$$ **답** ②

1등급 노트 대칭인 함수의 정적분

함수 $f(x)$가 $[-a, a]$에서 연속일 때

(1) $f(-x)=-f(x)$이면 $\displaystyle\int_{-a}^{a} f(x)dx=0$

(2) $f(-x)=f(x)$이면 $\displaystyle\int_{-a}^{a} f(x)dx=2\int_{0}^{a} f(x)dx$

---

7 **전략** 평행이동을 이용하여 $\displaystyle\int_{4}^{6} f(x)dx$의 값과 같은 정적분의 식을 찾는다.

풀이 조건 ㈎, ㈏에 의하여

$$\int_{0}^{4} f(x)dx=\int_{0}^{2} f(x)dx+\int_{2}^{4} f(x)dx$$
$$=\int_{0}^{2} f(x)dx+\int_{2}^{4} \{f(x-2)+3\}dx$$
$$=\int_{0}^{2} f(x)dx+\int_{0}^{2} \{f(x)+3\}dx$$
$$=\int_{0}^{2} f(x)dx+\int_{0}^{2} f(x)dx+\int_{0}^{2} 3dx$$
$$=2\int_{0}^{2} f(x)dx+\Big[3x\Big]_{0}^{2}$$
$$=2\int_{0}^{2} f(x)dx+6$$

즉, $2\displaystyle\int_{0}^{2} f(x)dx+6=-2$이므로 $\displaystyle\int_{0}^{2} f(x)dx=-4$

$$\therefore \int_{4}^{6} f(x)dx=\int_{4}^{6} \{f(x-2)+3\}dx$$
$$=\int_{2}^{4} \{f(x)+3\}dx$$
$$=\int_{2}^{4} [\{f(x-2)+3\}+3]dx$$
$$=\int_{0}^{2} \{f(x)+6\}dx$$
$$=\int_{0}^{2} f(x)dx+\int_{0}^{2} 6dx$$
$$=-4+\Big[6x\Big]_{0}^{2}$$
$$=-4+12=8$$ **답** 8

7-1 **전략** 함수의 연속과 평행이동을 이용하여 $0\le x<1$에서의 함수 $f(x)$의 정적분의 값을 구한다.

풀이 조건 ㈎에서 $f(0)=b$

조건 ㈏의 식에 $x=0$을 대입하면

$f(1)=f(0)+3=b+3$

이때 함수 $f(x)$가 실수 전체의 집합에서 연속이므로 $x=1$에서도 연속이다. 즉, $\displaystyle\lim_{x\to 1-} f(x)=\lim_{x\to 1+} f(x)=f(1)$이므로

$a+b=b+3$ $\quad \therefore a=3$

한편, 임의의 실수 n에 대하여

$$\int_{n+1}^{n+2} f(x)dx=\int_{n}^{n+1} f(x+1)dx$$
$$=\int_{n}^{n+1} \{f(x)+3\}dx \; (\because 조건 ㈏)$$
$$=\int_{n}^{n+1} f(x)dx+\Big[3x\Big]_{n}^{n+1}$$

$$=\int_{n}^{n+1} f(x)dx+3$$

이므로

$$\int_{1}^{2} f(x)dx=\int_{0}^{1} f(x)dx+3$$
$$\int_{2}^{3} f(x)dx=\int_{1}^{2} f(x)dx+3$$
$$=\Big\{\int_{0}^{1} f(x)dx+3\Big\}+3=\int_{0}^{1} f(x)dx+6$$
$$\int_{3}^{4} f(x)dx=\int_{2}^{3} f(x)dx+3$$
$$=\Big\{\int_{0}^{1} f(x)dx+6\Big\}+3=\int_{0}^{1} f(x)dx+9$$

$\therefore \displaystyle\int_{0}^{4} f(x)dx$

$$=\int_{0}^{1} f(x)dx+\int_{1}^{2} f(x)dx+\int_{2}^{3} f(x)dx+\int_{3}^{4} f(x)dx$$
$$=\int_{0}^{1} f(x)dx+\Big\{\int_{0}^{1} f(x)dx+3\Big\}$$
$$+\Big\{\int_{0}^{1} f(x)dx+6\Big\}+\Big\{\int_{0}^{1} f(x)dx+9\Big\}$$
$$=4\int_{0}^{1} f(x)dx+18$$

즉, $4\displaystyle\int_{0}^{1} f(x)dx+18=30$이므로 $\displaystyle\int_{0}^{1} f(x)dx=3$

이때 $\displaystyle\int_{0}^{1} f(x)dx=\int_{0}^{1} (3x^2+b)dx=\Big[x^3+bx\Big]_{0}^{1}=1+b$이므로

$1+b=3$

$\therefore b=2$

$\therefore a+b=3+2=5$ **답** 5

참고 $0\le x<1$에서 $f(x)=3x^2+2$이고,
$f(x+1)=f(x)+3$이므로 함수 $y=f(x)$의 그래프는 오른쪽 그림과 같다.

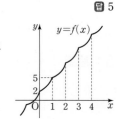

8 **전략** 정적분의 성질을 이용하여 $g(a+4)-g(a)$의 값을 $f(x)$의 정적분으로 나타낸 후 주기함수 $f(x)$의 그래프를 이용하여 $g(a+4)-g(a)$의 값을 구한다.

풀이 조건 ㈏에 의하여 함수 $f(x)$는 y축에 대하여 대칭이므로

$$\int_{-1}^{1} f(x)dx=2\int_{0}^{1} f(x)dx=2\int_{0}^{1} xdx=2\Big[\frac{1}{2}x^2\Big]_{0}^{1}=2\times\frac{1}{2}=1$$

또, 조건 ㈎에 의하여 함수 $f(x)$는 주기가 2인 주기함수이므로

$$\int_{-1}^{0} f(x)dx=\int_{1}^{2} f(x)dx$$
$$\therefore \int_{0}^{2} f(x)dx=\int_{0}^{1} f(x)dx+\int_{1}^{2} f(x)dx$$
$$=\int_{0}^{1} f(x)dx+\int_{-1}^{0} f(x)dx$$
$$=\int_{-1}^{1} f(x)dx=1$$

$$g(a+4)-g(a)=\int_{-2}^{a+4} f(t)dt-\int_{-2}^{a} f(t)dt$$
$$=\int_{-2}^{a+4} f(t)dt+\int_{a}^{-2} f(t)dt$$

$$=\int_a^{a+4} f(t)dt$$

$$=\int_{a-a}^{a+4-a} f(t)dt$$

$$=\int_0^4 f(t)dt$$

$$=2\int_0^2 f(t)dt \; (\because \text{조건 ㉮})$$

$$=2\times 1=2 \qquad\qquad \text{답 } 2$$

참고 $\int_0^2 f(t)dt$의 값은 밑변의 길이가 2이고 높이가 1인 삼각형의 넓이와

같으므로 $\int_0^2 f(t)dt=\dfrac{1}{2}\times 2\times 1=1$

8-1 전략 $\int_0^4 f(x)dx$의 값과 주기함수 $f(x)$의 그래프를 이용하여

$\int_{-n}^{n+3} f(x)dx=\dfrac{151}{3}$이 되는 자연수 n의 값의 범위를 구한다.

풀이 함수 $f(x)$는 모든 실수 x에 대하여 $f(x+4)=f(x)$이므로
주기가 4인 주기함수이고

$$\int_0^4 f(x)dx=\int_0^2 f(x)dx+\int_2^4 f(x)dx$$

$$=\int_0^2 2xdx+\int_2^4 (x-4)^2 dx$$

$$=\int_0^2 2xdx+\int_{-2}^0 x^2 dx$$

$$=\Big[x^2\Big]_0^2+\Big[\frac{1}{3}x^3\Big]_{-2}^0$$

$$=4+\frac{8}{3}=\frac{20}{3}$$

이때 $\int_{-n}^{n+3} f(x)dx=\dfrac{151}{3}$에서 $\dfrac{151}{3}=\dfrac{20}{3}\times 7+\dfrac{11}{3}$이므로 적분 구
간의 길이 $2n+3$의 값의 범위는 다음과 같다.

$$4\times 7<2n+3<4\times 8 \qquad \therefore \frac{25}{2}<n<\frac{29}{2}$$

$\therefore n=13$ 또는 $n=14$ ($\because n$은 자연수)

(i) $n=13$일 때

$$\int_{-n}^{n+3} f(x)dx=\int_{-13}^{16} f(x)dx$$

$$=\int_{-13}^{-12} f(x)dx+\int_{-12}^{16} f(x)dx$$

$$=\int_3^4 f(x)dx+7\int_0^4 f(x)dx$$

$$=\int_3^4 (x-4)^2 dx+7\times\frac{20}{3}$$

$$=\int_{-1}^0 x^2 dx+\frac{140}{3}$$

$$=\Big[\frac{1}{3}x^3\Big]_{-1}^0+\frac{140}{3}$$

$$=\frac{1}{3}+\frac{140}{3}=\frac{141}{3}$$

이므로 조건을 만족시키지 못한다.

(ii) $n=14$일 때

$$\int_{-n}^{n+3} f(x)dx=\int_{-14}^{17} f(x)dx$$

$$=\int_{-14}^{-12} f(x)dx+\int_{-12}^{16} f(x)dx+\int_{16}^{17} f(x)dx$$

$$=\int_2^4 f(x)dx+7\int_0^4 f(x)dx+\int_0^1 f(x)dx$$

$$=\int_2^4 (x-4)^2 dx+7\times\frac{20}{3}+\int_0^1 2xdx$$

$$=\int_{-2}^0 x^2 dx+\frac{140}{3}+\int_0^1 2xdx$$

$$=\Big[\frac{1}{3}x^3\Big]_{-2}^0+\frac{140}{3}+\Big[x^2\Big]_0^1$$

$$=\frac{8}{3}+\frac{140}{3}+1=\frac{151}{3}$$

이므로 조건을 만족시킨다.

(i), (ii)에 의하여 $n=14$ \qquad\qquad 답 14

참고 함수 $y=f(x)$의 그래프는 오른쪽 그
림과 같다.

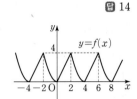

9 전략 사차함수 $f(x)$가 극솟값만을 갖는 경우의 삼차함수 $y=f'(x)$
의 그래프의 개형을 추측하고, 적분을 이용하여 $f(x)$의 식을 구한다.

풀이 조건 ㉮에서 함수 $f(x)$가 $x=-1$에
서만 극값을 가지려면 함수 $y=f'(x)$의 그
래프가 오른쪽 그림과 같아야 하므로 $k=1$
이고,

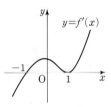

$$f'(x)=(x+1)(x-1)^2$$

$$=x^3-x^2-x+1$$

$$\therefore f(x)=\int f'(x)dx=\int (x^3-x^2-x+1)dx$$

$$=\frac{1}{4}x^4-\frac{1}{3}x^3-\frac{1}{2}x^2+x+C \;(\text{단, } C\text{는 적분상수}) \;\cdots\cdots ㉠$$

조건 ㉯에서 1보다 큰 실수 t에 대하여 $-1\le x\le t$일 때, $f'(x)\ge 0$
이므로

$$\int_{-1}^t |f'(x)|dx=\int_{-1}^t f'(x)dx=\Big[f(x)\Big]_{-1}^t=f(t)-f(-1)$$

즉, $f(t)-f(-1)=f(t)+1$이므로

$$f(-1)=-1$$

㉠에서

$$f(-1)=\frac{1}{4}+\frac{1}{3}-\frac{1}{2}-1+C=-1 \qquad \therefore C=-\frac{1}{12}$$

$$\therefore f(x)=\frac{1}{4}x^4-\frac{1}{3}x^3-\frac{1}{2}x^2+x-\frac{1}{12}$$

ㄱ. $\int_{-2}^0 f'(x)dx=\Big[f(x)\Big]_{-2}^0=f(0)-f(-2)$

$$=-\frac{1}{12}-\Big(4+\frac{8}{3}-2-2-\frac{1}{12}\Big)$$

$$=-\frac{8}{3}<0 \;(\text{참})$$

ㄴ. $f'(x)=0$에서 $x=-1$ 또는 $x=1$

x	$\cdots$	-1	$\cdots$	1	$\cdots$
$f'(x)$	$-$	0	$+$	0	$+$
$f(x)$	$\searrow$	-1	$\nearrow$	$\frac{1}{3}$	$\nearrow$

따라서 함수 $f(x)$는 $x=-1$에서 극소이면서 최소이므로 최솟
값은 -1이다. (참)

ㄷ. 함수 $y=|f(x)|$의 그래프는 오른쪽 그림과 같고,

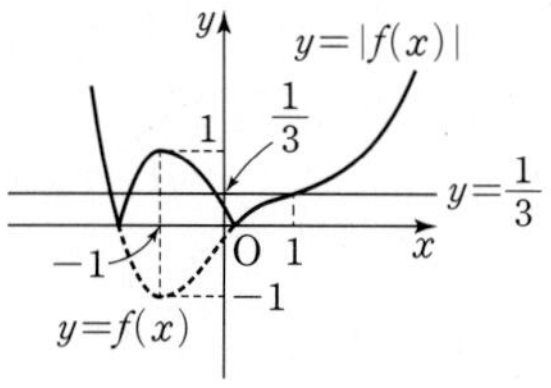

$f(k)=f(1)=\dfrac{1}{3}$

방정식 $|f(x)|=f(k)$의 서로 다른 실근의 개수는 함수

$y=|f(x)|$의 그래프와 직선 $y=\dfrac{1}{3}$의 교점의 개수와 같으므로

방정식 $|f(x)|=f(k)$는 서로 다른 네 실근을 갖는다. (거짓)

따라서 옳은 것은 ㄱ, ㄴ이다.　　　　　　　　　　　답 ④

주의 조건 ㈑에서 t는 1보다 큰 실수이므로 $\displaystyle\int_{-1}^{t}|f'(x)|dx=f(t)+1$의

양변에 $t=-1$을 대입하여 $0=f(-1)+1$, $f(-1)=-1$로 계산해서는

안 된다.

9-1 **전략** 정적분과 미분과의 관계, 곱의 미분법, 사차함수가 극댓값만 가질 조건을 이용하여 함수 $g(x)$를 구한다.

풀이 $\{t^2f(t)\}'=2tf(t)+t^2f'(t)$이므로

$$g(x)=\int_0^x\{2tf(t)+t^2f'(t)\}dt$$
$$=\int_0^x\{t^2f(t)\}'dt$$
$$=\Big[t^2f(t)\Big]_0^x=x^2f(x)$$

함수 $f(x)$는 $f(4)=0$인 이차함수이므로

$f(x)=a(x-4)(x+b)$ ($a\ne0$, a, b는 상수)

로 놓으면 $g(x)=ax^2(x-4)(x+b)$

이때 함수 $g(x)$가 극댓값만 가지려면

$a<0$, $b=0$이 되어야 하므로

$g(x)=ax^3(x-4)$이고 함수 $y=g(x)$의 그래프의 개형은 오른쪽 그림과 같아야 한다.

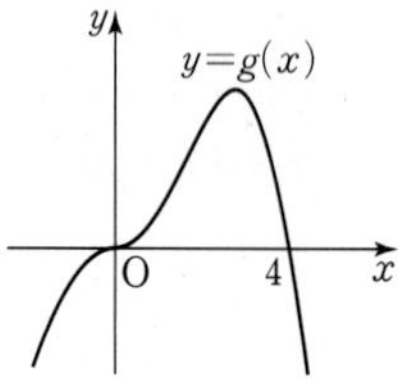

$g(x)=ax^3(x-4)=ax^4-4ax^3$에서

$g'(x)=4ax^3-12ax^2=4ax^2(x-3)$

$g'(x)=0$에서 $x=0$ 또는 $x=3$

x	$\cdots$	0	$\cdots$	3	$\cdots$
$g'(x)$	$+$	0	$+$	0	$-$
$g(x)$	↗		↗	극대	↘

즉, 함수 $g(x)$는 $x=3$에서 극댓값을 갖고 $g(3)=-27a$이므로

$p=-27a$

또, $f(x)=ax(x-4)=ax^2-4ax=a(x-2)^2-4a$이므로 함수

$f(x)$는 $x=2$에서 극댓값 $q=-4a$를 갖는다.

$$\therefore\dfrac{27q}{p}=\dfrac{27\times(-4a)}{-27a}=4$$　　　　　　答 ④

10 **전략** 함수 $f(x)=\displaystyle\int_0^x(t-a)(t-b)dt$의 양변을 x에 대하여 미분하면 $f'(x)=(x-a)(x-b)$임을 이용한다.

풀이 $f(x)=\displaystyle\int_0^x(t-a)(t-b)dt$의 양변을 x에 대하여 미분하면

$f'(x)=(x-a)(x-b)$

$f'(x)=0$에서 $x=a$ 또는 $x=b$

이때 조건 ㈎에서 함수 $f(x)$가 $x=\dfrac{1}{2}$에서 극값을 가지므로

$a=\dfrac{1}{2}$ 또는 $b=\dfrac{1}{2}$　　……㉠

또, 조건 ㈏에 의하여

$$f(a)-f(b)=\int_0^a(t-a)(t-b)dt-\int_0^b(t-a)(t-b)dt$$
$$=\int_0^a(t-a)(t-b)dt+\int_b^0(t-a)(t-b)dt$$
$$=\int_b^a(t-a)(t-b)dt=-\dfrac{(a-b)^3}{6}=\dfrac{1}{6}$$

$\therefore a-b=-1$　　……㉡

㉠, ㉡에 의하여 $a=\dfrac{1}{2}$, $b=\dfrac{3}{2}$ ($\because a>0$)

$$\therefore a+b=\dfrac{1}{2}+\dfrac{3}{2}=2$$　　　　　　　　　　答 2

참고 $\displaystyle\int_b^a(x-a)(x-b)dx=-\dfrac{(a-b)^3}{6}$의 계산

$$\int_b^a(x-a)(x-b)dx$$
$$=\int_b^a\{x^2-(a+b)x+ab\}dx$$
$$=\Big[\dfrac{1}{3}x^3-\dfrac{a+b}{2}x^2+abx\Big]_b^a$$
$$=\Big(\dfrac{1}{3}a^3-\dfrac{a+b}{2}\times a^2+a^2b\Big)-\Big(\dfrac{1}{3}b^3-\dfrac{a+b}{2}\times b^2+ab^2\Big)$$
$$=\dfrac{1}{3}(a^3-b^3)-\dfrac{a+b}{2}(a^2-b^2)+ab(a-b)$$
$$=\dfrac{1}{3}(a-b)(a^2+ab+b^2)-\dfrac{a+b}{2}(a-b)(a+b)+ab(a-b)$$
$$=\dfrac{1}{6}(a-b)\{(2a^2+2ab+2b^2)-(3a^2+6ab+3b^2)+6ab\}$$
$$=\dfrac{1}{6}(a-b)(-a^2+2ab-b^2)=-\dfrac{(a-b)^3}{6}$$

10-1 **전략** $g(x)=\displaystyle\int_{-2}^x tf(t)dt$의 양변을 x에 대하여 미분하면 $g'(x)=xf(x)$임을 이용한다.

풀이 함수 $tf(t)$는 실수 전체의 집합에서 연속이므로

$g(x)=\displaystyle\int_{-2}^x tf(t)dt$의 양변을 x에 대하여 미분하면

$$g'(x)=xf(x)=\begin{cases} 2x & (x<0) \\ x(x-2) & (x\ge0) \end{cases}$$

$$\therefore g(x)=\begin{cases} x^2+C_1 & (x<0) \\ \dfrac{1}{3}x^3-x^2+C_2 & (x\ge0) \end{cases}$$ (단, C_1, C_2는 적분상수)

이때 $g(-2)=\displaystyle\int_{-2}^{-2}tf(t)dt=0$이므로

$4+C_1=0$　　$\therefore C_1=-4$

또, 함수 $g(x)$의 도함수가 존재하므로 $x=0$에서 미분가능하고

$x=0$에서 연속이다.

즉, $\displaystyle\lim_{x\to0-}g(x)=\lim_{x\to0+}g(x)=g(0)$

$\displaystyle\lim_{x\to0-}g(x)=\lim_{x\to0-}(x^2-4)=-4$,

$\displaystyle\lim_{x\to0+}g(x)=\lim_{x\to0+}\Big(\dfrac{1}{3}x^3-x^2+C_2\Big)=C_2$

이므로 $C_2=-4$

$$\therefore g(x)=\begin{cases} x^2-4 & (x<0) \\ \dfrac{1}{3}x^3-x^2-4 & (x\geq 0) \end{cases}$$

이때 $g'(x)=0$에서 $x=0$ 또는 $x=2$

x	$\cdots$	0	$\cdots$	2	$\cdots$
$g'(x)$	$-$	0	$-$	0	$+$
$g(x)$	$\searrow$		$\searrow$	극소	$\nearrow$

즉, 함수 $g(x)$의 그래프는 오른쪽 그림과
같으므로 함수 $g(x)$의 극솟값은

$g(2)=\dfrac{8}{3}-4-4=-\dfrac{16}{3}$

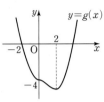

답 ④

다른풀이 $g'(x)=xf(x)=\begin{cases} 2x & (x<0) \\ x^2-2x & (x\geq 0) \end{cases}$

$g'(x)=0$에서 $x=0$ 또는 $x=2$

x	$\cdots$	0	$\cdots$	2	$\cdots$
$g'(x)$	$-$	0	$-$	0	$+$
$g(x)$	$\searrow$		$\searrow$	극소	$\nearrow$

따라서 함수 $g(x)$는 $x=2$에서 극소이므로 극솟값은

$g(2)=\displaystyle\int_{-2}^{2}tf(t)dt=\int_{-2}^{0}2t\,dt+\int_{0}^{2}(t^2-2t)dt$

$\qquad =\Big[t^2\Big]_{-2}^{0}+\Big[\dfrac{1}{3}t^3-t^2\Big]_{0}^{2}=-4+\Big(-\dfrac{4}{3}\Big)=-\dfrac{16}{3}$

11 **전략** 양변을 x에 대하여 미분하여 $f'(x)$를 구하고 함수 $y=f(x)$의 그래프의 개형을 파악한다.

풀이 $f(x)=\displaystyle\int_{2}^{x}(|t-1|-1)dt$의 양변을 x에 대하여 미분하면

$f'(x)=|x-1|-1=\begin{cases} x-2 & (x\geq 1) \\ -x & (x<1) \end{cases}$

$f'(x)=0$에서 $x=0$ 또는 $x=2$

x	$\cdots$	0	$\cdots$	2	$\cdots$
$f'(x)$	$+$	0	$-$	0	$+$
$f(x)$	$\nearrow$	극대	$\searrow$	극소	$\nearrow$

이때

$f(0)=\displaystyle\int_{2}^{0}(|t-1|-1)dt=-\int_{0}^{2}(|t-1|-1)dt$

$\quad =-\Big\{\displaystyle\int_{0}^{1}(|t-1|-1)dt+\int_{1}^{2}(|t-1|-1)dt\Big\}$

$\quad =-\Big\{\displaystyle\int_{0}^{1}(-t)dt+\int_{1}^{2}(t-2)dt\Big\}$

$\quad =-\Big(\Big[-\dfrac{1}{2}t^2\Big]_{0}^{1}+\Big[\dfrac{1}{2}t^2-2t\Big]_{1}^{2}\Big)$

$\quad =-\Big(-\dfrac{1}{2}-\dfrac{1}{2}\Big)=1$

이고, $f(2)=\displaystyle\int_{2}^{2}(|t-1|-1)dt=0$

따라서 함수 $y=f(x)$의 그래프는 오른
쪽 그림과 같다.

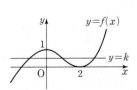

방정식 $f(x)=k$의 서로 다른 실근의 개수는 함수 $y=f(x)$의 그래
프와 직선 $y=k$의 교점의 개수와 같으므로 방정식 $f(x)=k$가 서로
다른 세 실근을 가지려면 $0<k<1$이어야 한다. 답 ③

11-1 **전략** $g'(x)=f(x)$임을 이용하여 함수 $y=g(x)$의 그래프의 개형
을 파악한다.

풀이 $g(x)=\displaystyle\int_{0}^{x}f(t)dt$의 양변에 $x=0$을 대입하면

$g(0)=\displaystyle\int_{0}^{0}f(t)dt=0$

$g(x)=\displaystyle\int_{0}^{x}f(t)dt$의 양변을 x에 대하여 미분하면

$g'(x)=f(x)=x^2-(2+a)x+2a=(x-2)(x-a)$

또, $g(x)=\displaystyle\int_{0}^{x}f(t)dt$

$\qquad =\displaystyle\int_{0}^{x}\{t^2-(2+a)t+2a\}dt$

$\qquad =\Big[\dfrac{1}{3}t^3-\dfrac{2+a}{2}t^2+2at\Big]_{0}^{x}$

$\qquad =\dfrac{1}{3}x^3-\dfrac{2+a}{2}x^2+2ax$

(i) $a=2$일 때

$g'(x)=(x-2)^2$이므로 $g'(x)=0$에서 $x=2$

x	$\cdots$	2	$\cdots$
$g'(x)$	$+$	0	$+$
$g(x)$	$\nearrow$		$\nearrow$

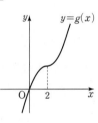

따라서 함수 $y=g(x)$의 그래프는 오른쪽
그림과 같으므로 방정식 $g(x)=0$은 오직
하나의 실근을 가진다.

(ii) $a>2$일 때

$g'(x)=0$에서 $x=2$ 또는 $x=a$

x	$\cdots$	2	$\cdots$	a	$\cdots$
$g'(x)$	$+$	0	$-$	0	$+$
$g(x)$	$\nearrow$	극대	$\searrow$	극소	$\nearrow$

따라서 함수 $y=g(x)$의 그래프는 오른쪽
그림과 같으므로 방정식 $g(x)=0$의 서로
다른 실근이 2개 이하가 되려면 $g(a)\geq 0$
이어야 한다.

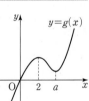

즉, $g(a)=\dfrac{1}{3}a^3-\dfrac{2+a}{2}a^2+2a^2$

$\qquad =-\dfrac{1}{6}a^3+a^2\geq 0$

$a^3-6a^2\leq 0$, $a^2(a-6)\leq 0$ $\therefore a\leq 6 \ (\because a^2\geq 0)$

그런데 $a>2$이므로 $2<a\leq 6$

(iii) $a<2$일 때

$g'(x)=0$에서 $x=a$ 또는 $x=2$

x	$\cdots$	a	$\cdots$	2	$\cdots$
$g'(x)$	$+$	0	$-$	0	$+$
$g(x)$	$\nearrow$	극대	$\searrow$	극소	$\nearrow$

① $0<a<2$일 때

함수 $y=g(x)$의 그래프는 오른쪽 그림 과 같으므로 방정식 $g(x)=0$의 서로 다른 실근이 2개 이하가 되려면 $g(2)\geq0$이어야 한다.

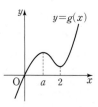

즉, $g(2)=\dfrac{8}{3}-2(2+a)+4a=2a-\dfrac{4}{3}\geq0$

$2a\geq\dfrac{4}{3}$ $\therefore a\geq\dfrac{2}{3}$

그런데 $0<a<2$이므로

$\dfrac{2}{3}\leq a<2$

② $a=0$일 때

함수 $y=g(x)$의 그래프는 오른쪽 그림과 같으므로 방정식 $g(x)=0$의 서로 다른 실근은 2개이다.

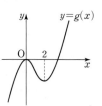

③ $a<0$일 때 $\llcorner g(a)=-\dfrac{1}{6}a^3+a^2>0$

함수 $y=g(x)$의 그래프는 오른쪽 그림과 같으므로 방정식 $g(x)=0$의 서로 다른 실근은 3개이다.

①, ②, ③에 의하여 방정식 $g(x)=0$의 서로 다른 실근이 2개 이하가 되도록 하는 a의 값의 범위는

$a=0$ 또는 $\dfrac{2}{3}\leq a<2$

(i), (ii), (iii)에 의하여 방정식 $g(x)=0$의 서로 다른 실근이 2개 이하가 되도록 하는 a의 값의 범위는

$a=0$ 또는 $\dfrac{2}{3}\leq a\leq6$

이므로 정수 a는 0, 1, 2, 3, 4, 5, 6의 7개이다.   답 ④

12 전략 삼차함수 $y=f(x)$의 그래프의 개형을 추론하고, 보기의 참, 거짓을 판별한다.

풀이 주어진 함수 $y=g(x)$의 그래프에서 $g(2)=0$이므로

$\displaystyle\int_0^2 f(t)dt=0$

이때 $f(0)>0$이므로 위의 식을 만족시키려면 $f(2)<0$이어야 한다.

또, $g(5)=0$이므로

$\displaystyle\int_0^5 f(t)dt=\int_0^2 f(t)dt+\int_2^5 f(t)dt$
$\displaystyle\qquad\qquad=\int_2^5 f(t)dt=0$

이때 $f(2)<0$이므로 위의 식을 만족시키려면 $f(5)>0$이어야 한다.

또, $g(8)=0$이므로

$\displaystyle\int_0^8 f(t)dt=\int_0^5 f(t)dt+\int_5^8 f(t)dt$
$\displaystyle\qquad\qquad=\int_5^8 f(t)dt=0$

이때 $f(5)>0$이므로 위의 식을 만족시키려면 $f(8)<0$이어야 한다.

따라서 함수 $y=f(x)$의 그래프의 개형은 오른쪽 그림과 같다.

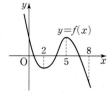

ㄱ. 함수 $y=f(x)$의 그래프가 x축과 세 점에서 만나므로 방정식 $f(x)=0$은 서로 다른 3개의 실근을 갖는다. (참)

ㄴ. $x=0$에서의 접선의 기울기는 음수이므로 $f'(0)<0$ (참)

ㄷ. $\displaystyle\int_0^2 f(t)dt=\int_2^5 f(t)dt=\int_5^8 f(t)dt=0$이므로

$\displaystyle\int_m^{m+2} f(x)dx>0$을 만족시키는 자연수 m은 3, 4, 5의 3개이다. (참)

따라서 ㄱ, ㄴ, ㄷ 모두 옳다.   답 ⑤

다른풀이 $\displaystyle\int_0^x f(t)dt=h(x)$로 놓으면 $g(x)=|h(x)|$이고, $h(x)$는 사차함수이므로 함수 $y=h(x)$의 그래프의 개형은 다음 두 가지 중 하나이다.

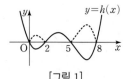 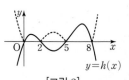

[그림 1]   [그림 2]

$h'(x)=\dfrac{d}{dx}\displaystyle\int_0^x f(t)dt=f(x)$이고 $h'(0)=f(0)>0$이므로 함수 $y=h(x)$의 그래프의 개형으로 적당한 것은 [그림 2]이다.

ㄱ. $f(x)=h'(x)$이고 [그림 2]를 이용하여 함수 $y=f(x)$의 그래프를 그리면 오른쪽 그림과 같다.

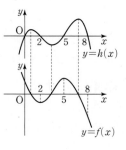

따라서 방정식 $f(x)=0$은 열린구간 $(0, 2)$, $(2, 5)$, $(5, 8)$에서 각각 실근을 하나씩 가지므로 서로 다른 3개의 실근을 갖는다. (참)

ㄴ. ㄱ의 함수 $y=f(x)$의 그래프에서 $f'(0)<0$ (참)

ㄷ. $f(x)=h'(x)$이므로

$\displaystyle\int_m^{m+2} f(x)dx=h(m+2)-h(m)$

함수 $y=h(x)$의 그래프를 이용하여 $h(m+2)-h(m)$의 부호를 조사하면

$m=1$일 때, $h(3)-h(1)<0$

$m=2$일 때, $h(4)-h(2)<0$

$m=3$일 때, $h(5)-h(3)>0$

$m=4$일 때, $h(6)-h(4)>0$

$m=5$일 때, $h(7)-h(5)>0$

$m=6$일 때, $h(8)-h(6)<0$

$m=7$일 때, $h(9)-h(7)<0$

       $\vdots$

$m\geq8$인 m에 대하여 항상 $h(m+2)-h(m)<0$이다.

따라서 $\displaystyle\int_m^{m+2} f(x)dx>0$을 만족시키는 자연수 m은 3, 4, 5의 3개이다. (참)

따라서 ㄱ, ㄴ, ㄷ 모두 옳다.

12-1 전략 $g'(x)=f(x)$임을 이용하여 함수 $y=g(x)$의 그래프의 개형을 파악한다.

풀이 ㄱ. 이차함수 $y=f(x)$의 그래프의 꼭짓점의 좌표는 $(0,\ 2)$이므로

$f(x)=ax^2+2$ (a는 상수)

로 놓으면 함수 $y=f(x)$의 그래프가 점 $(2,\ -6)$을 지나므로

$f(2)=4a+2=-6$ $\therefore a=-2$

$\therefore f(x)=-2x^2+2$

$g(x)=\displaystyle\int_{-1}^{x}f(t)dt$의 양변을 x에 대하여 미분하면

$g'(x)=f(x)=-2x^2+2=-2(x+1)(x-1)$

$g'(x)=0$에서 $x=-1$ 또는 $x=1$

x	$\cdots$	-1	$\cdots$	1	$\cdots$
$g'(x)$	$-$	0	$+$	0	$-$
$g(x)$	$\searrow$	극소	$\nearrow$	극대	$\searrow$

따라서 함수 $g(x)$는 $x=-1$에서 극소이고 극솟값은

$g(-1)=\displaystyle\int_{-1}^{-1}f(t)dt=0$ (참)

ㄴ. $g(x)=\displaystyle\int_{-1}^{x}(-2t^2+2)dt$

$=\left[-\dfrac{2}{3}t^3+2t\right]_{-1}^{x}$

$=\left(-\dfrac{2}{3}x^3+2x\right)-\left(\dfrac{2}{3}-2\right)$

$=-\dfrac{2}{3}x^3+2x+\dfrac{4}{3}$

함수 $g(x)$는 $x=1$일 때 극대이고 극댓값은 $g(1)=-\dfrac{2}{3}+2+\dfrac{4}{3}=\dfrac{8}{3}$이므로 ㄱ에 의하여 함수 $y=g(x)$의 그래프는 오른쪽 그림과 같다.

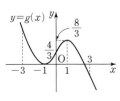

이때

$g(-3)=-\dfrac{2}{3}\times(-3)^3+2\times(-3)+\dfrac{4}{3}=\dfrac{40}{3}$

이므로 닫힌구간 $[-3,\ 3]$에서 함수 $g(x)$의 최댓값은 $\dfrac{40}{3}$이다.

(거짓)

ㄷ. $\displaystyle\int_{-1}^{-2}g'(x)dx=\int_{-1}^{-2}f(x)dx$

$=-\displaystyle\int_{-2}^{-1}f(x)dx$

$=-\displaystyle\int_{-2}^{-1}(-2x^2+2)dx$

$=-\left[-\dfrac{2}{3}x^3+2x\right]_{-2}^{-1}$

$=-\left(-\dfrac{4}{3}-\dfrac{4}{3}\right)=\dfrac{8}{3}>0$ (거짓)

따라서 옳은 것은 ㄱ뿐이다.   답 ①

다른풀이 ㄷ. $\displaystyle\int_{-1}^{-2}g'(x)dx=\int_{-1}^{-2}f(x)dx=-\int_{-2}^{-1}f(x)dx$

이때 함수 $y=f(x)$의 그래프에서 $\displaystyle\int_{-2}^{-1}f(x)<0$이므로

$-\displaystyle\int_{-2}^{-1}f(x)>0$

$\therefore \displaystyle\int_{-1}^{-2}g'(x)>0$ (거짓)

C Step 1등급 완성 **최고난도 예상 문제**   본문 68~71쪽

01 2021	**02** $\dfrac{3}{2}$	**03** ①	**04** 21	**05** 217
06 ③	**07** $\dfrac{20}{3}$	**08** ①	**09** ④	**10** 9
11 36	**12** ②	**13** ⑤	**14** ④	**15** ④
16 2	**17** ①	**18** ④	**19** ①	

1등급 뛰어넘기

20 ⑤	**21** 12	**22** 20	**23** 50

01 전략 $\sum$의 정의를 이용하여 수열의 합으로 나타낸 후 부정적분을 계산한다.

풀이 $f(x)=2\displaystyle\int\left(\sum_{k=1}^{2020}kx^{k-1}\right)dx$

$=2\displaystyle\int(1+2x+3x^2+\cdots+2020x^{2019})dx$

$=2(x+x^2+x^3+\cdots+x^{2020})+C$ (단, C는 적분상수)

이때 $f(0)=3$이므로 $C=3$

따라서 $f(x)=2(x+x^2+x^3+\cdots+x^{2020})+3$이므로

$f(3)=2(3+3^2+3^3+\cdots+3^{2020})+3$

$=2\times\dfrac{3(3^{2020}-1)}{3-1}+3$

$=3^{2021}$

$\therefore \log_3 f(3)=\log_3 3^{2021}=2021$ 답 2021

개념 연계 수학 Ⅰ **등비수열의 합**

첫째항이 a, 공비가 r인 등비수열의 첫째항부터 제n항까지의 합을 S_n이라 하면

① $r\neq1$일 때, $S_n=\dfrac{a(1-r^n)}{1-r}=\dfrac{a(r^n-1)}{r-1}$

② $r=1$일 때, $S_n=na$

02 전략 주어진 조건을 이용하여 다항함수 $f(x)$의 차수를 구하고, 항등식의 성질을 이용하여 함수 $f(x)$를 구한다.

풀이 $F(x)=a_nx^n+a_{n-1}x^{n-1}+\cdots+a_1x+a_0$ $(a_n\neq0)$이라 하면

$f(x)=na_nx^{n-1}+(n-1)a_{n-1}x^{n-2}+\cdots+a_1$

$2xF(x)=x^2f(x)+\dfrac{1}{2}x^4+x^2$에서

$2x(a_nx^n+a_{n-1}x^{n-1}+\cdots+a_1x+a_0)$

$=x^2\{na_nx^{n-1}+(n-1)a_{n-1}x^{n-2}+\cdots+a_1\}+\dfrac{1}{2}x^4+x^2$

$\therefore 2a_nx^{n+1}+2a_{n-1}x^n+\cdots+2a_0x$

$=na_nx^{n+1}+(n-1)a_{n-1}x^n+\cdots+a_1x^2+\dfrac{1}{2}x^4+x^2$ $\cdots\cdots$ ㉠

(i) $n\geq4$일 때,

좌변의 최고차항의 계수는 $2a_n$, 우변의 최고차항의 계수는 na_n이므로

$2a_n=na_n$ $\therefore n=2$ ($\because a_n\neq0$)

그런데 $n\geq4$이므로 n의 값은 존재하지 않는다.

(ii) $n \le 2$일 때,

좌변은 3차 이하의 다항식이고 우변은 4차식이므로 n의 값은 존재하지 않는다.

(i), (ii)에 의하여 $n=3$

$n=3$을 ㉠에 대입하면

$$2a_3x^4+2a_2x^3+2a_1x^2+2a_0x=\left(3a_3+\frac{1}{2}\right)x^4+2a_2x^3+(a_1+1)x^2$$

이것은 x에 대한 항등식이므로

$$2a_3=3a_3+\frac{1}{2},\ 2a_1=a_1+1,\ 2a_0=0$$

$$\therefore a_3=-\frac{1}{2},\ a_1=1,\ a_0=0$$

$F(x)=-\frac{1}{2}x^3+a_2x^2+x$이므로 $F(2)=2$에서

$-4+4a_2+2=2$ $\therefore a_2=1$

따라서 $f(x)=-\frac{3}{2}x^2+2x+1$이므로

$$f(1)=-\frac{3}{2}+2+1=\frac{3}{2}$$

답 $\frac{3}{2}$

---

03 전략 주어진 그래프로 함수 $f'(x)$를 구한 후, 방정식 $|f(x)|=34$가 서로 다른 세 실근을 갖는 경우를 생각해 본다.

풀이 주어진 그래프에서 $f'(x)=a(x+1)(x-2)$ $(a>0)$로 놓을 수 있고 $f'(0)=-12$이므로

$-2a=-12$ $\therefore a=6$

즉, $f'(x)=6(x+1)(x-2)=6x^2-6x-12$이므로

$f(x)=2x^3-3x^2-12x+C$ (단, C는 적분상수)

$f'(x)=0$에서 $x=-1$ 또는 $x=2$

x	$\cdots$	-1	$\cdots$	2	$\cdots$
$f'(x)$	$+$	0	$-$	0	$+$
$f(x)$	$\nearrow$	극대	$\searrow$	극소	$\nearrow$

$f(x)$는 $x=-1$일 때 극댓값 $f(-1)=7+C$, $x=2$일 때 극솟값 $f(2)=-20+C$를 갖는다.

또, 방정식 $|f(x)|=34$가 서로 다른 세 실근을 가지려면 직선 $y=34$가 함수 $y=f(x)$의 그래프가 극값을 갖는 점을 지나야 한다.

즉, $|7+C|=34$ 또는 $|-20+C|=34$이므로

$7+C=\pm34$ 또는 $-20+C=\pm34$

$\therefore C=-41$ 또는 $C=27$ 또는 $C=-14$ 또는 $C=54$

$f(1)=2-3-12+C=-13+C$

이므로 C의 값이 최대일 때 $f(1)$의 값은 최대가 되고, C의 값이 최소일 때 $f(1)$의 값은 최소가 된다.

따라서 $f(1)$은 $C=54$일 때 최댓값 $M=-13+54=41$, $C=-41$일 때 최솟값 $m=-13-41=-54$를 가지므로

$M+m=41+(-54)=-13$

답 ①

참고 함수 $y=f(x)$에 대하여 $-20+C>0$일 때, 함수 $y=|f(x)|$의 그래프는 오른쪽 그림과 같으므로 방정식 $|f(x)|=34$가 서로 다른 세 실근을 가지려면 직선 $y=34$가 함수 $y=f(x)$의 그래프가 극값을 갖는 점을 지나야 한다.

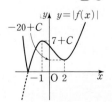

---

04 전략 방정식 $f(x)=f(4)$가 서로 다른 두 실근을 가지려면 함수 $f(x)$는 $x=4$에서 극솟값을 갖거나 $f(4)$의 값이 극댓값과 같아야 함을 이용하여 함수 $f(x)$를 구한다.

풀이 조건 ㈎에서 함수 $f(x)$는 $x=-2$에서 극댓값을 가지므로 조건 ㈏에서 방정식 $f(x)=f(4)$가 서로 다른 두 실근을 가지려면 함수 $f(x)$는 $x=4$에서 극솟값을 갖거나 $f(4)$의 값이 극댓값과 같아야 한다.

(i) 함수 $f(x)$가 $x=4$에서 극솟값을 가질 때,

$f'(4)=0$이고 조건 ㈎에 의하여 $f'(-2)=0$이므로 함수 $f(x)$의 증가와 감소를 표로 나타내면 다음과 같다.

x	$\cdots$	-2	$\cdots$	4	$\cdots$
$f'(x)$	$+$	0	$-$	0	$+$
$f(x)$	$\nearrow$	극대	$\searrow$	극소	$\nearrow$

이때 $f'(1)<0$, $f'(3)<0$에서 $f'(1)f'(3)>0$이므로 조건 ㈐를 만족시키지 않는다.

(ii) $f(4)$의 값이 함수 $f(x)$의 극댓값과 같을 때,

$f(4)=4k$이고 함수 $f(x)$의 극댓값이 $3k+3$이므로

$4k=3k+3$ $\therefore k=3$

즉, $f(4)=12$이고, 함수 $f(x)$의 극댓값은 $f(-2)=12$이다.

함수 $f(x)$가 $x=a$에서 극솟값을 갖는다고 하면

$f'(x)=3(x+2)(x-a)=3x^2+3(2-a)x-6a$

$\therefore f(x)=\int f'(x)dx=\int\{3x^2+3(2-a)x-6a\}dx$

$\qquad =x^3+\frac{3}{2}(2-a)x^2-6ax+C$ (단, C는 적분상수)

$f(4)=12$이므로 $64+24(2-a)-24a+C=12$

$48a-C=100$ $\cdots\cdots$ ㉠

$f(-2)=12$이므로 $-8+6(2-a)+12a+C=12$

$6a+C=8$ $\cdots\cdots$ ㉡

㉠, ㉡을 연립하여 풀면 $a=2$, $C=-4$

따라서 $f(x)=x^3-12x-4$이므로

$f(-1)=-1+12-4=7$

$\therefore kf(-1)=3\times7=21$

답 21

다른풀이 (ii) $f(4)$의 값이 함수 $f(x)$의 극댓값과 같을 때,

$f(4)=4k$이고 극댓값이 $3k+3$이므로

$4k=3k+3$ $\therefore k=3$

즉, $f(4)=12$이고, 함수 $f(x)$의 극댓값은 $f(-2)=12$이므로

$f(x)-12=(x+2)^2(x-4)$

$\therefore f(x)=(x+2)^2(x-4)+12$

따라서 $f(-1)=(-1+2)^2\times(-1-4)+12=7$이므로

$kf(-1)=3\times7=21$

---

05 전략 $g(x)=f'(x)$로 놓고 주어진 조건을 만족시키는 상수 a, b의 값을 구한 후, 함수 $f(x)$의 증가와 감소를 조사하여 극솟값을 구한다.

풀이 $f'(x)=g(x)$로 놓으면 조건 ㈏에서 함수 $g(x)$가 실수 전체의 집합에서 미분가능하므로 $x=-1$에서 미분가능하다. 함수 $g(x)$는 $x=-1$에서 연속이므로

$\lim\limits_{x \to -1-} g(x) = \lim\limits_{x \to -1+} g(x) = g(-1)$

$\lim\limits_{x \to -1-} g(x) = a + 7a + b = 8a + b,$

$g(-1) = \lim\limits_{x \to -1+} g(x) = -2 - 9a - 12a^2$

이므로 $8a + b = -2 - 9a - 12a^2$

$\therefore b = -12a^2 - 17a - 2$ ······ ㉠

또, 함수 $g(x)$는 $x = -1$에서 미분가능하므로

$\lim\limits_{x \to -1-} g'(x) = \lim\limits_{x \to -1+} g'(x)$

$g'(x) = \begin{cases} 2ax - 7a & (x < -1) \\ 6x^2 - 18ax + 12a^2 & (x > -1) \end{cases}$ 이므로

$\lim\limits_{x \to -1-} g'(x) = \lim\limits_{x \to -1-} (2ax - 7a) = -9a$

$\lim\limits_{x \to -1+} g'(x) = \lim\limits_{x \to -1+} (6x^2 - 18ax + 12a^2) = 6 + 18a + 12a^2$

$-9a = 6 + 18a + 12a^2, \quad 12a^2 + 27a + 6 = 0$

$4a^2 + 9a + 2 = 0, \quad (4a + 1)(a + 2) = 0$

$\therefore a = -2$ 또는 $a = -\dfrac{1}{4}$

즉, $g'(x) = \begin{cases} -4x + 14 & (x < -1) \\ 6x^2 + 36x + 48 & (x > -1) \end{cases}$ 또는

$g'(x) = \begin{cases} -\dfrac{1}{2}x + \dfrac{7}{4} & (x < -1) \\ 6x^2 + \dfrac{9}{2}x + \dfrac{3}{4} & (x > -1) \end{cases}$ 이므로

$g'(x) = \begin{cases} -2(2x - 7) & (x < -1) \\ 6(x + 2)(x + 4) & (x > -1) \end{cases}$ 또는

$g'(x) = \begin{cases} -\dfrac{1}{4}(2x - 7) & (x < -1) \\ \dfrac{3}{4}(2x + 1)(4x + 1) & (x > -1) \end{cases}$

이때 조건 ㈎에 의하여 함수 $g(x)$가 역함수가 존재해야 하므로 모든 실수 x에 대하여 함수 $g(x)$가 증가하기만하거나 감소하기만해야 한다. 즉, $g'(x) \geq 0$이거나 $g'(x) \leq 0$이어야 하므로

$a = -2$

$a = -2$를 ㉠에 대입하면

$b = -12 \times (-2)^2 - 17 \times (-2) - 2 = -16$

따라서 $f'(x) = \begin{cases} -2x^2 + 14x - 16 & (x < -1) \\ 2x^3 + 18x^2 + 48x & (x \geq -1) \end{cases}$ 이므로

$f(x) = \begin{cases} -\dfrac{2}{3}x^3 + 7x^2 - 16x + C_1 & (x < -1) \\ \dfrac{1}{2}x^4 + 6x^3 + 24x^2 + C_2 & (x \geq -1) \end{cases}$

(단, C_1, C_2는 적분상수)

조건 ㈐에서 $f(-3) = 129$이므로

$-\dfrac{2}{3} \times (-3)^3 + 7 \times (-3)^2 - 16 \times (-3) + C_1 = 129$

$129 + C_1 = 129 \quad \therefore C_1 = 0$

이때 함수 $f(x)$가 $x = -1$에서 연속이므로

$\lim\limits_{x \to -1-} f(x) = \lim\limits_{x \to -1+} f(x) = f(-1)$

$\lim\limits_{x \to -1-} f(x) = \dfrac{71}{3}, \quad \lim\limits_{x \to -1+} f(x) = \dfrac{37}{2} + C_2$이므로

$\dfrac{71}{3} = \dfrac{37}{2} + C_2 \quad \therefore C_2 = \dfrac{31}{6}$

$\therefore f(x) = \begin{cases} -\dfrac{2}{3}x^3 + 7x^2 - 16x & (x < -1) \\ \dfrac{1}{2}x^4 + 6x^3 + 24x^2 + \dfrac{31}{6} & (x \geq -1) \end{cases}$

$f'(x) = \begin{cases} -2(x^2 - 7x + 8) & (x < -1) \\ 2x(x^2 + 9x + 24) & (x > -1) \end{cases}$ 이므로

$f'(x) = 0$에서 $x = 0$

x	$\cdots$	-1	$\cdots$	0	$\cdots$
$f'(x)$	$-$	$-$	$-$	0	$+$
$f(x)$	$\searrow$	$\searrow$	$\searrow$	극소	$\nearrow$

즉, 함수 $f(x)$는 $x = 0$에서 극솟값 $m = f(0) = \dfrac{31}{6}$을 가지므로

$3m(a - b) = 3 \times \dfrac{31}{6} \times \{-2 - (-16)\} = 3 \times \dfrac{31}{6} \times 14 = 217$ 답 217

참고 $a = -\dfrac{1}{4}$일 때, 함수 $g(x)$의 증가와 감소를 표로 나타내면 다음과 같다.

x	$\cdots$	-1	$\cdots$	$-\dfrac{1}{2}$	$\cdots$	$-\dfrac{1}{4}$	$\cdots$
$g'(x)$	$+$	$+$	$+$	0	$-$	0	$+$
$g(x)$	$\nearrow$	$\nearrow$	$\nearrow$	극대	$\searrow$	극소	$\nearrow$

따라서 $g'(x)$의 부호가 바뀌므로 함수 $g(x)$는 역함수가 존재할 수 없다.

06 전략 도함수의 정의를 이용하여 $f'(x)$를 구한 다음 부정적분을 취하여 함수 $f(x)$를 구한다.

풀이 $f(x + y) = f(x) + f(y) + axy(x + y)$의 양변에 $x = 0, y = 0$을 대입하면

$f(0) = f(0) + f(0) \quad \therefore f(0) = 0$

도함수의 정의에 의하여

$f'(x) = \lim\limits_{h \to 0} \dfrac{f(x + h) - f(x)}{h}$

$= \lim\limits_{h \to 0} \dfrac{f(x) + f(h) + axh(x + h) - f(x)}{h}$

$= \lim\limits_{h \to 0} \dfrac{f(h) + axh(x + h)}{h}$

$= \lim\limits_{h \to 0} \dfrac{f(h)}{h} + \lim\limits_{h \to 0} ax(x + h)$

$= \lim\limits_{h \to 0} \dfrac{f(h) - f(0)}{h - 0} + \lim\limits_{h \to 0} ax(x + h)$

$= f'(0) + ax^2$

$= ax^2 + 12$

$\therefore f(x) = \dfrac{1}{3}ax^3 + 12x + C$ (단, C는 적분상수)

이때 $f(0) = 0$이므로 $C = 0$

$\therefore f(x) = \dfrac{1}{3}ax^3 + 12x$

$f'(x) = 0$에서 $ax^2 + 12 = 0, \quad x^2 = -\dfrac{12}{a}$

$\therefore x = \pm\sqrt{-\dfrac{12}{a}}$

함수 $f(x)$의 극값이 존재하므로 $a < 0$

따라서 함수 $f(x)=\dfrac{1}{3}ax^3+12x$는 $x=\sqrt{-\dfrac{12}{a}}$에서 극댓값

$f\left(\sqrt{-\dfrac{12}{a}}\right)=16$을 가지므로

$\dfrac{1}{3}a\times\left(-\dfrac{12}{a}\sqrt{-\dfrac{12}{a}}\right)+12\sqrt{-\dfrac{12}{a}}=16$

$8\sqrt{-\dfrac{12}{a}}=16,\ \sqrt{-\dfrac{12}{a}}=2$

$-\dfrac{12}{a}=4\qquad\therefore a=-3$

따라서 $f(x)=-x^3+12x$이므로

$f(1)=-1+12=11$ 답 ③

07 전략 주어진 그래프를 이용하여 합성함수 $g(f(x))$를 구하고 정적분을 계산한다.

풀이 함수 $y=f(x)$의 그래프의 꼭짓점의 좌표는 $(0,\ 1)$이므로

$f(x)=ax^2+1\ (a>0)$로 놓으면 이 그래프가 점 $(2,\ 2)$를 지나므로

$f(2)=4a+1=2\qquad\therefore a=\dfrac{1}{4}$

$\therefore f(x)=\dfrac{1}{4}x^2+1,\ g(x)=\begin{cases}4 & (x<2)\\ -2x+8 & (2\le x<5)\\ -2 & (x\ge 5)\end{cases}$

$g(f(x))=\begin{cases}4 & (f(x)<2)\\ -2f(x)+8 & (2\le f(x)<5)\\ -2 & (f(x)\ge 5)\end{cases}$

이때 $x\ge 0$인 x에 대하여

$0\le x<2$일 때, $f(x)<2$

$2\le x<4$일 때, $2\le f(x)<5$

$x\ge 4$일 때, $f(x)\ge 5$

이므로

$g(f(x))=\begin{cases}4 & (0\le x<2)\\ -\dfrac{1}{2}x^2+6 & (2\le x<4)\\ -2 & (x\ge 4)\end{cases}$

$\therefore \displaystyle\int_0^6 g(f(x))dx$

$=\displaystyle\int_0^2 g(f(x))dx+\int_2^4 g(f(x))dx+\int_4^6 g(f(x))dx$

$=\displaystyle\int_0^2 4\,dx+\int_2^4\left(-\dfrac{1}{2}x^2+6\right)dx+\int_4^6(-2)\,dx$

$=\Big[4x\Big]_0^2+\left[-\dfrac{1}{6}x^3+6x\right]_2^4+\Big[-2x\Big]_4^6$

$=8+\left(\dfrac{40}{3}-\dfrac{32}{3}\right)+(-4)$

$=\dfrac{20}{3}$ 답 $\dfrac{20}{3}$

08 전략 상수 a의 값의 범위에 따른 함수 $y=f(x)$의 그래프를 이용하여 주어진 조건을 만족시키는 상수 a의 값을 구한다.

풀이 모든 실수 x에 대하여 $(x-2)^2\ge 0$이므로

$f(x)=(x-2)^2|x-a|=|(x-2)^2(x-a)|$

$g(x)=(x-2)^2(x-a)$로 놓으면 $f(x)=|g(x)|$

(i) $a>2$일 때

함수 $y=f(x)$의 그래프는 오른쪽 그림과 같으므로 방정식 $f(x)=32$는 한 개의 양의 근과 서로 다른 두 개의 음의 근을 가질 수 없다.

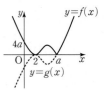

(ii) $a=2$일 때

$g(x)=(x-2)^3$이므로 함수 $y=f(x)$의 그래프는 오른쪽 그림과 같다. 따라서 방정식 $f(x)=32$는 한 개의 양의 근과 서로 다른 두 개의 음의 근을 가질 수 없다.

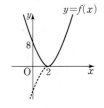

(iii) $a<2$일 때

오른쪽 그림과 같이 함수 $g(x)$가 $x<0$에서 극댓값 32를 가질 때 방정식 $f(x)=32$는 한 개의 양의 근과 서로 다른 두 개의 음의 근을 갖는다.

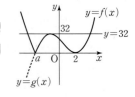

$g(x)=(x-2)^2(x-a)$에서

$g'(x)=2(x-2)(x-a)+(x-2)^2$

$\quad\ =(x-2)\{2(x-a)+x-2\}$

$\quad\ =(x-2)\{3x-(2a+2)\}$

$\quad\ =3(x-2)\left(x-\dfrac{2a+2}{3}\right)$

$g'(x)=0$에서 $x=2$ 또는 $x=\dfrac{2a+2}{3}$

이때 $a<2$에서 $\dfrac{2a+2}{3}<2$이므로 함수 $g(x)$의 증가와 감소를 표로 나타내면 다음과 같다.

x	$\cdots$	$\dfrac{2a+2}{3}$	$\cdots$	2	$\cdots$
$g'(x)$	$+$	0	$-$	0	$+$
$g(x)$	↗	극대	↘	극소	↗

즉, 함수 $g(x)$는 $x=\dfrac{2a+2}{3}$일 때 극대이므로

$\dfrac{2a+2}{3}<0,\ g\left(\dfrac{2a+2}{3}\right)=32$

$\dfrac{2a+2}{3}<0$에서 $2a+2<0\qquad\therefore a<-1$

$g\left(\dfrac{2a+2}{3}\right)=32$에서 $\left(\dfrac{2a+2}{3}-2\right)^2\left(\dfrac{2a+2}{3}-a\right)=32$

$\dfrac{-4(a-2)^3}{27}=32,\ (a-2)^3=(-6)^3$

$a-2=-6\qquad\therefore a=-4$

따라서 $f(x)=(x-2)^2|x+4|$이므로

$\displaystyle\int_0^2 f(x)dx=\int_0^2(x-2)^2|x+4|dx$

$\qquad\qquad\ =\displaystyle\int_0^2(x-2)^2(x+4)dx$

$\qquad\qquad\ =\displaystyle\int_0^2(x^3-12x+16)dx$

$\qquad\qquad\ =\left[\dfrac{1}{4}x^4-6x^2+16x\right]_0^2$

$\qquad\qquad\ =\dfrac{1}{4}\times 2^4-6\times 2^2+16\times 2=12$ 답 ①

09 **전략** 함수 $y=f(2-x)$의 그래프는 함수 $y=f(x)$의 그래프와 직선 $x=1$에 대하여 대칭이고, 함수 $y=f(x)$의 그래프가 직선 $x=2$에 대하여 대칭이므로 $\int_{-1}^{2} f(x)dx=\int_{-1}^{2} f(4-x)dx$가 성립함을 이용하여 정적분을 계산한다.

풀이 함수 $y=f(2-x)$의 그래프는 함수 $y=f(x)$의 그래프와 직선 $x=1$에 대하여 대칭이므로

$$\int_{0}^{3} f(2-x)dx=\int_{-1}^{2} f(x)dx=\frac{1}{4}$$

한편, 함수 $f(x)=a|x^2-4x|$의 그래프는 직선 $x=2$에 대하여 대칭이고, 두 함수 $y=f(x)$, $y=f(4-x)$의 그래프도 직선 $x=2$에 대하여 대칭이므로

$$f(4-x)=f(x)$$

$$\therefore \int_{-1}^{2}\{f(x)+2f(4-x)+x^3\}dx$$
$$=\int_{-1}^{2} f(x)dx+2\int_{-1}^{2} f(4-x)dx+\int_{-1}^{2} x^3 dx$$
$$=\int_{-1}^{2} f(x)dx+2\int_{-1}^{2} f(x)dx+\int_{-1}^{2} x^3 dx$$
$$=3\int_{-1}^{2} f(x)dx+\left[\frac{1}{4}x^4\right]_{-1}^{2}$$
$$=3\times\frac{1}{4}+\frac{15}{4}=\frac{9}{2}$$

답 ④

10 **전략** 주어진 조건을 만족시키는 함수 $f(x)$와 $g(x)$에 대하여 $f'(x)$, $\{f'(x)\}^2$, $\{f'(x)\}^2 g(x)$가 각각 어떤 함수인지 파악한 후 곱의 미분법을 이용하여 정적분을 계산한다.

풀이 조건 ㈎에서 다항함수 $f(x)$가 $f(-x)=f(x)$를 만족시키므로 $f(x)$는 짝수 차수의 항과 상수항으로만 이루어진 함수이다. 따라서 $f'(x)$는 홀수 차수의 항으로만 이루어진 함수이므로 모든 실수 x에 대하여 $f'(-x)=-f'(x)$가 성립한다.

조건 ㈏에서

$$\int_{-1}^{1}\{f'(x)+1\}^2 g(x)dx$$
$$=\int_{-1}^{1}[\{f'(x)\}^2+2f'(x)+1]g(x)dx$$
$$=\int_{-1}^{1}\{f'(x)\}^2 g(x)dx+2\int_{-1}^{1} f'(x)g(x)dx+\int_{-1}^{1} g(x)dx$$

이때 $\{f'(x)\}^2 g(x)=h_1(x)$로 놓으면
$$h_1(-x)=\{f'(-x)\}^2 g(-x)$$
$$=\{-f'(x)\}^2\times\{-g(x)\}$$
$$=-\{f'(x)\}^2 g(x)$$
$$=-h_1(x)$$

에서 함수 $y=h_1(x)$의 그래프는 원점에 대하여 대칭이므로
$$\int_{-1}^{1} h_1(x)dx=\int_{-1}^{1}\{f'(x)\}^2 g(x)dx=0$$

$f'(x)g(x)=h_2(x)$로 놓으면
$$h_2(-x)=f'(-x)g(-x)$$
$$=\{-f'(x)\}\times\{-g(x)\}$$
$$=f'(x)g(x)$$
$$=h_2(x)$$

에서 함수 $y=h_2(x)$의 그래프는 y축에 대하여 대칭이므로
$$\int_{-1}^{1} h_2(x)dx=2\int_{0}^{1} h_2(x)dx=2\int_{0}^{1} f'(x)g(x)dx$$

또, 조건 ㈎에서 함수 $y=g(x)$의 그래프는 원점에 대하여 대칭이므로 $\int_{-1}^{1} g(x)dx=0$

$$\int_{-1}^{1}\{f'(x)+1\}^2 g(x)dx$$
$$=\int_{-1}^{1}\{f'(x)\}^2 g(x)dx+2\int_{-1}^{1} f'(x)g(x)dx+\int_{-1}^{1} g(x)dx$$
$$=4\int_{0}^{1} f'(x)g(x)dx=24$$
$$\therefore \int_{0}^{1} f'(x)g(x)dx=6$$

한편, $\{f(x)g(x)\}'=f'(x)g(x)+f(x)g'(x)$의 양변에 정적분을 취하면
$$\int_{0}^{1}\{f(x)g(x)\}'dx=\int_{0}^{1} f'(x)g(x)dx+\int_{0}^{1} f(x)g'(x)dx$$
$$=6+3=9 \ (\because \text{조건 ㈐})$$

이때 조건 ㈎의 $g(-x)=-g(x)$에 $x=0$을 대입하면 $g(0)=-g(0)$에서 $g(0)=0$이므로

$$\int_{0}^{1}\{f(x)g(x)\}'dx=\Big[f(x)g(x)\Big]_{0}^{1}$$
$$=f(1)g(1)-f(0)g(0)$$
$$=f(1)g(1)$$
$$\therefore f(1)g(1)=9$$

답 9

11 **전략** 방정식 $f(x)=4$가 서로 다른 두 실근을 가지므로 함수 $f(x)$의 극댓값이 4임을 이용하여 함수 $f(x)$를 구한다.

풀이 조건 ㈏에서 모든 실수 a에 대하여 $\int_{-a}^{a}\{f(x)+12\}dx=0$이므로 $f(x)+12$는 홀수 차수의 항으로만 이루어진 함수이다.

이때 함수 $f(x)$는 최고차항의 계수가 1인 삼차함수이므로
$$f(x)+12=x^3+kx \ (k는 \ 상수)로 \ 놓으면$$
$$f(x)=x^3+kx-12 \quad \cdots\cdots \ \bigcirc$$

조건 ㈎에서 방정식 $f(x)=4$가 서로 다른 두 실근을 가지므로 오른쪽 그림과 같이 함수 $y=f(x)$의 그래프와 직선 $y=4$가 서로 다른 두 점에서 만나야 한다.

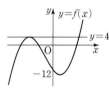

따라서 함수 $f(x)$의 극댓값이 4이어야 한다.

$f'(x)=3x^2+k$이므로
$$f'(x)=0에서 \ x=\pm\sqrt{-\frac{k}{3}}$$

함수 $f(x)$는 $x=-\sqrt{-\frac{k}{3}}$에서 극댓값 4를 가지므로
$$f\left(-\sqrt{-\frac{k}{3}}\right)=\left(-\sqrt{-\frac{k}{3}}\right)^3+k\times\left(-\sqrt{-\frac{k}{3}}\right)-12=4$$
$$\frac{k}{3}\sqrt{-\frac{k}{3}}-k\sqrt{-\frac{k}{3}}=16$$
$$-\frac{2k}{3}\sqrt{-\frac{k}{3}}=16$$

이 식의 양변을 제곱하면

$$\frac{4k^2}{9} \times \left(-\frac{k}{3}\right) = 256, \quad k^3 = -1728 = (-12)^3$$

$$\therefore k = -12$$

$k=-12$를 ㉠에 대입하면 $f(x)=x^3-12x-12$이므로

$$\int_0^6 f(x)dx = \int_0^6 (x^3-12x-12)dx$$
$$= \left[\frac{1}{4}x^4-6x^2-12x\right]_0^6$$
$$= \frac{1}{4} \times 6^4 - 6 \times 6^2 - 72 = 36$$

🔖 36

✏️**다른풀이** 조건 ㈏에서 $f(x)+12$는 기함수이므로

$f(x)+12=g(x)$로 놓으면 $g(x)$는 기함수이고

$f(x)=g(x)-12$

이때 조건 ㈎에서 방정식 $f(x)=4$가 서로 다른 두 실근을 가지므로

$g(x)-12=4$, 즉 $g(x)=16$이 서로 다른 두 실근을 갖는다.

함수 $g(x)$는 최고차항의 계수가 1인 삼차함수이고, 기함수이므로

그 그래프는 원점에 대하여 대칭이다.

따라서 방정식 $g(x)=16$이 서로 다른 두
실근을 가지려면 오른쪽 그림과 같이 함수
$y=g(x)$의 그래프와 직선 $y=16$이 서로
다른 두 점에서 만나고 함수 $g(x)$의 극댓
값이 16이어야 한다.

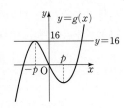

함수 $g(x)$가 $x=-p$와 $x=p\ (p>0)$에서 극값을 갖는다고 하면

$g'(x)=3(x+p)(x-p)=3x^2-3p^2$

$\therefore g(x)=x^3-3p^2x+C$ (단, C는 적분상수)

이때 함수 $y=g(x)$의 그래프가 원점을 지나므로 $C=0$

$\therefore g(x)=x^3-3p^2x$

함수 $g(x)$가 $x=-p$에서 극댓값 16을 가지므로

$g(-p)=-p^3+3p^3=16$

$2p^3=16, \quad p^3=8 \quad \therefore p=2$

즉, $g(x)=x^3-12x$이므로

$f(x)=g(x)-12=x^3-12x-12$

$$\therefore \int_0^6 f(x)dx = \int_0^6 (x^3-12x-12)dx$$
$$= \left[\frac{1}{4}x^4-6x^2-12x\right]_0^6$$
$$= \frac{1}{4} \times 6^4 - 6 \times 6^2 - 72 = 36$$

12 전략 $g'(x)=(x+2)f(x+1)$임을 이용하여 함수 $g(x)$의 극댓값
과 극솟값을 구한다.

풀이 $g(x)=\int_0^{x+1}(t+1)f(t)dt$에서 $g'(x)=(x+2)f(x+1)$이
고 $f(x)=3(x-1)$이므로 $f(x+1)=3x$이다.

$\therefore g'(x)=3x(x+2)=3x^2+6x$

$g(x)=\int g'(x)dx = \int(3x^2+6x)dx$
$\qquad = x^3+3x^2+C$ (단, C는 적분상수)

$g(x)=\int_0^{x+1}(t+1)f(t)dt$의 양변에 $x=-1$을 대입하면

$g(-1)=0$이므로 $-1+3+C=0$

$\therefore C=-2$

$\therefore g(x)=x^3+3x^2-2$

$g'(x)=0$에서 $x=-2$ 또는 $x=0$

x	$\cdots$	-2	$\cdots$	0	$\cdots$
$g'(x)$	$+$	0	$-$	0	$+$
$g(x)$	↗	극대	↘	극소	↗

따라서 함수 $g(x)$의 극댓값은 $g(-2)=-8+12-2=2$이고 극솟
값은 $g(0)=-2$이므로 그 합은 $2+(-2)=0$

🔖 ②

13 전략 $g'(x)=f(x)$이므로 함수 $f(x)$의 증가와 감소를 조사하여 보
기의 참, 거짓을 판별한다.

풀이 $f(x)=x^3-\frac{3}{2}ax^2+32$에서

$f'(x)=3x^2-3ax=3x(x-a)$

$f'(x)=0$에서 $x=0$ 또는 $x=a$

x	$\cdots$	0	$\cdots$	a	$\cdots$
$f'(x)$	$+$	0	$-$	0	$+$
$f(x)$	↗	32	↘	$-\frac{1}{2}a^3+32$	↗

즉, 함수 $f(x)$는 $x=0$에서 극댓값 32를 갖고,
$x=a$에서 극솟값 $-\frac{1}{2}a^3+32$를 가지므로 함
수 $y=f(x)$의 그래프는 오른쪽 그림과 같다.

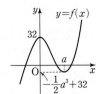

ㄱ. $g'(x)=f(x)$이므로 $g'(0)=f(0)=32>0$ (참)

ㄴ. 방정식 $f(x)=0$의 음수인 근을 α라 하면 $f(-2)<0$이므로
$\alpha>-2$이고, 함수 $g(x)$는 $x=\alpha$에서 극솟값 $g(\alpha)$를 갖는다.

이때 $g(x)=\int_{-2}^{x}f(t)dt$의 양변에 $x=-2$를 대입하면

$$g(-2)=\int_{-2}^{-2}f(t)dt=0$$

그런데 함수 $g(x)$는 $x<\alpha$에서 감소하므로

$g(\alpha)<g(-2)=0$

즉, 함수 $g(x)$의 극솟값이 0보다 작으므로 최솟값도 0보다 작다.
(참)

ㄷ. 함수 $g(x)$가 $x>0$에서 증가하려면 $x>0$에서 $g'(x)\geq0$이어야
한다.

즉, $x>0$에서 $f(x)\geq0$이어야 하므로

($f(x)$의 최솟값)≥0

ㄱ에서 함수 $f(x)$는 $x>0$에서 $x=a$일 때 극소이면서 최소이므로

$f(a)\geq0, \quad -\frac{1}{2}a^3+32\geq0$

$a^3\leq64$

$\therefore a\leq4$

따라서 함수 $g(x)$가 $x>0$에서 증가하도록 하는 a의 최댓값은 4
이다. (참)

따라서 ㄱ, ㄴ, ㄷ 모두 옳다.

🔖 ⑤

14 전략 $g'(x)=f(x)$, $g(1)=0$임을 이용하며 함수 $g(x)$의 그래프를 그려 본다.

풀이 $g'(x)=f(x)=0$에서 $x=-2$ 또는 $x=2$ 또는 $x=5$

x	$\cdots$	-2	$\cdots$	2	$\cdots$	5	$\cdots$
$g'(x)$	$-$	0	$+$	0	$+$	0	$-$
$g(x)$	$\searrow$	극소	$\nearrow$		$\nearrow$	극대	$\searrow$

즉, 함수 $g(x)$는 $x=-2$에서 극솟값을 갖고, $x=5$에서 극댓값을 갖는다.

또, $g(x)=\displaystyle\int_1^x f(t)dt$의 양변에 $x=1$을 대입하면 $g(1)=\displaystyle\int_1^1 f(t)dt=0$

따라서 함수 $g(x)$의 그래프는 오른쪽 그림과 같다.

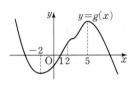

ㄱ. 함수 $y=g(x)$의 그래프가 x축과 세 점에서 만나므로 방정식 $g(x)=0$은 서로 다른 세 실근을 갖는다. (참)

ㄴ. 함수 $y=g(x)$의 그래프에서 $g(0)<0$, $g(1)=0$이고 구간 $[0, 1]$ 에서 함수 $g(x)$는 증가하므로

$$\int_0^1 g(x)dx<0 \ (거짓)$$

ㄷ. $a=g(5)$, $b=g(-2)$이므로

$$\frac{a+b}{2}=\frac{g(5)+g(-2)}{2}$$

한편, $\displaystyle\int_{-2}^2 f(x)dx=\int_2^5 f(x)dx$에서

$$\int_{-2}^2 f(x)dx=\int_{-2}^1 f(x)dx+\int_1^2 f(x)dx$$
$$=-\int_1^{-2} f(x)dx+\int_1^2 f(x)dx$$
$$=-g(-2)+g(2)$$

$$\int_2^5 f(x)dx=\int_2^1 f(x)dx+\int_1^5 f(x)dx$$
$$=-\int_1^2 f(x)dx+\int_1^5 f(x)dx$$
$$=-g(2)+g(5)$$

이므로 $-g(-2)+g(2)=-g(2)+g(5)$

$$g(2)=\frac{g(5)+g(-2)}{2}=\frac{a+b}{2}$$

$$\therefore \int_1^2 f(x)dx=\frac{a+b}{2} \ (참)$$

따라서 옳은 것은 ㄱ, ㄷ이다. 답 ④

다른풀이 ㄷ. $f(x)=g'(x)$이므로

$$\int_{-2}^2 f(x)dx=\int_{-2}^2 g'(x)dx=\Big[g(x)\Big]_{-2}^2=g(2)-g(-2)$$

$$\int_2^5 f(x)dx=\int_2^5 g'(x)dx=\Big[g(x)\Big]_2^5=g(5)-g(2)$$

$$\int_{-2}^2 f(x)dx=\int_2^5 f(x)dx이므로$$

$$g(2)-g(-2)=g(5)-g(2)$$

$$\therefore g(2)=\frac{g(5)+g(-2)}{2}$$

이때 $a=g(5)$, $b=g(-2)$이므로

$$g(2)=\int_1^2 f(x)dx=\frac{a+b}{2} \ (참)$$

15 전략 함수 $y=g(x)$의 그래프의 개형을 이용하여 보기의 참, 거짓을 판별한다.

풀이 $g(x)=\displaystyle\int_a^x f(t)dt$에서 $g'(x)=f(x)$

또, 함수 $f(x)$에 대하여 (극댓값)$\times$(극솟값)$=0$이므로 함수 $f(x)$의 극댓값이 0이거나 극솟값이 0이다.

따라서 함수 $y=f(x)$의 그래프의 개형을 이용하여 함수 $y=g(x)$의 그래프의 개형을 그리면 다음과 같다.

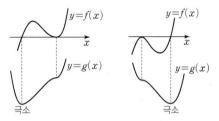

ㄱ. 함수 $g(x)$의 극댓값이 존재하지 않고 극솟값만 존재한다. (거짓)

ㄴ. $g(x)=\displaystyle\int_a^x f(t)dt$의 양변에 $x=a$를 대입하면

$$g(a)=\int_a^a f(t)dt=0$$

따라서 방정식 $g(x)-g(a)=0$, 즉 $g(x)=0$의 해가 오직 하나 뿐이면 그 해는 $x=a$이다.

이때 $g'(a)=f(a)=0$이므로 $x=a$는 방정식 $f(x)=0$의 해이다. (참)

ㄷ. $g(a)=0$이므로 $x>a$인 모든 x에 대하여 $g(x)>0$이면 함수 $g(x)$가 $x=k$에서 극소일 때 $k \le a$이다.

즉, 함수 $g(x)$는 $x>a$일 때 증가하므로 $x>a$인 모든 x에 대하여

$$f(x)=g'(x) \ge 0 \qquad \therefore f(a) \ge 0 \ (참)$$

따라서 옳은 것은 ㄴ, ㄷ이다. 답 ④

16 전략 $t^2f(t)$, t^3의 한 부정적분을 각각 $F(t)$, $G(t)$로 놓고 주어진 식을 간단히 한 후 도함수의 정의를 이용한다.

풀이 함수 $t^2f(t)$의 한 부정적분을 $F(t)$, 함수 t^3의 한 부정적분을 $G(t)$라 하면

$$\int_2^x \{(x+a)t^2f(t)+x^2t^3+b\}dt$$
$$=(x+a)\int_2^x t^2f(t)dt+x^2\int_2^x t^3dt+\int_2^x b\,dt$$
$$=(x+a)\Big[F(t)\Big]_2^x+x^2\Big[G(t)\Big]_2^x+\Big[bt\Big]_2^x$$
$$=(x+a)\{F(x)-F(2)\}+x^2\{G(x)-G(2)\}+b(x-2)$$

$$\therefore \lim_{x \to 2}\frac{\displaystyle\int_2^x \{(x+a)t^2f(t)+x^2t^3+b\}dt}{x(x-2)}$$
$$=\lim_{x \to 2}\frac{(x+a)\{F(x)-F(2)\}+x^2\{G(x)-G(2)\}+b(x-2)}{x(x-2)}$$

$$=\lim_{x\to 2}\frac{(x+a)\{F(x)-F(2)\}}{x(x-2)}+\lim_{x\to 2}\frac{x^2\{G(x)-G(2)\}}{x(x-2)}$$
$$+\lim_{x\to 2}\frac{b(x-2)}{x(x-2)}$$
$$=\lim_{x\to 2}\frac{x+a}{x}F'(2)+\lim_{x\to 2}xG'(2)+\lim_{x\to 2}\frac{b}{x}$$
$$=\frac{2+a}{2}\times 2^2\times f(2)+2\times 2^3+\frac{b}{2}$$
$$=\frac{2+a}{2}\times 4\times 1+2\times 8+\frac{b}{2}$$
$$=4+2a+16+\frac{b}{2}$$
$$=2a+\frac{b}{2}+20=21$$

$2a+\dfrac{b}{2}=1$이므로 $4a+b=2$　　　　　　　　　**답** 2

17 **전략** $f(x)-2x=h(x)$로 놓고 함수 $g(k)$가 $k=3$에서만 불연속이 되는 함수 $y=h(x)$의 그래프의 개형을 추측한다.

풀이 방정식 $f(x)=2x+k$의 근은 방정식 $f(x)-2x=k$의 근과 같으므로 $f(x)-2x=h(x)$로 놓으면 함수 $h(x)$는 최고차항의 계수가 1인 삼차함수이고, 함수 $g(k)$는 방정식 $h(x)=k$의 모든 실근의 합이다.

조건 ㈎에 의하여 함수 $h(x)$는 극댓값과 극솟값을 가지므로 함수 $h(x)$가 $x=\alpha$, $x=\beta$에서 극값을 가진다고 하자.

이때 다음 그림과 같이 $\alpha\neq 0$, $\beta\neq 0$이면 함수 $g(k)$는 $k=h(\alpha)$일 때와 $k=h(\beta)$일 때 불연속이다.

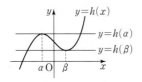

따라서 함수 $g(k)$가 $k=3$에서만 불연속이려면 α, β 중 하나는 반드시 0이어야 하고, 극댓값 또는 극솟값 중 하나는 반드시 3이어야 하므로 다음과 같이 그래프가 2가지로 그려질 수 있다.

(ⅰ) 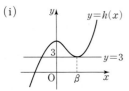　　　(ⅱ)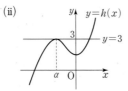

조건 ㈎에서 $f'(-1)<0$이므로
$h(x)=f(x)-2x$의 양변을 x에 대하여 미분하면
$$h'(x)=f'(x)-2$$
$$\therefore h'(-1)=f'(-1)-2<0$$
따라서 그래프는 (ⅱ)와 같고,
$$\alpha\leq -1\quad\cdots\cdots\ \bigcirc$$
이어야 한다.
$h'(x)=3x(x-\alpha)=3x^2-3\alpha x$로 놓으면
$$h(x)=x^3-\frac{3}{2}\alpha x^2+C\ (단,\ C는\ 적분상수)$$
$h(\alpha)=\alpha^3-\dfrac{3}{2}\alpha^3+C=3$에서 $C=3+\dfrac{\alpha^3}{2}$

$h(x)=f(x)-2x$이므로
$$f(x)=h(x)+2x=x^3-\frac{3}{2}\alpha x^2+2x+3+\frac{\alpha^3}{2}$$
조건 ㈎에 의하여
$$f(2)=8-6\alpha+4+3+\frac{\alpha^3}{2}=7$$
$$\alpha^3-12\alpha+16=0,\ (\alpha-2)^2(\alpha+4)=0$$
$$\therefore \alpha=-4\ (\because\ \bigcirc)$$
따라서 $f(x)=x^3+6x^2+2x-29$이므로
$$\int_0^2 f(x)dx=\int_0^2(x^3+6x^2+2x-29)dx$$
$$=\left[\frac{1}{4}x^4+2x^3+x^2-29x\right]_0^2=-34$$
　　　　　　　　　답 ①

18 **전략** 주어진 등식의 양변을 x에 대하여 미분하고 $\{x^2f(x)\}'=2xf(x)+x^2f'(x)$임을 이용하여 함수 $f(x)$를 구한다.

풀이 $x^3f(x)-\displaystyle\int_0^x t^2f(t)dt=\frac{3}{10}x^{10}+7x^8-\frac{6}{7}x^7+ax^3+b$
$$\cdots\cdots\ \bigcirc$$
㉠의 양변에 $x=0$을 대입하면 $b=0$
㉠의 양변을 x에 대하여 미분하면
$$3x^2f(x)+x^3f'(x)-x^2f(x)=3x^9+56x^7-6x^6+3ax^2$$
$$2x^2f(x)+x^3f'(x)=3x^9+56x^7-6x^6+3ax^2$$
양변을 x로 나누면
$$2xf(x)+x^2f'(x)=3x^8+56x^6-6x^5+3ax$$
이때 $\{x^2f(x)\}'=2xf(x)+x^2f'(x)$이므로
$$\{x^2f(x)\}'=3x^8+56x^6-6x^5+3ax$$
양변에 부정적분을 취하면
$$\int\{x^2f(x)\}'dx=\int(3x^8+56x^6-6x^5+3ax)dx$$
$$x^2f(x)=\frac{1}{3}x^9+8x^7-x^6+\frac{3}{2}ax^2+C\ (단,\ C는\ 적분상수)$$
양변에 $x=0$을 대입하면 $C=0$
즉, $x^2f(x)=\dfrac{1}{3}x^9+8x^7-x^6+\dfrac{3}{2}ax^2$이므로
$$f(x)=\frac{1}{3}x^7+8x^5-x^4+\frac{3}{2}a$$
$$\int_{-1}^1 f(x)dx=\int_{-1}^1\left(\frac{1}{3}x^7+8x^5-x^4+\frac{3}{2}a\right)dx$$
$$=\int_{-1}^1\left(-x^4+\frac{3}{2}a\right)dx$$
$$=2\int_0^1\left(-x^4+\frac{3}{2}a\right)dx$$
$$=2\left[-\frac{1}{5}x^5+\frac{3}{2}ax\right]_0^1$$
$$=2\left(-\frac{1}{5}+\frac{3}{2}a\right)=\frac{28}{5}$$
이므로 $\dfrac{3}{2}a=3$　　　$\therefore a=2$
따라서 $f(x)=\dfrac{1}{3}x^7+8x^5-x^4+3$이므로
$$f(1)=\frac{1}{3}+8-1+3=\frac{31}{3}$$
　　　　　　　　　답 ④

19 전략 함수 $F'(x)$의 그래프를 그려 함수 $F'(x)$가 실수 전체의 집합에서 미분가능하기 위한 조건을 따져 본다.

풀이 $F(x)=\int_2^x f(t)dt$의 양변을 x에 대하여 미분하면

$F'(x)=f(x)=ax^2|x-b|=|ax^2(x-b)|$

$ax^2(x-b)=g(x)$로 놓으면 $f(x)=|g(x)|$이므로 $y=f(x)$의 그래프는 다음 그림과 같다.

(i) $b>0$ (ii) $b<0$ (iii) $b=0$

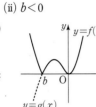 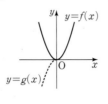

(i), (ii), (iii)에 의하여 함수 $F'(x)$가 실수 전체의 집합에서 미분가능하려면 $b=0$이어야하므로

$$F'(x)=f(x)=\begin{cases} ax^3 & (x\ge 0) \\ -ax^3 & (x<0) \end{cases}$$

$$\therefore F(x)=\begin{cases} \dfrac{1}{4}ax^4+C_1 & (x\ge 0) \\ -\dfrac{1}{4}ax^4+C_2 & (x<0) \end{cases}$$

(단, C_1, C_2는 적분상수)

$F(x)=\int_2^x f(t)dt$의 양변에 $x=2$를 대입하면

$F(2)=\int_2^2 f(t)dt=0$이고 $F(2)=4a+C_1$이므로

$4a+C_1=0$ $\therefore C_1=-4a$

함수 $F(x)$는 실수 전체의 집합에서 미분가능하므로 실수 전체의 집합에서 연속이다. 즉, $x=0$에서 연속이므로

$\lim\limits_{x\to 0-}F(x)=\lim\limits_{x\to 0+}F(x)=F(0)$ $\therefore C_2=C_1=-4a$

즉, $F(x)=\begin{cases} \dfrac{1}{4}ax^4-4a & (x\ge 0) \\ -\dfrac{1}{4}ax^4-4a & (x<0) \end{cases}$

조건 (나)에 의하여

$F(4)=\dfrac{1}{4}a\times 4^4-4a=60a=90$ $\therefore a=\dfrac{3}{2}$

$\therefore F(-2)=-\dfrac{1}{4}a\times(-2)^4-4a=-8a=-8\times\dfrac{3}{2}=-12$

답 ①

📝다른풀이 $f(x)=\begin{cases} ax^3 & (x\ge 0) \\ -ax^3 & (x<0) \end{cases}$ 이므로

$F(4)=\int_2^4 f(t)dt=\int_2^4 at^3 dt=\left[\dfrac{a}{4}t^4\right]_2^4=64a-4a=60a=90$

$\therefore a=\dfrac{3}{2}$

따라서 $f(x)=\begin{cases} \dfrac{3}{2}x^3 & (x\ge 0) \\ -\dfrac{3}{2}x^3 & (x<0) \end{cases}$ 이므로

$F(-2)=\int_2^{-2}f(t)dt=-\int_{-2}^2 f(t)dt=-\int_{-2}^0 f(t)dt-\int_0^2 f(t)dt$

$=-\int_{-2}^0\left(-\dfrac{3}{2}t^3\right)dt-\int_0^2\dfrac{3}{2}t^3 dt=-\left[-\dfrac{3}{8}t^4\right]_{-2}^0-\left[\dfrac{3}{8}t^4\right]_0^2$

$=-6-6=-12$

20 전략 함수 $f(x)$의 식을 세우고 두 함수 $f(x)$, $f'(x)$가 실수 전체의 집합에서 연속이고, $f(ka)=f(3a+2)$임을 이용하여 k의 값을 구한다.

풀이 함수 $f'(x)$가 실수 전체의 집합에서 연속이므로 $x=-a$와 $x=3a$에서 연속이다.

즉, $\lim\limits_{x\to -a-}f'(x)=\lim\limits_{x\to -a+}f'(x)=f'(-a)$에서 $c=4a^2$

$\lim\limits_{x\to 3a-}f'(x)=\lim\limits_{x\to 3a+}f'(x)=f'(3a)$에서 $0=b$

따라서 $f'(x)=\begin{cases} 0 & (x\ge 3a) \\ x^2-3ax & (-a<x<3a) \\ 4a^2 & (x\le -a) \end{cases}$ 이므로

$$f(x)=\begin{cases} C_1 & (x\ge 3a) \\ \dfrac{1}{3}x^3-\dfrac{3}{2}ax^2+C_2 & (-a<x<3a) \\ 4a^2 x+C_3 & (x\le -a) \end{cases}$$

(단, C_1, C_2, C_3은 적분상수)

이때 함수 $f(x)$가 실수 전체의 집합에서 연속이므로 $x=-a$와 $x=3a$에서 연속이다.

즉, $\lim\limits_{x\to -a-}f(x)=\lim\limits_{x\to -a+}f(x)=f(-a)$에서

$-4a^3+C_3=-\dfrac{11}{6}a^3+C_2$ $\therefore C_3=\dfrac{13}{6}a^3+C_2$ …… ㉠

$\lim\limits_{x\to 3a-}f(x)=\lim\limits_{x\to 3a+}f(x)=f(3a)$에서

$-\dfrac{9}{2}a^3+C_2=C_1$ $\therefore C_1=C_2-\dfrac{9}{2}a^3$ …… ㉡

㉠-㉡을 하면 $C_3-C_1=\dfrac{20}{3}a^3$ …… ㉢

이때 $f(ka)=f(3a+2)$에서

$f(ka)=4ka^3+C_3(\because k<-a)$, $f(3a+2)=C_1$이므로

$4ka^3+C_3=C_1$

$\therefore C_3-C_1=-4ka^3$ …… ㉣

㉢, ㉣에서 $\dfrac{20}{3}a^3=-4ka^3$

$\therefore k=-\dfrac{5}{3}(\because a>0)$ 답 ⑤

21 전략 함수 $g(x)$가 실수 전체의 집합에서 미분가능하려면 두 함수 $y=f(x)$, $y=-x^2+ax+b$의 그래프가 접해야 함을 이용한다.

풀이 조건 (가)에서 함수 $g(x)$가 실수 전체의 집합에서 미분가능하므로 오른쪽 그림과 같이 두 함수 $y=f(x)$, $y=-x^2+ax+b$의 그래프가 $x=-3$, $x=3$에서 서로 접해야 한다.

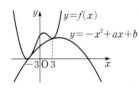

따라서 $f(x)-(-x^2+ax+b)=(x+3)^2(x-3)^2$이므로

$f(x)=(x+3)^2(x-3)^2-x^2+ax+b$

조건 (나)에서 $\int_{-3}^3 g'(x)dx=48$이므로

$\int_{-3}^3 g'(x)dx=\int_{-3}^3 f'(x)dx=\left[f(x)\right]_{-3}^3=f(3)-f(-3)$

$=(-9+3a+b)-(-9-3a+b)$

$=6a=48$

$\therefore a=8$

한편, 조건 ㈐에서 $g(2)=41$이므로

$g(2)=f(2)=5^2\times(-1)^2-4+2\times8+b=37+b=41$

$\therefore b=4$

$\therefore a+b=8+4=12$ **답** 12

---

22 **전략** 정적분의 기하적 의미를 이용하여 조건 ㈐를 만족시키는 함수 $f(x)$를 추측한다.

풀이 방정식 $f(x)=0$의 서로 다른 세 실근을 α, β, γ $(\alpha<\beta<\gamma)$ 라 하면 $f(x)=(x-\alpha)(x-\beta)(x-\gamma)$이고 조건 ㈎에 의하여

$\alpha+\beta+\gamma=-1$ ...... ㉠

한편, $f(x)+|f(x)|=\begin{cases}2f(x) & (f(x)\ge0)\\0 & (f(x)<0)\end{cases}$ 이므로

함수 $y=f(x)+|f(x)|$의 그래프는 오른 쪽 그림과 같다. 이때 조건 ㈐에서

$\int_{-a}^{a}\{f(x)+|f(x)|\}dx=0$을 만족시키는 a의 최댓값이 1이므로 $\alpha=1$ 또는 $\beta=-1$ 또는 $\gamma=1$이어야 한다.

(i) $\alpha=1$일 때,

$\alpha<\beta<\gamma$이므로 $1<\beta<\gamma$

이것은 ㉠을 만족시키지 않는다.

(ii) $\beta=-1$일 때,

㉠에 의하여 $\alpha-1+\gamma=-1$ $\therefore \alpha+\gamma=0$

즉, $\gamma=-\alpha$이므로

$f(x)=(x-\alpha)(x+1)(x+\alpha)=x^3+x^2-\alpha^2x-\alpha^2$

조건 ㈐에서 $\int_{0}^{2}f(x)dx=-\dfrac{28}{3}$이므로

$\int_{0}^{2}f(x)dx=\int_{0}^{2}(x^3+x^2-\alpha^2x-\alpha^2)dx$

$=\left[\dfrac{1}{4}x^4+\dfrac{1}{3}x^3-\dfrac{\alpha^2}{2}x^2-\alpha^2x\right]_{0}^{2}$

$=4+\dfrac{8}{3}-2\alpha^2-2\alpha^2$

$=-4\alpha^2+\dfrac{20}{3}=-\dfrac{28}{3}$

$4\alpha^2=16,\ \alpha^2=4$ $\therefore \alpha=-2\ (\because \alpha<\beta)$

(iii) $\gamma=1$일 때,

㉠에 의하여 $\alpha+\beta+1=-1$ $\therefore \alpha+\beta=-2$

이때 $\alpha<\beta$이므로 $-2=\alpha+\beta<\beta+\beta,\ 2\beta>-2$ $\therefore \beta>-1$

그런데 $\beta>-1$, $\gamma=1$이면 $\int_{-a}^{a}\{f(x)+|f(x)|\}dx=0$을 만족 시키는 실수 a의 최댓값은 1보다 작으므로 조건 ㈐를 만족시키지 않는다.

(i), (ii), (iii)에 의하여 $\alpha=-2$, $\beta=-1$, $\gamma=2$

따라서 $f(x)=(x+2)(x+1)(x-2)$이므로

$f(3)=5\times4\times1=20$ **답** 20

---

23 **전략** 정적분의 성질을 이용하여 $\int_{-t}^{t}g(x)dx=0$을 두 정적분의 식 으로 나눈 후, 각각의 그래프를 그려 문제를 해결한다.

풀이 $\int_{-t}^{t}g(x)dx=0$에서 $\int_{-t}^{0}g(x)dx+\int_{0}^{t}g(x)=0$

$\therefore \int_{0}^{t}g(x)dx=-\int_{-t}^{0}g(x)dx$

이 방정식의 서로 다른 실근의 개수는 두 함수 $y=\int_{0}^{t}g(x)dx$, $y=-\int_{-t}^{0}g(x)dx$의 그래프의 교점의 개수이다.

$t<0$일 때,

$y=\int_{0}^{t}g(x)dx=\int_{0}^{t}kxdx=\left[\dfrac{k}{2}x^2\right]_{0}^{t}=\dfrac{k}{2}t^2$

$0\le t<1$일 때,

$y=\int_{0}^{t}g(x)dx=\int_{0}^{t}xdx=\left[\dfrac{1}{2}x^2\right]_{0}^{t}=\dfrac{1}{2}t^2$

$1\le t<3$일 때,

$y=\int_{0}^{t}g(x)dx=\int_{0}^{1}xdx+\int_{1}^{t}(-x+2)dx$

$=\left[\dfrac{1}{2}x^2\right]_{0}^{1}+\left[-\dfrac{1}{2}x^2+2x\right]_{1}^{t}=-\dfrac{1}{2}t^2+2t-1$

$3\le t<4$일 때,

$y=\int_{0}^{t}g(x)dx$

$=\int_{0}^{1}xdx+\int_{1}^{3}(-x+2)dx+\int_{3}^{t}(x-4)dx$

$=\left[\dfrac{1}{2}x^2\right]_{0}^{1}+\left[-\dfrac{1}{2}x^2+2x\right]_{1}^{3}+\left[\dfrac{1}{2}x^2-4x\right]_{3}^{t}$

$=\dfrac{1}{2}t^2-4t+8$

이므로 $t>0$인 t에 대하여

$G_1(t)=\int_{0}^{t}g(x)dx$, $G_2(t)=-\int_{-t}^{0}g(x)dx$라 하면 함수 $y=G_1(t)$와 함수 $y=G_2(t)$의 그래프는 다음 그림과 같다.

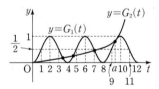

위의 그래프에서 $\int_{-t}^{t}g(x)dx=0$, 즉

$\int_{0}^{t}g(x)dx=-\int_{-t}^{0}g(x)dx$

를 만족시키는 양수 t가 4개이려면 두 함수 $y=G_1(t)$, $y=G_2(t)$의 그래프가 $t=a$에서 접하고 $9<a<10$이어야 한다. 즉,

$G_1(a)=G_2(a)$, ${G_1}'(a)={G_2}'(a)$

(i) $G_1(a)=G_2(a)$일 때

$9<a<10$이므로

$G_1(a)=\int_{0}^{a}g(x)dx=\int_{0}^{8}g(x)dx+\int_{8}^{a}g(x)dx$에서

$\int_{0}^{8}g(x)dx=\int_{0}^{4}g(x)dx+\int_{4}^{8}g(x)dx=2\int_{0}^{4}g(x)dx=0$,

$\int_{8}^{a}g(x)dx=\int_{4}^{a-4}g(x)dx=\int_{0}^{a-8}g(x)dx$이므로

$G_1(a)=\int_{0}^{a-8}g(x)dx=\int_{0}^{1}xdx+\int_{1}^{a-8}(-x+2)dx$

$=\left[\dfrac{1}{2}x^2\right]_{0}^{1}+\left[-\dfrac{1}{2}x^2+2x\right]_{1}^{a-8}=-\dfrac{1}{2}a^2+10a-49$

또, $G_2(a)=-\int_{-a}^{0}kx\,dx=\dfrac{k}{2}a^2$이므로 $G_1(a)=G_2(a)$에서

$-\dfrac{1}{2}a^2+10a-49=\dfrac{1}{2}ka^2$

$\therefore (k+1)a^2-20a+98=0$ ……… ㉠

(ii) $G_1{}'(a)=G_2{}'(a)$일 때

함수 $y=G_1(t)$의 그래프는 주기가 4인 주기함수이므로

$G_1{}'(a)=G_1{}'(a-8)$

이때 $G_1(t)=\displaystyle\int_{0}^{t}g(x)\,dx$에서 $G_1{}'(t)=g(t)$이므로

$G_1{}'(a-8)=g(a-8)$

$9<a<10$에서 $1<a-8<2$이므로

$g(a-8)=-(a-8)+2=-a+10$

또, $G_2(t)=\dfrac{k}{2}t^2$에서 $G_2{}'(t)=kt$이므로 $G_2{}'(a)=ka$

$G_1{}'(a)=G_2{}'(a)$이므로

$-a+10=ka$ $\therefore (k+1)a=10$ ……… ㉡

(i), (ii)를 모두 만족시켜야 하므로 ㉡을 ㉠에 대입하면

$10a-20a+98=0$ $\therefore a=\dfrac{49}{5}$

$a=\dfrac{49}{5}$를 ㉡에 대입하면 $k=\dfrac{1}{49}$

$\therefore 5a+49k=5\times\dfrac{49}{5}+49\times\dfrac{1}{49}=50$ 　답 50

---

07 정적분의 활용

| 01 ③ | 02 2 | 03 1 | 04 ② | 05 16 |
| 06 ⑤ | 07 ④ | 08 19 | | |

01 곡선

$y=-x^2-6x+a=-(x+3)^2+9+a$

가 직선 $x=-3$에 대하여 대칭이므로 오른쪽

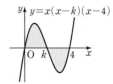

그림에서 빗금 친 부분의 넓이는 $\dfrac{1}{2}A$이다.

이때 $A:B=2:1$에서 $A=2B$

따라서 $\dfrac{1}{2}A=B$이므로

$\displaystyle\int_{-3}^{0}(-x^2-6x+a)\,dx=0$

$\left[-\dfrac{1}{3}x^3-3x^2+ax\right]_{-3}^{0}=0$

$-(9-27-3a)=0,\ 3a+18=0$

$\therefore a=-6$ 　답 ③

02 $0<k<4$이므로 곡선

$y=x(x-k)(x-4)$는 오른쪽 그림과 같

다. 이 곡선과 x축으로 둘러싸인 도형의 넓

이를 $S(k)$라 하면

$S(k)=\displaystyle\int_{0}^{k}x(x-k)(x-4)\,dx-\int_{k}^{4}x(x-k)(x-4)\,dx$

$\qquad=\displaystyle\int_{0}^{k}\{x^3-(k+4)x^2+4kx\}\,dx$

$\qquad\qquad\qquad-\displaystyle\int_{k}^{4}\{x^3-(k+4)x^2+4kx\}\,dx$

$\qquad=\left[\dfrac{1}{4}x^4-\dfrac{1}{3}(k+4)x^3+2kx^2\right]_{0}^{k}$

$\qquad\qquad\qquad-\left[\dfrac{1}{4}x^4-\dfrac{1}{3}(k+4)x^3+2kx^2\right]_{k}^{4}$

$\qquad=-\dfrac{1}{12}k^4+\dfrac{2}{3}k^3-\left\{\left(\dfrac{32}{3}k-\dfrac{64}{3}\right)-\left(-\dfrac{1}{12}k^4+\dfrac{2}{3}k^3\right)\right\}$

$\qquad=-\dfrac{1}{6}k^4+\dfrac{4}{3}k^3-\dfrac{32}{3}k+\dfrac{64}{3}$

$S'(k)=-\dfrac{2}{3}k^3+4k^2-\dfrac{32}{3}$

$\qquad=-\dfrac{2}{3}(k^3-6k^2+16)$

$\qquad=-\dfrac{2}{3}(k-2)(k^2-4k-8)$

$S'(k)=0$에서 $k=2$ ($\because 0<k<4$)

k	(0)	$\cdots$	2	$\cdots$	(4)
$S'(k)$		$-$	0	$+$	
$S(k)$		↘	극소	↗	

따라서 $0<k<4$에서 $S(k)$는 $k=2$일 때 극소이면서 최소이다.

　답 2

03 $A=B$이므로

$$\int_0^3 \{(-x^2+3x)-mx\}dx=0$$

$$\int_0^3 \{-x^2+(3-m)x\}dx=0$$

$$\left[-\frac{1}{3}x^3+\frac{1}{2}(3-m)x^2\right]_0^3=0$$

$$-9+\frac{9}{2}(3-m)=0, \frac{9}{2}(3-m)=9$$

$$3-m=2$$

$$\therefore m=1$$

답 1

04 $y=x^2-x$에서 $y'=2x-1$

접점의 좌표를 (t, t^2-t)라 하면 이 점에서의 접선의 기울기는

$2t-1$이므로 접선의 방정식은

$$y-(t^2-t)=(2t-1)(x-t)$$

$$y=(2t-1)x-t^2 \quad\cdots\cdots\ \bigcirc$$

이 직선이 점 $(0, -1)$을 지나므로

$$-1=-t^2 \quad \therefore t=\pm 1$$

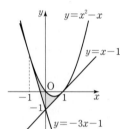

(i) $t=-1$일 때, ㉠에서 $y=-3x-1$

(ii) $t=1$일 때, ㉠에서 $y=x-1$

따라서 구하는 넓이는

$$\int_{-1}^0 \{(x^2-x)-(-3x-1)\}dx+\int_0^1 \{(x^2-x)-(x-1)\}dx$$

$$=\int_{-1}^0 (x^2+2x+1)dx+\int_0^1 (x^2-2x+1)dx$$

$$=\left[\frac{1}{3}x^3+x^2+x\right]_{-1}^0+\left[\frac{1}{3}x^3-x^2+x\right]_0^1$$

$$=-\left(-\frac{1}{3}\right)+\frac{1}{3}=\frac{2}{3}$$

답 ②

05 곡선 $y=-x^2+2x$와 직선 $y=ax$의 교점의 x좌표는

$-x^2+2x=ax$에서 $x^2+(a-2)x=0$

$$x(x+a-2)=0$$

$\therefore x=0$ 또는 $x=2-a \quad\cdots\cdots\ \bigcirc$

따라서 곡선 $y=-x^2+2x$와 직선 $y=ax$

로 둘러싸인 도형의 넓이는

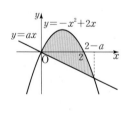

$$\int_0^{2-a} (-x^2+2x-ax)dx$$

$$=\int_0^{2-a} \{-x^2+(2-a)x\}dx$$

$$=\left[-\frac{1}{3}x^3+\frac{1}{2}(2-a)x^2\right]_0^{2-a}$$

$$=\frac{1}{6}(2-a)^3$$

이때 곡선 $y=-x^2+2x$와 x축으로 둘러싸인 도형의 넓이는

$$\int_0^2 (-x^2+2x)dx=\left[-\frac{1}{3}x^3+x^2\right]_0^2=\frac{4}{3}$$

이므로

$$\frac{1}{6}(2-a)^3=2\times\frac{4}{3}=\frac{8}{3}$$

$$\therefore (2-a)^3=16$$

답 16

빠른풀이 ㉠에서 곡선 $y=-x^2+2x$와 직선 $y=ax$로 둘러싸인 도형의 넓이는

$$\left|\frac{1}{6}(2-a)^3\right|=\frac{1}{6}(2-a)^3 (\because a<0)$$

1등급 노트 이차함수와 정적분

이차함수 $f(x)=a(x-\alpha)(x-\beta)$의 그래프와 x축으로 둘러싸인 도형의 넓이 S는

$$S=\left|\frac{a}{6}(\beta-\alpha)^3\right|$$

증명 $$S=\left|a\int_\alpha^\beta (x-\alpha)(x-\beta)dx\right|$$

$$=\left|a\int_0^{\beta-\alpha} t\{t-(\beta-\alpha)\}dt\right| \ t=x-\alpha로 치환$$

$$=\left|a(\beta-\alpha)^3\int_0^1 s(s-1)ds\right| \ s=\frac{1}{\beta-\alpha}t로 치환$$

$$=\left|\frac{a}{6}(\beta-\alpha)^3\right|$$

06 두 곡선 $y=f(x)$와 $y=g(x)$는 직선 $y=x$에 대하여 대칭이고

$$f'(x)=3x^2+2x+1=3\left(x+\frac{1}{3}\right)^2+\frac{2}{3}>0$$

이므로 함수 $f(x)$는 실수 전체의 집합에서 증가한다.

두 곡선 $y=f(x)$와 $y=g(x)$의 교점의

x좌표는 곡선 $y=f(x)$와 직선 $y=x$의

교점의 x좌표와 같으므로

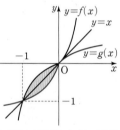

$x^3+x^2+x=x$에서

$$x^3+x^2=0, x^2(x+1)=0$$

$\therefore x=-1$ 또는 $x=0$

이때 두 곡선 $y=f(x)$와 $y=g(x)$로 둘러싸인 도형의 넓이는 곡선

$y=f(x)$와 직선 $y=x$로 둘러싸인 도형의 넓이의 2배와 같으므로

$$\int_{-1}^0 \{f(x)-g(x)\}dx=2\int_{-1}^0 \{f(x)-x\}dx$$

$$=2\int_{-1}^0 \{(x^3+x^2+x)-x\}dx$$

$$=2\int_{-1}^0 (x^3+x^2)dx$$

$$=2\left[\frac{1}{4}x^4+\frac{1}{3}x^3\right]_{-1}^0$$

$$=2\times\frac{1}{12}=\frac{1}{6}$$

답 ⑤

07 열차가 3 km를 달리는 데 걸린 시간을 a분이라 하면

$$\int_0^a |3t^2+4t|dt=3, \int_0^a (3t^2+4t)dt=3$$

$$\left[t^3+2t^2\right]_0^a=3, a^3+2a^2=3$$

$$a^3+2a^2-3=0, (a-1)(a^2+3a+3)=0$$

$\therefore a=1 (\because a^2+3a+3>0)$

즉, 열차가 3 km를 달리는 데 걸린 시간은 1분이고 1분 후의 속도는

$v(1)=3+4=7 (km/분)$

따라서 이 열차가 출발한 후 3분 동안 달린 거리는

$$\int_0^1 |v(t)|dt+\int_1^3 7dt=3+\left[7t\right]_1^3=3+14=17 (km)$$

답 ④

08 $t=0$에서의 점 P의 위치를 x_0이라 하면 $t=3$에서의 점 P의 위치는

$$x_0+\int_0^3 v(t)dt=x_0+\frac{1}{2}\times(2+3)\times 2k=13$$

$$\therefore x_0+5k=13 \quad\cdots\cdots\ \text{㉠}$$

$t=5$에서의 점 P의 위치는

$$x_0+\int_0^5 v(t)dt=x_0+\frac{1}{2}\times(2+4)\times 2k+\frac{1}{2}\times 1\times(-k)=14$$

$$\therefore x_0+\frac{11}{2}k=14 \quad\cdots\cdots\ \text{㉡}$$

㉠, ㉡을 연립하여 풀면 $x_0=3$, $k=2$

따라서 $t=9$에서의 점 P의 위치는

$$3+\int_0^9 v(t)dt=3+\frac{1}{2}\times(2+4)\times 4+\frac{1}{2}\times 2\times(-2)+\frac{1}{2}\times 3\times 4$$
$$=3+12-2+6$$
$$=19$$

답 19

다른풀이 $t=5$에서의 점 P의 위치가 14이므로 $t=9$에서의 점 P의 위치는

$$14+\int_5^9 v(t)dt=14+\frac{1}{2}\times 1\times(-2)+\frac{1}{2}\times 3\times 4$$
$$=14-1+6=19$$

B Step 1등급을 위한 **고난도 기출 Vs 변형 유형**   본문 74~76쪽

1 3	**1-1** ③	**2** ④	**2-1** ④	**3** 32	**3-1** ④
4 40	**4-1** 27	**5** ②	**5-1** ⑤	**6** 140	**6-1** ③
7 ④	**7-1** 4	**8** ②	**8-1** ②	**9** ⑤	**9-1** 16

1 **전략** 주어진 조건을 이용하여 a, b의 값을 구한 후 이차방정식의 근과 계수의 관계를 이용하여 S의 값을 구한다.

풀이 조건 ㈎에 의하여 $f(4)=f(0)=b$

조건 ㈏에 의하여 함수 $f(x)$가 $x=4$에서 연속이므로 $\lim\limits_{x\to 4-} f(x)=\lim\limits_{x\to 4+} f(x)=f(4)$를 만족시켜야 한다.

$\lim\limits_{x\to 4-} f(x)=\lim\limits_{x\to 4+}(x^2+ax+b)=16+4a+b$에서

$16+4a+b=b \quad \therefore a=-4$

조건 ㈐에 의하여

$$\int_0^{2020} f(x)dx=\int_0^4 f(x)dx+\int_4^{2020} f(x)dx=\int_4^{2020} f(x)dx$$

$$\therefore \int_0^4 f(x)dx=0$$

이때 $\int_0^4 f(x)dx=\int_0^4(x^2-4x+b)dx$

$$=\left[\frac{1}{3}x^3-2x^2+bx\right]_0^4=-\frac{32}{3}+4b$$

이므로

$-\frac{32}{3}+4b=0 \quad \therefore b=\frac{8}{3}$

$\therefore f(x)=x^2-4x+\frac{8}{3}$

함수 $y=f(x)$의 그래프의 x절편을 α, β $(\alpha<\beta)$라 하면 $0\le x<4$에서 곡선 $y=f(x)$와 x축으로 둘러싸인 도형의 넓이 S는

$$S=-\int_\alpha^\beta\left(x^2-4x+\frac{8}{3}\right)dx$$

$$=-\left[\frac{1}{3}x^3-2x^2+\frac{8}{3}x\right]_\alpha^\beta$$

$$=-\left\{\frac{1}{3}(\beta^3-\alpha^3)-2(\beta^2-\alpha^2)+\frac{8}{3}(\beta-\alpha)\right\}$$

$$=-\frac{1}{3}(\beta-\alpha)\{\beta^2+\alpha\beta+\alpha^2-6(\beta+\alpha)+8\}$$

이때 이차방정식 $x^2-4x+\frac{8}{3}=0$의 두 근이 α, β이므로 근과 계수의 관계에 의하여

$\alpha+\beta=4$, $\alpha\beta=\frac{8}{3}$

$$\therefore \beta^2+\alpha\beta+\alpha^2=(\alpha+\beta)^2-\alpha\beta=4^2-\frac{8}{3}=\frac{40}{3},$$

$$\beta-\alpha=\sqrt{(\beta+\alpha)^2-4\alpha\beta}\ (\because \alpha<\beta)$$

$$=\sqrt{4^2-4\times\frac{8}{3}}=\sqrt{\frac{16}{3}}=\frac{4\sqrt{3}}{3}$$

$$\therefore S=-\frac{1}{3}(\beta-\alpha)\{\beta^2+\alpha\beta+\alpha^2-6(\beta+\alpha)+8\}$$

$$=-\frac{1}{3}\times\frac{4\sqrt{3}}{3}\times\left(\frac{40}{3}-6\times 4+8\right)$$

$$=-\frac{1}{3}\times\frac{4\sqrt{3}}{3}\times\left(-\frac{8}{3}\right)=\frac{32\sqrt{3}}{27}$$

$$\therefore \frac{3^6}{2^{10}}S^2=\frac{3^6}{2^{10}}\times\left(\frac{2^5\sqrt{3}}{3^3}\right)^2=3$$

답 3

다른풀이 함수 $f(x)$가 실수 전체의 집합에서 연속이려면 $y=f(x)$의 그래프가 오른쪽 그림과 같아야 한다.

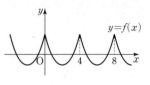

따라서 $0\le x<4$에서 곡선 $y=x^2+ax+b$는 직선 $x=2$에 대하여 대칭이므로 $a=-4$이다.

빠른풀이 이차방정식 $x^2-4x+\frac{8}{3}=0$의 두 근이 α, β이므로 근과 계수의 관계에 의하여 $\alpha+\beta=4$, $\alpha\beta=\frac{8}{3}$

$$\therefore \beta-\alpha=\sqrt{(\beta+\alpha)^2-4\alpha\beta}=\frac{4\sqrt{3}}{3}\ (\because \alpha<\beta)$$

$$\therefore S=\left|\frac{1}{6}(\beta-\alpha)^3\right|=\frac{1}{6}\times\left(\frac{4\sqrt{3}}{3}\right)^3=\frac{32\sqrt{3}}{27}$$

1-1 **전략** 넓이 조건을 만족시키기 위한 함수 $y=f(x)$의 그래프의 개형을 파악한다.

풀이 $f(6)=f(0)=4$, $f(3)=3a+4$이므로 a의 값의 범위에 따라 함수 $y=f(x)$의 그래프는 다음과 같다.

(i) $a>0$일 때

$\int_0^{27} f(x)dx>\int_0^{27} 4dx$, 즉

$\int_0^{27} f(x)dx>108$이므로 이 넓이가 45가 될 수 없다.

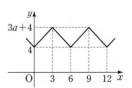

(ii) $-\dfrac{4}{3} \le a \le 0$일 때

$$\int_0^3 f(x)dx \ge \frac{1}{2} \times 3 \times 4 = 6$$

따라서 $\int_0^{27} f(x)dx \ge 54$이므로 이

넓이가 45가 될 수 없다.

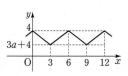

(i), (ii)에 의하여 조건을 만족시키려면

$a < -\dfrac{4}{3}$이어야 한다.

이때 함수 $y=f(x)$의 그래프와 x축, y

축 및 직선 $x=3$으로 둘러싸인 도형의

넓이는

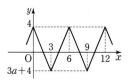

$$\int_0^{-\frac{4}{a}} f(x)dx + \int_{-\frac{4}{a}}^3 \{-f(x)\}dx$$

$$= \int_0^{-\frac{4}{a}} (ax+4)dx + \int_{-\frac{4}{a}}^3 (-ax-4)dx$$

$$= \left[\frac{1}{2}ax^2 + 4x \right]_0^{-\frac{4}{a}} + \left[-\frac{1}{2}ax^2 - 4x \right]_{-\frac{4}{a}}^3$$

$$= \left(\frac{8}{a} - \frac{16}{a} \right) + \left\{ \left(-\frac{9}{2}a - 12 \right) - \left(-\frac{8}{a} + \frac{16}{a} \right) \right\}$$

$$= -\frac{9}{2}a - \frac{16}{a} - 12$$

이므로 $\int_0^{27} f(x)dx = 9\left(-\dfrac{9}{2}a - \dfrac{16}{a} - 12 \right)$

$9\left(-\dfrac{9}{2}a - \dfrac{16}{a} - 12 \right) = 45$에서 $9a^2 + 34a + 32 = 0$

$(a+2)(9a+16) = 0$ $\therefore a = -2$ 또는 $a = -\dfrac{16}{9}$

따라서 주어진 조건을 만족시키는 모든 상수 a의 값의 합은

$-2 + \left(-\dfrac{16}{9} \right) = -\dfrac{34}{9}$

답 ③

2 전략 함수 $y=f(x-3)+4$의 그래프는 함수 $y=f(x)$의 그래프를 x축의 방향으로 3만큼, y축의 방향으로 4만큼 평행이동한 그래프임을 이용한다.

풀이 조건 ㈎에 의하여 함수 $y=f(x)$의 그래프와 함수 $y=f(x)$의 그래프를 x축의 방향으로 3만큼, y축의 방향으로 4만큼 평행이동한 함수 $y=f(x-3)+4$의 그래프가 일치하므로

$$\int_0^6 f(x)dx = \int_0^3 f(x)dx + \int_3^6 f(x)dx$$

$$= \int_0^3 f(x)dx + \int_3^6 \{f(x-3)+4\}dx$$

$$= \int_0^3 f(x)dx + \int_0^3 \{f(t)+4\}dt \ (x-3=t로\ 치환)$$

$$= 2\int_0^3 f(x)dx + \int_0^3 4\,dx$$

$$= 2\int_0^3 f(x)dx + \left[4x \right]_0^3$$

$$= 2\int_0^3 f(x)dx + 12 = 0$$

에서 $\int_0^3 f(x)dx = -6$이고 조건 ㈏에 의하여 $\int_3^6 f(x)dx = 6$이다.

이때 함수 $f(x)$는 실수 전체의 집합에서 증가하는 연속함수이므로

$\int_3^6 f(x)dx = 6$에서 $f(6) > 0$이고 닫힌구간 $[6, 9]$에서 $f(x) > 0$이다.

따라서 구하는 넓이는

$$\int_6^9 f(x)dx = \int_6^9 \{f(x-3)+4\}dx$$

$$= \int_3^6 \{f(t)+4\}dt \ (x-3=t로\ 치환)$$

$$= \int_3^6 f(t)dt + \int_3^6 4\,dt$$

$$= 6 + \left[4t \right]_3^6 = 6 + 12 = 18$$

답 ④

2-1 전략 함수 $y=f(x-3)+4$의 그래프는 함수 $y=f(x)$의 그래프를 x축의 방향으로 3만큼, y축의 방향으로 4만큼 평행이동한 그래프임을 이용한다.

풀이 함수 $f(x)$가 실수 전체의 집합에서 증가하고

$\int_0^3 f(x)dx = 1$, $\int_0^3 |f(x)|dx = 7$이므로

$f(a) = 0$인 $a \ (0 < a < 3)$가 존재하며 $f(3) > 0$이다.

함수 $f(x)$가 실수 전체의 집합에서 증가하고 $f(3) > 0$이므로

$$\int_3^6 |f(x)|dx = \int_3^6 f(x)dx$$

따라서 함수 $y=f(x)$의 그래프의 개형은

오른쪽 그림과 같다.

이때

$$\int_3^6 |f(x)|dx = \int_3^6 f(x)dx$$

$$= \int_3^6 \{f(x-3)+4\}dx$$

$$= \int_0^3 \{f(t)+4\}dt \ (x-3=t로\ 치환)$$

$$= \int_0^3 f(t)dt + \int_0^3 4\,dt$$

$$= \int_0^3 f(t)dt + \left[4t \right]_0^3 = 1 + 12 = 13$$

따라서 구하는 넓이는

$$\int_0^6 |f(x)|dx = \int_0^3 |f(x)|dx + \int_3^6 |f(x)|dx = 7 + 13 = 20$$

답 ④

3 전략 직선 l의 방정식을 $y=ax+b$로 놓고 직선 l과 함수 $y=f(x)$의 그래프의 위치 관계를 이용하여 $f(x)-(ax+b)$의 식을 구한다.

풀이 직선 l의 방정식을 $y=ax+b \ (a, b$는 상수$)$라 하자.

직선 l과 곡선 $y=f(x)$가 접하는 두 점의 x좌

표를 $\alpha, \beta \ (\alpha < \beta)$라 하면

$$f(x)-(ax+b) = (x-\alpha)^2(x-\beta)^2$$

좌변과 우변을 정리하여 비교하면

$f(x)-(ax+b)$

$= x^4 - 2x^2 - (a+2)x + 3 - b$,

$(x-\alpha)^2(x-\beta)^2 = (x^2 - 2\alpha x + \alpha^2)(x^2 - 2\beta x + \beta^2)$

$$= x^4 - 2(\alpha+\beta)x^3 + (\alpha^2 + 4\alpha\beta + \beta^2)x^2$$
$$- 2\alpha\beta(\alpha+\beta)x + \alpha^2\beta^2$$

에서 $-2(\alpha+\beta) = 0$, $\alpha^2 + 4\alpha\beta + \beta^2 = -2$, $2\alpha\beta(\alpha+\beta) = a+2$,

$\alpha^2\beta^2 = 3-b$

$\therefore \alpha = -1, \ \beta = 1, \ a = -2, \ b = 2$

$\therefore f(x)-(-2x+2)=x^4-2x^2+1$

따라서

$A=\displaystyle\int_{-1}^{1}(x^4-2x^2+1)dx=2\int_{0}^{1}(x^4-2x^2+1)dx$

$\qquad =2\left[\dfrac{x^5}{5}-\dfrac{2}{3}x^3+x\right]_{0}^{1}=\dfrac{16}{15}$

이므로 $30A=30\times\dfrac{16}{15}=32$ 　　　　　　　　　　　📵 32

🖊️**다른풀이** 다항식 $f(x)-(ax+b)$의 x^3과 x^2의 계수는 $f(x)$의 x^3
과 x^2의 계수와 각각 같다.

$f(x)-(ax+b)$의 x^3의 계수는 0이므로 근과 계수의 관계에서 방정
식 $f(x)-(ax+b)=0$의 중근을 포함한 모든 근의 합은 0이다.

즉, $2(\alpha+\beta)=0$에서 $\beta=-\alpha$ 　　　…… ㉠

$f(x)-(ax+b)=(x-\alpha)^2(x+\alpha)^2=(x^2-\alpha^2)^2=x^4-2\alpha^2x^2+\alpha^4$

에서 $f(x)-(ax+b)$의 x^2의 계수는 -2이므로

$-2\alpha^2=-2$ 　　$\therefore \alpha=\pm1$

㉠에서 $\alpha=-1$, $\beta=1$ $(\because \alpha<\beta)$

3-1 전략 이차함수의 그래프의 정적분과 산술평균과 기하평균의 관계를 이
용한다.

풀이 $y=x^2-2x$에서 $y'=2x-2$

$x=t$일 때 $y'=2t-2$이므로 곡선

$y=x^2-2x$ 위의 점 $\mathrm{P}(t,\ t^2-2t)$를 지나

고 점 P에서의 접선에 수직인 직선의 방정

식은

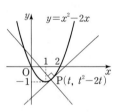

$y=-\dfrac{1}{2t-2}(x-t)+t^2-2t$

곡선 $y=x^2-2x$와 직선 $y=-\dfrac{1}{2t-2}(x-t)+t^2-2t$의 교점의

x좌표는 $x^2-2x=-\dfrac{1}{2t-2}(x-t)+t^2-2t$에서

$x^2+\left(\dfrac{1}{2t-2}-2\right)x-t^2+2t-\dfrac{t}{2t-2}=0$

$(x-t)\left(x+\dfrac{1}{2t-2}-2+t\right)=0$

$\therefore x=t$ 또는 $x=-\dfrac{1}{2t-2}+2-t$

$\therefore S(t)=\dfrac{1}{6}\left\{t-\left(-\dfrac{1}{2t-2}+2-t\right)\right\}^3=\dfrac{1}{6}\left(2t-2+\dfrac{1}{2t-2}\right)^3$

이때 $t>1$이므로 $2t-2>0$이고 산술평균과 기하평균의 관계에 의하여

$2t-2+\dfrac{1}{2t-2}\geq 2\sqrt{(2t-2)\times\dfrac{1}{2t-2}}=2$

　　　　　$\left(\text{단, 등호는 } 2t-2=\dfrac{1}{2t-2},\ \text{즉 } t=\dfrac{3}{2}\text{일 때 성립한다.}\right)$

즉, $S(t)\geq\dfrac{1}{6}\times2^3=\dfrac{4}{3}$이므로 $S(t)$는 $t=\dfrac{3}{2}$일 때 최솟값 $\dfrac{4}{3}$를 갖는다.

따라서 $a=\dfrac{3}{2}$, $b=\dfrac{4}{3}$이므로 $a+b=\dfrac{3}{2}+\dfrac{4}{3}=\dfrac{17}{6}$ 　📵 ④

참고 이차함수 $y=ax^2+bx+c$의 그래프와 직선 $y=mx+n$이 서로 다른
두 점에서 만날 때, 두 교점의 x좌표를 $\alpha,\ \beta$ $(\alpha<\beta)$라 하면 이차함수의 그래
프와 직선으로 둘러싸인 도형의 넓이 S는

$\qquad S=\dfrac{|a|}{6}(\beta-\alpha)^3$

4 전략 정적분을 이용하여 $S_1=S_2$를 a에 대한 등식으로 나타낸다.

풀이 점 $\mathrm{P}(a,\ b)$가 함수 $y=\dfrac{1}{2}x^3$의 그래프 위의 점이므로 $b=\dfrac{a^3}{2}$

이고, $S_1=S_2$이므로 $\displaystyle\int_{0}^{1}f(x)dx=\int_{1}^{a}\{b-f(x)\}dx$

$\displaystyle\int_{0}^{1}\dfrac{1}{2}x^3dx=\int_{1}^{a}\left(\dfrac{a^3}{2}-\dfrac{1}{2}x^3\right)dx$

$\left[\dfrac{1}{8}x^4\right]_{0}^{1}=\left[\dfrac{a^3}{2}x-\dfrac{1}{8}x^4\right]_{1}^{a}$

$\dfrac{1}{8}=\left(\dfrac{a^4}{2}-\dfrac{a^4}{8}\right)-\left(\dfrac{a^3}{2}-\dfrac{1}{8}\right)$

$3a^4-4a^3=0$, $a^3(3a-4)=0$

$\therefore a=\dfrac{4}{3}$ $(\because a>1)$

$\therefore 30a=30\times\dfrac{4}{3}=40$ 　　　　　　　　　📵 40

🖊️**다른풀이** $S_1=S_2$이므로 오른쪽 그림에서

$S_3+S_2=S_3+S_1$

즉, 두 직선 $x=0$, $y=b$와 곡선

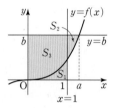

$y=f(x)$로 둘러싸인 도형의 넓이는 네 직

선 $x=0$, $x=1$, $y=0$, $y=b$로 둘러싸인 직

사각형의 넓이와 같다.

$S_3+S_2=ab-\displaystyle\int_{0}^{a}\dfrac{1}{2}x^3dx=ab-\left[\dfrac{1}{8}x^4\right]_{0}^{a}=ab-\dfrac{1}{8}a^4$,

$S_3+S_1=b$

$\therefore ab-\dfrac{1}{8}a^4=b$ 　　　　…… ㉠

이때 점 $\mathrm{P}(a,\ b)$가 함수 $y=\dfrac{1}{2}x^3$의 그래프 위의 점이므로

$b=\dfrac{1}{2}a^3$ 　　　　…… ㉡

㉡을 ㉠에 대입하면

$\dfrac{1}{2}a^4-\dfrac{1}{8}a^4=\dfrac{1}{2}a^3$, $3a^4-4a^3=0$, $a^3(3a-4)=0$

$\therefore a=\dfrac{4}{3}$ $(\because a>1)$

$\therefore 30a=30\times\dfrac{4}{3}=40$

4-1 전략 정적분을 이용하여 곡선 $y=-x^2+3x$와 직선 $y=kx$로 둘러
싸인 도형의 넓이를 k에 대한 식으로 나타낸다.

풀이 직선 $y=kx$와 곡선 $y=-x^2+3x$의 교점의 x좌표는

$kx=-x^2+3x$, $x^2+(k-3)x=0$

$x(x+k-3)=0$

$\therefore x=0$ 또는 $x=3-k$

이때 직선 $y=kx$가 곡선 $y=-x^2+3x$와 x축으로 둘러싸인 도형의
넓이를 이등분하므로

$\dfrac{1}{2}\displaystyle\int_{0}^{3}(-x^2+3x)dx=\int_{0}^{3-k}(-x^2+3x-kx)dx$

$\dfrac{1}{2}\left[-\dfrac{1}{3}x^3+\dfrac{3}{2}x^2\right]_{0}^{3}=\left[-\dfrac{1}{3}x^3+\dfrac{1}{2}(3-k)x^2\right]_{0}^{3-k}$

$\dfrac{1}{2}\left(-9+\dfrac{27}{2}\right)=-\dfrac{1}{3}(3-k)^3+\dfrac{1}{2}(3-k)^3$

$\dfrac{9}{4}=\dfrac{1}{6}(3-k)^3$

$\therefore 2(3-k)^3=27$ 　　　　　　　　　　　📵 27

5 <samp>전략</samp> 직선과 곡선의 교점의 x좌표를 p로 놓고, $S_1=\dfrac{13}{16}\triangle OAB$임을 이용한다.

<samp>풀이</samp> 직선 AB의 방정식은 $y=-\dfrac{3}{2}x+3$

곡선 $y=ax^2$과 직선 AB의 교점의 x좌표를 p라 하면 $x=p$는 방정식 $ax^2=-\dfrac{3}{2}x+3$의 해이므로

$ap^2=-\dfrac{3}{2}p+3$ $\quad\cdots\cdots$ ㉠

또, $S_1=\dfrac{13}{16}\triangle OAB=\dfrac{13}{16}\times\left(\dfrac{1}{2}\times2\times3\right)=\dfrac{39}{16}$이므로

$\displaystyle\int_0^p\left(-\dfrac{3}{2}x+3-ax^2\right)dx=\dfrac{39}{16}$

$\left[-\dfrac{a}{3}x^3-\dfrac{3}{4}x^2+3x\right]_0^p=\dfrac{39}{16}$

$-\dfrac{a}{3}p^3-\dfrac{3}{4}p^2+3p=\dfrac{39}{16}$

㉠에 의하여 $-\dfrac{1}{3}p\left(-\dfrac{3}{2}p+3\right)-\dfrac{3}{4}p^2+3p=\dfrac{39}{16}$

$-\dfrac{1}{4}p^2+2p=\dfrac{39}{16}$, $4p^2-32p+39=0$

$(2p-3)(2p-13)=0$

$\therefore p=\dfrac{3}{2}\ (\because\ 0<p<2)$

$p=\dfrac{3}{2}$을 ㉠에 대입하면 $\dfrac{9}{4}a=\dfrac{3}{4}$

$\therefore a=\dfrac{1}{3}$ <samp>답</samp> ②

5-1 <samp>전략</samp> 함수 $y=x^2-2x$의 그래프와 직선 $y=k$로 둘러싸인 도형의 넓이는 S_1+2S_2임을 이용한다.

<samp>풀이</samp> 함수 $y=|x^2-2x|=|(x-1)^2-1|$의 그래프는 직선 $x=1$에 대하여 대칭이므로 함수 $y=|x^2-2x|$의 그래프와 직선 $y=k$의 교점의 x좌표를 $2-a$, $a\ (a>2)$라 하자.

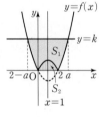

$x=a$는 방정식 $x^2-2x=k$의 해이므로

$a^2-2a=k$ $\quad\cdots\cdots$ ㉠

이때 $S_2=\displaystyle\int_0^2(-x^2+2x)dx=\left[-\dfrac{1}{3}x^3+x^2\right]_0^2=\dfrac{4}{3}$이고,

$S_1:S_2=6:1$이므로 $S_1=6S_2=6\times\dfrac{4}{3}=8$

함수 $y=x^2-2x$의 그래프와 직선 $y=k$로 둘러싸인 도형의 넓이는

$S_1+2S_2=8+2\times\dfrac{4}{3}=\dfrac{32}{3}$이므로

$2\displaystyle\int_1^a\{k-(x^2-2x)\}dx=\dfrac{32}{3}$, $2\displaystyle\int_1^a(-x^2+2x+k)dx=\dfrac{32}{3}$

$2\left[-\dfrac{1}{3}x^3+x^2+kx\right]_1^a=\dfrac{32}{3}$

$2\left\{-\dfrac{1}{3}a^3+a^2+ak-\left(\dfrac{2}{3}+k\right)\right\}=\dfrac{32}{3}$

$k(a-1)-\dfrac{1}{3}a^3+a^2-6=0$ $\quad\cdots\cdots$ ㉡

㉠을 ㉡에 대입하면

$(a^2-2a)(a-1)-\dfrac{1}{3}a^3+a^2-6=0$

$\dfrac{2}{3}a^3-2a^2+2a-6=0$, $a^3-3a^2+3a-9=0$

$(a-3)(a^2+3)=0$

$\therefore a=3\ (\because\ a^2+3>0)$

따라서 ㉠에 의하여

$k=3^2-2\times3=3$ <samp>답</samp> ⑤

⚡ <samp>빠른풀이</samp> 함수 $y=|x^2-2x|$의 그래프와 직선 $y=k$가 만나는 점의 x좌표를 α, $\beta\ (\alpha<\beta)$로 놓으면 방정식 $x^2-2x=k$, 즉 $x^2-2x-k=0$의 두 근이 α, β이므로 근과 계수의 관계에 의하여

$\alpha+\beta=2$, $\alpha\beta=-k$ $\quad\cdots\cdots$ ㉠

이때 $S_2=\displaystyle\int_0^2(-x^2+2x)dx=\left[-\dfrac{1}{3}x^3+x^2\right]_0^2=\dfrac{4}{3}$이고

$S_1:S_2=6:1$이므로 $S_1=6S_2=6\times\dfrac{4}{3}=8$

함수 $y=x^2-2x$의 그래프와 직선 $y=k$로 둘러싸인 도형의 넓이는

$S_1+2S_2=8+2\times\dfrac{4}{3}=\dfrac{32}{3}$이므로

$\dfrac{1}{6}(\beta-\alpha)^3=\dfrac{32}{3}$, $(\beta-\alpha)^3=64$

$\therefore \beta-\alpha=4$ $\quad\cdots\cdots$ ㉡

$(\alpha+\beta)^2=(\alpha-\beta)^2+4\alpha\beta$이므로 ㉠, ㉡에 의하여

$2^2=4^2+4\times(-k)$, $4k=12$ $\quad\therefore k=3$

6 <samp>전략</samp> 원과 이차함수의 그래프의 교점의 좌표를 구한 후, 원의 반지름의 길이를 이용하여 원과 이차함수의 그래프로 둘러싸인 도형의 넓이를 구한다.

<samp>풀이</samp> 원 C와 함수 $y=\dfrac{1}{2}x^2$의 그래프의 교점의 좌표를 각각

$P\left(a, \dfrac{1}{2}a^2\right)$, $Q\left(-a, \dfrac{1}{2}a^2\right)(a>0)$이라 하자.

$y=\dfrac{1}{2}x^2$에서 $y'=x$이므로 함수 $y=\dfrac{1}{2}x^2$의 그래프 위의 점 P에서의 접선의 기울기는 a이고 이 접선은 직선 AP와 수직이다.

즉, $\dfrac{\dfrac{1}{2}a^2-\dfrac{3}{2}}{a-0}=-\dfrac{1}{a}$에서 $\dfrac{1}{2}a^2-\dfrac{3}{2}=-1$

$a^2=1$ $\quad\therefore a=1\ (\because\ a>0)$

$P\left(1, \dfrac{1}{2}\right)$, $Q\left(-1, \dfrac{1}{2}\right)$이고 직선 AP의 방정식은 $y=-x+\dfrac{3}{2}$이다.

또한, $\angle PAQ=90°$이고 원 C의 반지름의 길이는

$\overline{AP}=\sqrt{(1-0)^2+\left(\dfrac{1}{2}-\dfrac{3}{2}\right)^2}=\sqrt{2}$

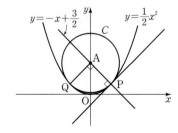

⌣ 모양의 넓이를 S라 하면

$S=2\left\{\displaystyle\int_0^1\left(-x+\dfrac{3}{2}-\dfrac{1}{2}x^2\right)dx-\pi\times(\sqrt{2})^2\times\dfrac{45}{360}\right\}$

$=2\left\{\left[-\dfrac{1}{6}x^3-\dfrac{1}{2}x^2+\dfrac{3}{2}x\right]_0^1-\dfrac{\pi}{4}\right\}$

$=\dfrac{5}{3}-\dfrac{\pi}{2}$

따라서 $a=\dfrac{5}{3}$, $b=-\dfrac{1}{2}$이므로

$120(a+b)=120\times\left(\dfrac{5}{3}-\dfrac{1}{2}\right)=140$ 답 140

6-1 전략 정사각형 ABCD의 두 대각선을 각각 x축, y축으로 놓고 조건을 만족시키는 포물선의 방정식을 구한다.

풀이 오른쪽 그림과 같이 정사각형 ABCD의 두 대각선을 각각 x축, y축으로 놓으면 A$(0, -2)$, B$(2, 0)$, C$(0, 2)$, D$(-2, 0)$이다.

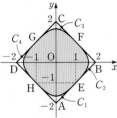

포물선 C_1의 방정식을 $y=ax^2+b$ (a, b는 상수)로 놓으면 점 E$(1, -1)$에서의 접선의 기울기가 1이므로 $y'=2ax$에서 $2a=1$

$\therefore a=\dfrac{1}{2}$

또, 포물선 C_1이 점 E$(1, -1)$을 지나므로

$\dfrac{1}{2}+b=-1$ $\therefore b=-\dfrac{3}{2}$

$\therefore C_1 : y=\dfrac{1}{2}x^2-\dfrac{3}{2}$

직선 AB의 방정식은 $y=x-2$이므로 포물선 C_1과 두 집신 AB, AD로 둘러싸인 도형의 넓이를 S라 하면

$S=2\displaystyle\int_0^1\left\{\dfrac{1}{2}x^2-\dfrac{3}{2}-(x-2)\right\}dx$

$\quad=2\displaystyle\int_0^1\left(\dfrac{1}{2}x^2-x+\dfrac{1}{2}\right)dx$

$\quad=2\left[\dfrac{1}{6}x^3-\dfrac{1}{2}x^2+\dfrac{1}{2}x\right]_0^1=\dfrac{1}{3}$

따라서 구하는 넓이는

□ABCD$-4S=(2\sqrt{2})^2-4\times\dfrac{1}{3}$

$\qquad\qquad\qquad=8-\dfrac{4}{3}=\dfrac{20}{3}$ 답 ③

7 전략 함수 $y=f(x)$의 그래프와 역함수 $y=g(x)$의 그래프는 직선 $y=x$에 대하여 대칭임을 이용한다.

풀이 $f(1)=2$, $f(2)=12$이므로 $g(2)=1$, $g(12)=2$

따라서 역함수 $y=g(x)$의 그래프는 다음 그림과 같이 두 점 $(2, 1)$, $(12, 2)$를 지난다.

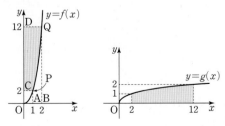

이때 $\displaystyle\int_2^{12}g(x)dx$의 값은 함수 $y=f(x)$의 그래프와 y축 및 두 직선 $y=2$, $y=12$로 둘러싸인 도형의 넓이와 같다. 즉, 사각형 OBQD의 넓이에서 사각형 OAPC의 넓이와 $\displaystyle\int_1^2 f(x)dx$의 값을 뺀 것과 같다.

$\therefore \displaystyle\int_2^{12}g(x)dx=$ □OBQD$-\left\{$□OAPC$+\displaystyle\int_1^2 f(x)dx\right\}$

$\qquad\qquad\qquad=2\times12-1\times2-\displaystyle\int_1^2(x^3+x^2)dx$

$\qquad\qquad\qquad=22-\left[\dfrac{1}{4}x^4+\dfrac{1}{3}x^3\right]_1^2$

$\qquad\qquad\qquad=22-\left\{\left(4+\dfrac{8}{3}\right)-\left(\dfrac{1}{4}+\dfrac{1}{3}\right)\right\}$

$\qquad\qquad\qquad=22-\dfrac{73}{12}=\dfrac{191}{12}$ 답 ④

7-1 전략 함수 $y=f(x)$의 그래프와 역함수 $y=g(x)$의 그래프는 직선 $y=x$에 대하여 대칭임을 이용한다.

풀이 조건 (나)에 의하여

$\displaystyle\int_0^1 f(x)dx=\displaystyle\int_0^3 f(x)dx-\displaystyle\int_1^3 f(x)dx$

$\qquad\qquad\quad=\dfrac{29}{6}-\dfrac{25}{6}=\dfrac{2}{3}$

$\displaystyle\int_2^3 f(x)dx=\displaystyle\int_0^3 f(x)dx-\displaystyle\int_0^2 f(x)dx$

$\qquad\qquad\quad=\dfrac{29}{6}-2=\dfrac{17}{6}$

$\displaystyle\int_1^2 f(x)dx=\displaystyle\int_1^3 f(x)dx-\displaystyle\int_2^3 f(x)dx$

$\qquad\qquad\quad=\dfrac{25}{6}-\dfrac{17}{6}=\dfrac{4}{3}$

이고, $\displaystyle\int_0^1 xdx=\dfrac{1}{2}$, $\displaystyle\int_1^2 xdx=\dfrac{3}{2}$, $\displaystyle\int_2^3 xdx=\dfrac{5}{2}$이므로

$\displaystyle\int_0^1 f(x)dx>\displaystyle\int_0^1 xdx$, $\displaystyle\int_1^2 f(x)dx<\displaystyle\int_1^2 xdx$, $\displaystyle\int_2^3 f(x)dx>\displaystyle\int_2^3 xdx$

이다. 또, 함수 $y=f(x)$의 그래프와 역함수 $y=g(x)$의 그래프는 직선 $y=x$에 대하여 대칭이므로 조건 (가)에 의하여 함수 $f(x)$와 역함수 $g(x)$의 그래프는 오른쪽 그림과 같다.

이때

$A=2\displaystyle\int_0^1\{f(x)-x\}dx=2\left\{\displaystyle\int_0^1 f(x)dx-\displaystyle\int_0^1 xdx\right\}$

$\quad=2\times\left(\dfrac{2}{3}-\dfrac{1}{2}\right)=2\times\dfrac{1}{6}=\dfrac{1}{3}$

$B=2\displaystyle\int_1^2\{x-f(x)\}dx=2\left\{\displaystyle\int_1^2 xdx-\displaystyle\int_1^2 f(x)dx\right\}$

$\quad=2\times\left(\dfrac{3}{2}-\dfrac{4}{3}\right)=2\times\dfrac{1}{6}=\dfrac{1}{3}$

$C=2\displaystyle\int_2^3\{f(x)-x\}dx=2\left\{\displaystyle\int_2^3 f(x)dx-\displaystyle\int_2^3 xdx\right\}$

$\quad=2\times\left(\dfrac{17}{6}-\dfrac{5}{2}\right)=2\times\dfrac{1}{3}=\dfrac{2}{3}$

$\therefore 3\displaystyle\int_0^3|f(x)-g(x)|dx=3(A+B+C)$

$\qquad\qquad\qquad\qquad=3\times\left(\dfrac{1}{3}+\dfrac{1}{3}+\dfrac{2}{3}\right)$

$\qquad\qquad\qquad\qquad=3\times\dfrac{4}{3}=4$ 답 4

다른풀이 $\displaystyle\int_0^1 f(x)dx+\displaystyle\int_0^1 g(x)dx=1$이므로 $\displaystyle\int_0^1 g(x)dx=\dfrac{1}{3}$

$\displaystyle\int_1^2 f(x)dx+\displaystyle\int_1^2 g(x)dx=2^2-1^2=3$이므로 $\displaystyle\int_1^2 g(x)dx=\dfrac{5}{3}$

$\int_2^3 f(x)dx + \int_2^3 g(x)dx = 3^2 - 2^2 = 5$이므로 $\int_2^3 g(x)dx = \dfrac{13}{6}$

$A = \int_0^1 \{f(x) - g(x)\}dx = \dfrac{2}{3} - \dfrac{1}{3} = \dfrac{1}{3}$

$B = \int_1^2 \{g(x) - f(x)\}dx = \dfrac{5}{3} - \dfrac{4}{3} = \dfrac{1}{3}$

$C = \int_2^3 \{f(x) - g(x)\}dx = \dfrac{17}{6} - \dfrac{13}{6} = \dfrac{2}{3}$

8 **전략** 정적분을 이용하여 두 점 P, Q의 위치를 t에 대한 식으로 나타낸다.

풀이 시각 t에서의 두 점 P, Q의 위치를 각각 x_P, x_Q라 하면

$x_P = 5 + \int_0^t (3t^2 - 2)dt = t^3 - 2t + 5$

$x_Q = k + \int_0^t 1 dt = t + k$

이때 두 점 P, Q가 만나는 시각 t는 방정식 $t^3 - 2t + 5 = t + k$, 즉

$t^3 - 3t + 5 = k$ ⋯⋯ ㉠

의 해이다.

또, 두 점 P, Q가 동시에 출발한 후 2번 만나기 위해서는 방정식 ㉠의 해가 2개이어야 한다.

$f(t) = t^3 - 3t + 5$라 하면

$f'(t) = 3t^2 - 3 = 3(t+1)(t-1)$

$f'(t) = 0$에서 $t = 1$ ($\because t > 0$)

t	(0)	$\cdots$	1	$\cdots$
$f'(t)$		$-$	0	$+$
$f(t)$		$\searrow$	3	$\nearrow$

따라서 $t > 0$에서 함수 $y = f(t)$의 그래프는 오른쪽 그림과 같다.

이때 직선 $y = k$와 곡선 $y = f(t)$가 서로 다른 두 점에서 만나려면 $3 < k < 5$이어야 한다.

따라서 두 점 P, Q가 동시에 출발한 후 2번 만나도록 하는 정수 k는 4이다. **답** ②

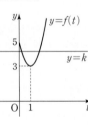

8-1 **전략** 수직선 위를 움직이는 점 P의 시각 t에서의 속도가 $v(t)$일 때, 시각 $t = a$에서 시각 $t = b$까지 점 P가 움직인 거리는 $\int_a^b |v(t)| dt$임을 이용한다.

풀이 고속 열차가 출발하여 6 km를 달리는 동안 걸리는 시간을 x분이라 하면

$\int_0^x \left| \dfrac{1}{2}t^2 + \dfrac{1}{2} \right| dt = \left[\dfrac{1}{6}t^3 + \dfrac{1}{2}t \right]_0^x = \dfrac{1}{6}x^3 + \dfrac{1}{2}x = 6$

$x^3 + 3x - 36 = 0$

$(x-3)(x^2 + 3x + 12) = 0$

$\therefore x = 3$ ($\because x^2 + 3x + 12 > 0$)

즉, 고속 열차가 출발하여 6 km를 달리는 동안 걸리는 시간은 3분이고, 그때의 속도는 $v(3) = \dfrac{9}{2} + \dfrac{1}{2} = 5$(km/분)이다.

따라서 고속 열차의 속도 $v(t)$는

$v(t) = \begin{cases} \dfrac{1}{2}t^2 + \dfrac{1}{2} & (t \le 3) \\ 5 & (t > 3) \end{cases}$

이고, 그 그래프는 오른쪽 그림과 같으므로 고속 열차가 출발한 후 6분 동안 달린 거리는

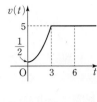

$\int_0^6 |v(t)| dt = \int_0^3 \left| \dfrac{1}{2}t^2 + \dfrac{1}{2} \right| dt + \int_3^6 5 dt$

$= 6 + \left[5t \right]_3^6$

$= 6 + 15 = 21$(km) **답** ②

9 **전략** 속도의 그래프를 이용하여 두 물체 A, B의 위치를 파악한다.

풀이 ㄱ. $t = a$일 때, 물체 A의 높이는 $\int_0^a f(t)dt$이고, 물체 B의 높이는 $\int_0^a g(t)dt$이다.

이때 주어진 그래프에서 곡선 $y = f(t)$와 t축 및 직선 $t = a$로 둘러싸인 도형의 넓이가 직선 $y = g(t)$와 t축 및 직선 $t = a$로 둘러싸인 부분의 넓이보다 크므로 $\int_0^a f(t)dt > \int_0^a g(t)dt$

따라서 물체 A가 물체 B보다 높은 위치에 있다. (참)

ㄴ. $0 \le t \le b$일 때, $f(t) - g(t) \ge 0$이므로 시각 t에서의 두 물체 A, B의 높이의 차는 점점 커진다.

또, $b < t \le c$일 때, $f(t) - g(t) < 0$이므로 시각 t에서의 두 물체 A, B의 높이의 차는 점점 줄어든다.

따라서 $t = b$일 때, 물체 A와 물체 B의 높이의 차가 최대이다. (참)

ㄷ. $\int_0^c f(t)dt = \int_0^c g(t)dt$이므로 $t = c$일 때, 물체 A와 물체 B는 같은 높이에 있다. (참)

따라서 ㄱ, ㄴ, ㄷ 모두 옳다. **답** ⑤

9-1 **전략** 움직이던 물체가 운동 방향을 바꿀 때의 (속도)=0임을 이용한다.

풀이 함수 $y = g(t)$의 그래프는 두 점 $(4, 0)$, $(0, -6)$을 지나므로

$y = \dfrac{-6-0}{0-4}t - 6$ $\therefore y = \dfrac{3}{2}t - 6$

움직이는 물체가 운동 방향을 바꿀 때의 (속도)=0이므로 그래프에서 두 점 P, Q가 운동 방향을 동시에 바꾸는 시각은 $t = 4$일 때이다.

$t = 4$일 때 점 Q의 위치는

$\int_0^4 g(t)dt = \int_0^4 \left(\dfrac{3}{2}t - 6 \right) dt = \left[\dfrac{3}{4}t^2 - 6t \right]_0^4 = 12 - 24 = -12$

$\therefore S_1 + S_3 = -\int_0^4 g(t)dt = 12$

이때 $S_2 = S_3 = 2S_1$이므로 $3S_1 = 12$

$\therefore S_1 = 4$, $S_2 = 8$, $S_3 = 8$

또, $t = 4$일 때 점 P의 위치는

$\int_0^4 f(t)dt = -S_1 + S_2 = -4 + 8 = 4$

따라서 두 점 P, Q가 운동 방향을 동시에 바꾸는 순간 두 점 P, Q 사이의 거리는

$4 - (-12) = 16$ **답** 16

01 ②	**02** ②	**03** 2	**04** ①	**05** ③
06 ③	**07** ④	**08** 3	**09** 108	**10** ⑤
11 ④	**12** 26	**13** 7	**14** ③	**15** ②
16 ②	**17** ③			

1등급 뛰어넘기

18 ①	**19** ⑤	**20** 16	**21** ⑤

01 전략 극대, 극소의 조건을 만족시키는 삼차함수 $f(x)$를 먼저 구한다.

풀이 삼차함수 $f(x)$가 $x=-2$에서 극대이고, $x=2$에서 극소이므로

$$f'(x)=a(x+2)(x-2)=a(x^2-4)\,(a>0)$$

로 놓으면

$$f(x)=a\left(\frac{1}{3}x^3-4x\right)+C\ (C는\ 적분상수)$$

$f(-2)=\dfrac{10}{3}$, $f(2)=\dfrac{2}{3}$이므로 $\dfrac{16}{3}a+C=\dfrac{10}{3}$, $-\dfrac{16}{3}a+C=\dfrac{2}{3}$

두 식을 연립하여 풀면 $a=\dfrac{1}{4}$, $C=2$

$$\therefore f(x)=\frac{1}{12}x^3-x+2$$

따라서 곡선 $y=f(x)$와 x축 및 두 직선 $x=-2$, $x=2$로 둘러싸인 도형의 넓이는

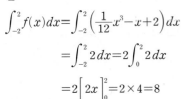

$$\int_{-2}^{2}f(x)dx=\int_{-2}^{2}\left(\frac{1}{12}x^3-x+2\right)dx$$
$$=\int_{-2}^{2}2dx=2\int_{0}^{2}2dx$$
$$=2\left[2x\right]_{0}^{2}=2\times4=8$$

답 ②

빠른풀이 함수 $f(x)$가 $x=-2$에서 극댓값 $\dfrac{10}{3}$, $x=2$에서 극솟값 $\dfrac{2}{3}$를 가지므로 곡선 $y=f(x)$는 점 $(0,2)$에 대하여 대칭이다. 즉, 오른쪽 그림에서

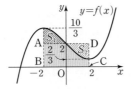

$S_1=S_2$이므로 직선 $y=2$와 두 직선 $x=-2$, $x=2$가 만나는 점을 각각 A, D라 하고 x축과 두 직선 $x=-2$, $x=2$가 만나는 점을 각각 B, C라 하면 곡선 $y=f(x)$와 x축 및 두 직선 $x=-2$, $x=2$로 둘러싸인 도형의 넓이는 직사각형 ABCD의 넓이와 같다.

$$\therefore \int_{-2}^{2}f(x)dx=\square ABCD=4\times2=8$$

02 전략 S_1, S_2, S_3이 이 순서대로 등차수열을 이루므로 $S_1+S_3=2S_2$임을 이용한다.

풀이 $f(-1)>0$, $f(1)>0$, $f(3)>0$이므로

$$S_1=\int_{-1}^{0}f(x)dx,\ S_2=\int_{0}^{1}f(x)dx,\ S_3=\int_{1}^{3}f(x)dx$$이고

$$S_1+S_2+S_3=\int_{-1}^{3}f(x)dx$$이다.

이때 S_1, S_2, S_3이 이 순서대로 등차수열을 이루므로

$$S_1+S_3=2S_2$$

따라서 $S_1+S_2+S_3=3S_2$이므로

$$\int_{-1}^{3}f(x)dx=3\int_{0}^{1}f(x)dx\quad\cdots\cdots\ \bigcirc$$

이때

$$\int_{-1}^{3}f(x)dx=\int_{-1}^{3}(-x^2+ax+4)dx$$
$$=\left[-\frac{1}{3}x^3+\frac{1}{2}ax^2+4x\right]_{-1}^{3}$$
$$=\left(-9+\frac{9}{2}a+12\right)-\left(\frac{1}{3}+\frac{1}{2}a-4\right)$$
$$=4a+\frac{20}{3}$$

$$\int_{0}^{1}f(x)dx=\int_{0}^{1}(-x^2+ax+4)dx$$
$$=\left[-\frac{1}{3}x^3+\frac{1}{2}ax^2+4x\right]_{0}^{1}$$
$$=\left(-\frac{1}{3}+\frac{1}{2}a+4\right)-0$$
$$=\frac{1}{2}a+\frac{11}{3}$$

$\bigcirc$에서 $4a+\dfrac{20}{3}=3\left(\dfrac{1}{2}a+\dfrac{11}{3}\right)$

$$\frac{5}{2}a=\frac{13}{3}$$

$$\therefore a=\frac{26}{15}$$

답 ②

03 전략 이차함수의 그래프의 대칭성을 이용하여 S_2를 a에 대한 식으로 나타낸다.

풀이 두 곡선 $y=f(x)$, $y=f(x-a)$의 교점의 x좌표를 구하면

$-x^2+3x=-(x-a)^2+3(x-a)$에서

$$2ax-a^2-3a=0$$

$$\therefore x=\frac{a+3}{2}\ (\because 0<a<3)$$

이때 이차함수의 그래프의 대칭성에 의하여

$$S_2=2\int_{a}^{\frac{a+3}{2}}f(x)dx$$

곡선 그림 (생략)

$$=2\int_{0}^{\frac{3-a}{2}}f(x)dx$$
$$=2\int_{0}^{\frac{3-a}{2}}(-x^2+3x)dx$$
$$=2\left[-\frac{1}{3}x^3+\frac{3}{2}x^2\right]_{0}^{\frac{3-a}{2}}=2\left[-\frac{1}{3}x^2\left(x-\frac{9}{2}\right)\right]_{0}^{\frac{3-a}{2}}$$
$$=-\frac{2}{3}\left(\frac{3-a}{2}\right)^2\left(\frac{-a-6}{2}\right)$$
$$=\frac{(a-3)^2(a+6)}{12}\quad\cdots\cdots\ \bigcirc$$

$$S_1+S_2=\int_{0}^{3}f(x)dx$$
$$=\int_{0}^{3}(-x^2+3x)dx$$
$$=\left[-\frac{1}{3}x^3+\frac{3}{2}x^2\right]_{0}^{3}$$
$$=\left(-9+\frac{27}{2}\right)-0=\frac{9}{2}$$

$$\therefore S_1 = S_3 = \frac{9}{2} - S_2$$

$2S_1 + 2S_3 = 23S_2$이므로

$$4S_1 = 23S_2, \ 4\left(\frac{9}{2} - S_2\right) = 23S_2$$

$$18 - 4S_2 = 23S_2 \qquad \therefore S_2 = \frac{2}{3} \quad \cdots\cdots \ \text{ⓛ}$$

ⓖ, ⓛ에 의하여 $\dfrac{(a-3)^2(a+6)}{12} = \dfrac{2}{3}$

$$(a-3)^2(a+6) = 8, \ a^3 - 27a + 46 = 0$$

$$(a-2)(a^2 + 2a - 23) = 0 \qquad \therefore a = 2 \ (\because 0 < a < 3) \qquad \boxed{\text{답}}\ 2$$

참고 두 곡선 $y = f(x)$, $y = f(x-a)$의 교점의 x좌표는 두 점 $(a, 0)$, $(3, 0)$을 양 끝 점으로 하는 선분의 중점의 x좌표이다.

---

04 **전략** 직선 l의 기울기를 a로 놓고 정적분을 이용하여 $S_1 + S_3 - S_2$의 값을 a에 대한 식으로 나타낸 후, 산술평균과 기하평균의 관계를 이용한다.

풀이 점 $A(1, 1)$을 지나는 직선 l의 기울기를 $a \ (a < 0)$라 하면 직선 l의 방정식은

$$y = a(x-1) + 1 \qquad \therefore y = ax - a + 1$$

따라서 두 점 B, C의 좌표는 각각 $B(0, -a+1)$, $C\left(\dfrac{a-1}{a}, 0\right)$이다.

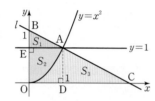

오른쪽 그림과 같이 점 A에서 x축, y축에 내린 수선의 발을 각각 D, E라 하면

$$S_1 = \triangle ABE$$
$$= \frac{1}{2} \times 1 \times (-a) = -\frac{a}{2}$$

$$S_2 = 1 - \int_0^1 x^2 \, dx = 1 - \left[\frac{1}{3}x^3\right]_0^1 = 1 - \frac{1}{3} = \frac{2}{3}$$

$$S_3 = \int_0^1 x^2 \, dx + \triangle ADC$$
$$= \frac{1}{3} + \frac{1}{2} \times \left(-\frac{1}{a}\right) \times 1 = \frac{1}{3} - \frac{1}{2a}$$

$$\therefore S_1 + S_3 - S_2 = -\frac{a}{2} + \left(\frac{1}{3} - \frac{1}{2a}\right) - \frac{2}{3}$$
$$= -\frac{1}{3} - \frac{a}{2} - \frac{1}{2a} \quad \cdots\cdots \ \text{ⓖ}$$

이때 $-\dfrac{a}{2} > 0$, $-\dfrac{1}{2a} > 0 \ (\because a < 0)$이므로

$$-\frac{a}{2} - \frac{1}{2a} \geq 2\sqrt{\left(-\frac{a}{2}\right) \times \left(-\frac{1}{2a}\right)} = 1 \quad \cdots\cdots \ \text{ⓛ}$$

$$\left(\text{단, 등호는 } -\frac{a}{2} = -\frac{1}{2a}, \text{ 즉 } a = -1\text{일 때 성립한다.}\right)$$

ⓖ, ⓛ에 의하여

$$S_1 + S_3 - S_2 = -\frac{1}{3} - \frac{a}{2} - \frac{1}{2a} \geq -\frac{1}{3} + 1 = \frac{2}{3}$$

따라서 $S_1 + S_3 - S_2$의 최솟값은 $\dfrac{2}{3}$이다. $\qquad \boxed{\text{답}}\ ①$

---

05 **전략** 조건을 만족시키는 함수 $y = f(x)$의 그래프의 개형을 추측하고, 정적분과 넓이의 의미를 확인한다.

풀이 조건 (개), (내)에 의하여 최고차항의 계수가 1인 삼차함수 $y = f(x)$의 그래프는 다음 그림과 같이 2가지로 그려질 수 있다.

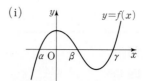

(i)

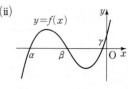

(ii)

이때 (ii)의 경우 $x > 0$에서 $f(x) > 0$이므로

$$\int_0^3 f(x) \, dx = \int_0^3 |f(x)| \, dx > 0$$

즉, 조건 (대)를 만족시킬 수 없다.

따라서 삼차함수 $y = f(x)$의 그래프의 개형은 (i)과 같고 $\beta < 3$이다.

ㄱ. 그래프 (i)에서 $\alpha < 0 < \beta < \gamma$이므로 $\alpha\beta\gamma < 0$ (참)

ㄴ. $\gamma < 3$일 때, 함수 $y = f(x)$의 그래프는 오른쪽 그림과 같다.

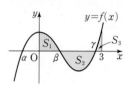

이때 곡선 $y = f(x)$와 x축 및 y축으로 둘러싸인 도형의 넓이를 S_1, 이 곡선과 x축으로 둘러싸인 도형의 넓이를 S_2, 이 곡선과 x축 및 직선 $x = 3$으로 둘러싸인 도형의 넓이를 S_3이라 하면

$$\int_0^3 f(x) \, dx = S_1 - S_2 + S_3, \ \int_0^3 |f(x)| \, dx = S_1 + S_2 + S_3$$

이므로 조건 (대)에 의하여

$$2(S_1 - S_2 + S_3) = S_1 + S_2 + S_3 \qquad \therefore S_1 + S_3 = 3S_2$$

$$\therefore \int_0^3 f(x) \, dx = S_1 - S_2 + S_3 = 3S_2 - S_2$$
$$= 2S_2 = -2 \times (-S_2)$$
$$= -2\int_\beta^\gamma f(x) \, dx \ (\text{참})$$

ㄷ. $\gamma \geq 3$일 때, 함수 $y = f(x)$의 그래프는 오른쪽 그림과 같다.

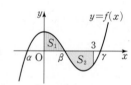

이때 곡선 $y = f(x)$와 x축 및 y축으로 둘러싸인 부분의 넓이를 S_1, 이 곡선과 x축 및 직선 $x = 3$으로 둘러싸인 두 도형 중 왼쪽 도형의 넓이를 S_2라 하면

$$\int_0^3 f(x) \, dx = S_1 - S_2, \ \int_0^3 |f(x)| \, dx = S_1 + S_2$$

이므로 조건 (대)에 의하여

$$2(S_1 - S_2) = S_1 + S_2, \ S_1 = 3S_2 \qquad \therefore S_2 = \frac{1}{3}S_1$$

$$\therefore 2\int_0^3 |f(x)| \, dx = 2(S_1 + S_2) = 2 \times \frac{4}{3}S_1$$
$$= \frac{8}{3}S_1 = \frac{8}{3}\int_0^\beta f(x) \, dx \ (\text{거짓})$$

따라서 옳은 것은 ㄱ, ㄴ이다. $\qquad \boxed{\text{답}}\ ③$

---

06 **전략** $g(x) = -g(-x)$임을 이용하여 이차함수 $y = f(x)$의 그래프의 대칭성을 파악하고 함수 $f(x)$를 구한다.

풀이 $g(x) = \displaystyle\int_2^{2+x} f(x) \, dx$, $g(-x) = \displaystyle\int_2^{2-x} f(x) \, dx$이므로 조건 (개)에 의하여

$$\int_2^{2+x} f(x) \, dx = -\int_2^{2-x} f(x) \, dx$$

$$\therefore \int_2^{2+x} f(x) \, dx = \int_{2-x}^2 f(x) \, dx$$

즉, 함수 $y=f(x)$의 그래프는 직선 $x=2$에 대하여 대칭이므로
$f(x)=x^2-4x+a$ (a는 상수)
로 놓을 수 있다.

방정식 $f(x)=0$의 두 실근을 α, β ($0<\alpha<\beta$)라 하면
$S_1=\displaystyle\int_0^\alpha f(x)dx$, $S_2=-2\displaystyle\int_\alpha^2 f(x)dx$

조건 (나)에 의하여 $S_2=2S_1$이므로
$-2\displaystyle\int_\alpha^2 f(x)dx=2\int_0^\alpha f(x)dx$, $-\displaystyle\int_\alpha^2 f(x)dx=\int_0^\alpha f(x)dx$

$\displaystyle\int_0^\alpha f(x)dx+\int_\alpha^2 f(x)dx=0$, $\displaystyle\int_0^2 f(x)dx=0$

$\displaystyle\int_0^2(x^2-4x+a)dx=0$, $\left[\dfrac{1}{3}x^3-2x^2+ax\right]_0^2=0$

$\dfrac{8}{3}-8+2a=0$ $\therefore a=\dfrac{8}{3}$

따라서 $f(x)=x^2-4x+\dfrac{8}{3}$이므로

$g(4)=\displaystyle\int_2^6 f(x)dx$

$\quad=\displaystyle\int_2^6\left(x^2-4x+\dfrac{8}{3}\right)dx$

$\quad=\left[\dfrac{1}{3}x^3-2x^2+\dfrac{8}{3}x\right]_2^6$

$\quad=(72-72+16)-\left(\dfrac{8}{3}-8+\dfrac{16}{3}\right)=16$ 답 ③

07 전략 주어진 조건을 만족시키는 직선 l의 방정식을 $y=ax+2$로 놓고 방정식 $f(x)=ax+2$의 해를 구한다.

풀이 조건 (나)에 의하여 직선 l은
점 $(0, 2)$를 지나므로 직선 l의 방정식을
$y=ax+2$ ($a\ne0$)로 놓을 수 있다.
이때 사차함수 $y=f(x)$의 그래프와 직선 l
이 서로 다른 세 점에서 만나므로 세 교점 중
한 점은 접점이어야 한다.
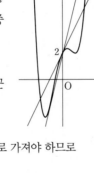
방정식 $x^4-3x^2+2x+2=ax+2$, 즉
$x^4-3x^2+(2-a)x=0$의 서로 다른 세 실근
을 α, 0, β ($\alpha<0<\beta$)라 하면
(i) 점 $(0, 2)$가 접점일 때
　다항식 $x^4-3x^2+(2-a)x$가 x^2을 인수로 가져야 하므로
　$2-a=0$ $\therefore a=2$
　따라서 $x^4-3x^2=0$에서 $x^2(x+\sqrt{3})(x-\sqrt{3})=0$
　$\therefore x=\pm\sqrt{3}$
　즉, $\alpha=-\sqrt{3}$, $\beta=\sqrt{3}$이므로 조건 (가)를 만족시키지 않는다.
(ii) 점 $(0, 2)$가 접점이 아닐 때
　$x^4-3x^2+(2-a)x=x(x^3-3x+2-a)$
　함수 $y=f(x)$의 그래프와 직선 l이 $x=\alpha$에서 접해야 하므로 삼
　차방정식 $x^3-3x+2-a=0$의 세 근은 α, α, β이다.
　삼차방정식의 근과 계수의 관계에 의하여
　$2\alpha+\beta=0$, $\alpha^2+2\alpha\beta=-3$, $\alpha^2\beta=a-2$
　세 식을 연립하여 풀면 $\alpha=-1$ ($\because \alpha<0$), $\beta=2$, $a=4$
　즉, 세 교점의 x좌표는 -1, 0, 2이므로 조건 (가)를 만족시킨다.

(i), (ii)에 의하여 직선 l의 방정식은 $y=4x+2$이고, 함수 $y=f(x)$
의 그래프와 직선 l는 $x=-1$, $x=0$, $x=2$에서 만난다.
따라서 구하는 넓이는

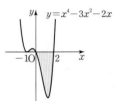

$\displaystyle\int_{-1}^2|f(x)-(4x+2)|dx$

$=\displaystyle\int_{-1}^0\{f(x)-(4x+2)\}dx+\int_0^2\{4x+2-f(x)\}dx$

$=\displaystyle\int_{-1}^0(x^4-3x^2-2x)dx+\int_0^2(-x^4+3x^2+2x)dx$

$=\left[\dfrac{1}{5}x^5-x^3-x^2\right]_{-1}^0+\left[-\dfrac{1}{5}x^5+x^3+x^2\right]_0^2$

$=-\left(-\dfrac{1}{5}+1-1\right)+\left(-\dfrac{32}{5}+8+4\right)=\dfrac{29}{5}$ 답 ④

다른풀이 곡선 $y=f(x)$와 직선 l로 둘
러싸인 도형의 넓이는 곡선
$y=f(x)-(4x+2)=x^4-3x^2-2x$와
x축으로 둘러싸인 도형의 넓이와 같다.
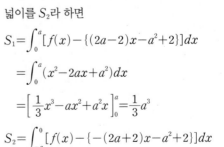
$y=x^4-3x^2-2x=x(x-2)(x+1)^2$의
그래프는 오른쪽 그림과 같으므로 곡선 $y=x^4-3x^2-2x$와 x축으로
둘러싸인 도형의 넓이는

$\displaystyle\int_{-1}^0(x^4-3x^2-2x)dx+\int_0^2(-x^4+3x^2+2x)dx$

08 전략 접선 l_1의 방정식, 점 B의 좌표, 접선 l_2의 방정식을 a에 대한 식으로 나타낸다.

풀이 점 $A(a, f(a))$에서의 접선 l_1의 방정식은
$y-f(a)=f'(a)(x-a)$, $y-(a^2-2a+2)=(2a-2)(x-a)$
$\therefore y=(2a-2)x-a^2+2$
$\therefore B(0, -a^2+2)$
또, 접선 l_2의 접점을 $C(c, f(c))$라 하면 접선 l_2의 방정식은
$y=(2c-2)x-c^2+2$
이때 직선 l_2가 점 $B(0, -a^2+2)$를 지나므로
$-a^2+2=-c^2+2$, $a^2=c^2$ $\therefore c=-a$ ($\because l_1$, l_2는 다른 직선)
즉, 직선 l_2의 방정식은 $y=-(2a+2)x-a^2+2$이다.
오른쪽 그림과 같이 곡선 $y=f(x)$와 직선 l_1 및
y축으로 둘러싸인 도형의 넓이를 S_1, 곡선
$y=f(x)$와 직선 l_2 및 y축으로 둘러싸인 도형의
넓이를 S_2라 하면
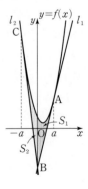
$S_1=\displaystyle\int_0^a[f(x)-\{(2a-2)x-a^2+2\}]dx$

$\quad=\displaystyle\int_0^a(x^2-2ax+a^2)dx$

$\quad=\left[\dfrac{1}{3}x^3-ax^2+a^2x\right]_0^a=\dfrac{1}{3}a^3$

$S_2=\displaystyle\int_{-a}^0[f(x)-\{-(2a+2)x-a^2+2\}]dx$

$\quad=\displaystyle\int_{-a}^0(x^2+2ax+a^2)dx$

$\quad=\left[\dfrac{1}{3}x^3+ax^2+a^2x\right]_{-a}^0=\dfrac{1}{3}a^3$

이때 곡선 $y=f(x)$와 두 직선 l_1, l_2로 둘러싸인 도형의 넓이가 18이
므로

$S_1 + S_2 = 18$, $\dfrac{1}{3}a^3 + \dfrac{1}{3}a^3 = 18$

$\dfrac{2}{3}a^3 = 18$, $a^3 = 27$ $\therefore a = 3$ **답** 3

참고 곡선 $y = f(x)$와 직선 l_1이 $x = a$에서 접하므로
$f(x) - \{(2a-2)x - a^2 + 2\} = (x-a)^2$
또, 곡선 $y = f(x)$와 직선 l_2가 $x = -a$에서 접하므로
$f(x) - \{-(2a+2)x - a^2 + 2\} = (x+a)^2$

09 **전략** $h(x) = f(x) - g(x)$로 놓고 주어진 조건을 만족시키는 삼차함수 $h(x)$를 구한 후 정적분을 이용하여 넓이를 구한다.

풀이 $f(x) = \displaystyle\int_1^x (3x^2 - 12x + 6)\,dx$

$\qquad = \left[x^3 - 6x^2 + 6x \right]_1^x$

$\qquad = x^3 - 6x^2 + 6x - 1$

조건 (나)에 의하여 함수 $y = g(x) + 1$의 그래프는 원점에 대하여 대칭이므로
$g(x) + 1 = mx$ (m은 상수)
로 놓을 수 있다.
$\therefore g(x) = mx - 1$
$h(x) = f(x) - g(x)$라 하면 $h'(x) = f'(x) - g'(x)$이고
$h(x) = f(x) - g(x)$

$\qquad = x^3 - 6x^2 + 6x - 1 - (mx - 1)$

$\qquad = x^3 - 6x^2 + (6 - m)x$ $\cdots\cdots$ ㉠

조건 (가)에 의하여
$h(a) = f(a) - g(a) = 0$, $h'(a) = f'(a) - g'(a) = 0$이므로
$h(x) = (x - a)^2(x - b)$

$\qquad = x^3 - (2a + b)x^2 + (2ab + a^2)x - a^2 b$ (b는 상수) $\cdots\cdots$ ㉡

로 놓을 수 있다.
㉠, ㉡에서
$x^3 - 6x^2 + (6 - m)x = x^3 - (2a + b)x^2 + (2ab + a^2)x - a^2 b$
이므로
$2a + b = 6$, $2ab + a^2 = 6 - m$, $a^2 b = 0$
세 식을 연립하여 풀면
$a = 0$, $b = 6$, $m = 6$ 또는 $a = 3$, $b = 0$, $m = -3$
(i) $a = 0$, $b = 6$, $m = 6$일 때
$\quad h(x) = x^2(x - 6) = x^3 - 6x^2$이므로
곡선 $y = f(x)$와 직선 $y = g(x)$로 둘러싸인
도형의 넓이는

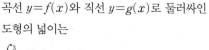

$\displaystyle\int_0^6 |f(x) - g(x)|\,dx = \int_0^6 |h(x)|\,dx$

$\qquad = \displaystyle\int_0^6 |x^3 - 6x^2|\,dx$

$\qquad = \displaystyle\int_0^6 (-x^3 + 6x^2)\,dx$

$\qquad = \left[-\dfrac{1}{4}x^4 + 2x^3 \right]_0^6 = 108$

(ii) $a = 3$, $b = 0$, $m = -3$일 때
$\quad h(x) = x(x - 3)^2 = x^3 - 6x^2 + 9x$이므로

곡선 $y = f(x)$와 직선 $y = g(x)$로 둘러싸인
도형의 넓이는

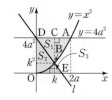

$\displaystyle\int_0^3 |f(x) - g(x)|\,dx$

$= \displaystyle\int_0^3 |h(x)|\,dx = \int_0^3 |x^3 - 6x^2 + 9x|\,dx$

$= \displaystyle\int_0^3 (x^3 - 6x^2 + 9x)\,dx$

$= \left[\dfrac{1}{4}x^4 - 2x^3 + \dfrac{9}{2}x^2 \right]_0^3 = \dfrac{27}{4}$

(i), (ii)에 의하여 곡선 $y = f(x)$와 직선 $y = g(x)$로 둘러싸인 도형의 넓이의 최댓값은 108이다. **답** 108

10 **전략** S_1의 넓이를 이용하여 곡선 $y = x^2$과 직선 l의 교점의 좌표를 a에 대한 식으로 나타낸 후, S_3의 넓이를 a에 대한 식으로 나타낸다.

풀이 오른쪽 그림과 같이 곡선
$y = x^2$ ($x \geq 0$)과 직선 $y = 4a^2$의 교점을 A라
하면 $A(2a, 4a^2)$이고, 직선 l과의 교점을
$B(k, k^2)$이라 하면 직선 l의 기울기는 음수
이므로 $0 < k < 2a$이다.
이때

$S_1 + S_2 = \displaystyle\int_0^{2a} (4a^2 - x^2)\,dx = \left[4a^2 x - \dfrac{1}{3}x^3 \right]_0^{2a}$

$\qquad = 8a^3 - \dfrac{8}{3}a^3 = \dfrac{16}{3}a^3$

이고 $\dfrac{S_2}{S_1} = \dfrac{13}{19}$이므로

$S_1 = \dfrac{16}{3}a^3 \times \dfrac{19}{32} = \dfrac{19}{6}a^3$, $S_2 = \dfrac{16}{3}a^3 \times \dfrac{13}{32} = \dfrac{13}{6}a^3$ $\cdots\cdots$ ㉠

또, 직선 $x = k$가 직선 $y = 4a^2$과 만나는 점을 C라 하고, 직선 l과 y축과의 교점을 $D(0, 4a^2)$, x축과의 교점을 E라 하면

$S_1 = \triangle DBC + \displaystyle\int_k^{2a} (4a^2 - x^2)\,dx$

$\qquad = \dfrac{1}{2} \times k \times (4a^2 - k^2) + \left[4a^2 x - \dfrac{1}{3}x^3 \right]_k^{2a}$

$\qquad = \dfrac{1}{2} k(4a^2 - k^2) + \dfrac{16}{3}a^3 - 4a^2 k + \dfrac{k^3}{3}$ $\cdots\cdots$ ㉡

㉠, ㉡에 의하여

$\dfrac{19}{6}a^3 = \dfrac{1}{2} k(4a^2 - k^2) + \dfrac{16}{3}a^3 - 4a^2 k + \dfrac{k^3}{3}$

$k^3 + 12a^2 k - 13a^3 = 0$, $(k - a)(k^2 + ak + 13a^2) = 0$

$\therefore k = a$ ($\because k^2 + ak + 13a^2 > 0$)

즉, 두 점 $B(a, a^2)$, $D(0, 4a^2)$을 지나는 직선 l의 방정식은

$y = \dfrac{a^2 - 4a^2}{a - 0}x + 4a^2$

$\therefore y = -3ax + 4a^2$

이때 직선 l과 x축의 교점인 점 E의 좌표는 $\left(\dfrac{4}{3}a, 0 \right)$이므로

$S_3 = \triangle DOE - S_2$

$\qquad = \left(\dfrac{1}{2} \times \dfrac{4}{3}a \times 4a^2 \right) - \dfrac{13}{6}a^3 = \dfrac{1}{2}a^3$

$\therefore \dfrac{S_1 + S_2}{S_3} = \dfrac{\dfrac{16}{3}a^3}{\dfrac{1}{2}a^3} = \dfrac{32}{3}$ **답** ⑤

11 전략 $a<b$인 두 실수 a, b에 대하여 $f(a)<f(b)$이면 함수 $f(x)$는 증가하는 함수이고, $\dfrac{f(a)+f(b)}{2}<f\left(\dfrac{a+b}{2}\right)$이면 함수 $y=f(x)$의 그래프는 위로 볼록하다는 것을 이용한다.

풀이 $0\le a<b\le 3$에서 $f(a)<f(b)$이므로 함수 $f(x)$는 구간 $[0, 3]$에서 증가하는 함수이고, $\dfrac{f(a)+f(b)}{2}<f\left(\dfrac{a+b}{2}\right)$이므로 함수 $f(x)$는 구간 $[0, 3]$에서 위로 볼록한 함수이다.

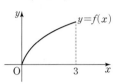

따라서 함수 $y=f(x)$의 그래프의 개형은 오른쪽 그림과 같다.

ㄱ. 구간 $[0, 3]$에서 함수 $y=f(x)$의 그래프가 위로 볼록하므로 함수 $f'(x)$는 감소한다. (거짓)

ㄴ. 오른쪽 그림과 같이

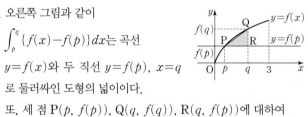

$\displaystyle\int_{p}^{q}\{f(x)-f(p)\}dx$는 곡선 $y=f(x)$와 두 직선 $y=f(p)$, $x=q$로 둘러싸인 도형의 넓이이다.

또, 세 점 $P(p, f(p))$, $Q(q, f(q))$, $R(q, f(p))$에 대하여 $\triangle QPR$의 넓이는 $\dfrac{(q-p)\{f(q)-f(p)\}}{2}$이다.

따라서 $0\le p<q\le 3$인 모든 실수 p, q에 대하여 $\dfrac{(q-p)\{f(q)-f(p)\}}{2}\le\displaystyle\int_{p}^{q}\{f(x)-f(p)\}dx$ (참)

ㄷ. 점 $(0, 0)$에서의 접선의 방정식은 $y=f'(0)x$이고, 이 직선은 점 $(3, 3f'(0))$을 지난다.

이때 직선 $y=f'(0)x$와 x축 및 직선 $x=3$으로 둘러싸인 삼각형의 넓이는 $\dfrac{1}{2}\times 3\times 3f'(0)=\dfrac{9}{2}f'(0)$

이므로

$\displaystyle\int_{0}^{3}f(x)dx<\dfrac{9}{2}f'(0)$

$\therefore 2\displaystyle\int_{0}^{3}f(x)dx<9f'(0)$ (참)

따라서 옳은 것은 ㄴ, ㄷ이다. 답 ④

12 전략 함수 $y=f(x)$의 그래프와 역함수 $y=g(x)$의 그래프는 직선 $y=x$에 대하여 대칭임을 이용하여 넓이를 구한다.

풀이 함수 $y=f(x)$의 그래프와 역함수 $y=g(x)$의 그래프는 직선 $y=x$에 대하여 대칭이므로 곡선 $y=f(x)$와 곡선 $y=g(x)$의 교점은 곡선 $y=f(x)$와 직선 $y=x$의 교점과 같다.

곡선 $y=f(x)$와 직선 $y=x$의 교점의 x좌표는 $x^3+x^2+x-2=x$에서 $x^3+x^2-2=0$

$(x-1)(x^2+2x+2)=0$

$\therefore x=1\ (\because x^2+2x+2>0)$

따라서 두 곡선 $y=f(x)$, $y=g(x)$의 교점의 좌표는 $(1, 1)$이다.

또, 곡선 $y=f(x)$와 직선 $y=-x-4$의 교점을 A라 하면 점 A의 x좌표는 $x^3+x^2+x-2=-x-4$에서 $x^3+x^2+2x+2=0$

$(x+1)(x^2+2)=0$

$\therefore x=-1\ (\because x^2+2>0)$

$\therefore \text{A}(-1, -3)$

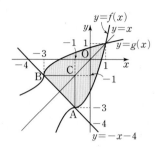

곡선 $y=g(x)$와 직선 $y=-x-4$의 교점을 B라 하면 점 B는 점 A와 직선 $y=x$에 대하여 대칭이므로 $\text{B}(-3, -1)$이고 두 직선 $x=-1$, $y=-1$의 교점을 C라 하면 $\text{C}(-1, -1)$이다.

두 곡선 $y=f(x)$, $y=g(x)$와 직선 $y=-x-4$로 둘러싸인 도형의 넓이 S는

$S=2\displaystyle\int_{-1}^{1}\{x-f(x)\}dx+\triangle\text{ABC}$

$\quad=2\displaystyle\int_{-1}^{1}(-x^3-x^2+2)dx+\dfrac{1}{2}\times 2\times 2$

$\quad=4\displaystyle\int_{0}^{1}(-x^2+2)dx+2$

$\quad=4\left[-\dfrac{1}{3}x^3+2x\right]_{0}^{1}+2$

$\quad=4\times\left(-\dfrac{1}{3}+2\right)+2=\dfrac{26}{3}$

$\therefore 3S=3\times\dfrac{26}{3}=26$ 답 26

13 전략 점 A에서 $\overline{\text{BC}}$에 내린 수선의 발을 원점 O라 하고, 두 변 BC, AO를 각각 x축, y축으로 놓고 포물선 C_1의 방정식을 구한다.

풀이 다음 그림과 같이 점 A에서 $\overline{\text{BC}}$에 내린 수선의 발을 원점 O라 하고, 두 변 BC, AO를 각각 x축, y축으로 놓으면 세 점 A, B, C의 좌표는 각각 $\text{A}(0, \sqrt{3})$, $\text{B}(-1, 0)$, $\text{C}(1, 0)$이다.

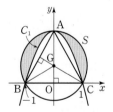

원 S의 중심을 G라 하면 점 G는 삼각형 ABC의 무게중심이므로 점 G의 좌표는 $\left(0, \dfrac{\sqrt{3}}{3}\right)$이고 $\angle\text{AGC}=120°$이다.

이때 색칠한 부분의 넓이는 부채꼴 AGC의 넓이에서 직선 GC와 포물선 C_1 및 y축으로 둘러싸인 도형의 넓이를 뺀 것의 2배와 같다.

(i) 부채꼴 AGC의 넓이

원 S의 반지름의 길이는

$\overline{\text{AG}}=\sqrt{3}-\dfrac{\sqrt{3}}{3}=\dfrac{2\sqrt{3}}{3}$

이므로 부채꼴 AGC의 넓이는

$\pi\times\left(\dfrac{2\sqrt{3}}{3}\right)^2\times\dfrac{120}{360}=\dfrac{4}{9}\pi$

(ii) 직선 GC와 포물선 C_1 및 y축으로 둘러싸인 도형의 넓이

직선 GC의 방정식은

$$y = \dfrac{0 - \dfrac{\sqrt{3}}{3}}{1 - 0}x + \dfrac{\sqrt{3}}{3}$$

$$\therefore y = -\dfrac{\sqrt{3}}{3}x + \dfrac{\sqrt{3}}{3}$$

포물선 C_1의 방정식을

$$y = ax^2 + \sqrt{3} \ (a < 0)$$

으로 놓으면 이 포물선이 점 $C(1, 0)$을 지나므로

$$a + \sqrt{3} = 0$$

$$\therefore a = -\sqrt{3}$$

$$\therefore C_1 : y = -\sqrt{3}x^2 + \sqrt{3}$$

따라서 구하는 넓이는

$$\int_0^1 \left\{ (-\sqrt{3}x^2 + \sqrt{3}) - \left(-\dfrac{\sqrt{3}}{3}x + \dfrac{\sqrt{3}}{3} \right) \right\} dx$$

$$= \int_0^1 \left(-\sqrt{3}x^2 + \dfrac{\sqrt{3}}{3}x + \dfrac{2\sqrt{3}}{3} \right) dx$$

$$= \left[-\dfrac{\sqrt{3}}{3}x^3 + \dfrac{\sqrt{3}}{6}x^2 + \dfrac{2\sqrt{3}}{3}x \right]_0^1$$

$$= -\dfrac{\sqrt{3}}{3} + \dfrac{\sqrt{3}}{6} + \dfrac{2\sqrt{3}}{3} = \dfrac{\sqrt{3}}{2}$$

(i), (ii)에 의하여 색칠한 부분의 넓이는

$$2 \times \left(\dfrac{4}{9}\pi - \dfrac{\sqrt{3}}{2} \right) = \dfrac{8}{9}\pi - \sqrt{3}$$

따라서 $a = \dfrac{8}{9}$, $b = -1$이므로

$$9a + b = 9 \times \dfrac{8}{9} + (-1) = 7$$

답 7

---

14 전략 시각 t에서의 속도를 적분하면 위치를 알 수 있다.

풀이 ㄱ. $t = a$, $t = d$일 때 $v(t) = 0$이고 $t = a$, $t = d$의 좌우에서 각각 $v(t)$의 부호가 바뀌므로 점 P는 $t = a$, $t = d$일 때 운동 방향을 바꾼다. 즉, 점 P는 운동 방향을 2번 바꾼다. (참)

ㄴ. $\displaystyle\int_0^a |v(t)|dt = \int_a^e v(t)dt$이므로

$$\int_0^a v(t)dt + \int_a^e v(t)dt = 0$$

$$\therefore \int_0^e v(t)dt = 0$$

즉, $t = e$일 때 점 P의 위치는 원점이다. (참)

ㄷ. $\displaystyle\int_0^a |v(t)|dt = S_1$, $\displaystyle\int_a^b |v(t)|dt = S_2$, $\displaystyle\int_b^c |v(t)|dt = S_3$,

$\displaystyle\int_c^d |v(t)|dt = S_4$, $\displaystyle\int_d^e |v(t)|dt = S_5$

라 하면 다음 그림과 같이 속도 $v(t)$의 그래프와 t축으로 둘러싸인 도형의 넓이는 각각 S_1, S_2, S_3, S_4, S_5이다.

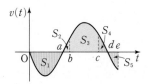

$t = a$, $t = d$, $t = e$일 때의 점 P의 원점으로부터의 거리는 각각 S_1, S_4, 0이다.

출발 후 $t = c$일 때 점 P가 원점을 지나므로

$$\int_0^c v(t)dt = 0, \ -S_1 + S_2 + S_3 = 0$$

$$\therefore S_1 = S_2 + S_3$$

$\displaystyle\int_a^c v(t)dt > \int_c^d v(t)dt$이므로

$$S_2 + S_3 > S_4$$

$$\therefore S_1 > S_4$$

즉, 점 P는 $t = a$일 때 원점에서 가장 멀리 떨어져 있다. (거짓)

따라서 옳은 것은 ㄱ, ㄴ이다.

답 ③

---

15 전략 $x = a$에서 출발한 점 P의 시각 t에서의 위치는 $a + \displaystyle\int_0^t v(t)dt$임을 이용한다.

풀이 시각 t에서의 점 P의 위치를 $x(t)$라 하면

$$x(t) = a + \int_0^t v(t)dt$$

$$= a + \int_0^t (4t^3 - 12t^2 - 4t + 12)dt$$

$$= a + \left[t^4 - 4t^3 - 2t^2 + 12t \right]_0^t$$

$$= t^4 - 4t^3 - 2t^2 + 12t + a$$

점 P가 출발 후 원점을 오직 한 번만 지나므로 $t > 0$에서 방정식 $x(t) = 0$의 실근이 오직 하나이다.

$$x'(t) = 4t^3 - 12t^2 - 4t + 12 = 4(t+1)(t-1)(t-3)$$

$x'(t) = 0$에서

$t = 1$ 또는 $t = 3$ $(\because t > 0)$

t	(0)	$\cdots$	1	$\cdots$	3	$\cdots$
$x'(t)$		$+$	0	$-$	0	$+$
$x(t)$		$\nearrow$	$a+7$	$\searrow$	$a-9$	$\nearrow$

따라서 함수 $x(t)$는 $t = 1$에서 극댓값 $a+7$, $x = 3$에서 극솟값 $a-9$를 가지므로 $y = x(t)$의 그래프의 개형은 오른쪽 그림과 같다.

따라서 $t > 0$에서 방정식 $x(t) = 0$의 해가 오직 하나이기 위해서는 $x(t)$의 극댓값이 0보다 작거나 극솟값이 0이어야 한다.

즉, $a + 7 < 0$ 또는 $a - 9 = 0$

따라서 $a < -7$ 또는 $a = 9$이므로 a의 최댓값은 9이다.

답 ②

---

16 전략 $t = 2$에서의 점 P의 위치를 이용하여 a의 값을 구한다.

풀이 $0 \leq t \leq 2$에서 점 P의 속도 $v(t)$는

$$v(t) = \dfrac{a - (-2)}{2 - 0}t - 2$$

$$\therefore v(t) = \dfrac{a+2}{2}t - 2$$

$t = 2$에서의 점 P의 위치는

$$\int_0^2 v(t)dt = \int_0^2 \left(\frac{a+2}{2}t-2\right)dt$$
$$= \left[\frac{a+2}{4}t^2-2t\right]_0^2$$
$$= (a+2)-4 = a-2$$

이므로 $a-2=2$

$\therefore a=4$

즉, 점 P의 시각 t에서의 속도 $v(t)$의
그래프는 오른쪽 그림과 같다.

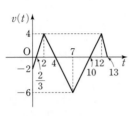

이때 점 P가 $t=0$에서 $t=13$까지 움직
인 거리는 $0 \le t \le 13$에서 $v(t)$의 그래
프와 t축으로 둘러싸인 도형의 넓이와
같으므로

$$\frac{1}{2} \times \frac{2}{3} \times 2 + \frac{1}{2} \times \frac{10}{3} \times 4 + \frac{1}{2} \times 6 \times 6 + \frac{1}{2} \times 3 \times 4$$
$$= \frac{2}{3} + \frac{20}{3} + 18 + 6 = \frac{94}{3}$$

답 ②

17 전략 두 점 P, Q 사이의 거리는 $\left|\int_0^t \{f(t)-g(t)\}dt\right|$ 임을 이용한다.

풀이 ㄱ. 점 P의 가속도는

$$f'(t) = \begin{cases} -1 & (t<2) \\ 2at-4a & (t>2) \end{cases}$$

$t>2$일 때 점 P의 가속도가 양수이면

$2at-4a>0$, $2a(t-2)>0$

$\therefore a>0$ ($\because t>2$) (참)

ㄴ. $t=4$일 때 두 점 P, Q가 다시 만나므로

$$\int_0^4 f(t)dt = \int_0^4 g(t)dt$$

이때

$$\int_0^4 f(t)dt = \int_0^2 (-t+4)dt + \int_2^4 \{a(t-2)^2+2\}dt$$
$$= \left[-\frac{1}{2}t^2+4t\right]_0^2 + \left[\frac{a}{3}t^3-2at^2+(4a+2)t\right]_2^4$$
$$= 6 + \left(\frac{8}{3}a+4\right)$$
$$= \frac{8}{3}a+10$$

$$\int_0^4 g(t)dt = \int_0^2 t\,dt + \int_2^4 2\,dt$$
$$= \left[\frac{1}{2}t^2\right]_0^2 + \left[2t\right]_2^4$$
$$= 2+4 = 6$$

이므로

$$\frac{8}{3}a+10 = 6, \quad \frac{8}{3}a = -4$$

$\therefore a = -\frac{3}{2}$

$$\therefore f(t) = \begin{cases} -t+4 & (t \le 2) \\ -\frac{3}{2}(t-2)^2+2 & (t>2) \end{cases}$$

따라서 $t=6$일 때 두 점 P, Q 사이의 거리는

$$\left|\int_0^6 \{f(t)-g(t)\}dt\right|$$
$$= \left|\int_0^2 \{f(t)-g(t)\}dt + \int_2^6 \{f(t)-g(t)\}dt\right|$$
$$= \left|\int_0^2 (-2t+4)dt + \int_2^6 \left\{-\frac{3}{2}(t-2)^2\right\}dt\right|$$
$$= \left|\left[-t^2+4t\right]_0^2 + \left[-\frac{1}{2}(t^3-6t^2+12t)\right]_2^6\right|$$
$$= |4-32| = 28 \text{ (거짓)}$$

ㄷ. $h(t) = \left|\int_0^t \{f(t)-g(t)\}dt\right|$

$t \le 2$일 때

$$h(t) = \left|\int_0^t \{f(t)-g(t)\}dt\right|$$
$$= \left|\int_0^t (-2t+4)dt\right|$$
$$= \left|\left[-t^2+4t\right]_0^t\right|$$
$$= |-t^2+4t|$$

$t>2$일 때

$$h(t) = \left|\int_0^t \{f(t)-g(t)\}dt\right|$$
$$= \left|\int_0^2 (-2t+4)dt + \int_2^t a(t-2)^2 dt\right|$$
$$= \left|\left[-t^2+4t\right]_0^2 + \left[\frac{1}{3}a(t^3-6t^2+12t)\right]_2^t\right|$$
$$= \left|\frac{1}{3}a(t-2)^3+4\right|$$

이때

$$\lim_{t \to 2-} \frac{h(t)-h(2)}{t-2} = \lim_{t \to 2-} \frac{|-t^2+4t|-4}{t-2}$$
$$= \lim_{t \to 2-} \frac{(-t^2+4t)-4}{t-2}$$
$$= \lim_{t \to 2-} \frac{-(t-2)^2}{t-2}$$
$$= \lim_{t \to 2-} \{-(t-2)\} = 0$$

$$\lim_{t \to 2+} \frac{h(t)-h(2)}{t-2} = \lim_{t \to 2+} \frac{\left|\frac{1}{3}a(t-2)^3+4\right|-4}{t-2}$$
$$= \lim_{t \to 2+} \frac{\frac{1}{3}a(t-2)^3}{t-2}$$
$$= \lim_{t \to 2+} \frac{1}{3}a(t-2)^2 = 0$$

$\therefore h'(2) = \lim_{t \to 2-} \frac{h(t)-h(2)}{t-2} = \lim_{t \to 2+} \frac{h(t)-h(2)}{t-2} = 0$

즉, 함수 $h(t)$는 $t=2$에서 미분가능하다. (참)

따라서 옳은 것은 ㄱ, ㄷ이다.

답 ③

18 전략 삼차함수 $y=f(x)$의 그래프가 점 $(2, 3)$에 대하여 대칭임을 이용한다.

풀이 $f(x)+f(4-x)=6$이므로

$$\frac{f(2+x)+f(2-x)}{2} = 3$$

따라서 곡선 $y=f(x)$는 점 $(2, 3)$에 대하여 대칭이다.

이때 직선 $y=3x-3$이 점 $(2, 3)$을 지나고 [그림 1]과 같이 곡선 $y=f(x)$와 직선 $y=3x-3$으로 둘러싸인 도형의 넓이가 18이므로 곡선 $y=f(x)$를 x축의 방향으로 -2만큼, y축의 방향으로 -3만큼 평행이동한 그래프를 나타내는 함수를 $y=g(x)$라 하면 [그림 2]와 같이 곡선 $g(x)=f(x+2)-3$과 직선 $y=3x$로 둘러싸인 도형의 넓이도 18이다.

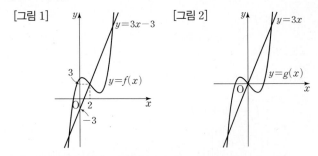

[그림 1]　[그림 2]

곡선 $y=g(x)$는 원점에 대하여 대칭이므로 최고차항의 계수가 1인 삼차함수 $g(x)$는
$$g(x)=x^3+ax \ (a는 \ 상수)$$
로 놓을 수 있다.

곡선 $y=g(x)$와 직선 $y=3x$가 만나는 점의 x좌표는
$x^3+ax=3x$에서
$x^3+(a-3)x=0$, $x(x^2+a-3)=0$
$\therefore x=-\sqrt{3-a}$ 또는 $x=0$ 또는 $x=\sqrt{3-a}$ (단, $a<3$)

$$\int_{-\sqrt{3-a}}^{\sqrt{3-a}} |x^3+(a-3)x| \, dx=18$$

$$2\int_{-\sqrt{3-a}}^{0} \{x^3+(a-3)x\} \, dx=18$$

$$\int_{-\sqrt{3-a}}^{0} \{x^3+(a-3)x\} \, dx=9$$

$$\left[\frac{1}{4}x^4+\frac{a-3}{2}x^2\right]_{-\sqrt{3-a}}^{0}=9$$

$$\frac{(3-a)^2}{4}=9, \ (3-a)^2=36$$

$\therefore a=-3 \ (\because a<3)$

따라서 $g(x)=x^3-3x$이고 곡선 $y=g(x)$를 x축의 방향으로 2만큼, y축의 방향으로 3만큼 평행이동한 그래프를 나타내는 함수가 $f(x)$이므로
$$f(x)=(x-2)^3-3(x-2)+3$$
$$\therefore f(4)=2^3-3\times2+3=5 \qquad\qquad 답 ①$$

19 **전략** 역함수와 합성함수의 그래프를 이용한다.

풀이 ㄱ. 함수 $f(x)$는 닫힌구간 $\left[\frac{1}{4}, 1\right]$에서 연속이고 열린구간 $\left(\frac{1}{4}, 1\right)$에서 미분가능하므로 평균값 정리에 의하여

$$\frac{f(1)-f\left(\frac{1}{4}\right)}{1-\frac{1}{4}}=f'(c)$$

를 만족시키는 c가 열린구간 $\left(\frac{1}{4}, 1\right)$에 적어도 하나 존재한다.

$\dfrac{f(1)-f\left(\frac{1}{4}\right)}{1-\frac{1}{4}}=\dfrac{1-0}{1-\frac{1}{4}}=\dfrac{4}{3}$이므로 $f'(x)=\dfrac{4}{3}$인 x가 열린구간 $\left(\frac{1}{4}, 1\right)$에 존재한다. (참)

ㄴ. 함수 $y=f(x)$와 그 역함수 $y=f^{-1}(x)$의 그래프는 직선 $y=x$에 대하여 대칭이다.

$f\left(\frac{1}{4}\right)=0$, $f(1)=1$에서 $f^{-1}(0)=\frac{1}{4}$, $f^{-1}(1)=1$이므로 함수 $f(x)$와 함수 $f^{-1}(x)$의 그래프는 다음 그림과 같다.

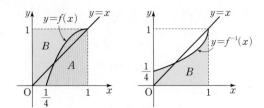

$\int_{\frac{1}{4}}^{1} f(x)\,dx=A$, $\int_{0}^{1} f^{-1}(x)\,dx=B$라 하면
$A+B=1$
$$\therefore \int_{\frac{1}{4}}^{1} f(x)\,dx+\int_{0}^{1} f^{-1}(x)\,dx=A+B=1 \ (참)$$

ㄷ. $g(a)=f(f(a))=f(a)=a$, $g(1)=f(f(1))=f(1)=1$이므로 $g^{-1}(a)=a$, $g^{-1}(1)=1$이고 함수 $g(x)$와 함수 $g^{-1}(x)$의 그래프는 다음 그림과 같다.

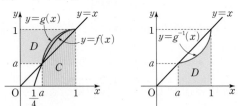

$\int_{a}^{1} g(x)\,dx=C$, $\int_{a}^{1} g^{-1}(x)\,dx=D$라 하면
$$\int_{a}^{1} \{g(x)+g^{-1}(x)\}\,dx=C+D=1-a^2이므로$$
$1-a^2=\dfrac{3}{4}$, $a^2=\dfrac{1}{4}$
$$\therefore a=\frac{1}{2} \left(\because \frac{1}{4}<a<1\right) \ (참)$$

따라서 ㄱ, ㄴ, ㄷ 모두 옳다. 　　　답 ⑤

20 **전략** 두 점 P, Q는 점 A에서 만나는 경우와 점 C에서 만나는 경우뿐이므로 두 가지 경우로 나누어 생각한다.

풀이 두 점 P, Q가 움직인 거리를 각각 S_P, S_Q라 하면
$$S_P=\int_{0}^{t} \left(\frac{2}{3}t+1\right)dt=\frac{1}{3}t^2+t$$
$$S_Q=\int_{0}^{t} \sqrt{2}\,dt=\sqrt{2}\,t$$

두 점 P, Q는 점 A에서 만나는 경우와 점 C에서 만나는 경우뿐이므로 두 가지 경우로 나누어 생각한다.

(i) 두 점 P, Q가 점 A에서 만날 때
$\overline{AC}=3\sqrt{2}$이므로 점 Q가 점 A에 있으려면
$\sqrt{2}\,t=3\sqrt{2}\,k \ (k=1, 3, 5, \cdots)$
$\therefore t=3k \ (k=1, 3, 5, 7, \cdots, 33)$ 　……㉠

따라서 100초 동안에 점 Q가 점 A에 있는 시각은 $t=3$, 9, 15, $\cdots$, 93, 99일 때이다.

또, 점 P가 점 A에 있으려면 $S_P=\dfrac{1}{3}t^2+t$의 값이 12의 배수이어야 한다.

$$S_P=\dfrac{1}{3}t^2+t=\dfrac{1}{3}\times(3k)^2+3k$$
$$=3k^2+3k=3k(k+1)$$

S_P의 값이 12의 배수가 되기 위해서는 k가 4의 배수이거나 $k+1$이 4의 배수이어야 한다. ㉠에서 k는 4의 배수가 아니므로 $k+1$이 4의 배수이어야 한다.

∴ $k=3$, 7, 11, 15, 19, 23, 27, 31

따라서 두 점 P, Q가 점 A에서 만날 때의 시각은

$t=3k=9$, 21, 33, 45, 57, 69, 81, 93

의 8회이다.

(ii) 두 점 P, Q가 점 C에서 만날 때

점 Q가 점 C에 있으려면

$\sqrt{2}\,t=3\sqrt{2}\,k$ $(k=0, 2, 4, \cdots)$

∴ $t=3k$ $(k=0, 2, 4, 6, \cdots, 32)$ ······ ㉡

따라서 100초 동안 점 Q가 점 C에 있는 시각은 $t=0$, 6, 12, 18, $\cdots$, 96일 때이다.

또, 점 P가 점 C에 있으려면 $S_P=\dfrac{1}{3}t^2+t$의 값이 $\{(12\text{의 배수})+6\}$의 꼴이어야 한다.

$$S_P=\dfrac{1}{3}t^2+t=\dfrac{1}{3}\times(3k)^2+3k$$
$$=3k^2+3k=3k(k+1)$$

이때 ㉡에서 $k=2m$ $(m=0, 1, 2, \cdots, 16)$이므로

$$S_P=6m(2m+1)$$
$$=12m^2+6m\ (m=0, 1, 2, \cdots, 16)$$

이때 S_P의 값이 $\{(12\text{의 배수})+6\}$의 꼴이 되기 위해서는 m은 홀수이어야 한다.

∴ $m=1$, 3, 5, 7, 9, 11, 13, 15

즉, $k=2$, 6, 10, 14, 18, 22, 26, 30

따라서 두 점 P, Q가 점 C에서 만날 때의 시각은

$t=3k=6$, 18, 30, 42, 54, 66, 78, 90

의 8회이다.

(i), (ii)에 의하여 두 점 P, Q가 만나는 횟수는 $8+8=16$이다.

🔲 16

21 전략 $v(t)=0$일 때 운동 방향이 바뀐다는 것을 이용하여 함수 $f(t)$를 구한다.

풀이 점 P는 $0\le t<2$에서 음의 방향으로 움직이다가 $2\le t<a$에서 양의 방향으로 움직이고, $t\ge a$에서 다시 음의 방향으로 움직이므로

$$f(t)=\begin{cases}0 & (0\le t<2)\\ \displaystyle\int_2^t v(t)\,dt & (2\le t<a)\\ \displaystyle\int_2^a v(t)\,dt & (t\ge a)\end{cases}$$

이때

$$\int_2^t v(t)\,dt=\int_2^t \{-t^2+(a+2)t-2a\}\,dt$$
$$=\left[-\dfrac{1}{3}t^3+\dfrac{a+2}{2}t^2-2at\right]_2^t$$
$$=-\dfrac{1}{3}t^3+\dfrac{a+2}{2}t^2-2at+2a-\dfrac{4}{3}$$

$$\int_2^a v(t)\,dt=-\dfrac{1}{3}a^3+\dfrac{a^3+2a^2}{2}-2a^2+2a-\dfrac{4}{3}$$
$$=\dfrac{1}{6}a^3-a^2+2a-\dfrac{4}{3}$$

$$\therefore f(t)=\begin{cases}0 & (0\le t<2)\\ -\dfrac{1}{3}t^3+\dfrac{a+2}{2}t^2-2at+2a-\dfrac{4}{3} & (2\le t<a)\\ \dfrac{1}{6}a^3-a^2+2a-\dfrac{4}{3} & (t\ge a)\end{cases}$$

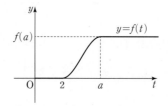

ㄱ. 점 P의 가속도는 $v'(t)=-2t+a+2$

$t=4$일 때 가속도가 0이므로

$-8+a+2=0$

∴ $a=6$ (참)

ㄴ. (i) $\displaystyle\lim_{t\to 2-}\dfrac{f(t)-f(2)}{t-2}$

$$=\lim_{t\to 2-}\dfrac{0-\left(-\dfrac{8}{3}+2a+4-4a+2a-\dfrac{4}{3}\right)}{t-2}=0$$

$\displaystyle\lim_{t\to 2+}\dfrac{f(t)-f(2)}{t-2}$

$$=\lim_{t\to 2+}\dfrac{-\dfrac{1}{3}t^3+\dfrac{a+2}{2}t^2-2at+2a-\dfrac{4}{3}}{t-2}$$

$$=\lim_{t\to 2+}\dfrac{-\dfrac{1}{3}(t-2)\left\{t^2-\left(\dfrac{3}{2}a+1\right)t+3a-2\right\}}{t-2}$$

$$=-\dfrac{1}{3}\lim_{t\to 2+}\left\{t^2-\left(\dfrac{3}{2}a+1\right)t+3a-2\right\}=0$$

따라서

$$\lim_{t\to 2-}\dfrac{f(t)-f(2)}{t-2}=\lim_{t\to 2+}\dfrac{f(t)-f(2)}{t-2}=0$$

이므로 함수 $f(t)$는 $t=2$에서 미분가능하다.

(ii) $\displaystyle\lim_{t\to a-}\dfrac{f(t)-f(a)}{t-a}$

$$=\lim_{t\to a-}\dfrac{\left(-\dfrac{1}{3}t^3+\dfrac{a+2}{2}t^2-2at+2a-\dfrac{4}{3}\right)-\left(\dfrac{1}{6}a^3-a^2+2a-\dfrac{4}{3}\right)}{t-a}$$

$$=\lim_{t\to a-}\dfrac{-\dfrac{1}{3}(t-a)\left\{t^2-\left(\dfrac{1}{2}a+3\right)t-\dfrac{1}{2}a^2+3a\right\}}{t-a}$$

$$=-\dfrac{1}{3}\lim_{t\to a-}\left\{t^2-\left(\dfrac{1}{2}a+3\right)t-\dfrac{1}{2}a^2+3a\right\}=0$$

$$\lim_{t \to a+} \frac{f(t)-f(a)}{t-a} = \lim_{t \to a+} \frac{f(a)-f(a)}{t-a} = 0$$

따라서

$$\lim_{t \to a-} \frac{f(t)-f(a)}{t-a} = \lim_{t \to a+} \frac{f(t)-f(a)}{t-a} = 0$$

이므로 함수 $f(t)$는 $t=a$에서 미분가능하다.

(i), (ii)에 의하여 함수 $f(t)$는 $t>0$에서 미분가능하다. (참)

ㄷ. 다음 그림과 같이 함수 $y=f(t)$의 그래프는 점 $\left(\dfrac{a+2}{2}, \dfrac{f(a)}{2} \right)$

에 대하여 대칭이므로 함수 $y=f(t)$의 그래프와 x축 및 두 직선
$t=2$, $t=a+2$로 둘러싸인 도형의 넓이를 S라 하면

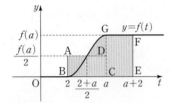

$S=($직사각형 ABCD의 넓이$)+($직사각형 GCEF의 넓이$)$

$$= \frac{f(a)}{2}(a-2)+2f(a) = \frac{a+2}{2}f(a)$$

이때 $S=4$이므로 $\dfrac{a+2}{2}f(a)=4$

$(a+2)f(a)=8$

$(a+2)\left(\dfrac{1}{6}a^3 - a^2 + 2a - \dfrac{4}{3} \right) = 8$

$a^4 - 4a^3 + 16a - 64 = 0$

$(a-4)(a^3+16)=0$

$\therefore a=4 \ (\because a>2) \ ($참$)$

따라서 ㄱ, ㄴ, ㄷ 모두 옳다.　　　　　　　　　　　📄 ⑤

MEMO

1등급을 위한 고난도 유형 공략서

HIGH-END
내신 하이엔드

NE 능률

스코어

단기 핵심 공략서
두께는 반으로 줄이고 점수는 두 배로 올린다!

개념 중심 빠른 예습	초스피드 시험 대비	단기속성 복습 완성
START CORE	**SPEED CORE**	**SPURT CORE**
교과서 필수 개념, 내신 빈출 문제로 가볍게 시작	유형별 출제 포인트를 짚어 효율적 시험 대비	개념 압축 점검 및 빈출 유형으로 완벽한 마무리

SPEED CORE
11~12강

START CORE
8+2강

SPURT CORE
8+2강

*과목: 고등 수학(상), (하) / 수학I / 수학II / 확률과 통계 / 미적분

1등급을 위한 고난도 유형 공략서

HIGH-END
내신 하이엔드

내신 1등급을 결정짓는 고난도 유형 공략서

www.nebooks.co.kr ▼

고등수학 상

고등수학 하

수학 I

수학 II

확률과 통계

미적분

지은이	조정묵, 남선주, 김상훈, 김형균, 김용환, 최원숙, 박상훈,	펴낸이	주민홍
	최종민, 이경진, 이승철, 박현수, 김상우, 김근민	펴낸곳	서울특별시 마포구 월드컵북로 396 누리꿈스퀘어 비즈니스타워 10층
선임연구원	장미선		㈜NE능률 (우편번호 03925)
연구원	윤현, 류미란, 김다은	펴낸날	2020년 12월 20일 초판 제1쇄
디자인	표지: 디자인싹, 내지: 디자인뷰	전화	02 2014 7114
맥편집	㈜글사랑	팩스	02 3142 0357
영업	한기영, 이경구, 박인규, 정철교, 김남준	홈페이지	www.neungyule.com
마케팅	박혜선, 고유진, 남경진, 김상민	등록번호	제1-68호

1등급을 위한 고난도 유형 공략서

HIGH-END
내신 하이엔드

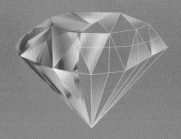

내신, 모의고사 기출에서 **심화·오답 유형 추출**
고난도 유형별 '**기출 vs. 변형**' 문제로 심화 유형 집중 공략
1등급을 뛰어넘는 **최고난도 예상 문제**

NE능률 교재 부가학습 사이트
www.nebooks.co.kr

NE Books 사이트에서 본 교재에 대한 상세 정보 및 부가학습 자료를
이용하실 수 있습니다.

* 교재 내용 문의 : contact.nebooks.co.kr

정가 **13,000** 원

53410

9 791125 335511
ISBN 979-11-253-3551-1

고등수학 하

- 내신, 모의고사 기출에서 **심화·오답 유형 추출**
- 고난도 유형별 **'기출 vs. 변형'** 문제로 심화 유형 집중 공략
- **1등급을 뛰어넘는 최고난도 예상 문제**

내신 1등급

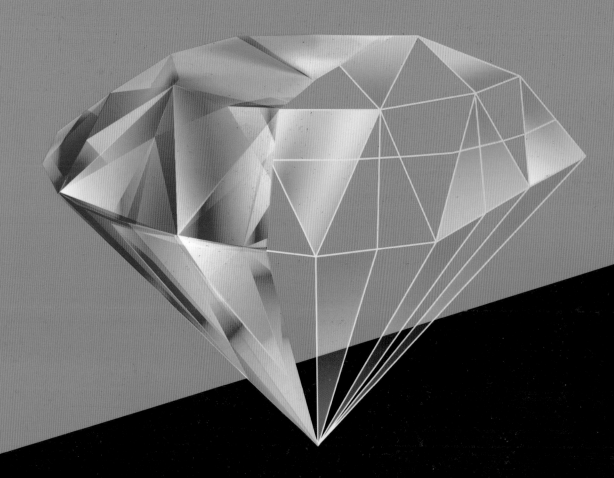

1등급을 위한 고난도 유형 공략서

HIGH-END
내신 하이엔드

NE 능률

우리 영수
잘한다 자란다

NE능률이
영어도, 수학도 잘합니다.

창의사고력은 풍부하게, 개념 확립은 탄탄하게,
수학으로 만나는 NE능률의 1등 노하우!
배움은 즐거워지고 자신감은 커져갑니다.

1등 영어브랜드로 지켜온 믿음, 변함없이 수학교육으로 이어가겠습니다.

초등 개념기본서

초등 상위권 심화학습서

초등 고학년 최상위 개념서

중등 개념기본서

중등 유형기본서

중등 상위권 심화학습서

고등 단기학습공략서

건강한
배움의 즐거움